U0103718

机器学习项目交付实战

[美] 本·威尔逊(Ben Wilson)　著

李晓峰　逄金辉　殷海英　译

清华大学出版社

北　京

北京市版权局著作权合同登记号 图字：01-2023-1742

Ben Wilson
Machine Learning Engineering in Action
EISBN: 978-1-61729-871-4
Original English language edition published by Manning Publications, USA © 2022 by Manning
Publications. Simplified Chinese-language edition copyright © 2023 by Tsinghua University Press
Limited. All rights reserved.

本书封面贴有清华大学出版社防伪标签，无标签者不得销售。
版权所有，侵权必究。举报：010-62782989，beiqinquan@tup.tsinghua.edu.cn。

图书在版编目(CIP)数据

机器学习项目交付实战 / (美) 本·威尔逊 (Ben Wilson) 著；李晓峰，逄金辉，殷海英译. —北京：清华大学出版社，2023.6
书名原文：Machine Learning Engineering in Action
ISBN 978-7-302-63742-4

I. ①机… II. ①本… ②李… ③逄… ④殷… III. ①机器学习 IV. ①TP181

中国国家版本馆 CIP 数据核字(2023)第 108144 号

责任编辑：王　军
装帧设计：孔祥峰
责任校对：成凤进
责任印制：刘海龙

出版发行：清华大学出版社
　　　　　网　　　址：http://www.tup.com.cn, http://www.wqbook.com
　　　　　地　　　址：北京清华大学学研大厦 A 座　　　邮　　编：100084
　　　　　社 总 机：010-83470000　　　　　　　　邮　　购：010-62786544
　　　　　投稿与读者服务：010-62776969, c-service@tup.tsinghua.edu.cn
　　　　　质 量 反 馈：010-62772015, zhiliang@tup.tsinghua.edu.cn
印 装 者：小森印刷霸州有限公司
经　　销：全国新华书店
开　　本：170mm×240mm　　　印　　张：30　　　字　　数：693 千字
版　　次：2023 年 7 月第 1 版　　　印　　次：2023 年 7 月第 1 次印刷
定　　价：128.00 元

产品编号：097946-01

译 者 序

每年九月，我所在的学院都会邀请那些愿意与大家分享工作经验的毕业生(包括本科、硕士、博士以及研修班的毕业生)回到学院，与在读的学生分享他们在工作中遇到的新鲜事，希望能够对在读的学生有所启迪。我真的不记得这样的活动到底举办了多少年，10年？20年？或者更久？在这个活动中，那些之前的学生、现在的朋友，驱车几百英里，从圣何塞、西雅图来到学校，还有人搭乘航班从加拿大飞过来。由于COVID-19的缘故，这个线下活动暂停了两年，随着疫情趋缓，今年九月，又恢复了线下活动。在这个活动中，我最期待的环节是这些往届的学生与学院老师的单独会谈。他们会将当今计算机应用领域中比较前沿的技术和方法讲给我们听，并且对我们的课程内容和体系结构给予最真实的反馈。在今年的"返校日"，我希望之前的毕业生能对我的"机器学习"和"数据科学"课程提一些建议。有一位非常好学的苏格兰学生对我说："我上过你的所有机器学习、数据科学及云计算的课程，在技术与技巧方面，非常细致，这能给我现在的工作提供非常多的帮助。但如果你能在课程中多讲一些工程学方面的知识，我相信，我们可以取得更大的成功。"我问道："你是如何发现这样的问题的？"他说："我作为一名初级数据科学家加入项目中，用了从网络上找到的最先进的技术，使用了最简洁的代码，完成了一个解决方案。然后，这个项目被无情地关闭了，并且我的经理说，我写的代码除了我，没人能看懂。我所使用的新技术也没人能接手，我创建了一个完全无法维护的代码库……"会谈结束后，我陷入了深思。确实，我在之前的课程中，将重点放在基本的技术以及一些花哨的"技巧"上。很少，甚至没有提到机器学习工程学中的内容，难怪我的学生会写出让同事如此厌恶的代码。我与很多在硅谷工作的朋友通了电话，他们告诉我，我那位学生描述的情况是这些IT新人的通病，他们很努力，很聪明，也很可怕，他们经常会写出一些像"野兽"一样的代码，对团队中的其他人和整个项目造成伤害。他们真的希望现在的大学或者培训机构能够在教学中多加入一些工程学的内容。

既然发现了学习和教学中的缺陷，就应该去改进。我在网络上查找了很多书，发现由Ben Wilson编写的*Machine Learning Engineering in Action*是一本很不错的介绍机器学习工程学的书。他通过亲身经历，介绍了如何在机器学习和数据科学的工作中使用工程学技术，让你成为一名"受欢迎"的数据科学家和机器学习工程师。本书的内容与我之前使用过(作为教材)或翻译过的关于机器学习的书都不一样，没有大篇幅的代码解释和具体的技术介绍，而是以一个项目为主线，从头介绍如何完成一个成功的机器学习项目，并且在书中介绍了很多有趣的示例，从冰淇淋优惠券的高效投递，到给狗狗做美味的意大利面。如果你是数据科学家或机器学习工程师，我推荐你阅读这本有趣的书。读完本书之后，你可能就会理解为什么在以往的项目中，业务部门的领导对数据科学家辛苦做出的成果不屑一顾，隔壁组的软件开发人员抱怨机器学习工程师给出的解决方案让他们不得不加班到深夜。本书没有介绍花哨的技术实现，但通过 Ben 介绍他在工作中走过的弯路和踩过的深坑，可以让你避免犯他曾经犯过的错误，成为公司中受欢迎的数据科学家。

最后，我想衷心感谢清华大学出版社的王军老师，感谢他帮助我出版了多种关于机器学习、人工智能、云计算及高性能计算的译本，感谢他为我提供一种新的与大家分享知识的方式。我也要感谢我的学生闫禹树，感谢他帮我校对和润色文稿。

殷海英
埃尔赛贡多，加利福尼亚州

作 者 简 介

　　Ben Wilson 是一名机器学习工程师，曾担任过核工程技术员、半导体工艺工程师和数据科学家。十多年来，他一直在解决数据和开源工具方面的问题，在过去的 4 年里他帮助其他人完成相同的工作。他喜欢构建机器学习框架代码，帮助人们思考有挑战性的数据科学问题，并喜欢开怀大笑。

致　谢

如果没有我妻子 Julie 的支持，本书绝对不可能出版。她不得不忍受无数个夜晚我在办公室里辛苦工作到深夜，不停地修改草稿，编辑和重构代码。她不仅是我的灵魂伴侣，而且是这个星球上为数不多能够让我大笑的人之一，也是我灵感的来源。可以说，我学到的关于如何以积极的方式与人互动的大部分智慧都直接来自我对她的观察。

我要感谢本书的开发编辑，来自 Manning 出版社的 Patrick Barb。他对本书的出版及成功发挥了无价的作用，他不断帮助我减少长篇大论的叙述，并且一直帮助我提炼贯穿全书的观点。我还要感谢策划编辑 Brian Sawyer 和技术开发编辑 Marc-Philippe Huget，他们 3 人在整个出版过程中都提供了巨大的帮助。此外，衷心感谢本书的文字编辑 Sharon Wilkey，感谢她以令人难以置信的洞察力和出色的技巧，优化本书的行文。同样要感谢 Manning 团队在完成本书过程中的辛勤工作。

我还要感谢在本书编写过程中提供了反馈的审稿人：Dae Kim、Denis Shestakov、Grant van Staden、Ignacio A. Ruiz-Reyes、Ioannis Atsonios、Jaganadh Gopinadhan、Jesús Antonino、Juárez Guerrero、 Johannes Verwijnen、John Bassil、Lara Thompson、Lokesh Kumar、Matthias Busch、Mirerfan Gheibi、Ninoslav Cˇerkez、Peter Morgan、Rahul Jain、Rui Liu、Taylor Delehanty 以及 Xiangbo Mao。他们坦率而直接的意见非常有助于将本书中冗长的闲聊浓缩成我相当自豪的内容。

我也要感谢几位同事，他们提供了许多示例，并且在本书的编写过程中为我提供了很多思路：Jas Bali、Amir Issaei、Brooke Wenig、Alex Narkaj、Conor Murphy 以及 Niall Turbitt。我还要感谢 Databricks ML 工程的创造者、出色的世界级工程师和产品团队成员，他们设计、构建和维护了本书提到的大部分技术。我很荣幸能够与他们共事。

最后，感谢 Willy，我们的狗。在撰写本书时，它为我提供了许多欢乐。

前　言

我还是小男孩时，就非常固执。当人们提出简单的做事方法时，我总会忽略他们的建议，选择以艰难的方式去做。几十年后，随着我转向越来越具有挑战性的工作，并最终进入数据科学(Data Science，DS)和机器学习(Machine Learning，ML)工程领域，以及现在的机器学习软件开发领域，我的处事原则并没有太大变化。作为业界的数据科学家，我总是觉得有必要构建十分复杂的解决方案，独立地工作，以我认为最好的方式解决给定的问题。

我取得了一些成功，但也经历过很多失败，并且在我换工作时，通常会留下一些无法维护的代码。这不是我特别引以为傲的事情。离职多年后，前同事联系了我，他们告诉我：我写的代码仍然每天都在运行。当我问他们为什么时，我得到了令人沮丧的答案，这让我对我的做法感到后悔：“没人能弄清代码的内容并对代码进行修改，而这套系统又十分重要，无法关闭。”

我一直是个糟糕的数据科学家，是个更糟糕的机器学习工程师。我花了很多年才知道为什么会这样。这种固执和抗拒以最简单的方式解决问题的态度给其他人带来了很多麻烦：我在公司时，由于我的原因取消了大量的项目；我离开公司之后，又给别人留下了无法维护的代码与项目。

直到我最近在 Databricks 担任常驻解决方案架构师(本质上是供应商现场顾问)，我才开始了解我哪里出了问题，并改变了我解决问题的方式。可能是因为我现在作为顾问帮助其他在数据科学问题上苦苦挣扎的人，我能够通过对他们的问题进行抽象，看到我自己的缺点。在过去的几年里，我帮助不少团队避免了许多我经历过的陷阱(以及我自己的固执和傲慢造成的问题)。我认为，写下我为其他人提供的建议，可以使更广泛的受众获益，比只在我的工作环境中与特定的团队单独对话更好。

毕竟，当你阅读应用机器学习概念的例子和书籍时，将机器学习应用到真实用例非常困难。当你介绍端到端项目工作的惊人复杂性(这是本书的重点)时，许多公司未能意识到机器学习在其业务中的潜力也就不足为奇了。这项工作十分艰难。不过，如果你有个好向导，就轻松了。

本书并不是要成为应用机器学习的指南。书中不会讨论为什么一个模型比另一个模型更好，或者一个算法优于其他算法，也不会深入研究所有细节来解决个别问题。相反，本书可以帮你避免掉进许多团队都陷入过的陷阱(这些陷阱也是我作为一名从业者不得不努力摆脱的陷阱)。这是一种使用数据科学技术解决问题的通用方法，让你或者你的客户(公司内部的客户)以及你的同行在项目中不会做出让自己后悔的决定。阅读本书，可以帮助你避免犯一些我曾经犯过的愚蠢的错误。

用我最近很喜欢的两个谚语来说：

向有经验者请教，不要向博学之人讨教。

——阿拉伯谚语

最好是通过别人的经验学到智慧。

——拉丁谚语

关 于 本 书

本书介绍的是我过去几年与客户分享的建议、来之不易的智慧和一般技巧的延伸。这不是一本理论书，也不会让你为特定的问题建立最佳模型。这些内容已经由其他伟大的作家撰写。这是一本关于"其他内容"的书。

本书读者对象

本书旨在覆盖机器学习社区中的大多数读者。它既不是专门为机器学习软件工程师编写的，也不是为初学者编写的。我以我处理问题的方式编写本书，旨在让使用机器学习解决业务问题的任何人都可以阅读并理解它。

在本书的编写过程中，我对一些早期反馈感到惊喜。我问那些联系过我的人的第一个问题是："你的职业是什么？"我收到的职位和行业比我想象的要广泛得多——拥有经济学博士学位的风险投资家，在一些最负盛名的科技公司拥有 20 年行业经验的机器学习工程师，硅谷初创公司的产品经理，以及大一的本科生。这让我知道，在使用机器学习工程成功构建项目方面，本书为每个人提供了需要的内容。

本书内容的组织路线图

本书包括 3 个主要部分，介绍了机器学习项目中的各个里程碑。从"我们试图解决什么"到最后阶段的"如何在未来几年保持这个解决方案的相关性"，本书回顾了每个重要的开发过程，其逻辑顺序与你在完成一个项目时考虑这些主题的顺序相同。

- 第 I 部分(第 1~8 章)主要侧重于从团队负责人、经理或项目负责人的角度管理机器学习项目。它为范围界定、实验、原型设计和包容性反馈部署了蓝图，从而帮助你避免陷入构建解决方案的陷阱。
- 第 II 部分(第 9~13 章)介绍了机器学习项目的开发过程。通过机器学习解决方案开发的示例(无论好坏)，介绍构建、调整、记录和评估机器学习解决方案的最佳实践，从而确保构建尽可能简单和最易维护的代码。
- 第 III 部分(第 14~16 章)侧重于"之后"：具体而言，是与简化项目的产品发布、再训练、监控和归因相关的内容。通过专注于 A/B 测试、特征存储和被动再训练系统的示例，介绍如何实现系统和体系结构，以确保可以通过最简单的机器学习解决方案解决业务问题。

关于本书代码

本书包含许多示例源代码，包括带有编号的代码清单和内嵌普通文本的代码。在这两种情况下，源代码通过固定宽度字体(如 fixed-with)显示，以将其与普通文本分开。

在许多情况下，原始源代码已被重新格式化，我们添加了换行符并重新设计了缩进格式，以适合印刷。在许多代码清单中，包含了大量的注释，用来突出显示重要的概念。

你可以通过 https://livebook.manning.com/book/machine-learning-engineering-in-action，从本书的 liveBook(在线)版本中获取可执行的代码片段。书中示例的完整代码可从上述网址和 GitHub 下载，GitHub 网址为 https://github.com/BenWilson2/ML- Engineering。也可通过扫封底二维码下载源代码。

目　　录

第 I 部分

机器学习工程简介

我相信你和数据科学领域的大多数人一样，已经看到了有关项目失败的统计数据。根据我的经验，项目进入生产阶段(即供应商承诺，如果你付钱，他们的工具堆栈将提高你成功的机会)失败的数量非常可怕。然而，在夸张的项目失败率中存在一些真实的原因。

使用机器学习解决现实世界的问题很复杂。对于许多组织来说，构建有效模型所涉及的工具、算法和活动的数量之多令人生畏。在我作为一名数据科学家，并随后帮助许多公司构建有效的机器学习项目期间，我从未见过某个工具或算法是这个项目未能为公司提供价值的主要原因。

在绝大多数情况下，一个未能进入生产以实现持续效用的项目所存在的问题根源，出在项目非常早期的阶段。甚至在编写第一行代码之前，在选择和构建服务体系结构之前，以及在就可扩展训练做决定之前很久，如果没有计划、范围界定和实验，项目注定要被取消或被闲置。

在项目定义的早期阶段，进行主题专业知识审查、合理水平的研究和测试验证，建立一个连贯的项目计划和路线图，将解决问题的想法带到可以建立有效解决方案的阶段。在本书的第 I 部分，将通过蓝图展示如何评估、规划和验证一个计划，从而确定使用或不使用机器学习技术。

第 *1* 章

什么是机器学习工程

本章主要内容
- 机器学习工程师的知识和技能范围
- 应用机器学习项目的 6 个基本方面
- 机器学习工程师的基本目标

机器学习令人兴奋。它很有趣、有挑战性、有创意，而且很挑战人的智商。它还为公司带来利润，自主处理海量任务，并且为从事单调且繁重工作的工程师减轻负担。

机器学习也非常复杂。数以千计的算法、数百个开源程序包，以及从数据工程(Data Engineering，DE)到高级统计分析和可视化等各种方面的技能，机器学习专业人员的工作确实令人生畏。更复杂的是，还要能够与大量专家、主题专家(Subject-Matter Expert，SME)和业务部门进行跨职能合作——就待解决问题的性质和基于机器学习的解决方案的成果进行沟通和协作。

机器学习工程应用的系统具有惊人的复杂性。它使用一组标准、工具、过程和方法，目的是在解决业务问题或需求的过程中，降低项目失败的风险。从本质上说，它是创建基于机器学习的系统的路线图，这些系统不仅可以部署到生产中，还可以在未来数年内进行维护和更新，从而使企业在效率、盈利能力和准确性方面获得机器学习应有的回报。

从本质上讲，本书就是那张路线图。作为一本指南，本书可以帮助你探索如何开发具有生产能力的机器学习解决方案。图 1-1 显示了本书所涵盖的机器学习项目工作的主要内容。我们将通过这些流程(主要是从我在职业生涯中搞砸的事情中吸取的"经验教训")提供一个应用机器学习解决业务问题的框架。

项目工作的这条路径并不意味着只关注每个阶段应该完成的任务，而是关注每个阶段中的方法论("我们为什么要这样做")，从而使项目工作取得成功。

毕竟，机器学习工作的最终目标是解决问题。作为数据科学实践者，解决这些业务问题的最有效方法是遵循这样的流程：防止返工、出现混乱及复杂性。通过包含机器学习工程的概念，并遵循有效项目工作的路径，获得有效的建模解决方案的最终目标可以更短、更经济，并有更大的成功概率。与无计划的盲目探索相比，这种方法更容易取得成功。

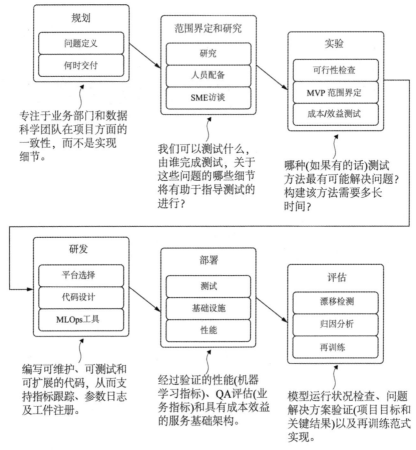

图1-1 机器学习工程路线图

1.1 为什么使用机器学习工程

简单地说，机器学习很难。在以可靠的频率大规模地提供相关预测的意义上来讲，正确地做事更难。该领域存在如此多的相关专业——如自然语言处理(Natural Language Processing，NLP)、预测、深度学习以及传统的线性和基于树的建模——是积极研究的焦点，而且已经建立了很多算法来解决特定问题，即使是学习这个领域中微不足道的一部分，也非常具有挑战性。理解应用机器学习的理论和实践非常具有挑战性也非常耗费时间。

然而，这些知识都不能帮助构建模型解决方案与外部世界之间的接口。它也无助于形成可维护和可扩展解决方案的开发模式。

数据科学家还应该熟悉其他相关领域。这包括中级数据工程技能(必须从某个地方为你的数据科学获取数据)、软件开发技能、项目管理技能、可视化技能和演示技能。随着这个列表越来越长，你的经验也将越来越丰富，需要学习的内容变得相当艰巨。因此，就创建生产级机器学习解决方案所需要的所有技能而言，"仅仅弄清楚"上述内容就远远不够了。

机器学习工程的目的不是遍历刚刚提到的技能列表的内容，而是要求数据科学家掌握它们。而机器学习工程涵盖了这些技能的某些方面，经过精心设计，从而与数据科学家相关，所有这些都是为了增加将机器学习项目可以投入生产的机会，并确保它不需要通过不断维护和干预才能持续运行。

毕竟，机器学习工程师不需要为通用算法用例创建应用程序和软件框架的能力。他们也不太可能编写自己的大规模流式提取、转换和加载(Extract、Transform and Load，ETL)管道。同样，他们也不需要能够在 JavaScript 中创建详细和动画形式的前端可视化。

机器学习工程师需要了解足够的软件开发技能，才能编写模块化代码和实现单元测试。他们不需要了解非阻塞异步消息代理的复杂性。他们只需要足够的数据工程技能来为模型构建特征数据集，而不是构建 PB 级的流式数据获取框架。他们需要足够的可视化技能来创建图表，清楚地传达他们的研究和模型正在做什么，而不需要开发具有复杂用户体验(User-Experience，UX)组件的动态 Web 应用程序。他们还需要足够的项目管理经验，以了解如何正确定义、界定范围和控制项目来解决问题，但不必通过项目管理专业人员(Project Management Professional，PMP)认证。

谈到机器学习时，人们常说"房间里还留着一头巨大的大象"。具体来说，这么多公司全力投入机器学习，雇用大量高薪数据科学家团队，并为项目投入大量财务和时间资源，为什么最终还是会失败？图 1-2 描绘了我见到的项目失败的 6 个主要原因的粗略估计(根据我的经验，在任何给定行业中这些失败的比率都令人惊讶)。

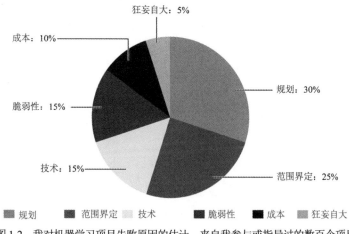

图 1-2 我对机器学习项目失败原因的估计，来自我参与或指导过的数百个项目

在本书的第 I 部分，将讨论如何确定如此多项目失败、被放弃或花费比预期长得多的时间才能投入生产的原因；还将讨论这些常见问题的解决方案，并介绍在项目中可以显著降低这些影响因素的方法和流程。

通常，这些问题的发生是因为数据科学团队要么缺乏解决所需规模的问题的经验(技术或流程驱动的问题)，要么没有完全了解业务的预期结果(沟通驱动的问题)。我从未见过这种情况是因为恶意而发生的。相反，大多数机器学习项目都非常具有挑战性、很复杂，并且由算法软件工具组成，外行人很难解释——因此大多数项目都会遇到与业务部门沟通的问题。

机器学习项目除了复杂性之外，还有两个大多数传统软件开发项目所不具备的关键特征：项目预期中经常缺乏细节，以及行业工具相对不成熟。这两个方面与 20 世纪 90 年代初的软件工程状态没有什么不同。那时，企业不确定如何最好地利用技术能力的新特性，工具严重落后，许多委托工程团队建立的项目未能达到预期。在 21 世纪的第二个 10 年里，机器学习工作(以我的经验和观点来看)和软件工程 30 年前的处境相同。

本书不是关于机器学习面临严峻挑战的论文，相反，它旨在展示这些内容如何成为项目的风险，目的是讲授有助于将这种失败风险降至最低的流程和工具。图 1-3 显示了项目执行过程中可能出现的弯路。每个项目在执行过程中都会遇到不同的风险因素。

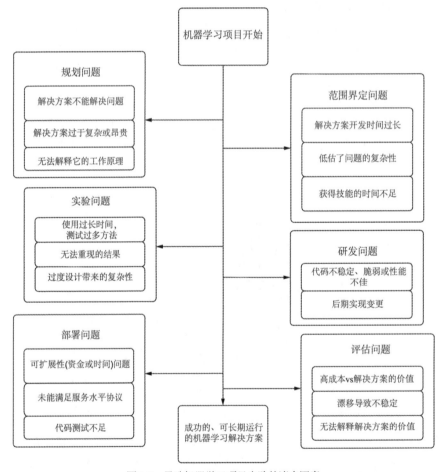

图 1-3 导致机器学习项目失败的诸多因素

可以通过机器学习工程中的框架专门解决上面提到的每个问题。消除这些失败产生的根源是这种方法的核心思想。它是通过提供相应流程做出更好的决策，简化与内部客户的沟通，在实验和开发阶段消除返工的隐患，创建易于维护的代码库，并将最佳实践方法引入受数据科学工作影响的任何项目中。正如软件工程师几十年前将其流程从大规模瀑布式实现改进为更灵活、更高效的敏捷流程一样，机器学习工程试图定义一套新的实践和工具，从而优化数据科学家的软件开发工作。

1.2　机器学习工程的核心原则

既然你已经对机器学习工程有了大致的了解，我们可以稍微关注一下构成图 1-2 中那些难以置信的广泛类别的关键元素。其中的每个主题都是本书后面整章深入讨论的焦点，但现在，我们将从整体的角度了解它们，通过可能令人痛苦且熟悉的场景阐明它们为何如此重要。

1.2.1　规划

没有什么比构建一个解决错误问题的机器学习解决方案更令人沮丧了。

到目前为止，项目失败的最大原因是未能彻底规划项目，对于被取消的项目，这是最令人沮丧的原因之一。想象一下，你是一家公司聘用的第一位数据科学家。在你上班的第一周，营销部门的一位主管来到你身边，(用他们的话)解释他们遇到的一个严重的业务问题。他们需要找到一种通过电子邮件与客户沟通的有效方式，让他们可以了解即将发生的销售情况。在没有提供更多细节的情况下，这位主管只是说："我希望看到我们电子邮件的点击和打开率上升。"

如果这是你唯一获得的信息，并且一再询问营销团队成员，他们只坚持增加点击和打开率的最终目标，那么可以尝试解决这个问题的途径似乎是无限的。他们让你自己决定如何处理，那么你是否会：

- 专注于内容推荐，并为每位用户制作定制化的电子邮件？
- 使用支持 NLP 的系统进行预测，该系统将为每位用户制作相关的主题内容？
- 尝试预测一份与大多数客户最相关的产品清单，每天进行销售？

由于有如此多的复杂选项和方法，却几乎没有指导，创建一个符合主管期望的解决方案几乎不可能。相反，如果通过良好的计划深入研究数量合适的细节，避免机器学习方面的复杂性，则可能会揭示用户真正的预期。然后你就会知道，唯一的预期是预测每位用户何时最有可能打开并阅读电子邮件。主管只是想知道某人何时最有可能没有在工作、在通勤或在睡觉，以便公司可以全天候向不同的客户群发电子邮件。

可悲的现实是，许多机器学习项目都是以这种方式开始的。通常，很少在项目启动时充分沟通，而是直接期望数据科学团队能够解决这些问题。然而，如果没有表明需要构建什么、需要如何运作，以及预测的最终目标是什么，项目几乎注定要失败。

如果为某个用例构建了一个完整的内容推荐系统，并且浪费了数月的开发和努力，而真正需要的是基于 IP 地址地理位置的简单分析查询，那么会发生什么？该项目不仅会被取消，而且高层可能会提出很多质疑，比如为什么要构建这个系统，为什么它的开发成本如此高。

图 1-4 所示为简化版的规划讨论。即使在讨论的初始阶段，也可以看到，只需要几个详细的问题和明确的答案就可以提供每位数据科学家所需的素材(尤其是作为公司的第一位数据科学家正致力于解决第一个问题时)，从而快速取胜。

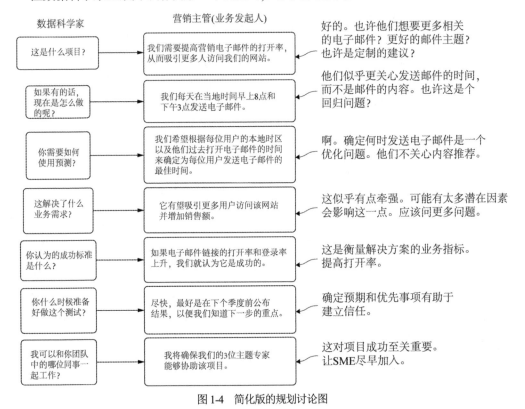

图 1-4　简化版的规划讨论图

从右侧显示的数据科学家内心独白中可以看出，手头的问题根本不在最初的假设列表中。没有谈论电子邮件的内容、与邮件标题的相关性或电子邮件中的条目。这是一个简单的分析查询，可以确定客户所在的时区，并分析每位客户的历史打开邮件时间(以当地时间为准)。花几分钟全面计划和了解用例，可以节省数周(甚至是数月)浪费的精力、时间和资金。

通过关注**将要构建什么**以及**为什么**需要构建它，数据科学家团队和业务团队都能够更有效地进行讨论。抛开专注于如何构建项目的问题，让团队中的数据科学家专注于这些问题。忽略何时构建它，将有助于业务人员将注意力集中在项目需求上。

在项目的这个阶段避免讨论实现细节，可以让团队更专注于弄清问题。不要和团队中的所有人讨论算法和解决方案设计的细节，从而可以让业务部门成员更好地参与讨论。毕竟，他们真的不在乎有多少鸡蛋放在一起，鸡蛋是什么颜色，甚至是什么鸡下的鸡蛋。他们只想在蛋糕做好后品尝蛋糕。在本书第 I 部分的其余各章，将详细介绍规划过程、与内部业务客户讨论项目预期，以及与非技术人员进行有关机器学习内容的一般沟通。

1.2.2　范围界定和研究

如果你在开发的中途改变了方法，将面临与业务部门的艰难对话，要解释项目的延迟是因为你没有做足功课。

毕竟，你的内部客户(业务部门)对项目只有两个问题：
● 这会解决我的问题吗？
● 这需要多长时间？

看一下另一个你可能熟悉的场景，以讨论在机器学习项目开发的这个阶段可能出错的另一种方式。假设一家公司有两个数据科学团队，这两个团队相互竞争开发解决方案，以解决公司计费系统中不断增加的欺诈事件。A 团队的研究和范围界定过程如图 1-5 所示。

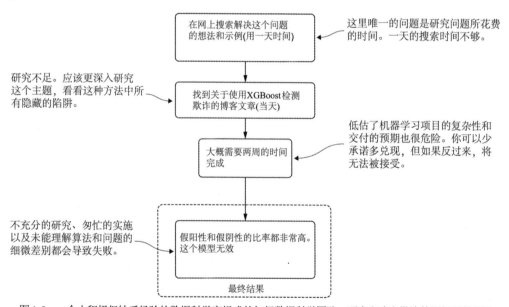

图 1-5　一个由积极但缺乏经验的数据科学家组成的初级数据科学团队，研究和确定欺诈检测问题的范围

A 团队主要由初级数据科学家组成，他们都是没有经过长期数据科学训练的新人。他们的行动是：在获得项目的细节和期望后，立即查看博客文章，在互联网上搜索"检测支付欺诈"和"欺诈算法"，找到来自咨询公司的数百条结果，还可能找到另外一些初级数据科学家撰写的未经实践的技术文章，以及一些基本的开源数据示例。

相比之下，B团队是一群长期从事学术研究的博士。他们的研究和范围界定过程如图1-6所示。

凭借B团队关于研究和调查的经验，首先深入研究已发表的关于欺诈建模主题的论文。B团队成员花了几天时间阅读期刊和论文，掌握了大量理论知识，其中包括一些关于检测欺诈活动的最前沿研究。

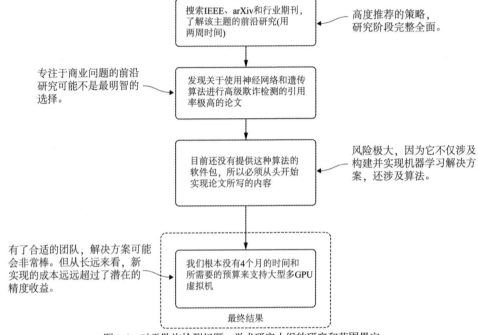

图1-6   对于欺诈检测问题，学术研究小组的研究和范围界定

如果我们要求这两个团队估计生成解决方案所需的工作量，会得到不同的答案。A团队可能会估计大约需要两周时间构建其 XGBoost 二元分类模型，而B团队会给出截然不同的答案。这些团队成员估计需要几个月的时间来实现、训练和评估他们在一份备受推崇的白皮书中发现的新型深度学习体系结构，该白皮书已证明该研究的准确性明显优于其他算法。

这里关于范围界定和研究的问题是，这两个极端的对立面会因为两个完全不同的原因导致各自的项目失败。A团队会失败，是因为这个问题的解决方案比博客文章中展示的例子要复杂得多(数据分布不平衡问题本身就是一个非常有挑战性的话题，无法在博客的文章中仔细描述)。B团队，即使解决方案可能非常准确，但对于初始欺诈检测场景，公司可能永远不会分配如此多的资源来构建有风险的解决方案。

确定机器学习的项目范围非常具有挑战性。即使对于经验丰富的机器学习专家来说，猜测一个项目将花多长时间、哪种方法将最成功以及需要多少资源，也是徒劳和令人沮丧的。并且给出错误方案的风险相当高，但是构建适当的范围和解决方案研究，可以将评估中出现偏差的可能降到最低。

在这种夸张的场景中，大多数公司都有各种类型的员工。有些是学者，他们唯一的目标是促进知识和算法研究的进步，为行业内的未来发现铺平道路。其他人是"机器学习应用程序"工程师，他们只想将机器学习作为解决业务问题的工具。重要的是，在机器学习工作中拥抱和平衡这些哲学问题的两个方面，在项目的研究和范围界定阶段达成平衡，找到折中的方案，是确保项目真正可以投入生产的最佳路径。

1.2.3　实验

测试方法是一项十分重要的工作，如果你没有测试足够的选项，可能无法找到最佳解决方案，而测试太多的内容会浪费宝贵的时间。你需要找到折中的办法。

在实验阶段，项目失败的最大原因要么是实验时间太长(测试太多内容或花费太长时间对方法进行微调)，要么使用了不成熟的原型，该原型非常糟糕，以至于企业决定放弃它而选用其他解决方案。

下面使用 1.2.2 节中的一个类似示例说明这两种方法如何在一家公司中发挥作用。该公司希望构建一个图像分类器来检测零售商店货架上的商品。两组采取的实验路径(显示了实验的极端对立)如图 1-7 和图 1-8 所示。

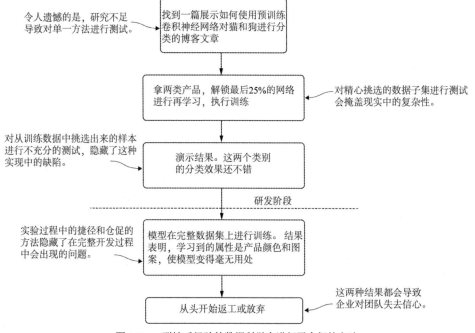

图 1-7　一群缺乏经验的数据科学家进行了仓促的实验

A 团队体现了在项目早期阶段完全不充分的研究和实验的示例。一个项目如果忽略了解决方案开发的这些关键阶段，就会冒这样的风险(见图 1-7)，其结果可能会非常不成熟，以至于与业务无关。这样的项目会削弱企业对数据科学团队的信任，浪费资金，并且消耗团队的宝贵资源。

这些没有经验的数据科学团队成员只进行了最粗略的研究，只是对博客中的示例进行了简单的修改。虽然他们的基本测试结果还可以接受，但未能对根据数据建立模型时所要求的细节进行详细的研究。仅从图像语料库的数千产品中选择两种，使用几百个图像对博客中的示例模型进行再训练，其误导性结果隐藏了方法存在的问题。

B 团队的情况与 A 团队完全相反。B 团队解决这个问题的方法如图 1-8 所示。

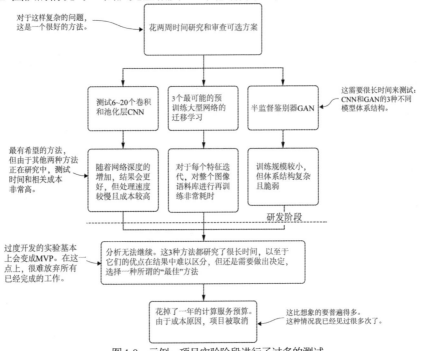

图 1-8　示例：项目实验阶段进行了过多的测试

B 团队解决这个问题的方法是花数周时间搜索尖端论文、阅读期刊，并理解各种卷积神经网络(CNN)和生成对抗网络(GAN)方法所涉及的理论。他们确定了 3 个常见的潜在解决方案，每个解决方案都由几个测试组成，这些测试需要针对训练图像数据集的整个集合进行运行和评估。

在这种情况下，与另一组不同，他们失败的原因不是研究的深度。B 团队的研究方法适合这个用例。团队成员在最小可行产品(MVP)方面存在问题，因为他们尝试了太多东西，过于深入了。改变一个定制 CNN 的结构和深度需要几十次(甚至几百次)迭代，才能正确地解决试图解决的问题。这项工作应该在项目的开发阶段进行，而不是在评估阶段进行。通常是在根据早期结果选择单一方法之后进行。

虽然不是项目失败的主要原因，但错误实现的实验阶段可能会使原本可以成功的项目停滞或取消。这两个极端的例子都不合适，最好的做法是在两者之间取得平衡。

1.2.4　研发

直到周六凌晨 4 点，仍没有人认为代码质量很重要。你已经调试了 18 个小时的 bug，但仍然没有修复这些 bug。

对于机器学习项目来说，糟糕的开发实践可能会以多种方式表现，从而完全扼杀项目。尽管通常不像其他一些主要原因那样明显，但脆弱和设计不良的代码库以及糟糕的开发实践会使项目更难进行，更容易在生产中造成故障，随着时间的推移，更难改进。

让我们看看在建模解决方案开发过程中出现的一种非常简单和频繁的修改情况：对特征工程的更改。在图 1-9 中，我们看到两位数据科学家试图在单一代码库中进行一系列更改。在这种开发范式中，整个任务的所有逻辑都通过脚本化的变量声明和函数写在一个 Notebook 中。

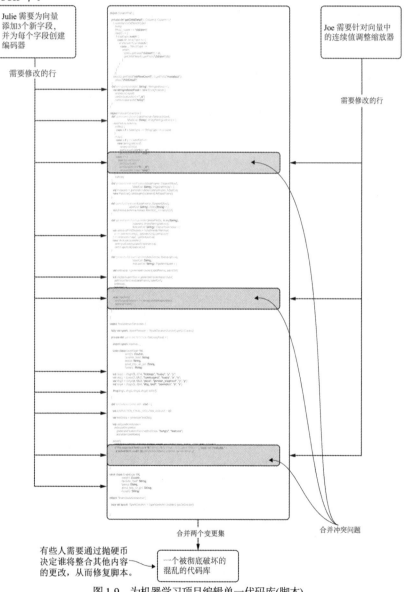

图 1-9　为机器学习项目编辑单一代码库(脚本)

　　Julie 可能需要在单体代码库中进行大量搜索和浏览，找到定义特征向量的每个单独位置，并将新字段添加到集合中。她的编码工作需要十分准确，并在整个脚本中正确的位置上进行。对于任何复杂的机器学习代码库来说，这都是一项艰巨的工作(因为如果在脚本范式中开发，特征工程和建模的代码行数可以达到数千行)，并且容易出现令人沮丧的错误，如遗漏错误、拼写错误和其他录入错误。

　　与此同时，Joe 要做的编辑工作要少得多。但他仍然受制于搜索长代码库以及依赖于正确编辑硬编码值的行为。

　　当他们试图将每个更改合并到脚本的单个副本中时，单体编程方法的真正问题就出现了。由于他们相互依赖于彼此的工作，因此双方都必须更新他们的代码并选择其中一个副本作为项目的主服务器(master)，并将对方的更改复制过来。这个漫长而艰巨的过程浪费了宝贵的开发时间，并且可能需要大量的调试才能确保正确。

　　图 1-10 显示了维护机器学习项目代码库的不同方法。这一次，模块化代码体系结构将图 1-9 中大型脚本里存在的紧密耦合分离开来。

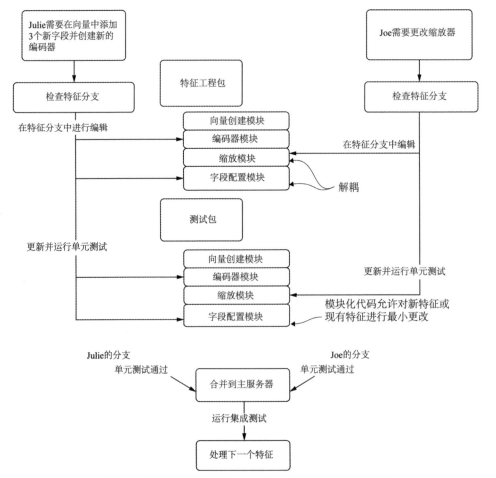

图 1-10　更新模块化机器学习代码库，以防止返工和合并冲突

　　这个模块化的代码库是在集成开发环境(Integrated Development Environment，IDE)中编写的。虽然两个数据科学家所做的更改在本质上与图 1-9 中所做的更改相同(Julie 正在向特征向量添加一些字段，并更新这些新字段的编码，而 Joe 更新特征向量上使用的标量)，但协同工作使得完成这些变更所花费的精力和时间截然不同。

　　Git 中注册了一个完全模块化的代码库，每个人都可以从主服务器中检出一个特征分支，对属于他们特征的模块进行小规模的编辑，编写新的测试(如果需要)，运行测试，并提交一个 pull 请求。一旦他们的工作完成，就可以将其更改提交到主服务器中，而不会相互影响。Julie 和 Joe 可以在单个构建中对代码进行更改，并运行完整的集成测试，从而安全地将代码合并到主服务器，并确保他们的工作正确。实际上，他们可以在相同的代码库上高效地一起工作，可以极大地减少错误，并减少调试代码的时间。

1.2.5　部署

　　不围绕部署策略规划项目就像在不知道会有多少客人的情况下举行晚宴。要么浪费资金，要么会让宾客的体验很糟糕。

　　对于新团队来说，机器学习项目中最令人困惑和最复杂的部分可能是如何构建成本效益部署策略。如果它"动力"不足，那么预测的质量就不重要了(因为基础设施不能正确地服务于预测)。如果"动力"过足，模型根本用不完这么多算力，必将造成大量浪费。

　　下面看一家快餐公司的库存优化问题。多年来，数据科学团队在为区域级分组的库存管理提供预测方面相当成功，每周都对每日的客户数量进行大量的批量预测，并每周提交预测结果。到目前为止，数据科学团队已经习惯了图 1-11 所示的机器学习体系结构。

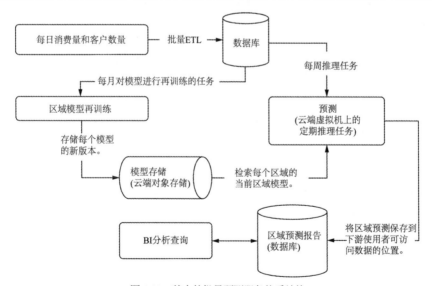

图 1-11　基本的批量预测服务体系结构

这种相对标准的用于提供定期批量预测的体系结构，侧重于将结果提供给内部分析人员，从而为订购的原料数量提供指导。这种为预测服务的体系结构并不特别复杂，是数据科学团队成员熟悉的范式。由于设计的定期同步性质，以及后续再训练和推理所用的大量时间，技术堆栈的一般复杂性不必特别高(这是一件好事，参阅下面的说明)。

公司意识到随着时间的推移使用这些批处理方法进行预测建模的好处，对数据科学团队的信心增加了。当出现需要在每家商店级别进行近乎实时的库存预测的新业务机会时，公司高管要求数据科学团队提供解决方案。

关于简单体系结构的简要说明

在机器学习的世界中，构建体系结构时始终争取使用尽可能简单的设计。如果项目需要一周的推理周期，则使用批处理(而不是实时流式处理)。如果数据量以兆字节为单位，则使用数据库和简单的虚拟机(而不是 25 节点的 Apache Spark 集群)。如果训练的运行时间以分钟为单位，则坚持使用 CPU(而不是 GPU)。

仅仅为了使用复杂的体系结构、平台或技术而使用它们，一定会让你后悔，因为那会给已经很复杂的解决方案带来不必要的复杂性。每引入一种新的复杂性，某些东西出现问题的可能性就会增加(通常以极其复杂的方式出现)。保持技术、堆栈和体系结构尽可能简单以解决项目迫在眉睫的业务需求，始终是推荐的最佳实践，这样可以为业务部门提供一致、可靠和有效的解决方案。

机器学习团队的成员明白他们的标准预测服务体系结构不适用于这个项目。他们需要为预测数据构建一个 REST 应用程序编程接口(API)，从而支持请求量和预测更新频率。为了适应将库存预测粒度深入到每家商店级别(以及其中涉及的波动性)，团队知道他们需要在一天中频繁地重新生成预测。带着这些要求，他们将寻求公司内部软件工程师的帮助，并构建解决方案。

直到项目上线一周后业务部门才意识到，使用云计算的成本比使用高效的库存管理系统的成本要高出一个数量级。新体系结构与解决问题所需要的自回归综合移动平均(Autoregressive Integrated Moving Average，ARIMA)模型相结合，如图 1-12 所示。

这个项目很快就会被取消，而且为了降低成本还会重新设计这个体系结构。这样的故事在使用机器学习解决新的、有趣的问题的公司中屡见不鲜(公平地说，在我的职业生涯中，曾 3 次引发过这样的问题)。

如果不在项目开始时关注部署和服务，构建一个设计不足、不符合服务水平协议(Service-Level Agreement，SLA)或设计过度、超出技术规范、成本过高的解决方案的风险将会很高。图 1-13 显示了一些(并非全部)与服务预测结果有关的要素，以及与这些范式的极端范围相关的成本。

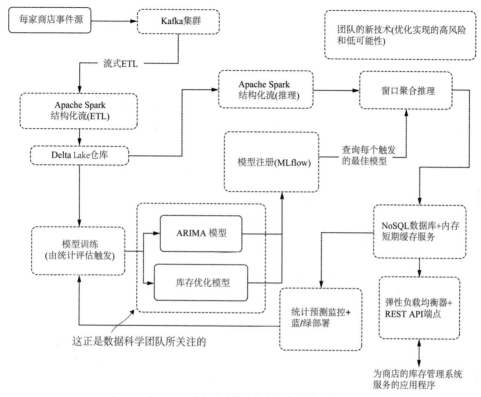

图 1-12　满足项目业务需求的较复杂的伪实时服务体系结构

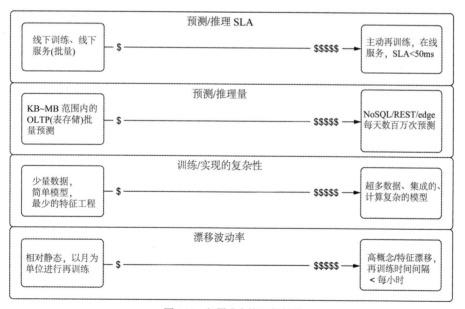

图 1-13　部署成本的注意事项

当面对一个用算法巧妙解决的新问题时，考虑成本似乎并不特别令人兴奋或重要。虽然数据科学团队可能不会考虑特定项目的总拥有成本，但请放心，高管们会考虑。通过在项目构建过程中及早评估这些因素，可以进行分析以确定项目是否值得继续。

毕竟，最好在计划的第一周就取消一个项目，而不是在花了几个月时间构建一个产品服务后关闭它。然而，要知道一个相对昂贵的体系结构是否值得继续下去，唯一的方法是测量和评估它对业务的影响。

1.2.6   评估

如果不能证明你的项目投入生产能够带来收益，不要指望它会存在很长时间。

取消或放弃机器学习项目最糟的原因是预算。通常，如果项目已经投入生产，与开发解决方案相关的前期成本就会被公司的领导所接受和理解。如果一个项目在开发完成后，因为不清楚其对公司的影响而被取消，那就完全是另一回事了。如果不能证明解决方案的价值，可能某天有人就会告诉你为了节省开支必须关掉这个项目。

想象一下，一家公司在过去的 6 个月里不知疲倦地致力于通过使用预测模型增加销售的新举措。数据科学团队成员在整个项目开发过程中都遵循了最佳实践——确保所构建的模型正是业务所要求的，并将开发工作集中在可维护和可扩展的代码方面——并将解决方案推向了生产环节。

这个模型在过去的 3 个月里表现出色。每次该团队对预测结果进行事后分析，结果都是非常接近的。然后，图 1-14 显示出不好的苗头，其中一位公司高管提出了一个简单的问题，他担心运行该机器学习解决方案的成本。

在创建机器学习项目时，团队忘记了一件事，那就是考虑如何将预测与业务的某些方面联系起来，从而证明项目存在的合理性。他们所构建的模型以及目前正在生产中运行的模型是为了增加收益，但当仔细检查使用它的成本时，团队意识到他们并没有想到使用归因分析方法证明解决方案的价值。

可以简单地将销售额加起来，并将其全部归因于模型吗？不，那完全不对。他们能了解一下销售额与去年的比较吗？这也不正确，因为太多潜在因素正在影响销售情况。

他们唯一能对模型进行归因的事情就是执行 A/B 检验，并使用可靠的统计模型计算收入提升(存在估计误差)，从而显示模型带来了多少额外销售额。然而，这艘船已经启航了，因为该解决方案已经为所有客户部署。该团队失去了证明该模型继续存在的机会。虽然该项目可能不会立即关闭，但如果公司需要减少预算支出，它肯定会被关闭。

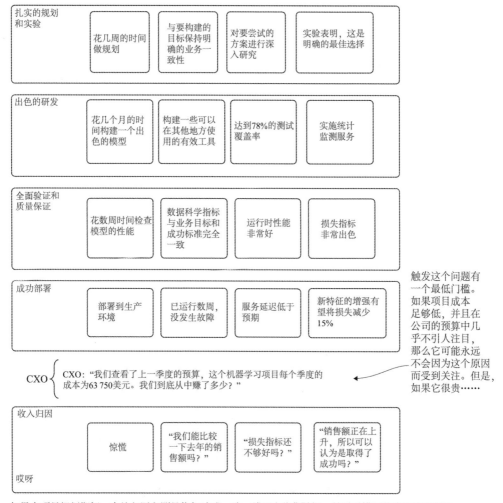

如果在项目规划期间，未就归因和测量指标达成一致，就不会收集数据，并且对模型的有效性没有按常规进行全面的统计分析，那么即使是一个出色的解决方案，也可能有一天会被关闭。

图 1-14 一个近乎完美的机器学习项目因为缺乏 A/B 检验和统计上有效的归因测量而被取消

提前考虑并为这种情况做计划总是一个好主意。不管它是否发生在你身上，我都可以保证，在某些时候它肯定会发生(我是在付出了两次艰难的代价之后，才总结出这个结论)。如果你有现成的"弹药"，通过有效的、统计上有意义的测试来证明模型继续存在的合理性，那么为你的工作辩护就会容易得多。第 11 章涵盖了构建 A/B 检验系统的方法、归因统计检验和相关的评估算法。

1.3 机器学习工程的目标

从最基本的意义上说，任何数据科学的主要目标都是通过使用统计、算法和预测建模来解决困难的问题，这些问题要么过于繁琐、单调、容易出错，要么对于人类来说过于复杂。这不是为了构建最奇特的模型，不是为了撰写关于解决方案方法的最令人印象深刻的研究论文，也不是为了寻找最令人兴奋的新技术而强迫他们工作。

我们在这个行业都是为了解决问题。数据科学家在可以用来解决这些问题的大量工具、算法、框架和核心职责中，很容易变得不知所措并专注于工作的技术方面。如果没有流程指南来解决机器学习项目工作的复杂性，数据科学家很容易忽视解决问题的真正目标。

通过关注 1.2 节强调的项目工作的核心内容，并阅读本书中更详细的介绍，你可以达到机器学习工作的真正理想状态：看到你的模型在生产中运行，并让它们解决实际的业务问题。

> **你可以这样做**
>
> 整个机器学习行业旨在让客户相信"你做不到"——"你"需要雇用机器学习方面的专业人士完成所有这些复杂的工作。他们这样做赚了很多钱。
>
> 但是相信我，你可以学习这些核心概念，并可以组建一个团队，遵循一种方法来完成机器学习工作，以显著提高项目的成功率。这项工作一开始可能很复杂，而且相当混乱，但遵循指导原则，并使用正确的工具管理复杂性，可以帮助团队开发任何复杂的机器学习解决方案，而不需要大量预算，也不会让数据科学团队因为不完善的解决方案而浪费时间。

在深入研究这些用于机器学习工作的方法的细节之前，请参阅图 1-15 中详细介绍的大纲。这实际上是一个生产中机器学习工作的流程计划，我已经看到它在所有团队的所有项目中被证明是成功的。

本书将涵盖这些元素，不仅关注每个元素的讨论和实现，还关注它们为何如此重要。这条道路——专注于帮助机器学习项目人员走向成功、使用正确的流程和工具——是建立在我的职业生涯中许多失败的项目基础之上的。但通过本书介绍的实践，你可以大幅降低失败的概率，从而能够构建更多更好的项目。这些项目不仅可以投入生产，还可以被使用并留在生产中。

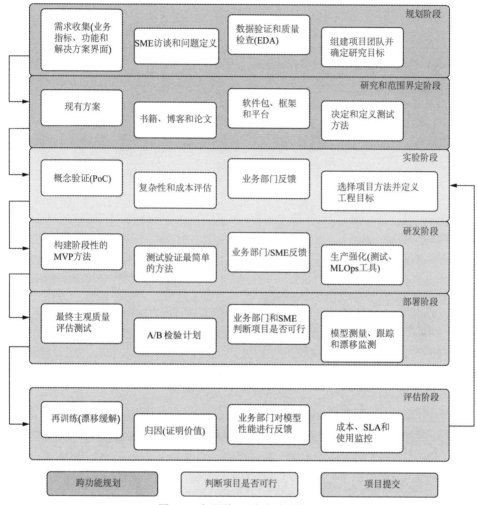

图 1-15 机器学习工程方法论构成图

1.4 本章小结

- 机器学习工程师需要了解数据科学、传统软件工程和项目管理的各个方面,从而确保机器学习项目得到高效开发、专注于解决实际问题并且可维护。
- 在机器学习工作的 6 个主要项目阶段(规划、研究和范围界定、实验、研发、部署和评估)中关注最佳实践,有助于项目最大限度地降低被放弃的风险。
- 摆脱对技术实现细节、工具和方法新颖性的担忧,将有助于将项目工作集中在真正重要的事情上:解决问题。

第 *2* 章

数据科学工程

本章主要内容

- 阐明数据科学家和机器学习工程师之间的区别
- 专注于所有项目工作的简单性，以降低风险
- 将敏捷基础知识应用于机器学习项目工作
- 说明 DevOps 和 MLOps 之间的异同

在第 1 章，从项目工作的角度介绍了机器学习工程的组成部分。从项目级别的角度解释数据科学家工作的这种方法需要哪些内容只是故事的一部分。从更高的层面来看，机器学习工程可以被认为是一个包含 3 个核心概念的综合方案。

- 技术(工具、框架、算法)
- 人(协作、沟通)
- 过程(软件开发标准、实验的严谨性、敏捷方法)

这一工作的简单事实是，如果专注于每个要素，项目通常会取得成功。如果忽略其中一个或多个要素，项目往往会失败。这就是实践中机器学习项目的失败率如此夸张且经常被引用的原因(在机器学习解决方案提供商的营销材料中，可以看到这样的分析)。

本章在较高层次上介绍了成功项目的 3 个组成部分。运用适当的平衡，专注于创建可维护的解决方案，以协作和包容的方式与内部客户(公司的业务部门)共同开发，将大大增加构建持久的机器学习解决方案的可能性。毕竟，数据科学家工作的重点是解决问题。使工作模式与经过验证的侧重于可维护性和效率的方法一致，可以直接以更少的消耗解决更多的问题。

2.1 用提高项目成功率的过程增强复杂的专业

在 C. Hayashi 等人汇编的 *Data Science, Classification, and Related Methods*(Springer, 1996)中介绍了数据科学的最早定义，其中包含以下 3 个重点。

- 数据设计：具体而言，计划如何收集信息、需要以何种结构获取信息，从而解决特定问题。
- 数据收集：获取数据的行为。
- 数据分析：通过使用统计方法洞察数据，从而解决问题。

大多数现代数据科学主要集中在这 3 项中的最后一项(尽管在许多情况下，数据科学团队被迫开发自己的 ETL)，因为前两项通常由现代数据工程团队处理。在这个广义的术语中，数据分析是现代数据科学的一大重点：应用统计技术、数据操作活动和统计算法(模型)从数据中获取洞察力并做出预测。

图 2-1 的上半部分从技术角度说明了现代数据科学家的关注点(该图只进行简要概述)。这些是大多数人在谈论我们所做的事情时关注的专业元素：从数据访问，到利用令人眼花缭乱的算法和高级统计数据构建复杂的预测模型。它并不是对数据科学家在进行项目工作时实际工作内容的准确描述，而是侧重于解决问题时使用的一些方法和工具。以这种方式思考数据科学，几乎与通过列出语言、算法、框架、计算效率和其他技术因素对软件开发人员的工作进行分类一样毫无用处。

可以在图2-1 中从顶部看到数据科学的技术重点(许多从业者极其关注的)如何只是底部所示的更广泛系统的一个方面。正是在这个区域，机器学习工程，互补的工具、过程和范式，提供了一个指导框架，在数据科学核心技术的支持下，通过一种更有建设性的方式运行。

机器学习工程作为一个概念是一种范式，可帮助从业者专注于项目中真正重要的某一方面：为实际问题提供可行的解决方案。不过，要从哪里开始呢？

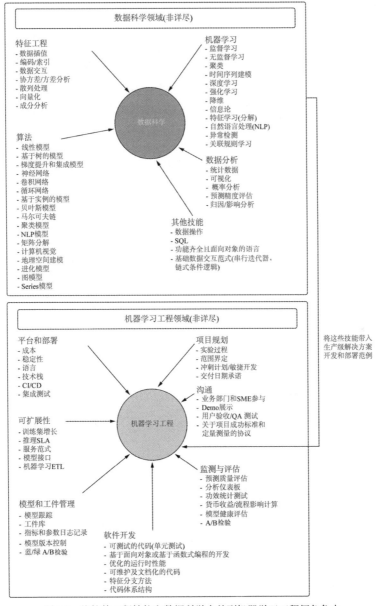

图 2-1　将软件工程技能和数据科学合并到机器学习工程师角色中

2.2　简单的基础

　　要真正解释数据科学家的工作时，没有什么比"他们通过创造性的应用程序使用数据解决问题"更简洁了。尽管定义如此宽泛，它仍反映了可以根据记录的信息(数据)开发各种解决方案。

在寻求解决业务问题的过程中，对于数据科学在算法、方法或技术方面所做的工作没有任何规定。事实上，恰恰相反。我们是运用广泛的技术和方法的问题解决者。

遗憾的是，对于这个领域的新人来说，许多数据科学家认为，只有使用最新、最好的技术，才会为公司提供价值。经验丰富的数据科学家应该意识到，真正重要的是解决问题，而不是关注在一份重要的白皮书中列出的新方法，或在博客文章中大肆宣传的新方法。与新技术和新方法一样令人兴奋的是，数据科学团队的作用是通过其提供的解决方案的质量、稳定性和成本来衡量的。

如图 2-2 所示，机器学习工作中最重要的一部分是在面临任何问题时设定复杂性"路径"。通过将这种思维模式作为机器学习原则的真正基石(专注于解决业务问题的最简单解决方案)来处理来自企业的每个新问题，可以专注于解决方案本身，而不是特定的方法或花哨的新算法。

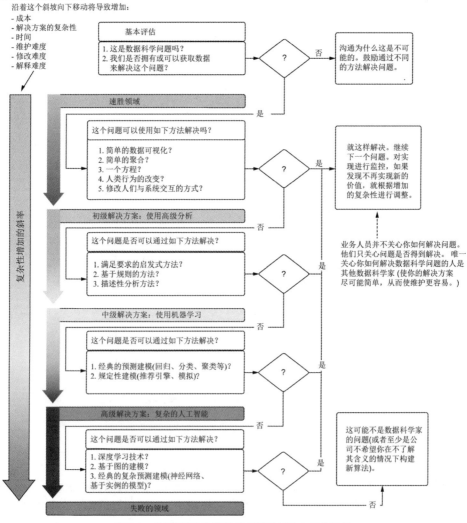

图 2-2 为机器学习问题构建最简单解决方案的指南

围绕这个原则建立焦点——追求以尽可能简单的实现解决问题——是构建机器学习工程所有其他方面的基础。到目前为止，它是机器学习工程中最重要的方面，因为它将影响项目工作的所有其他方面、范围界定和实现细节。争取尽早退出这个"路径"可能是决定一个项目是否会失败的最大驱动因素。

"但如果解决方案不使用人工智能技术，就不是数据科学的工作了"

我从来没有期望使用某种技术、特定算法、框架或方法来进入这条职业道路。我遇到过很多这样的人，而且我在整个职业生涯中认识的许多人最终都惊讶于他们最终很少使用某种通用框架或软件库完成工作。大多数人特别惊讶于花了多少时间编写 SQL、对数据进行统计分析以及清理杂乱的数据来解决问题。

我的许多同行对自己在"现实世界"中很少应用尖端方法感到不满，我好像从来没有这种令人沮丧的经历，因为我在进入机器学习行业之前就从事分析工作。在进入这个领域的早期，我就明白：最简单的解决问题的方法总是最好的方法。

原因很简单：我必须维护这个解决方案。无论是每月、每天还是实时，我的解决方案和代码都需要我进行调试、改进、排除不一致的问题。坦率地说，就是保持项目持续运行。给定的解决方案越复杂，诊断故障所需要的时间就越长，诊断故障就越困难，为添加功能而更改内部逻辑就越令人沮丧。

在解决方案中追求简单性(即最简单的设计和方法仍然可以解决问题)直接表现为花在维护解决方案上的时间更少。这让你有更多的时间解决更多的问题，为公司带来更多的价值，也让你接触更多其他问题。

我经常看到有人使用令人兴奋的算法却得到令人沮丧的结果。其中一个更值得注意的场景是用于提升图像分辨率的 GAN，它是由 12 名数据科学家组成的团队花了 10 个月的时间才达到生产就绪和可扩展状态的技术。在与 C 级员工交谈时，他们说他们正在聘请顾问来构建客户流失模型、欺诈模型和收入预测模型。他们觉得必须聘请外部顾问来完成重要的关键建模工作，因为内部团队忙于研发项目。在与那家公司合作的 12 周内，整个数据科学团队被解雇了，这个图像处理项目也被放弃了。

有时候，做一些基本的、但可以为公司带来巨大价值的工作，可以帮助你保住工作(这并不是说预测、流失和欺诈建模很简单，即使它们看起来不是特别有趣)。

2.3　敏捷软件工程的工作原则

DevOps 为软件开发带来了成功的工程工作指导方针和可论证的范例。随着敏捷宣言(Agile Manifesto)的出现，经验丰富的行业专业人士认识到软件开发方式的缺陷。我和我的一些同事尝试将这些指导原则应用于数据科学领域，如图 2-3 所示。

通过对敏捷开发原则进行微小修改，我们拥有了将数据科学应用于业务问题的规则基础。我们将涵盖所有这些主题(包括为什么它们如此重要)，并在本书中给出如何应用它们解决问题的示例。虽然其中一些与敏捷原则有很大的不同，但是机器学习项目工作的适用性为我们和其他许多人提供了可重复的成功模式。

敏捷宣言原则

机器学习的敏捷性

敏捷宣言原则	机器学习的敏捷性
通过尽早和持续交付有价值的软件使客户满意	通过包容和频繁的反馈让客户满意
乐于接受需求的变化，即使是在开发后期	构建可修改的代码库以支持频繁的特征工程变更
经常交付可运行的软件(几周而不是几个月)	通过在整个开发过程中安排演示，尽早并经常获得反馈
业务人员和开发人员之间密切的日常合作	经常与SME合作
项目是围绕积极的个人建立的，他们应该值得信任	机器学习项目是围绕定量和定性评估构建的，并作为有效性的衡量标准
面对面交谈是最好的沟通方式(同地办公)	机器学习项目应该专注于以最简单的方式解决问题
可以运行的软件是衡量进度的主要标准	机器学习项目应该关注可维护性而不是复杂性
可持续发展，能够保持稳定的步伐	迭代和可持续的开发，并定期对功能进行演示
持续关注卓越的技术和良好的设计	持续关注卓越的技术和良好的设计
简单——使未完成工作量最大化的艺术——是必不可少的	跨项目可重用和标准化的代码，从而最小化bug，并最大化生产力
最好的架构、需求和设计来源于自组织的团队	最好的机器学习解决方案来自专注于解决问题的团队
通常，团队会反思如何变得更有效率，并做出相应的调整	该团队征求客户的反馈意见，并采用相应的方法来解决问题
	不要对数据做任何假设。要做的是验证和分析

敏捷宣言归功于最初有17名开发人员的团队，他们于2001年在美国犹他州的Snowbird会面，起草了这些原则，并记录在"敏捷软件开发宣言"中

图2-3 将敏捷宣言的内容应用于机器学习项目工作

然而，当应用于机器学习项目时，敏捷开发的两个关键点可以显著改善数据科学团队的工作方式：沟通与合作，以及拥抱并期待改变。接下来看看具体如何实现。

2.3.1 沟通与合作

正如本书中多次讨论的那样(特别是在接下来的两章中)，成功的机器学习解决方案开发的核心原则是以人为中心的。对于一个如此沉浸于数学、科学、算法和编码技巧的职业来说，似乎不可思议。

现实是，问题的解决方案的高质量实现，永远不会凭空产生。我参与过或见过其他人实现的最成功的项目，都是更多地关注人，以及与项目相关的沟通，而不是围绕开发工具和通用流程(或文档)。

在传统的敏捷开发中，这听起来非常正确，但对于机器学习工作而言，编写解决方案的程序员与构建解决方案的人之间的交互更为关键。这是由构建解决方案所涉及的复杂性造成的。由于机器学习的绝大多数工作对一般的外行来说相当陌生，需要多年的专门研究和不断学习才能掌握，我们需要投入更大的精力进行有意义和有效的讨论。

要使一个成功的项目返工量最少，最大的驱动因素是机器学习团队和业务部门之间的协作。确保成功的第二大因素是机器学习团队内部的沟通。

用独来独往的心态处理项目工作(大多数人在整个学术生涯中一直关注的焦点)对解决困难的问题适得其反。图2-4展示了这种冒险行为(我在职业生涯早期就这么做过，也多次看到别人这样做)。

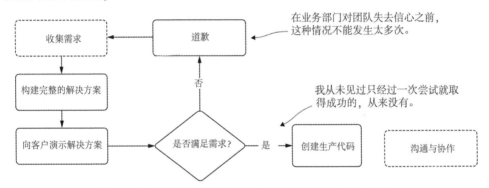

图2-4　独立开发完整机器学习解决方案的惨痛教训。很少会成功

形成这种开发风格的原因可能很多，但最终结果通常是相同的：要么大量返工，要么是从业务部门获得很多挫败感。即使数据科学团队没有其他成员(一个人的"团队")，请同行评审，并向业务部门的其他软件开发人员、架构师或 SME 展示正在构建的解决方案，也会很有帮助。

你最不想做的事情(相信我，我已经完成了，而且很糟糕)是收集需求，并在不与任何人沟通的情况下解决问题。在这种情况下，满足所有项目要求、获得正确的边缘案例及构建满足客户期望的东西的可能性非常小。如果它运行得很好，也许你应该考虑用你多余的运气去买一些彩票。

用于机器学习的更全面且与敏捷一致的开发过程，与用于通用软件开发的敏捷方式非常相似。主要区别是通用软件开发不一定需要额外的内部演示(同行对功能进行评审通常就足够了)。对于机器学习工作，重要的是将性能作为一个指标显示，看它如何影响传递到代码中的数据，进行功能演示，并显示输出的可视化效果。图 2-5 展示了一种更好的基于敏捷的机器学习工作方法，着重于内部和外部的协作和沟通。

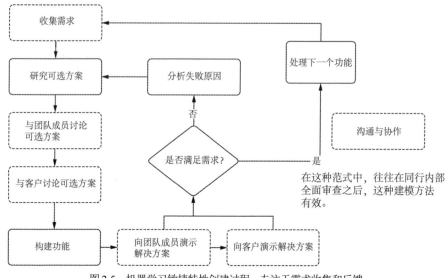

图 2-5 机器学习敏捷特性创建过程，专注于需求收集和反馈

团队成员之间更高层次的互动几乎总是会为假设事实提供更多的想法、观点和挑战，从而带来更高质量的解决方案。如果你选择将客户(请你帮忙的业务部门)或同行排除在讨论之外(即使是关于开发选择中的微小细节)，那么你所构建的模型可能不是他们所期望的，或者增加这种可能性。

2.3.2 拥抱并期待改变

不仅在实验和项目方向上，而且在项目开发中也要做好准备，并期待不可避免的变化发生，这一点至关重要。在我参与过的几乎每个机器学习项目中，项目开始时定义的目标从未被证明与最终构建的完全一致。这适用于从特定技术、开发语言和算法到对数据的假设或期望的所有事情，有时甚至适用于首选使用机器学习解决问题(例如，一个简单的聚合指示板帮助人们更有效地解决问题)。

如果你为不可避免的变更做了计划，那么可以将注意力集中在所有数据科学工作中最重要的目标上：解决问题。这种期望还有助于将注意力从无关紧要的元素(花哨的算法、酷炫的新技术或开发解决方案的强大框架)上移开。

如果不期望或不允许更改发生，关于项目实现的决定可能会使修改变得非常具有挑战性(或不可能)，最后可能不得不重新编写所有代码。通过思考项目的方向如何改变，工作被强制变成松散耦合的功能模块，从而减少修改对已完成工作的其他部分的影响。

"敏捷"采用了这种松散耦合设计的概念，并且非常注重在迭代冲刺阶段构建新功能，因此即使面对动态和不断变化的需求，代码仍然可以正常工作。通过将这种范式应用于机器学习工作，可以相对简化突然的甚至是迟来的变化——当然是在合理的范围内。

例如，从基于树的算法转变为深度学习算法不可能在两周的冲刺阶段完成。虽然进行了简化，但并不能保证实现起来非常简单。不过，预测变化并构建支持快速迭代和修改的项目体系结构，确实可以让开发过程更加容易。

2.4　机器学习工程的基础

既然已经了解了数据科学将敏捷原则应用于机器学习作为工作的基石，那么下面简要了解一下整个生态系统。我在行业中的许多遭遇证明这个项目工作系统是成功的，可以构建有弹性的实用解决方案来解决问题。

正如本章介绍中所提到的，将 MLOps 作为一种范式的想法源自 DevOps 在软件开发中的应用。图 2-6 显示了 DevOps 的核心功能。

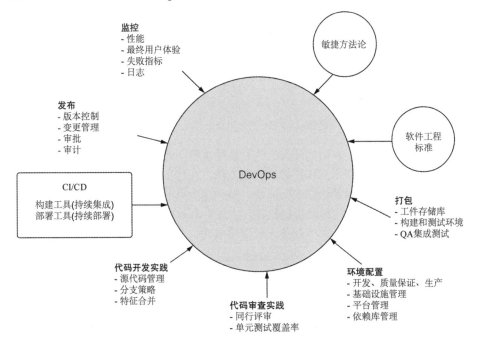

图 2-6　DevOps 的组成部分

如我们在 2.3 节中所做的，将这些核心原则与敏捷方法进行比较，图 2-7 显示了 DevOps 的数据科学版本：MLOps。通过这些元素的合并和整合，可以完全避免数据科学工作中最灾难性的事件：失败、取消或未被采用的解决方案。

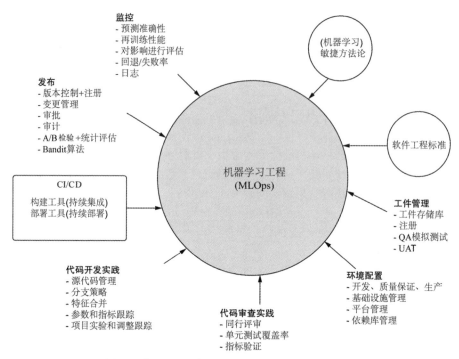

图 2-7 使 DevOps 原则适应机器学习项目工作(MLOps)

在整本书中，不仅会介绍为什么这些元素很重要，还会展示实用的示例和积极的实现方法。你可以遵循这些示例和积极的实现方法，在你自己的工作中进一步巩固这些实践。毕竟，这一切的目标是让你走向成功。做到这一点的最佳方法是，通过提供指导方针，指导你如何处理项目工作，提供价值，并使你和你的数据科学团队成员尽可能容易地维护这些工作，从而帮助你的业务人员取得成功。

2.5 本章小结

- 机器学习工程将数据科学家、数据工程师和软件工程师的核心能力融入一个混合角色中，支持创建机器学习解决方案，专注于通过严格的专业软件开发解决问题。
- 开发最简单的解决方案有助于降低给定项目的开发、计算和操作的成本。
- 在机器学习项目中借鉴和使用敏捷原则，将有助于缩短开发周期，使开发体系结构更容易修改，并加强复杂应用程序的可测试性，减少维护负担。
- 像 DevOps 加强了软件工程工作一样，MLOps 加强了机器学习工程的工作。虽然它们的许多核心概念是相同的，但管理模型工件和执行新版本的连续测试等其他技术，引入了有细微差别的复杂性。

第 3 章

在建模之前：规划和确定项目范围

本章主要内容
- 为机器学习项目工作定义有效的规划策略
- 使用有效的方法评估机器学习问题的潜在解决方案

机器学习项目中的两个最大杀手往往超出数据科学家的想象。这些杀手与算法、数据或技术敏锐度无关，与使用的平台完全无关，也与优化模型的处理引擎无关。项目不能满足业务需求的最大问题出现在项目的规划和范围确定阶段。

我们在从事数据科学工作之前所接受的大部分教育和培训，重点都放在独立解决复杂问题上。自己一个人专注于理解算法的理论和应用方面表现出被别人认可的技能，这些训练告诉我们以后在工作中通过单打独斗的方式完成任务。当面对一个问题时，我们要想办法解决它。

在现实生活中，一个人的数据科学能力与他运用知识和技能解决其他学术问题所需要的能力一样。实际上，数据科学这个专业远不止算法和如何使用它们的知识积累。这是一个高度协作的领域，最成功的项目是由整合的团队成员一起工作，在整个过程中密切沟通。有时隔离是由公司文化造成的(在"保护"团队免受项目随机请求打扰的误导下，有意将团队与组织的其他成员隔离开)，有时是团队自己造成的。

本章介绍了为什么这种范式转变让机器学习团队较少关注如何实现算法、技术和独立工作，而更多地关注当前项目的沟通和协作可以为项目成功带来什么。这种转变有助于减少实验时间，让团队专注于构建适用于业务部门的解决方案，并计划分阶段的项目工作，将跨职能团队的SME知识结合起来，显著增加项目成功的机会。

将尽可能多的人聚集在一起，创建问题的可行解决方案，这一包容性旅程的开始是在确定范围阶段。让我们将一个机器学习团队没有进行范围界定和规划的工作流(见图 3-1)与包含适当范围和规划的工作流(见图 3-2)放在一起进行对比。

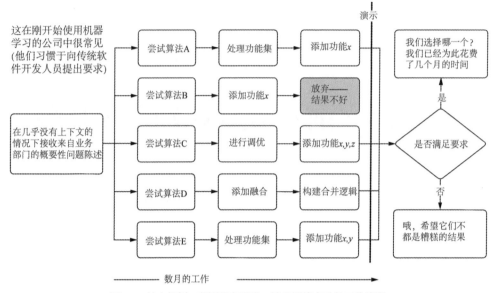

图 3-1 缺少规划，范围界定不当，缺乏围绕实验的工作流程

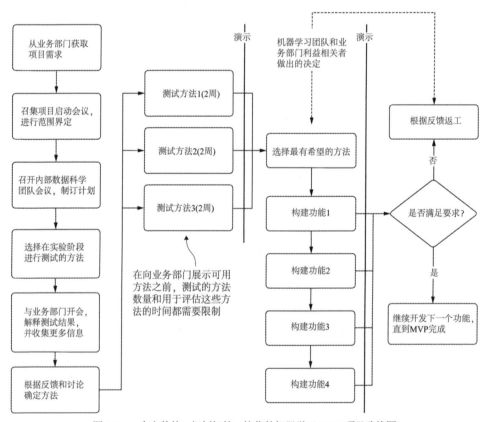

图 3-2 一个完整的、规划好的、协作的机器学习 MVP 项目路线图

这些机器学习团队成员完全没有自己的过错(除非我们想责怪团队没有强制要求业务部门提供更多信息，我们不会这样做)，他们尽最大努力构建了几个解决方案，以解决他们遇到的模糊需求。如果幸运，他们最终会得到 4 个 MVP，而在 3 个 MVP 上浪费了几个月的精力，这 3 个 MVP 永远不会投入生产(浪费了大量的时间和资源)。如果他们非常不走运，即便投入了数月的时间，也无法解决业务部门希望解决的问题。不管怎样，以上的结果都是糟糕且无法接受的。

通过图 3-2 所示的充分范围界定和规划，构建解决方案所花费的时间大大减少。产生这种变化的最大原因是需要验证的方法更少(所有的时间框显示只需 2 周时间)，主要是因为团队会收到内部客户"更早且经常性"的反馈。另一个原因是，在新功能开发的每个阶段都会召开快速会议并演示新增的功能，以供 SME 进行验收测试。

除了显著提高效率，这种与内部客户相互包容的方法的另一大好处是显著增加了最终解决方案满足业务预期的可能性。图 3-1 所示的极端风险已经一去不复返了：经过数月的工作，交付多个解决方案，却发现整个项目需要从头开始。

> **规划、范围界定、头脑风暴和组织会议不是项目经理的事情吗？**
>
> 一些机器学习从业者可能不愿在机器学习项目的讨论中包含规划(计划)、沟通、头脑风暴和其他以项目管理为中心的内容。对此，听听我的经历：在我参与过的最成功的项目中，机器学习团队负责人不仅与所有其他参与的团队的负责人和项目经理密切合作，而且还与请求解决方案的部门紧密合作。
>
> 由于参与解决方案的项目管理工作，团队将大幅减少花在变更和返工上的工作量。团队成员可以通过整体方法专注于开发，从而获得交付生产的最佳解决方案。
>
> 相比之下，在孤岛中运作的团队通常很难获得成功。这种挣扎可能是由于未能以抽象的方式进行讨论，从而使其他人无法为解决方案贡献想法(例如，机器学习团队将讨论重点放在实现细节上，或者在会议期间对算法的讨论过于深入)。此外，抱着"我们不是项目经理"的态度……"我们的工作是建立模型"。在跨职能团队中，如果没有适当而有效的沟通，最终结果总是会导致项目内子团队之间的关系变得混乱与对立。
>
> 在项目的早期阶段，对跨职能团队中无数的观点报以开放的心态(乐于听取他人的意见和想法，无论他们的技术敏锐度如何)和慷慨的拥抱，你可能会发现有更简单的解决方案出现在眼前。我想说的是，最简单的方法就是最好的方法(因为对于机器学习从业者来说，重复是经验之谈)。我发现，大多数情况下这些发现发生在早期规划和范围界定阶段。

在本章(以及第 4 章)中，将介绍进行有效讨论的方法、在这个阶段我常用的指导原则，以及我多次在这个阶段搞砸之后学到的一些经验教训。

> **但是，如果我们所有的测试都是垃圾呢？**
>
> 关于图 3-2，我收到了一些相当一致的反馈。几乎所有参与过机器学习项目的人都会问这个问题："好的，Ben，限制测试范围绝对是个好主意。但如果这些都不管用呢？又该怎么办？"
>
> 我以同样的方式回应大家："你还能做什么？"

这似乎是最迟钝的答案，但它打开了围绕项目的更大的元问题。如果对最有希望的测试方法的所有研究都失败了，那么你试图解决的问题在开发强度和时间方面的耗费可能会非常大。如果项目足够重要，业务部门坚决不接受额外测试带来的延迟，并且团队有足够的资源来支持额外的工作，那么就去做。开始新一轮测试。如果需要，请寻求帮助。

然而，如果项目不满足这些要求，则向业务部门解释继续工作将承担巨大的风险，这一点至关重要。这一阶段的评估非常关键，原因无非是要做出决定："我们真的可以建立这个吗？"或者"我们是否知道可以构建它？"

如果答案不是非常肯定的，并且没有量化的证据来支持这个论断，那么要对业务部门坦诚相待，进一步进行概念验证工作，并与项目所有者就项目周围的所有未知元素进行关于风险的讨论。

3.1 规划：你要我预测什么

在了解机器学习项目的成功规划阶段之前，先来模拟一个典型项目的起源：这家公司没有建立或使用经过验证的机器学习工作流程。想象一下，我们在一家电子商务公司工作，这家公司正在尝试实现网站现代化。

多年来，在看到竞争对手通过在其网站上添加个性化服务获得巨大的销售收益后，公司的 C 级员工要求公司在推荐方面全力以赴。公司高层中没有人完全了解构建这些服务的技术细节，但他们都知道，首先要与机器学习的书呆子们打交道。业务部门(在本例中是销售部门领导、市场营销和产品团队)召集会议，邀请整个机器学习团队参加，除了标题"个性化推荐项目启动"外，几乎没做任何其他说明。

管理层和你合作过的各个部门都对你的团队构建的小型机器学习项目(欺诈检测、客户估值估计、销售预测和流失概率风险模型)感到满意。从机器学习的角度来看，之前的每个项目虽然在各方面都很复杂，但在很大程度上是孤立的——在机器学习团队中处理，机器学习团队提出了一个各个业务部门可以使用的解决方案。这些项目都不需要主观质量估计或过多的业务规则来影响结果。这些解决方案的数学纯粹性根本无法争论或解释。要么对，要么错。

数据科学团队以一个新概念与业务部门接洽：使网站和移动应用程序现代化。高管听说了个性化推荐带来的巨大销售收益和极高的客户忠诚度，希望你的团队构建一个系统，整合到网站和应用程序中。他们希望每个用户在登录时都能看到一个独特的产品列表，希望这些产品对用户具有相关性和趣味性。最终，他们希望增加用户购买这些产品的数量。

在展示其他网站示例的简短会议后，他们询问系统准备就绪需要多长时间。根据过去阅读的有关这些系统的几篇论文，你估计大约需要两个月，然后开始工作。团队在第二天的每日例会期间制订了一个暂定的开发计划，每个人都开始尝试解决问题。

你和机器学习团队的其他成员假设管理层正在寻找许多其他网站中表现出的行为，这些网站在主页推荐产品。毕竟，这是最纯粹意义上的个性化：通过算法预测的与个人用户相关的独特产品集合。这种方法看起来很简单，大家都同意，团队开始快速计划如何构建一个数据集，该数据集仅根据每个网站会员和移动应用程序用户的浏览和购买历史记录显示其关注的产品关键字排名列表。

等一下。对项目进行规划是否违背敏捷原则

是，但也不是。引用 Scott Ambler(敏捷基础过程方面最多产的作家之一)的话："项目计划很重要，但它不能太死板，要适应技术或环境的变化、考虑利益相关者的优先级以及人们对问题及其解决方案的理解"。

在我的职业生涯中，这种误解经常出现。Ambler 和敏捷宣言的最初创建者指出，项目不应该被预先计划好的、不可变的脚本所支配，脚本中包含了需要构建的元素。我们的意图不是，而且从来都不是完全不做计划。只是在制订计划时要灵活，以便在需要时能够改变计划。

如果出现了一种更简单的方法来实现某事，一种更好的方法来减少复杂性，同时仍然实现相同的最终结果，那么项目计划应该进行更改。在机器学习的世界中，这种情况经常发生。

也许，在项目一开始(在研究阶段彻底完成之前)，跨职能团队确定唯一可能的解决方案是很复杂的建模方法。然而在进行了实验之后，研究小组发现，可以开发一个简单的线性方程，以可接受的精度解决问题，而开发时间和成本只是原来的一小部分。虽然最初的计划是使用深度学习解决问题，但团队可以、应该也必须转向更简单的方法。当然，计划变了，但如果一开始就没有计划，研究和实验阶段就会像一艘迷失在夜晚的船，没有导航，没有方向，在黑暗中胡乱航行。

在机器学习中，需要用到计划，但关键是不要把这些计划固定下来。

在接下来的几个阶段中，你都独自努力工作。你测试了在博客文章中看到的数十种实现，使用了多种关于解决隐式推荐问题的不同算法，最后使用交替最小二乘法(Alternating Least Squares，ALS)构建了一个 MVP 解决方案，实现了均方根误差(Root Mean Squared Error，RMSE)为 0.2334，以及实现了基于先前行为的相关性排序评分。

你满怀信心地向业务团队发起人展示了一些令人惊奇的东西，你带着测试 Notebook、显示总体指标的图表，以及你认为会真正给团队留下深刻印象的示例推理数据参加会议。首先展示关于亲和力的整体比例评分等级，将数据显示为 RMSE 图，如图 3-3 所示。

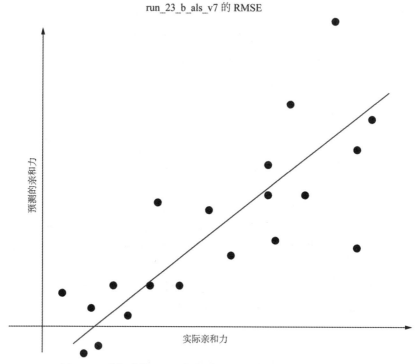

图 3-3　一个标准的 RMSE 损失图，用于展示亲和力的预测值得分

　　人们对图表展示的反应平平。但引出了一系列问题，这些问题集中在数据的含义、与点相交的线的含义以及数据是如何生成的。在这个会议中，不再集中讨论解决方案和你希望开展的下一阶段(提高准确性)，而是开始陷入混乱和无聊的混合状态。为了更好地解释数据，你使用归一化折损累积增益(Non_Discounted Cumulative Gain，NDCG)指标显示排名有效性，从而说明随机选择的单个用户的预测能力，如图 3-4 所示。

用户ID	条目ID	实际排名	预测排名	DCG值
38873	25	1	3	3.0
38873	17	2	2	1.26186
38873	23	3	6	3.0
38873	11	4	1	0.403677
38873	19	5	5	1.934264
38873	3	6	4	1.424829

图 3-4　单个用户推荐引擎的 NDCG 计算。在没有上下文的情况下，
呈现这样的原始分数对数据科学团队没有任何好处

　　图 3-3 带来了些许困惑感，图 3-4 中的表却带来了完全的混乱。没有人了解或看到所展示的内容与项目之间的相关性。每个人唯一的想法是："这真的是几周的努力结果吗？数据科学团队一直在做什么？"

在数据科学团队解释这两个可视化图表的过程中，一名市场分析师开始在为会议提供的示例数据集中查找一个团队成员账户的产品推荐列表。图 3-5 说明了结果以及市场分析师的想法，同时给出了列表中每个建议的产品目录数据。

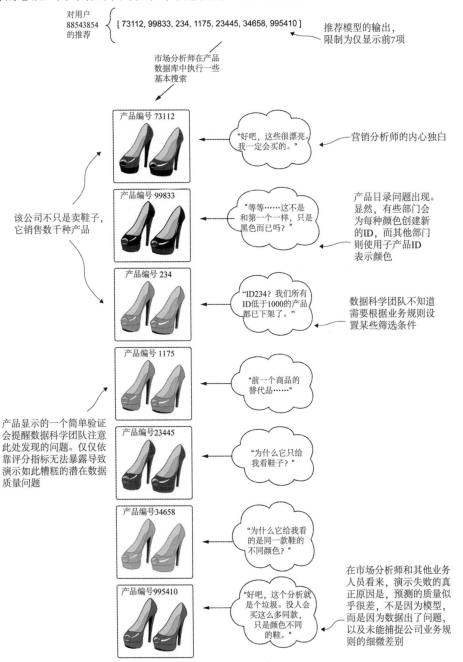

图 3-5　使用视觉模拟进行 SME 定性验收测试

　　实际上，数据科学团队从这次会议中学到的最大教训并不是必须以模拟最终用户的预测方式验证其模型的结果。尽管这是一个重要的考虑因素，并且在本书后面的内容中进行了讨论，但造成模型效果如此糟糕的原因是团队没有正确计划该项目的细微差别，这一点非常重要。

不要盲目相信你的指标

　　在进行特别大规模的机器学习时，严重依赖模型的误差指标和验证分数非常诱人。它们不仅是衡量大型数据集预测客观质量的唯一真正实现方法(这是许多人最近经常遇到的)，而且往往是判断特定实现的预测质量的唯一真实、有效的量化方法。

　　但是，重要的是不要只依赖这些模型评分指标。虽然一定要用它们(即适合手头工作的情况)，但要用其他方法获得对预测有效性的主观测量，以进行补充。如图 3-5 所示，单个用户预测的简单可视化显示了预测排序评分算法(或损失估计)与主观质量评估的比较。

　　记住，数据科学团队成员不应该进行这种额外的最终模拟样本评估，除非担任 SME 对模型进行审查。对于正在讨论的用例，数据科学团队应该与市场分析师合作，在向更大的团队展示结果之前，进行一些非正式的质量保证(Quality Assurance，QA)验证。

　　数据科学团队根本没有从参加会议的其他团队成员的角度理解业务问题，而他们知道所有众所周知的细节都埋在数据中的特定位置，并且对数据和产品的性质拥有数十年的知识累积。这次失败的责任不仅仅在项目经理、数据科学团队负责人或任何团队成员身上。而是更大团队的每个成员在没有彻底定义项目的范围和细节方面的集体失败。他们应该怎么办呢？

　　分析师通过查看自己的账户，发现了许多对他们来说显而易见的问题。他们看到了由于旧产品 ID 下架而导致的重复产品数据，知道鞋类部门为每种鞋款的每种颜色使用了单独的产品 ID，这两个核心问题导致了糟糕的演示结果。发现的所有问题导致项目很可能被取消，这都是由于项目规划不当造成的。

3.1.1　项目的基本规划

　　任何机器学习项目的规划通常都从高层次开始。业务部门、主管甚至数据科学团队的成员都提出了一些想法，即利用数据科学团队的专业知识来解决一个具有挑战性的问题。虽然在早期阶段通常只是一个概念，但这是项目生命周期中的关键时刻。

　　在我们讨论的场景中，高层的想法是实现个性化。对于经验丰富的数据科学家来说，这可能意味着很多事情。对于业务部门的 SME 来说，可能意味着数据科学团队可以想到的许多相同概念，但也可能不是。从一个想法产生的早期阶段到基础研究开始之前，参与这个项目的每个人应该做的第一件事就是开会。会议的主题应该集中在一个基本要素上：为什么要构建这个项目？

　　这听起来像是一个充满敌意或对抗性的问题。听到这句话可能会让一些人大吃一惊。然而，这是最有效和最重要的问题之一，因为它开启了对人们希望构建项目的真正动机的讨论。是为了增加销量吗？是为了让外部客户更快乐吗？还是让人们在网站上浏览更长时间？

其中每一个细致入微的答案都可以揭示本次会议的目标：定义对所有机器学习工作输出的预期。这些答案还满足模型性能的测量指标标准，以及生产性能的归因评分(稍后将用于测量 A/B 检验的分数)。

在我们的示例场景中，团队没有提出这个重要的"为什么"问题。图 3-6 显示了业务部门和机器学习部门在预期上的分歧，因为他们都没有谈论项目的基本方面，而是被自己创造的思维孤岛所占据。机器学习团队完全专注于如何解决问题，而业务团队对将要交付的内容，错误地假设机器学习团队将"完全理解自己的预期"。

图 3-6 总结了 MVP 的规划流程。由于需求极其模糊，完全缺乏关于原型最低功能期望的彻底沟通，以及没能控制实验复杂性，演示被认为彻底失败。只有在讨论项目想法的早期会议上才能防止出现这样的结果。减少团队间预期的差距是数据科学团队领导和项目经理的责任。在规划会议的最后，理想状态是讨论的结果符合每个人的期望(没有人关注实现细节或将来可能添加的特定范围外的功能)。

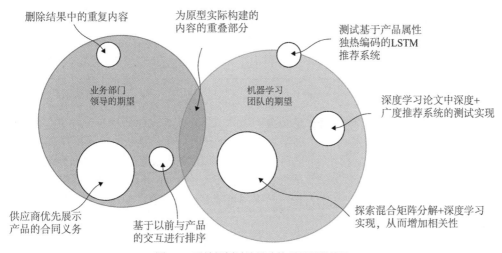

图 3-6 无效规划讨论导致的项目预期差距

继续这个场景，看看 MVP 演示的反馈讨论，从而了解在早期规划和范围界定会议期间可能讨论的各种问题。图 3-7 显示了当前产生误解的问题及根本原因。

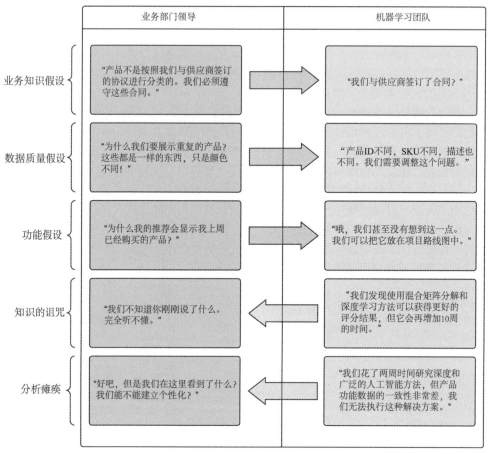

图 3-7 MVP 的演示结果。问题及其随后的讨论可以在规划阶段进行，以防产生图中所示的核心问题

　　尽管这个示例有很多故意夸张的成分，但我发现许多机器学习项目中确实存在这种混淆的元素，这是可以预料的。机器学习经常要解决的问题是复杂的，涉及每个业务(以及公司内的业务部门)特定和独特的细节，并且有很多围绕这些细节细微差别的虚假信息。

　　重要的是要意识到这些冲突将成为任何项目不可避免的一部分。将其影响降至最低的最佳方法是进行一系列彻底的讨论，旨在尽可能多地获取有关问题、数据和结果预期的详细信息。

1. 业务知识假设

　　假设业务知识是一个具有挑战性的问题，对于刚开始使用机器学习的公司或者以前从未与机器学习团队合作过的业务部门而言，尤其如此。在我们的示例中，业务领导层的假设是机器学习团队对业务知识非常了解。由于没有设置明确和直接的要求，因此该假设未被确定为明确的要求。由于没有来自业务部门的 SME 在数据探索过程中参与指导机器学习团队，因此机器学习团队在构建 MVP 的过程中也根本无法知道这些信息。

　　对于大多数公司来说，假设机器学习团队了解业务知识通常是一条危险的道路。在许多公司，机器学习从业者与企业的内部运作是绝缘的。由于他们的重点是提供高级分析、预测建模和自动化工具的领域，因此很少有时间了解企业运营方式和其他业务知识。虽然某些业务内容是众所周知的常识(如"我们在我们的网站上销售产品 x")，但期望建模者知道具体的业务流程是不合理的。另外，某些产品供应商在网站上做了更多的推广工作。

获得这些细微差别的一个很好的解决方案是让未来使用该解决方案的小组(在本例中为产品营销小组)中的 SME 解释他们如何确定网站每个页面上的产品销售和应用程序。通过这种对话，参加会议的每个人都可以了解可能影响模型输出的特定规则。

2. 数据质量假设

演示输出中重复产品列表的责任并不完全由某个团队承担。虽然机器学习团队成员可以计划将其作为一个问题在日后解决，但他们并没有准确意识到它的影响范围。即使知道，他们也可能会明智地提到纠正这个问题不会影响项目进行，不会影响到项目的模型演示阶段(因为所需要的工作量不大，不会拖延项目的进度)。

这里的主要问题是没有进行规划。由于不讨论预期，业务领导对机器学习团队能力的信心会受到损害。原型成功的客观衡量标准将在很大程度上被忽略，因为业务成员只关注这样一个事实：对于少数用户的样本数据，前 300 条建议仅显示了带有 80 种色调和图案的产品中的 4 种。

对于我们的示例，机器学习团队认为，正如数据工程团队告诉他们的那样，他们使用的数据非常干净，数据质量非常好。对于大多数公司来说，在数据质量方面，现实比大多数人想象得要糟糕一些。图 3-8 总结了 IBM 和 Deloitte 进行的两项行业研究，研究表明，数以千计的公司都在为机器学习实现而苦苦挣扎，特别指出了数据清洁度方面的问题。在处理模型之前检查数据质量非常重要。

拥有"完美"的数据并不重要。即使是图 3-8 中成功将许多机器学习模型部署到生产中的公司，仍然经常遇到数据质量问题(据报道为 75%)。这些数据问题只是生成数据的复杂系统数年(也可能是数十年)的技术债务，以及设计"完美"系统(不允许工程师生成有问题的数据)所需要的费用的副产品。处理这些已知问题的正确方法是预测它们，在建模开始之前验证将要涉及的所有项目数据，并向最熟悉数据的 SME 询问有关数据属性的问题。

对于我们的推荐引擎，机器学习团队成员不仅没有就正在建模的数据的性质提出问题(即"所有产品都以相同的方式在我们的系统中记录吗？")，也没有通过分析验证数据。快速的统计报告可能会很清楚地发现这个问题，特别是如果鞋子这一个类别的产品数量比任何其他类别都高出几个数量级，我们就会考虑"为什么卖这么多鞋？"可以很容易发现这个问题，这也将导致对所有产品类别进行深入检查和验证，从而确保进入模型的数据是正确的。

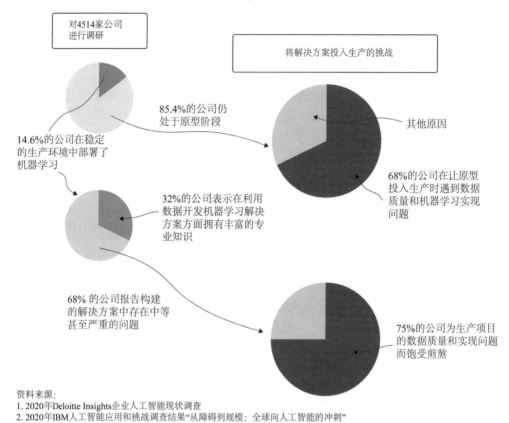

关于数据质量和清洁度对人工智能 (机器学习) 影响的行业报告

资料来源：
1. 2020年Deloitte Insights企业人工智能现状调查
2. 2020年IBM人工智能应用和挑战调查结果"从障碍到规模：全球向人工智能的冲刺"

图3-8　数据质量问题对使用机器学习项目的公司的影响。数据质量问题很常见，
因此应该在项目工作的早期阶段进行审查

3. 功能假设

在本例中，业务负责人关心的是，系统推荐的是一周前已经购买的产品。不管产品的类型是什么(消耗品或非消耗品)，这里的计划失败在于向最终用户显示了错误的结果，将使这些用户极为反感。

机器学习团队的回应是，确保这个关键元素能够成为最终产品的一部分是一个有效的回应。在这个阶段，虽然从业务部门的角度来看，这样的结果令人不安，但这几乎是不可避免的。在这方面的讨论中，前进的道路应该是确定特征添加工作的范围，决定是否在未来的迭代中包含它，并继续下一个主题。

直到今天，我所接触过的机器学习项目演示中都存在这样的问题。那些改进想法总是来自这些会议——这是召开会议的主要原因之一，毕竟，这可以让解决方案更加完善！最糟糕的事情是要么直接忽略它们，要么盲目地接受实现的负担。最好的办法是列出改进所增加的成本(时间、资金和人力成本)，让内部客户判断它是否值得。

4. 知识的诅咒

机器学习团队在这个讨论点上立刻变成了"十足的书呆子"。第 4 章将详细讲述知识的诅咒，但现在，要意识到，在交流时，那些已经测试过的事物的内部细节总是被忽略。如果认为会议室中的每个人都理解解决方案的细节，而不是一堆乱七八糟的伪科学术语，那对机器学习实践者(你无法把你的观点表达清楚)和听众(他们会感到无知和愚蠢，而且对于你认为他们会知道这样特定的话题而感到沮丧)都是有害的。

讨论你无数次尝试但没有成功的解决方案的更好方法是：尽可能抽象。"我们尝试了几种方法，其中一种可能会给出更好的推荐内容，但它会多花几个月的开发及实现时间。你觉得应该怎么做？"

在外行人的环境中处理复杂的主题总是比深入钻研技术细节好得多。如果你的听众对技术性的讨论感兴趣，那就慢慢地进入更深层次的技术性讨论，直到问题得到回答。用别人无法理解的术语来解释从来都不是好主意。

5. 分析瘫痪

如果没有适当的规划，机器学习团队可能只会尝试很多方法，可能是他们在寻求提供最佳建议时可以找到的最先进的方法。在规划阶段不关注解决方案的重要方面而只关注模型纯度的混乱方法，可能会导致解决方案错过整个项目的重点。

毕竟，有时最准确的模型并不是最好的解决方案。大多数时候，好的解决方案是满足项目需求的解决方案，这通常意味着在满足需求的前提下使解决方案尽可能简单。在项目中考虑到这一点，将有助于减少因尝试选择最佳模型而产生的犹豫不决和复杂性。

3.1.2　首次会议

正如前面讨论的，我们示例中的机器学习团队以一种有问题的方式进行规划。但是，团队是如何处于无法针对项目应该关注的问题进行沟通的状态的呢？

当机器学习团队中的每个人都在默默地思考算法、实现细节及从哪里获取数据来输入模型时，他们都过于忙碌，无法提出应该提出的问题。没有人询问有关实现方式的详细信息，对于推荐需要采取的限制类型，或者产品是否应该在排序后的集合中以某种方式显示。他们都专注于"how"而不是"why"和"what"。

> **在跨职能会议期间关注"how"**
>
> 虽然在项目的规划和范围界定阶段讨论潜在的解决方案可能很诱人，但建议不要这么做。在内部客户面前讨论并没有什么问题。但这些问题与他们没多大关系，他们不在乎(也不应该在乎)。一些机器学习从业者(我说的是年轻的我)热衷于将炫酷的算法和花哨的功能添加到解决方案中。每个人都应该和我们一样觉得这些话题令人兴奋，对吗？
>
> 完全不对！如果你不相信我，那么你去与你的家人、朋友、非数据科学同事、发型师、邮递员讨论你的下一个项目。我可以向你保证，没有人对你的项目感兴趣。
>
> 稍后在数据科学团队内部讨论如何工作。进行头脑风暴会议。互相辩论(以礼貌的方式)。建议等业务部门同事离开会议室之后再开始你们部门内部的讨论。

相反，将项目需求提交给机器学习团队的内部营销团队成员没有明确讨论他们的预期。在没有恶意的情况下，他们对开发此解决方案的方法一无所知，加上他们对客户的深入了解以及他们对解决方案行为方式的希望，为完美的"实现灾难"创造了完美的组合。

这事应该如何处理？如何安排第一次会议，以确保业务部门成员将隐藏的期望(正如我们在 3.1.1 节中讨论的)尽可能通过最有效的方式公开讨论？可以从一个简单的问题开始："你如何决定哪些产品在哪些地方展示？"从图 3-9 可以看到提出这个问题可能揭示了什么，以及它如何告知本应属于 MVP 范围的关键特性需求。

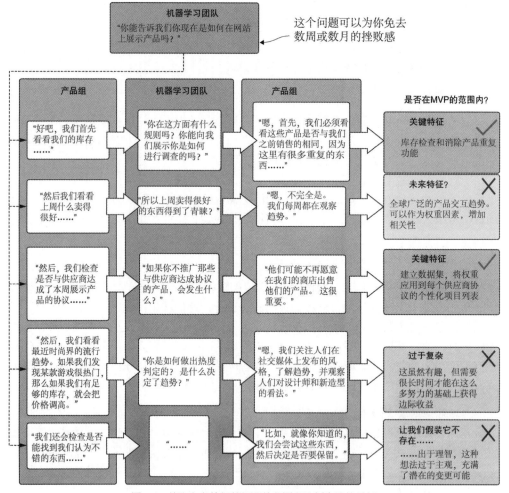

图 3-9　关注定义特征的问题的范围和计划会议的示例

正如你所看到的，并不是每个想法都很棒。有些超出了预算范围(时间、资金或两者兼而有之)。而另外一些可能超出了我们的技术能力("看起来不错的东西"的要求)。不过，需要关注的重要一点是，确定了两个主要的关键功能，以及一个潜在的未来附加功能，该功能可以放在项目的待办事项中。

虽然图 3-9 中的对话可能看起来很讽刺，但这几乎是我参加的一次实际会议的真实写照。尽管我有几次对他们的一些需求强忍着不笑，但我发现这次会议非常宝贵。花几个小时讨论 SME 看到的所有可能性，让我和我的团队获得了我们没有想到的观点，此外还揭示了我们在不与业务部门交流的情况下永远不会猜到的项目关键需求。

在这些讨论中要避免谈论机器学习解决方案。做好笔记，以便你和数据科学团队成员稍后讨论。重要的是，讨论不要脱离会议的主要内容(了解业务部门当前如何解决问题)。

解决这个问题最简单的方法之一是，询问 SME 目前如何解决这个问题。除非这个项目是一个全新的、没有任何人了解的项目，否则一定会有人以某种方式解决它。你应该和他们谈谈。这一方法正是图 3-9 中提问和讨论的依据。

解释你的工作流程，这样我就可以帮你实现自动化

虽然机器学习并不能直接替代人类所做所有无聊、容易出错或重复的工作，但我发现绝大多数这样的工作都可以让机器学习来完成。大多数解决方案要么取代了这种手工工作，要么至少在算法的帮助下，完成了人们一直试图完成的更全面的工作。

对于我们一直在讨论的推荐引擎，一直在尝试进行个性化；在选择具有突出功能和表现的产品时，它只是通过尝试尽可能多地吸引顾客(或他们自己)来进行个性化。这适用于从供应链优化到销售预测的机器学习项目。在你遇到的大多数项目中，项目的起源可能是公司中的某个人正在尽最大努力完成同样的事情，他们可能需要筛选数十亿数据点并从中提取优化解决方案，由于数据过于庞大，关系过于复杂，我们的大脑在可接受的时间内根本无法处理。

我一直觉得最好找到那些人并问他们："请告诉我你现在是怎么做的。"真正令人震惊的是，花几小时倾听一直在解决这个问题的人的建议，可以避免日后返工，并加快开发的进程。他们非常了解你将要建模的任务和解决方案的总体要求，这不仅有助于获得更准确的项目范围评估，而且确保你能够构建正确的解决方案。

我们将在本章后面更深入地讨论规划过程和设置定期构思会议。

3.1.3　规划演示——进行大量演示

机器学习团队成员在向业务部门展示个性化解决方案时犯的另外一个关键错误是试图只展示一次 MVP。也许是因为他们的"冲刺"节奏太缓慢，以至于无法在合适的时候构建出模型的预测，也许是因为不想放慢向企业展示最终 MVP 的进程。不管是什么原因，团队成员试图节省时间和精力，实际上反而浪费了时间和精力。他们显然处于图 3-10 顶部所描绘的场景。

在图 3-10 顶部的场景(每个关键功能的频繁演示)中，演示后的每个功能都可能需要一些返工。这不仅是意料之中的，而且在这种敏捷方法中调整功能所需的时间也减少了，因为与图中底部的真空开发方法所需的返工相比，紧密耦合的依赖性更少。

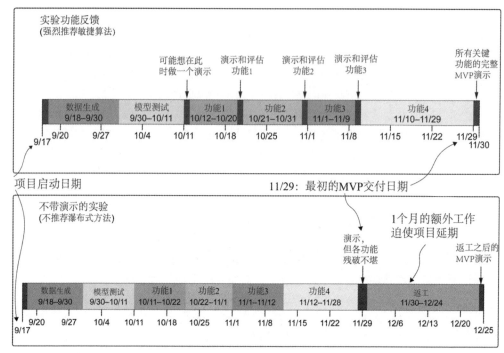

图 3-10　以反馈演示为主的项目工作和只注重内部开发的项目工作的时间轴比较。虽然演示需要时间和精力，但所节省的返工是无价的

　　尽管机器学习团队内部使用了敏捷实践，但对于营销团队来说，MVP 演示是他们在两个月的工作中看到的第一个演示。在那两个月中，没有召开过任何会议来展示当前的实验状态，也没有就建模工作中看到的问题进行任何计划性沟通。

　　在构建功能时没有进行频繁的演示，整个团队在项目机器学习方面的工作只是在黑暗中不断摸索。与此同时，机器学习团队错过了来自 SME 成员的宝贵的、可以节省时间的反馈与意见，这些人不只有权利暂停功能的开发，也能够帮助改进解决方案。

　　使用复杂机器学习技术的大多数项目，存在太多的细节和细微差别，想要构建数十个功能而不进行任何审查，是不可能的。即使机器学习团队展示了预测质量的指标，通过聚合排名统计"最终证明"他们正在构建的模型功能良好，质量很高。但会议室中唯一关心这些的人只是机器学习团队自己。为了有效地完成一个复杂的项目，SME 团队(营销团队)需要根据可以使用的数据提供反馈。向营销团队提供任意的或复杂的指标毫无用处，只会阻碍项目，并扼杀使项目成功所需要的关键思想。

　　通过提前规划以特定的节奏演示，机器学习内部的敏捷开发过程可以适应业务专家的需求，从而创建相关性更高的成功项目。机器学习团队成员可以采用真正的敏捷方法：在构建功能时对其进行测试和演示，进而调整未来的工作方向，并以高效的方式调整各个方面。这可以确保项目真正看到成功的曙光。

但我不了解前端开发。如何构建演示？

有句话我以前用过。

如果你碰巧熟悉如何构建交互式轻量级应用程序来承载机器学习演示，就太棒了。可以直接使用这些技能。只是不要花太多时间构建这一部分。让它尽可能简单，并把精力和时间集中在机器学习问题上。

对于 99%的机器学习实践者来说，不需要模拟一个网站、应用程序或微服务来显示内容。如果能制作幻灯片(注意，我并不是问你是否想要制作幻灯片——我们都知道大家都讨厌制作幻灯片)，就可以通过向最终用户展示某些内容来说明你的项目将如何工作。复制和粘贴一些图像，制作一个基本的线框图即可。只要内容近似最终结果，对于用户来说就足够了。

用户体验团队和前端开发人员(或应用程序设计师)的工作成果与你要提供的内容完全不同，你只是来展示数据的，幻灯片或 PDF 这样简单的演示文稿就可以了。我向你保证，将模型中使用的主键数组或 matplotlib 曲线下的 ROC 曲线等信息，通过通俗易懂的方式传递给非技术人员，总会获得很好的效果。

3.1.4　通过解决方案构建进行实验：磨刀不误砍柴工

回顾机器学习团队成员为网站个性化项目构建推荐引擎原型的不幸场景，他们的实验过程很麻烦，但这不仅仅是对业务而言。如果没有可靠的计划来规定要尝试什么，以及将花费多少时间和精力在不同的解决方案上，将浪费大量的时间和精力。

最初的会议结束之后，他们组成了自己的团队，通过头脑风暴讨论哪种算法可能最适合以隐式方式生成建议。在进行了大约 300 次网络搜索之后，他们提出了一个基本的计划，对 3 种主要方法进行了一对一的比较：ALS 模型、奇异值分解(Singular Value Decomposition，SVD)模型和深度学习推荐模型。在了解了满足项目最低需求所需要的特性之后，3 个小组分别开始构建各自的模型。

以这种方式进行实验的最大缺陷在于，在这样的对比实验中所能接受的“浪费”时间的范围和规模。通过类似黑客马拉松的方法来处理复杂的问题，对一些人来说可能很有趣，更不用说对于领导团队来说，这种管理方式非常容易(你们都靠自己——谁赢了，就选谁的模型)，但这是一种非常不负责任的软件开发方式。

与图 3-11 中更有效的原型实验方法相比，在实验过程中构建解决方案是个有缺陷的概念。通过定期的演示，无论是机器学习团队内部的，还是更广泛的外部跨职能团队的，都可以在实验阶段对项目进行优化，让更多的人(和思想)专注于尽快获得项目的成功。

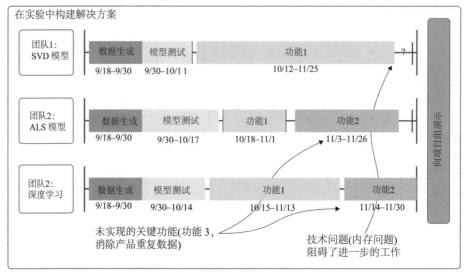

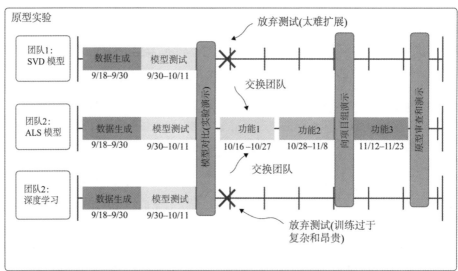

图 3-11 多 MVP 开发(图中上半部分)和实验淘汰开发(图中下半部分)的比较。
通过尽早淘汰选项，团队可以完成更多的工作(质量更高，时间更短)

如图 3-11 顶部所示，在没有规划原型淘汰的情况下处理模型对比问题有两个主要风险。首先，在图中上半部分，团队 1 难以整合业务要求的第一个主要功能，这很关键。

由于在构建初始模型之后没有进行任何评估，因此花费了大量时间尝试构建功能以满足需求。完成之后，构建第二个最关键的功能时，团队成员意识到没有足够的时间实现该功能来进行演示，这直接导致投入 SVD 模型的所有工作都将被丢弃。

采用其他两种方法的团队在实现原型时都出现人手不足的问题，无法完成第三个关键功能。因此，这 3 种方法都不能满足关键的项目需求。由于其多学科性质，该项目的延迟会影响其他工程团队。团队应该遵循图中下半部原型实验的工作方法。

在这种方法中，数据科学团队尽早与业务部门会面，但此时不会提前沟通关键功能。相反，他们选择确定测试中每种模型类型的原始输出。在决定专注于一个选项之后，整个机器学习团队的资源和时间都用来实现最低要求的功能(在核心解决方案的演示之间添加一个 check-in 演示，以确保方向正确)，并更快地进行原型评估。

即使功能尚未完全构建，也要尽早和频繁地演示，这有助于最大限度地利用员工资源，并从 SME 获得宝贵的反馈。最后，所有机器学习项目的资源都是有限的。通过尽早专注于最少和最有可能成功的(方案)选项，即使是一组精简的资源也可以创建成功的复杂机器学习解决方案。

3.2　实验范围：设定预期和界限

现在已经完成了推荐引擎的规划。我们知道对业务而言什么是重要的细节，也了解用户在与推荐引擎交互时期望得到什么，并且我们为整个项目中的演示设定了坚实的里程碑计划，在特定日期向相关团队展示取得的阶段性成果。对于我们这些机器学习宅男来说，现在到了最有趣的部分：为我们的研究制订计划。

我们有大量关于这个主题的信息，而且时间有限，真的应该制定关于将要测试什么以及将如何进行测试的指导方针。这就是实验范围发挥作用的地方。

此时，机器学习团队应该已经与 SME 团队成员完成了应有的会谈，了解需要构建的关键功能。

- 需要一种方法来对产品库存进行重复数据清理。
- 需要结合基于产品的规则对每个用户的隐含偏好设置权重。
- 需要根据产品类别、品牌和特定页面类型对推荐进行分组，以满足网站和应用程序上不同的结构化元素需求。
- 需要一种算法，可以生成用户到商品的亲和力，但实现起来不会花很多钱。

在列出 MVP 的绝对关键内容之后，团队可以开始为工作制订计划，评估处理这 4 个关键任务所需要的每项工作。通过设置这些预期，并为每个预期提供边界(针对时间和实现复杂性)，机器学习团队可以解决业务部门急需解决的问题：预期交付日期，以及判断什么可行，什么不可行。

这对某些人来说可能有点矛盾。"实验不就是从机器学习的角度确定项目的范围吗？"这很可能正是你现在脑海中浮现的想法。我们将在本节中讨论为什么，如果没有设定边界，解决这个推荐引擎问题的研究和实验可以很容易就填满整个项目范围的时间表。如果计划和确定实验范围，将能够专注于寻找那些也许不是最好但能够令人满意的解决方案，从而确保最终能够从工作中得到满意的结果。

一旦初始计划阶段完成(这肯定不会仅仅一次会就完成)，并且对项目所需要内容的大致概念已经确定并记录下来，就不应该讨论范围界定或估计实际解决方案实现将需要多长时间，至少在最初不会。范围界定非常重要，是为整个项目团队设定预期的主要手段之一，但对机器学习团队更为重要。然而，在机器学习世界中(由于大多数解决方案的复杂性，它与其他类型的软件开发非常不同)，需要进行两个不同的范围界定。

对于习惯于与其他开发团队互动的人来说，实验范围界定的想法是完全陌生的，因此，对初始阶段范围界定的任何估计都会被误解。考虑到这一点，在没有内部目标范围时进行实验肯定是不明智的。

3.2.1   什么是实验范围

在开始估计一个项目需要多长时间之前，不仅需要研究其他人如何解决类似问题，还需要从理论的角度研究潜在的解决方案。我们根据一直在讨论的场景、初始项目规划和总体范围界定(需求收集)，确定了一些潜在的方法。当项目随后进入研究和实验阶段时，与更广泛的团队商议数据科学团队将花多长时间对这些预期的解决方案进行审查绝对是必要的。

设定预期对数据科学团队有利。尽管为完全不可知的事情设置任意截止日期好像会适得其反，但有一个目标截止日期可以帮助规范杂乱无章的测试过程。在其他情况下可能值得探索的内容被忽略了，并被标记为"将在 MVP 开发期间研究"，因为截止日期要到了。这种方法可以促使团队集中精力完成工作。

这些预期对项目中涉及的业务部门成员和跨职能团队成员同样有帮助。他们不仅能决定项目的方向，最终获得更大的成功机会，而且能保证眼前项目的进展。记住，沟通对于成功的机器学习项目工作绝对必要，即使是为实验设定交付目标，也有助于让每个人继续参与到整个过程中。这会带来更好的最终结果。

对于相对简单直接的机器学习用例(如预测、异常值检测、聚类和转换预测)，用于测试方法的时间应该相对较短。1 至 2 周通常足以探索出标准机器学习的潜在解决方案。记住，现在不是要构建 MVP，而是要大致了解不同算法和方法的特征。

对于更复杂的用例，例如上面遇到的情况，可能需要更长的调查时间。在研究阶段可能只需要两周时间，另外需要两周测试 API、库的粗略脚本，以及构建粗略的可视化结果。

这些阶段的唯一目的是确定一条路径，但要在可接受的最短时间内做出决定。目前的挑战是如何在对问题做出最佳裁决所需要的时间与 MVP 交付的时间表之间取得平衡。

没有统一的标准指明这个周期应该有多久，因为这取决于具体问题、行业、数据、团队的经验以及每个备选方案的相对复杂性。随着时间的推移，团队会不断积累经验，从而做出更准确的实验评估。要记住的最重要的一点是，在这个阶段要积极与业务部门沟通，绝不能忽视。

3.2.2   机器学习团队的实验范围：研究

所有机器学习从业者的内心深处都渴望进行实验、探索和学习新事物。基于机器学习世界中内容的深度和广度，对于那些已经完成的、目前正在研究的以及将会被改进的复杂问题的新解决方案，我们即便花一生的时间，也只能学习其中的极小部分。我们所有人与生俱来的这种愿望意味着，在研究新问题的解决方案时，确定将花多长时间和走多远至关重要。

在规划会议和一般项目范围界定之后的第一阶段，开始做一些实际工作。这个初始阶段(即实验)在项目和实现之间可能会有很大差异，但机器学习团队的共识是它必须有时间限制。对于我们中的许多人来说，这可能会让人非常沮丧。有时我们不是专注于从头开始研究新的解决方案，或者利用最近开发的新技术，而是被迫陷入"仅能把它构建起来"的情况。满足时限紧迫性要求的一个好方法是限制机器学习团队研究解决方案可能性的时间。

对于本章讨论过的推荐引擎项目，机器学习团队的研究路径可能类似于图 3-12。

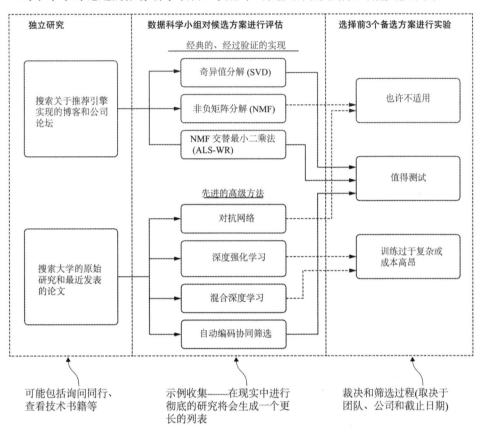

图 3-12　机器学习团队的研究计划阶段图，确定进行测试的潜在解决方案。
定义这样的结构化规划可以大大减少迭代想法的时间

在图 3-12 所示的简化图表中，有效的研究要求限制了团队的可选方案数量。经过几次粗略的互联网搜索、阅读博客和白皮书，该团队确定了(通常在一天左右)行业和学术界现有解决方案的"大致范围"。

一旦确定了通用方法(并由团队成员单独策划)，就可以更深入研究完整的可能性列表。一旦达到这种适用性和复杂性水平，团队就可以开会讨论所发现的内容。

如图 3-12 所示，经过测试的候选方案，在呈现结果的过程中被淘汰。在这个判断阶段结束时，团队应该有一个可靠的计划，其中包含 2 到 3 个备选方案，保证通过原型开发进行测试。

注意小组选择的方法组合。要在选择中包含足够的异质性,这将有助于稍后基于MVP的决策(例如, 如果 3 个选项都是基于深度学习的方法, 那么在某些情况下将很难决定选择哪一个)。

另一个关键动作是大量减少备选方案, 以防止过度选择(由于选项过多而让人无从选择)或 "小决定的专制" (连续做出许多看似微不足道的小选择, 但积累效应可能会导致不利的结果)。为了推进项目和在项目结束时创建可行的产品, 最好限制实验范围。

根据团队的研究, 图 3-12 中的最终决定是专注于 3 个独立的解决方案(其中一个有复杂依赖性): ALS、SVD 和深度学习解决方案。一旦就这些决策达成一致, 团队就可以着手尝试构建原型。与研究阶段一样, 实验阶段有时间限制, 只允许完成有限的工作, 确保在实验结束时可以产生可衡量的结果。

3.2.3 机器学习团队的实验范围: 实验

制订计划后, 机器学习团队负责人可以自由地将资源分配给原型解决方案。一开始, 重要的是要清楚实验的预期。目标是生成最终产品的模拟, 以便对所考虑的解决方案进行公正的比较。不需要对模型进行调优, 也不需要以在最终项目的代码库中使用的方式编写代码。这里要关心的是两个主要目标的平衡: 速度和可比性。

在决定采用哪种方法时需要考虑很多事情, 这些将在后面的几章中详细讨论。但目前来说, 这个阶段的关键估计是关于解决方案的性能, 以及开发完整解决方案的难度。可以在此阶段结束时创建对最终全部代码复杂度的估计, 从而将生成项目代码库所需要的估计开发时间告知更大规模的团队(整体项目中的其他团队)。除了与代码复杂性相关的时间投入外, 这还有助于了解解决方案的总拥有成本: 重新训练模型、生成相似性(亲和性)推断、托管数据和提供数据的每日运行成本。

在开始计划通过编写故事和任务, 使用公认的最佳方法(敏捷)完成工作之前, 可以为实验创建一个测试计划。该计划不需要技术实现细节和将在整个测试阶段完成的冗长故事清单, 不仅可以用来通知 "冲刺(Sprint)" 计划, 还可以用来跟踪机器学习团队将要进行的方案对比的状态。这可以作为与更大的团队进行交流的工具, 帮助展示完成的任务和结果, 并且可以与两个(或更多)竞争实现的演示一起, 形成最佳的解决方案。

图 3-13 显示了推荐引擎实验阶段的分阶段测试计划。

这些测试路径清楚地显示了研究阶段的结果。第 1 组的矩阵分解方法显示了一个需要手动生成的通用数据源(而不是通过此阶段测试的 ETL 任务来生成)。基于团队成员对这些算法的计算复杂性(以及数据的庞大规模)的研究和理解, 选择了使用 Apache Spark 测试解决方案。

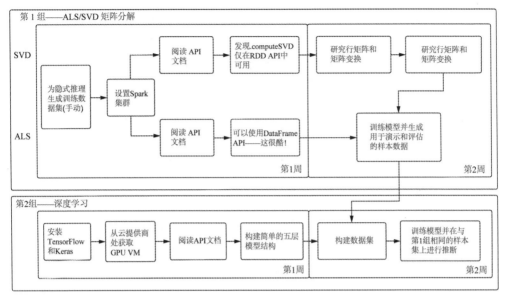

图 3-13　推荐引擎项目的两个原型设计阶段的实验跟踪流程图

从这个阶段开始，两个团队不得不分头研究这两个模型的 API，从而得出两个截然不同的结论。对于 ALS 实现，SparkML 的高级 DataFrame API 实现使代码体系结构比用于 SVD 的基于 RDD 的低级实现简单得多。团队可以在此测试期间定义这些复杂性，从而让更大的团队知道 SVD 将在实现、维护、调整和扩展方面更加复杂。

第 1 组的所有这些步骤都有助于稍后要定义的开发范围。如果整个较大的团队认为 SVD 是其用例的更好解决方案，则应该权衡实现的复杂性与团队对技术的熟练程度。如果团队不熟悉编写使用 Breeze 的 Scala 实现，项目和团队是否可以为团队成员安排时间来学习这项技术？如果实验结果的质量明显高于其他正在测试的实验结果(或者依赖于另一个更好的解决方案)，则更大规模的团队(其他团队)需要了解交付项目所需要的额外时间。

第 2 组的实现要复杂得多，需要以 SVD 模型的推理作为输入。为了评估这两种方法的结果，评估复杂性很重要。

1. 评估复杂性的风险

如果第 2 组的结果明显优于 SVD 本身的结果，那么团队应该仔细审查这种性质的复杂解决方案。审查的主要原因是解决方案的复杂性增加了。不仅开发成本更高(就时间和资金而言)，而且这种体系结构的维护也将更加困难。

增加复杂性带来的性能收益应该总是非常显著，以至于面对这种改进时，增加的成本可以忽略不计。如果增加复杂性所带来的收益对每个人(包括业务部门)来说都不明显，那么应该进行一次内部讨论，讨论简历驱动开发(Resume-Driven Development，RDD)以及承担这些增加的工作的动机。如果选择实现这种额外的复杂性，每个人只需要知道他们正在做什么，以及在几年内将会保持一种怎样的状态。

2. 跟踪实验阶段

在讨论实验阶段时，为更大的团队提供的另一个有用的可视化是从机器学习的角度粗略估计解决方案的主要内容。不需要复杂的体系结构图，因为它会在开发的早期阶段发生多次变化，以至于在项目的这个阶段创建任何实质性细节都是浪费时间。

但是，参考个性化推荐引擎的概要图(见图3-14)，有助于向更大范围的团队解释需要构建什么来满足解决方案。像这样的可视化"工作体系结构"指南(在实际项目中会有更多细节)也可以帮助机器学习团队跟踪当前和即将开展的工作(作为Scrum仪表板的补充)。

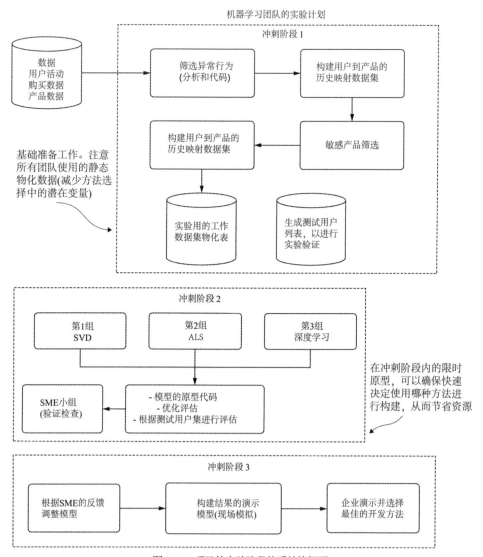

图3-14　项目的实验阶段体系结构概要

这些注释有助于与更广泛的团队进行沟通。机器学习团队可以使用这样的工作图与每个人进行有效沟通，而不是在十几个人或者更多人的会议中笼统地讨论。可以添加各种解释来回答关于团队正在做什么，为什么在特定时间完成特定工作等问题，并提供按时间顺序排列的交付状态报告的上下文(没有参与过这种项目的人可能很难理解如此复杂的项目)。

3. 了解界定研究(实验)阶段的重要性

如果从事个性化推荐项目的机器学习团队成员有足够的时间(及无限的预算)，他们可能有幸为问题找到最佳解决方案。他们可以阅读数百份白皮书，通读关于一种方法优于另一种方法的论文，甚至花时间寻找新颖的方法来解决具体业务问题。他们不会因为满足发布日期或降低技术成本而受阻，可以随意地花费数月甚至数年的时间研究将个性化推荐引入网站和应用程序的最佳方法。

他们可以为数十种方法构建原型，并通过仔细比较和判断，选择最佳的方法创建最佳推荐引擎，为用户提供最好的建议。他们甚至可能想出一种可以彻底改变问题空间的新方法。如果允许团队自由地为个性化推荐引擎测试他们想要的任何想法，那么他们的想法白板可能看起如图 3-15 所示。

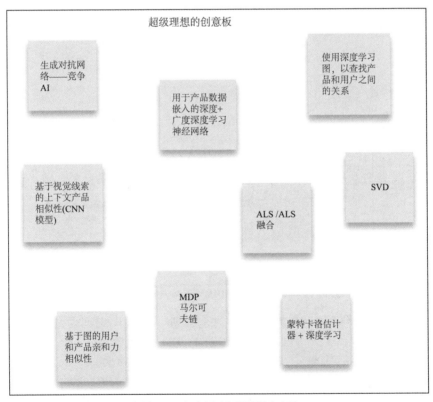

图 3-15　想出解决问题的潜在方法

在产生了这些想法的头脑风暴会议之后(这种场景在与那些雄心勃勃的大型数据科学

团队进行的许多构思会议有着惊人的相似之处），团队的下一步工作是开始对这些实现进行估计。为每个备选方案附上评论将有助于制订最有可能在合理的试验时间内成功的计划。图 3-16 中的注释可以帮助团队决定测试什么，从而满足业务部门的需求。

在团队将风险分配给不同方法之后，可以在分配给测试的时间范围内决定最可能和风险最小的解决方案(见图 3-16)。评估和筛选各种想法的主要重点是确保方案可以顺利实现。为了满足项目的目标(准确性、效用、成本、性能和业务问题解决的成功标准)，进行能够实现所有这些目标的实验很重要。

一些建议 实验的目标是找到解决问题最有希望和最简单的方法，而不是使用技术最复杂的解决方案。专注于解决问题而不是将使用哪些工具来解决它，总是可以增加成功的机会。

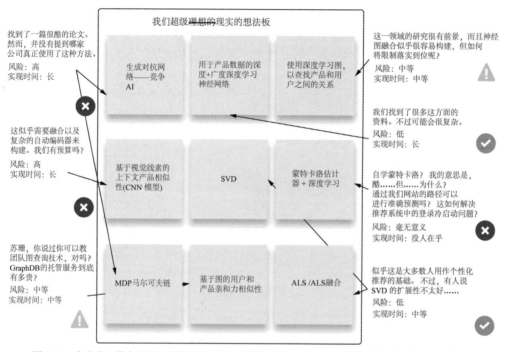

图 3-16　在头脑风暴会议期间讨论的备选方案评估和评级。这是在实验期间生成 2 到 3 种方法来相互测试的有效方案

图 3-17 所示是两个团队在实验阶段的实验计划，该计划以时间为主线(出于演示目的，进行了微小修改)。最需要注意的部分在图的顶部：时间刻度。

这个关键因素——时间——是使建立实验控制变得如此重要的一个因素。实验需要时间。构建 PoC(概念验证)是一项艰苦的工作，需要学习新的 API，研究编写代码以支持模型应用程序的新方法，并将所有组件放在一起，并确保至少有一次运行成功。这可能需要付出惊人的努力(具体取决于问题的复杂程度)。

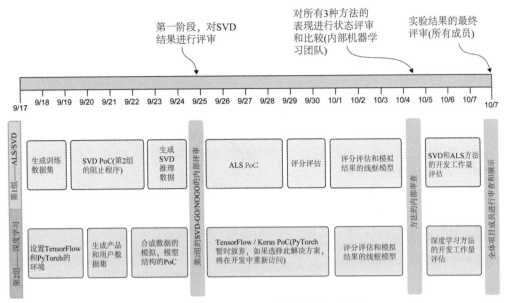

图 3-17　两个团队在项目试验阶段的时间顺序表

如果团队努力构建可行的最佳解决方案来进行比较，那么这个时间将比图 3-17 显示的时间要延长数月。花这么多资源试图通过两种永远不会实现的解决方案来实现完美，根本不符合公司的利益。但是，通过限制花费的总时间，并接受实并不完美的实现策略，团队需要做出明智的决定，权衡预测质量与所选方案的总拥有成本。

总拥有成本

虽然在试验阶段对维护这种性质的项目的成本进行分析，几乎不可能得到准确的估计，但这是一个很重要的步骤，需要考虑并做出有根据的猜测。

在试验期间，业务的整体数据体系结构中不可避免地会缺少一些元素。可能需要创建用于捕获数据的服务。需要构建服务层。如果企业或公司从来没有处理过围绕矩阵分解的建模，那么可能要用到以前从未使用过的平台。

但是，如果无法获取满足项目需求的数据怎么办？现在是确定关键问题的时候了。为此，询问团队是否可以提供解决方案来支持实现的需求，如果没有，提醒团队如果没有投资来创建所需要的数据，则应该停止项目。

假设不存在如此严重的问题，当发现漏洞和关键问题时，在此阶段需要考虑以下问题。

- 还需要构建哪些额外的 ETL？
- 需要隔多长时间对模型进行一次再训练并生成推理？
- 将使用什么平台来运行这些模型？
- 对于所需要的平台和基础设施，是要使用托管服务还是要尝试自己搭建并运行它？
- 我们是否具备运行和维护此类机器学习服务的专业知识？
- 我们拥有的服务层计划的成本是多少？

● 存储成本是多少？该项目的推理数据将保存在哪里？

不必在开发开始之前回答每个问题(除了与平台相关的问题)，但应始终牢记这些问题，将它们作为在整个开发过程中需要重新审视的元素。如果没有足够的预算来运行上述任一引擎，也许应该选择一个不同的项目。

我们为这些元素设置时间限制的最后一个原因是：快速为项目做出决定。这个概念很可能是对大多数数据科学家的极大侮辱。毕竟，如果模型没有完全调优，如何能够充分衡量模型是否成功呢？如果解决方案的所有组成部分都没有完成，怎么可能公证地评价解决方案的预测能力呢？

对于这一点，我深有感触，因为我过去也曾提出过同样的论点。在我职业生涯的早期，软件开发人员曾给过我一个明智的建议：长时间在多个方面运行测试是一件坏事。当时我忽略了这个建议，事后才意识到他们想要告诉我的是什么。

如果你能够更早地做出决定，那么你花在其他事情上的所有工作都将被投入最终选择的实现中。

——很多优秀的工程师

尽管我知道他们告诉我的是真的，但听到这句话仍然有点沮丧，因为我意识到我浪费了那么多时间和精力。

关于士气的轶事

时间限制并不是为了给团队强加不切实际的期望，而是为了防止团队浪费时间和精力。限制花在潜在解决方案上的时间也有助于提高团队的士气——毕竟，实际上只能为每个项目构建一个解决方案。

对人们在解决方案上花费的时间进行限制是值得的，因为如果他们只工作了一周，让他们放弃工作就不会那么痛苦了。但是，如果他们已经为此工作了几个月，被告知他们的解决方案不会被使用时，他们会感到相当沮丧。

测试实现时可能发生的最糟糕的事情之一是在团队中形成小团体。每个小团体都花了这么多时间研究自己的解决方案，并且被一些因素蒙蔽了双眼，这些因素可能会使解决方案不太适合用作解决问题的方法。如果允许实验从 PoC 阶段变成真正的 MVP(说实话，如果有足够的时间，大多数机器学习团队将构建 MVP 而不是 PoC)，当决定使用哪种实现时，就会产生矛盾。你需要拯救团队，拯救你自己，并确保大家不会依赖于 PoC。

如果项目是全新的，时间限制也很重要。"登月"项目(从未尝试过的项目领域)在已建立机器学习的公司中可能并不常见，但当它们出现时，限制早期阶段花费的时间就很重要。这样的项目有风险，更有可能无疾而终，并且最终的构建和维护成本可能非常高。对于这样的项目，最好尽早丢弃。

任何人在第一次面对一个与其经验无关的新问题时，通常都需要做大量的功课。研究阶段的工作包括大量阅读、与同行交谈、搜索研究论文以及在"入门指南"中测试代码。如果解决问题的唯一可用工具在特定的平台上运行，使用团队中没有人使用过的语言，或者涉及新的系统设计(如分布式计算)，那么问题就会更加复杂。

随着这种情况带来的研究和测试负担的增加，为研究和实验设定时间限制就更加重要。如果团队成员意识到需要加快熟悉新技术的速度以解决业务问题，这是很好的。然而，项目的实验阶段应该进行调整，从而支持这一点。要牢记的关键一点是，如果发生这种情况，要与业务部门领导沟通，以便他们在项目工作开始前了解范围的扩大。这是有风险的(尽管我们都很聪明，学习新事物很快)，所以这个情况应该以一种开放和诚实的方式让大家知晓。

这种时间限制规则的唯一例外是，可以利用简单和熟悉的解决方案，并在实验中显示出有希望的结果。如果问题可以用熟悉且简单的方式解决，但新技术(或许)可以让项目更好，那么在团队加速学习新语言或框架的同时，花数月时间从失败中吸取教训，在我看来是不道德的。最好在数据科学团队的日程安排中抽出时间进行独立或基于小组的继续学习和实验，以达到这些目的。除非没有其他选择，否则执行企业项目期间不是学习新技术的好时机。

4. 这到底需要多少工作量

在实验阶段结束时，应该了解项目在机器学习方面的大致轮廓。重要的是要强调它们应该被理解，但尚未实现。

对需要开发以满足项目规范的功能，以及需要定义和开发的任何附加 ETL 的工作，团队应该有一个大致的了解。团队成员应该就数据的输入和输出模型、如何增强数据，以及将在项目中使用的工具达成一致。

在这个关键时刻，可以开始确定风险因素。其中两个最大的问题如下：

- 这需要多长时间才能建成？
- 运行这个要花多少钱？

这些问题应该是在试验和开发之间的审查阶段考虑的。粗略估计可以为与更广泛的团队讨论为什么应该采用这种解决方案而不是另一种解决方案提供信息。但是机器学习团队是否应该单独决定使用哪个实现？团队的任何假设都会存在固有的偏差，因此为了缓解这些因素带来的问题，创建一个加权矩阵报告可能很有帮助，较大的团队(和项目负责人)可以根据该报告进行选择。

机器学习中的所有者偏见

我们都喜欢自己构建的东西，特别是它很智能的时候。然而，一个项目在实验阶段之后可能发生的最有害的事情之一就是，仅仅因为你构建了它，就锁定了一些所谓的智能和独特的内容。

如果团队中的其他人有一些具有类似预测质量但却更常见或者更标准的内容，那么他们的方案便是更好的选择。记住，团队中的每个人都必须维护这个解决方案，对其做出贡献，随着时间的推移改进它，也许有一天会升级它，从而使其在一个新的生态系统中工作。如果维护过于复杂，那么"聪明"的自定义解决方案可能会成为团队的可怕负担。

这就是为什么我一直觉得寻求同行的帮助来起草一份比较分析报告很有帮助。重要的是要找到一个人，他需要熟悉衡量不同方法的成本和收益——一个有足够经验、维护过脆弱方法的人。我通常会找到那些到目前为止尚未参与该项目的人，以确保他们对决策没有偏见。他们的客观意见有助于确保报告中包含的数据是准确的，从而使更大的团队可以公平地评估备选解决方案。

当我的"聪明"解决方案因为复杂性而被抛弃时，我可以很快接受这个现实，并继续其他工作。我总是可以接受一个"很酷"的解决方案被抛弃，不管当时我有多想构建它。毕竟，团队、公司和项目比我的"骄傲"更重要。

图 3-18 显示了一个此类加权矩阵报告的示例(为简洁起见，对它进行了简化)，以允许更大团队可以积极参与。每个元素的评级由专家评审员锁定，专家评审员对不同解决方案的相对属性进行无偏见评估，但可以在会议中自由修改权重。与此矩阵类似的工具可以帮助团队在权衡每个实现后做出以数据驱动的选择。

	权重	SVD		ALS		DL + SVD	
		基础分数	加权分数	基础分数	加权分数	基础分数	加权分数
实现复杂度	5	2	10	4	20	1	5
运行成本	1	2	2	3	3	1	1
预计开发时间	2	3	6	5	10	2	4
可维护性	4	5	20	5	20	2	8
预测质量	5	3	15	4	20	5	25
加权分数		53		73		43	

每项的评分设置为从1(最差)到5(最好)5个等级。总分越高越好

图3-18 用于评估推荐引擎的 3 个测试实现的实验结果、开发复杂性、运行成本、可维护性及开发时间的加权决策矩阵

如果矩阵由从未构建过如此复杂系统的机器学习团队成员填写，他们可能会对预测质量给予较高的权重，而其他方面的权重则很低。经验更丰富的机器学习工程师团队可能会过分强调可维护性和实现复杂性(没有人会喜欢周五凌晨两点收到系统发出的警告短信)。数据科学主管可能只关心运行成本，而项目负责人可能只对预测质量感兴趣。

时刻牢记一个要点：这是一种平衡行为。随着更多对项目有既得利益的人聚集在一起辩论和解释各自的观点，可以做出更明智的决定，这有助于确保获得成功且可以长期运行的解决方案。

归根结底，正如人们常说的，没有免费的午餐。需要做出妥协，并且应该得到更大的团队、团队领导和将整体实现这些解决方案的工程师的认同。

3.3　本章小结

- 在项目开始时花时间专注于如何最好地解决给定的问题会带来巨大的成功。收集关键需求，在不涉及技术复杂性或实现细节的情况下对解决方案进行评估，并确保与业务人员进行良好的沟通，这有助于避免以后需要返工的许多陷阱。
- 使用敏捷方法的研究和实验原则，可以显著减少机器学习项目中评估方法的时间，并更快地确定项目的可行性。

第4章

建模之前：项目的沟通与逻辑

本章主要内容

- 组织机器学习项目工作的计划会议
- 从跨职能团队征求反馈意见，以确保项目健康发展
- 进行研究、实验和原型设计，从而将风险最小化
- 在项目中引入业务逻辑规则
- 使用沟通策略吸引团队中的非技术成员

在作为数据科学家的多年工作中，我发现数据科学团队在让公司应用他们的想法和实现时，面临的最大挑战之一是未能进行有效的沟通。这并不是说这个职业不善于沟通。

更重要的是，为了有效地与公司的内部客户(业务部门或跨职能团队)打交道，需要使用与团队内不同形式的沟通方式。以下是我看到数据科学团队在与客户讨论项目时遇到的一些常见问题(我个人也遇到过)。

- 知道什么时候问什么问题。
- 在策略上针对基本细节沟通，忽略与项目工作无关的勘误。
- 用非专业术语讨论项目细节、解决方案和结果。
- 讨论集中在问题上，而不是解决方案的技巧上。

由于这个领域是高度专业化的，不存在常见的"外行准则"，可以像其他软件工程领域那样提炼工作内容，因此需要额外的努力。从某种意义上说，我们需要学习一种将所做的事情翻译成不同语言的方法，以便与业务人员进行有意义的对话。

作为机器学习从业者，我们还需要努力提高沟通的质量。处理复杂的、会让业务人员感到困惑的话题，在沟通时需要对业务人员保持同理心。

与愤怒或沮丧的人进行艰难的对话

在我目前的工作中，曾与人们进行了很多艰难的对话。有时人们会因为解决方案没有取得进展而感到沮丧。有时，人们对无法解释的解决方案感到愤怒。在极少数情况下，人们也会坚决反对使用机器学习解决方案，因为他们认为这将取代他们的工作。

在每次艰难的对话之后，总会有人来找我，问如何像我刚才那样完成类似的会议。

在过去的几年里，我对这个问题感到困惑。毕竟，我所做的只是听取了他们的抱怨，就他们所关心的问题进行了公开讨论，并就如何发展、需要解决哪些重要问题达成了相互理解。然而，现在我想我知道为什么人们会问这个问题了。

作为"高度神秘领域"的专家，数据科学从业者很容易忽略外行人知道什么或不知道什么。随着人工智能日益成为当今时代精神的一部分，这种情况正在逐渐发生变化。但是，这并不意味着每个与你交谈的人都能理解你的解决方案能做什么，不能做什么。

当有人问我如何化解艰难的讨论时，我的回答很简单：多听少说。倾听业务部门的担忧，用他们能理解的方式清楚地沟通。最重要的是，要诚实。不要承诺超出你能力范围的神奇解决方案或交付日期。人们喜欢被倾听和真诚的讨论。需要抱有真正倾听他们抱怨的心态，这比我所知道的任何其他方法都能更好地化解讨论中的抵触情绪。

图4-1 显示了通用的话术，我一直使用这种方式与业务部门的人员对话，也将在本章中使用它。

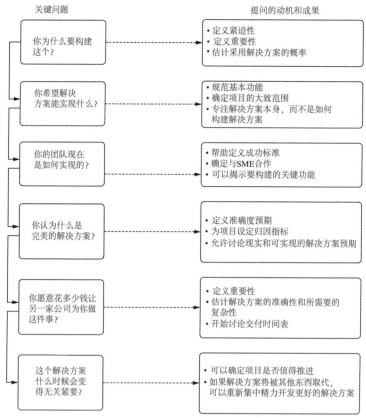

图4-1　在首次计划会议期间向业务部门提出的关键问题，然后获取至关重要的答案，
这些答案将告知构建解决方案的内容、方式和时间

通过使用清晰、直截了当的沟通方式，将重点放在成果上，这些项目成果可以更紧密地与工作的业务预期保持一致。将此作为主要目标的、有针对性的讨论有助于定义要构建什么、如何构建、何时完成，以及成功的标准是什么。它有效地概述了项目的每个阶段，包括如何开启整个项目。

4.1　沟通：定义问题

如第 3 章所述，我们将继续讨论数据科学团队负责构建的产品推荐系统。前面比较了规划项目和设定 MVP 范围的无效和有效方法，但还不知道团队如何在合理的项目范围内创建有效的项目计划。

正如在 3.1 节中讨论的，第一个会议围绕高度抽象的最终目标展开。公司希望其网站能进行个性化展示。在那次谈话中，数据科学团队的第一个错误是没有继续提问。最重要的一个问题从来没有被问过："为什么想要建立个性化服务？"

大多数人，尤其是技术人员(可能是在一个房间里讨论这个初始项目提案和参加头脑风暴会议的绝大多数人)，更喜欢关注如何实现解决方案。如何构建这个？系统将如何对这些数据进行集成？需要多久运行一次代码来解决需求？

对于推荐引擎项目，如果有人提出这个问题，就会打开一扇大门，可以针对需要构建什么、预期的功能应该是什么、项目对业务有多重要以及何时实现，进行公开和坦诚的对话。一旦得到这些关键答案，就可以继续研究所有相关的逻辑细节。

这些启动会议要记住的重要一点是，当双方——解决方案的客户和解决方案的提供者——都得到各自需要的东西时，才是有效的。数据科学团队正在获取其研究、范围界定和规划细节。企业的业务人员正在获得将要实现的工作的审查时间表。业务人员获得了对项目成功至关重要的包容性，这将在整个项目中安排的各种演示和构思会议中得到实践(关于演示边界的更多内容将在 4.1.2 节讨论)。如果没有直接且富有成效的对话(见图 4-1)，参加会议的人可能会采用图 4-2 所示的思维模式。

通过将会议集中在一个共同的目标上，图 4-2 中对每个角色的责任和期望可以达成一致，从而对项目进行定义，并确保项目成功。

集体讨论项目关键原则的另一个主要优势是帮助定义解决问题的最简单解决方案。通过业务部门的支持、SME 的反馈及软件工程师同行的加入，可以精心设计最终的解决方案，从而满足具体的需求。还可以在每个后续阶段添加新功能，而不会让更大的团队感到沮丧。毕竟大家从一开始就一起讨论这个项目。

机器学习开发的重要经验法则　始终构建最简单的解决方案来解决问题。记住，随着时间的推移，必须维护并改进方案，从而满足不断变化的需求。

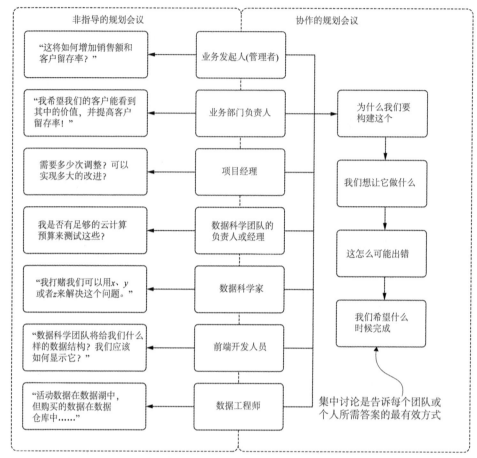

图 4-2　比较非指导性的规划会议与指导性的规划会议

4.1.1　理解问题

在我们的场景中，非指导性的规划会议导致数据科学团队成员对将要构建什么没有明确的方向。在没有对业务预期的最终状态进行任何真正定义的情况下，他们只专注于为每个客户构建最好的推荐集合，他们可以用评分算法证明这些推荐集合的合理性。他们所做的实际上并没有抓住问题的主要方面。

问题的核心是沟通的根本问题。如果不询问业务部门想解决什么问题，就会错过对业务部门(以及外部"真实"客户)最重要的细节。应该避免这种情况发生，不然在项目快要进入实现阶段时，会看到"客户"会以各种方式表达不满，从默默地敌视到激烈的争吵都是可能遇到的。

> **我们在这里遇到的是沟通上的失败**
>
> 在我作为开发人员、数据科学家、架构师或顾问参与的许多机器学习项目中，在所有最终未被投入生产的项目中，一个一致的、共同的问题是缺乏沟通。这并不是指工程

师团队内部的沟通失败(尽管我在职业生涯中也目睹了太多这样的事情)。

最糟糕的问题发生在数据科学团队和业务部门之间。无论是多次长时间的沟通，还是拒绝用双方都能理解的方式有效交流，当客户(指公司内部的客户)的想法没有被开发人员认真倾听的时候，结果总是一样的。

对于参与项目的每个人来说，缺乏沟通带来的灾难一般是在要将解决方案发布到生产环境时发生的。使用预测模型的最终用户得出的结论是，预测模型的结果不只看起来奇怪，而且完全不对。

然而，沟通中的问题不只限于生产发布时。它们通常在解决方案开发过程中或用户进行测试时逐渐出现。造成这些问题的原因可能是：想法没有说出来或被忽略；评论被认为无关紧要，或被认为只是在整个团队会议上浪费时间。

没什么事情像由于团队之间的沟通不畅导致的项目失败那样令人无限沮丧，但这是完全可以避免的。这些失败会导致时间和资源的大量浪费，这可归结到项目的早期阶段——在编写第一行代码之前——进行问题定义和范围界定时。这些失败是完全可以避免的，只要通过一个有意义的规划，确保在项目的每个阶段都保持开放和包容的对话——从第一次构思和头脑风暴会议开始。

1. 你想让它做什么

对于团队中的每个人来说，这个建议的内容远比方法重要得多。通过关注项目目标的功能，产品团队可以参与讨论。前端开发人员也可以做出贡献。整个团队可以查看复杂的主题，并针对看似无限数量的边缘案例和业务细微差别进行规划，这不仅是为了最终项目，也是为了 MVP。

对于构建个性化推荐解决方案的团队来说，解决这些复杂主题的最简单方法是使用模拟和 flow-path 模型。这些可以帮助确定整个团队对项目的预期，以告知数据科学团队构建备选解决方案需要限制的细节。

对于开发这个项目的团队来说，完成这个对话的最佳方法是大量借鉴前端软件开发人员的最佳实践。在单个功能分支被砍掉之前，在单个 Jira ticket 被分配给开发人员之前，前端开发团队使用线框来模拟最终状态。

什么意思，你不在乎我的痛苦？

是的，我的机器学习朋友们，我可以承认："如何去做"很复杂，涉及项目的绝大多数工作，这是难以置信的挑战。无论如何，"如何去做"是需要拿钱去弄清楚的。对我们中的一些人来说，这正是我们选择这个职业的原因。"如何解决问题"的问题经常出现在我们这样的书呆子的交谈中。这很有趣，也很复杂，并且令人着迷。

但是团队的其他成员并不关心将使用哪种建模方法。相信我，即使他们假装感兴趣，也只是简单问问，以便让他们看起来对此很在乎——但他们并不真的在乎。如果你想开个有意义、协作和包容的会议，请将这些细节排除在小组讨论之外。只有当讨论在融洽的团队合作气氛中进行时，才能获得洞察力、创意，识别看似无害的细节，而这些细节需要处理才能使项目尽可能成功。

对于我们的推荐引擎, 图 4-3 显示了在应用了个性化推荐功能的网站上的用户旅程中最初的简要流程。即使是像这样简单的以用户为中心的体系结构映射，也可以帮助整个团队思考所有这些组件将如何工作。这个过程还以一种比查看代码片段、键值集合以及通过复杂的图标显示准确性指标更容易的方式，与非技术团队成员展开讨论。

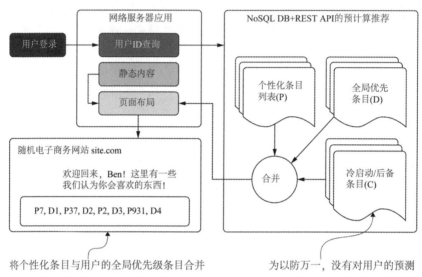

图 4-3　个性化推荐引擎的简化基本概述，用来帮助规划个性化推荐项目的需求和功能。这个带有最少功能的基本概述，是启动构思会话的核心

注意　即使不打算生成一个与网站(或任何必须与外部服务集成的机器学习)上的用户界面功能相连接的预测，在规划阶段创建实现项目目标的最终状态流程也非常有用。这并不意味着要构建一个完整的体系结构图来与业务部门共享，但是一个项目各部分交互的方式和最终输出结果的线图，可以作为很好的交流工具。

这样的图表有助于与更广泛的团队进行规划讨论。将体系结构图、建模讨论和关于推荐系统评分指标的适当性说明，留到数据科学团队的内部讨论。从用户的角度提出一个潜在的解决方案，不仅使整个团队能够对问题的重点进行讨论，而且可以使非技术团队成员参与讨论，非技术团队将深入了解将直接影响实验和实际代码开发的因素。

因为图表如此简单，并可以方便地看到系统的基本功能，而预计算推荐中包含的复杂性被隐藏起来，所以可以让相关的每个人都参与到讨论中并贡献自己的想法，从而定义项目的初始状态。图 4-4 显示了与更广泛的团队的初始会议可能会得到的结果，讨论了在完整的构思会议中可以构建的内容。

与图 4-3 相比，图 4-4 显示了项目构思的演变。重要的是要考虑到，如果产品团队和 SME 不参与讨论，数据科学团队可能不会提出很多想法。将实现细节排除在讨论之外，让每个人都可以继续关注最重要的问题: "我们为什么要构建这个方案，它应该如何帮助最终用户?"

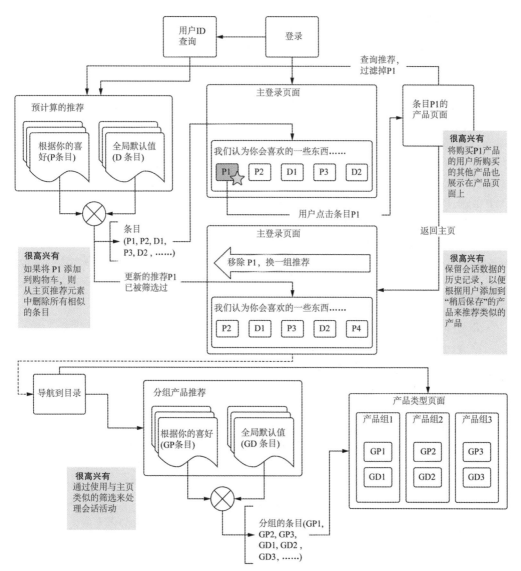

图4-4　在跨职能团队中进行了一次具有包容性的构思会议，从而对核心的最小功能进行了补充

什么是用户体验之旅？

可以从 B2C(Business-to-Customer)行业的产品管理领域大量借鉴，用户体验之旅(或旅程地图)是对产品的模拟，探索特定用户将如何使用一个新功能或系统。它是地图的一种形式，从用户最初与系统的交互开始(登录，如图 4-4 所示)，然后跟随用户完成与系统元素进行的面向用户的交互。

我发现这些不仅对电子商务和基于应用程序的实现非常有用(这些实现采用机器学习提供功能)，甚至在设计面向内部的系统时也很有帮助。归根结底，你希望别人使用你的预测模型。很多时候，绘制关于人员、系统或下游流程与数据交互方式的地图有助于设计机器学习解决方案，从而更好地满足客户的需求。映射过程不仅可以为服务层的设计提供信息，还可以为解决方案开发过程中可能需要的关键特征元素提供信息。

在图 4-4 中，注意标有"很高兴有"的 4 个条目。这是初始规划会议的一个重要和具有挑战性的内容。每个参与其中的人都希望集思广益，为找到问题的最佳解决方案而努力。数据科学团队应该欢迎所有这些想法，但在讨论中需要注意的是，每增加一项内容都会产生额外的成本。

应该真诚地关注项目的基本方面(MVP)。追求 MVP 可确保首先构建最关键的内容。另一个要求是在包含任何附加功能之前，先要能够正常运行。辅助项目应添加适当的注释；在整个项目的实验和开发阶段，产生的想法应该详细记录并作为日后的参考。随着代码库的形成，曾经看起来难以克服的困难可能会在以后被证明是微不足道的，即使在 MVP 中包含这些功能也是值得的。

唯一糟糕的想法就是那些被忽视的想法。不要忽视任何想法，但也不要让每个想法都成为实验规划的核心。如果一个想法看起来遥不可及，且复杂得令人难以置信，那就在项目初具规模且对项目的复杂性有了更深层次的理解之后，再考虑实现它的可行性。

不要邀请工程师参加构思会议

在我的职业生涯中，参加过许多规划会议。这些会议通常分 3 种。图 4-2 和 4-3 中的示例代表了我见过并使用过的最成功的规划。

最没用的(后续会议、离线讨论和随之而来的混乱)是那些完全专注于项目的机器学习内容，以及考虑如何使系统运行的会议。

如果模型是主要关注点，那么小组中的许多人将完全无法在会议上发言(他们不具备相应的知识或参考框架来为算法的讨论做出贡献)或恼火地夺门而出。在这种情况下，只是一群数据科学家在争论是否应该使用 ALS 或深度学习来生成原始推荐分数，以及如何将历史数据应用到预测结果中。在营销团队面前讨论这些没有意义。

如果工程方面的内容是重点，那么与其创建一个用户体验流程路径图，不如创建一个体系结构图，它将会把完全不同的人排除在外。工程和建模讨论都很重要，但是它们可以在特定的小团队中讨论，并且可以在实验完成之后迭代地进行开发。

在浏览这个用户体验工作流时，可以发现团队成员对其中一个引擎的工作方式有截然不同的假设。营销团队假设是，如果用户点击了某些产品，但没有将其添加到购物车中，可以推断用户不喜欢该产品。这些团队成员不希望再次在推荐中看到该产品。

这对 MVP 的执行细节有什么影响？体系结构将不得不改变。

在规划阶段比在模型构建之前更容易发现这一点，并且能够为该功能设定范围的复杂性；否则，更改必须对现有的代码库和体系结构进行修补。如图 4-4 所示，定义的功能体系结构也可以开始添加到引擎的整体视图中：将构建它支持什么，不支持什么。功能体系结构设计将使数据科学团队、前端团队和数据工程团队开始专注于各自需要研究和试验的内容，从而证明或反驳将要构建的原型。记住，所有这些讨论都发生在编写第一行代码之前。

问一个简单的问题"这要如何完成？"并避免关注标准算法实现是一种习惯，这比任何技术、平台或算法都更有助于机器学习项目的成功。这个问题可以说是最重要的问题，可以确保项目中的每个人都在"同一频道"上。我建议在提出必要问题的同时提出这个问题，以得出需要调查和实验的核心功能的雏形。如果在核心需求方面存在困惑或缺乏具体理论依据，最好是在早期阶段，通过几个小时的会议加以讨论并尽可能解决所有业务细节，而不是浪费几个月的时间和精力构建不符合项目发起人愿景的东西。

2. 理想的最终状态是什么样的

理想的实现一开始很难定义(特别是在进行实验之前)，但对于实验团队来说，倾听别人对理想状态的描述非常有用。在这些开放式的意识流讨论中，大多数机器学习实践者都倾向于根据不理解机器学习是什么的人的想法，立即决定什么是可能的，什么是不可能的。我的建议就是倾听。不要因为超出范围或无法实现而立即终止谈话，而是让谈话继续下去。

你可能会在交流的过程中找到一条本来会错过的道路。你可能会找到一个比当前提出的更简单、使用更广泛、更易于维护的机器学习解决方案。这些年来，我参与的最成功的项目都来自于与广大的 SME 团队(如果幸运的话，还有实际的终端用户)进行这种具有创造性的讨论，使我能够将自己的思维转变为创造性的活动，尽可能接近业务部门的愿景。

不过，讨论理想的最终状态并不仅仅是为了获得更惊人的机器学习解决方案。让项目的发起人参与进来，可以让他们的观点、想法和创造力通过积极的方式影响项目。讨论还有助于在项目开发过程中建立信任和归属感，进而助于将团队团结在一起。

仔细聆听机器学习项目客户的需求是机器学习工程师最重要的技能之一——远远超过掌握任何算法、语言或平台。它将指导你尝试什么、研究什么，以及如何从不同的角度思考问题，从而找到最佳的解决方案。

在图 4-4 所示的场景中，初始规划会议产生了理想状态的粗略草图。这可能不是最终的推荐引擎(根据我的经验，这肯定不是最终的结果)。但是这个图将告诉我们如何将这些功能模块转换成系统。它可以指明实验的方向，以及你和团队需要彻底研究的项目领域，从而最小化或防止意外的范围蔓延，如图 4-5 所示。

任何曾经在初创公司工作过的朋友都应该熟悉图 4-5。有动力和有创造力的人想要做一些令人惊奇的事情，他们的想法往往很有感染力，只要稍加磨炼，就可以建立一家真正具有革命性的公司，并在其核心使命上做得很好。然而，如果没有专注于最重要的事情，特别是对于机器学习项目而言，解决方案的庞大规模和复杂性可能会让项目很快失控。

注意　在我的职业生涯中，我从未允许一个项目达到图 4-5 所示的荒谬程度(尽管有一些与这个图很接近)。然而，在我参与的几乎每个项目中，都有人提出这样的评论、想法和问题。我的建议是：感谢他们的想法，委婉地用非技术术语解释说，现在不可能，然后继续完成这个项目。

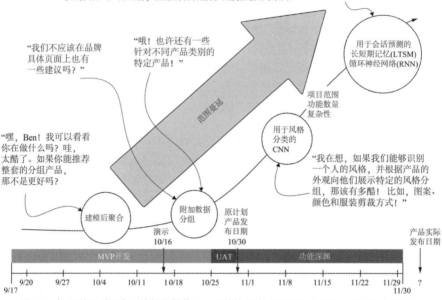

图4-5 机器学习项目中可怕的范围蔓延。开始就明确这是不可接受的，就不会为此担心

范围蔓延：这肯定会对项目造成破坏

不正确的计划(或者计划时没有引入发起项目的业务团队)是让项目缓慢走向毁灭的最令人沮丧的方式之一。这也被称为由于需求过多造成的项目毁灭，这种情况往往出现在开发的后期，特别是向不了解项目细节的团队进行演示时。如果客户(内部业务部门)没有参与规划讨论，则会不可避免地对演示的内容产生怀疑，往往这种质疑的数量非常惊人。

在我所见过的几乎每一种情况下(或在我早期尝试着在不要求其他部门加入的情况下"完成我的任务")，演示环节的结果都是添加了许多额外的功能和需求。这是意料之中的(即使是在设计和计划良好的项目中也是如此)，但如果这些需求无法在现在的项目框架中实现，则可能需要重新设计与实现项目。这让决策者面临艰难的选择：是要为实现数据科学团队(或个人)做出的决定而推迟项目，还是完全放弃项目以防止最初失败的重演。

在机器学习的世界里，没有什么比在产品上线后立即收到强烈的负面反馈更让人崩溃。收到来自企业高层的大量邮件，表示你刚刚发送的解决方案会向狗主人推荐猫玩具，这是多么荒谬，但更糟糕的是向儿童推荐成人用品。好在这是发生在项目交付之前的用户验收测试(User_Acceptance Testing, UAT)期间。需要进行一系列不可避免的更改，才能满足业务需求。在这种情况下，从头开始项目，比对现有解决方案进行更改更节约时间。

识别范围蔓延很重要，但可以让它的规模最小化，在某些情况下甚至可以消除。在实验用笔记本电脑或 IDE 中开始编码之前，需要进行适当的讨论，因为项目的关键内容有时会包含在令人痛苦的迭代和细节中。

3. 谁是这个项目的支持者？我可以和他一起完成这些实验

在我共事过的团队中，最有价值的成员就是 SME——他们被分配与我或我的团队一起工作，检查我们的工作，回答我们遇到的每一个愚蠢的问题，并提供创造性的想法，帮助项目以我们从未预想过的方式发展。虽然 SME 通常不是技术人员，但他们对该问题有着深刻而广泛的知识。花一点额外的时间将工程学和机器学习中的术语转换成 SME 能够理解的语言，总是值得的，主要是因为这将创造一个包容的环境，使 SME 能够帮助项目走向成功，因为他们看到自己的意见和想法得到重视，并在项目中实现。

我着重要强调的是，你最不希望担任这一角色的人是该项目的执行负责人。虽然一开始你可能会认为向经理、主管或团队副总裁寻求创意和实验的批准会更容易，但我向你保证，这只会让项目停滞不前。这些人忙着处理其他几十个重要的、耗时的任务，已经将你的项目委托给别人。期望与这个人(可能是也可能不是项目所涉及领域的专家)就微小的细节进行广泛而深入的讨论(毕竟所有机器学习解决方案都由无数个微小细节组成)，可能会使项目处于危险之中。在第一次启动会议中，确保团队中有 SME 成员能够有时间和权威的知识来处理这个项目，并可以在整个过程中根据需要做出关键决策。

4. 何时分享项目进展

由于大多数机器学习项目都很复杂(尤其是那些需要与许多业务接口相连的推荐引擎项目)，会议至关重要。但每次会议的内容可能大不相同。

虽然人们很想每周以特定的节奏来开会，但项目会议的节奏应该与项目相关的里程碑保持一致。这些基于项目的里程碑会议应该：

- 不能替代每天的项目例会。
- 不与各个部门的团队会议重叠。
- 一定要全体项目成员出席。
- 始终让项目负责人在场，从而对有争议的主题做出最终决定。
- 专注于呈现当前的解决方案，仅此而已。

善意但有害的外部想法

抛开这些结构化的演示文稿和以数据为中心的会议，针对自己感兴趣的内容进行讨论往往令人兴奋。也许你团队中未参与该项目的人很好奇，并希望提供反馈和额外的建议。同样，与较大团队中的一小部分人讨论如何解决遇到的问题可能也很方便。

我必须强调，这些团队之外的讨论可能会造成极大的破坏。团队成员在大型项目(甚至在实验阶段)中做出的任何决定都应该被认为是神圣不可侵犯的。让外界的声音和"试图帮助"的人参与进来，会侵蚀已经建立起来的具有包容性的交流环境。

外部想法通常还会给项目带来无法控制的混乱，让参与实现的每个人都难以管理。例如，如果数据科学团队临时决定更改预测的交付方法(例如，重用带有额外有效负载数据的 REST 端点)，将影响整个项目。尽管它不必创建另一个 REST 端点从而为数据科学团队节省一周的工作量，但对于前端工程师正在进行的所有工作来说，是灾难性的。这可能会导致前端团队要进行数周的返工。

在没有通知并在更大的团队中讨论的情况下引入变更，会有浪费大量时间和资源的风险，这反过来会削弱团队和整个业务部门对项目的信心。这会大大提高项目被放弃以及在业务部门内部的小组之间形成孤岛的风险。

在早期会议上，数据科学团队必须与整个团队沟通这些基于事件的会议需求。你希望每个人都知道，对你来说微不足道的改动可能会使其他团队大量返工，可能会让数据科学团队增加数周或数月的额外工作。数据科学团队的更改也可能会对其他团队产生同样巨大的影响。

为了说明项目的相互联系，以及不同的交付方式将如何影响项目，看一下图4-6。图4-6显示了该解决方案在一个相对较大的公司(假设超过1000名员工)运作的情况，不同的组扮演不同的角色，有不同的职责。在一家较小的公司(如初创公司)中，许多职责将落在前端开发或数据科学团队，而不是单独的数据工程团队。

图4-6 跨职能团队的项目时间表。注意每次演示和讨论的频率及成员要求(大多数会议需要全员参加)

图 4-6 显示了来自机器学习实验的依赖关系如何影响数据工程和前端开发团队的未来工作。添加过多的延迟或相应的返工不仅会导致数据科学团队修改其代码，而且可能导致整个工程组织浪费数周的工作。这就是计划、项目状态的频繁演示以及与相关团队的公开讨论如此重要的原因。

但是什么时候才能完成呢？

诚实永远是上策。我看到很多数据科学团队认为在项目计划期间少承诺多交付是明智的。其实这不是明智的做法。

很多时候，这种为项目提供灵活空间的策略被用来防止在项目开发期间出现不可预见的复杂性。但把这些因素计入估计的交付日期，对团队没有任何帮助。这是不诚实的，而且会损害业务部门对团队的信任。更好的方法是对每个人都诚实。让他们知道机器学习项目中有很多未知的因素。

这种做法只会让内部业务部门的客户感到沮丧和愤怒。他们并不会为比计划提前几周得到结果而欣喜，反而会对这种行为感到困扰。诚信很重要。

还有一个问题与交付计划中设置的不切实际的预期有关。不告知业务部门在项目工作中可能经常会发生意外，并且为迭代设计设定了一个非常激进的项目交付日期，业务部门的成员会期待项目交付日可以获得他们想要的东西。但由于没有与业务部门进行足够的沟通，并且设定了不切实际的交付日期，为了按时交付，只能强迫机器学习团队的成员加班。

这带来的唯一结果是：团队倦怠。如果团队因努力满足不合理的要求而完全失去动力和筋疲力尽，那么解决方案永远不会让人满意。细节将被遗漏，代码中的错误激增，团队中最优秀的成员将向其他公司投递简历，以便在解决方案投入生产后可以找到更好的工作。

图 4-7 展示了与一般电子商务机器学习项目相关的里程碑的概要甘特图，仅关注主要概念。使用这样的图表作为通用的重点沟通工具可以大大提高所有团队的生产力，并减少多学科团队中的混乱，尤其是可以打通部门之间的沟通障碍。

如图 4-7 顶部的里程碑箭头所示，在关键阶段，所有成员应该一起开会，以确保所有团队成员了解已经完成的内容和发现的问题，以便他们可以集体调整自己的项目工作。与我合作过的大多数团队都在制订冲刺计划的同一天举行这些会议，这是值得的。

这些断点允许进行演示、探索基本功能和识别风险。这个常见的"通信点"有两个主要目的：

- 尽量减少浪费在返工上的时间。
- 确保项目按照计划进行。

虽然花费时间和精力为每个项目创建甘特图并不是绝对必要的，但建议至少使用适当的方法来跟踪项目的进度和里程碑。彩色的图表和系统开发的跨学科跟踪对于由机器学习工程师单独领导的项目没有意义。但即使你自己完成整个项目，弄清项目开发中的主要边界，并安排一些展示和说明也是非常有帮助的。

你是否有一个用来调优模型的演示测试集？你希望它可以解决问题？为此，需要设置边界，生成数据，并通过它向业务团队展示项目成果。及时获得正确的反馈可以为你和你的客户省去很多麻烦。

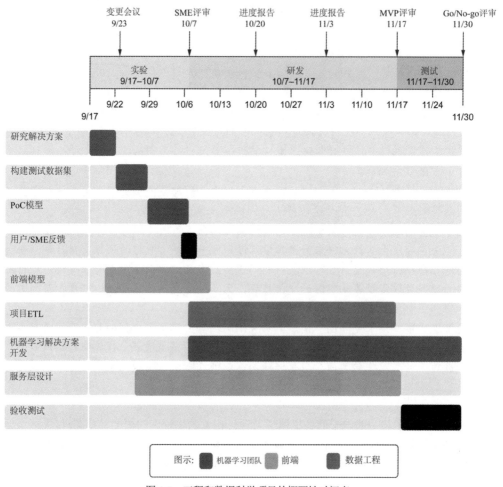

图4-7 工程和数据科学项目的概要性时间表

4.1.2 设置严格的讨论界限

下一个问题是，"我在哪里为项目设置这些界限？"每个项目在解决问题所需要的工作量、参与解决方案的人数以及实施过程中的技术风险方面都是独一无二的。

但是，一些通用的指南可以帮助会议设置最低的讨论边界。以我们计划构建的推荐引擎为例，需要设置某种形式的时间表，说明将在何时召开会议、将讨论什么、对这些会议有什么期望，什么是最重要的内容，以及参与项目的每个人应该如何最大限度地降低无法按时交付方案的风险。

想象一下，这是该公司处理的第一个涉及机器学习的大型项目。这是第一次有这么多开发人员、工程师、产品经理和 SME 协同工作，他们都不知道应该什么时候召开会议并对项目进行讨论。你意识到会议确实必须举行，因为你在计划阶段就确定了这一点。你只是不知道何时召开这些会议。

在每个团队中，人们对可以交付解决方案的节奏都有深刻的理解——假设他们正在使用某种敏捷方法工作，很可能都会举行 scrum 会议和每日短暂例会。但没有人真正了解其他团队处于什么开发阶段。

简单的答案自然会让所有相关人员感到沮丧："我们每周三下午 1 点开会。"安排一个由数十人组成的整体团队的"定期计划"会议通常会导致团队没有足够的时间讨论、演示或评审。如果没有明确的议程，会议的重要性和有效性可能会受到质疑，导致人们在需要评审关键事项时未能出席。

我知道的最佳策略是设置可行的定期会议，其中包含要审查的切实结果、合理的议程以及对每个与会人员贡献的预期。这样，每个人都会意识到会议的重要性，每个人的声音和意见都会被听到，宝贵的时间会得到应有的尊重。

> **关于数据科学团队无意义会议的说明**
>
> 有些有趣的事情发生时，每个人都想与数据科学团队交谈。这可能是因为对项目进展的普遍兴奋，也可能是因为业务部门领导只是害怕你会在一个项目上发生"监狱暴动"，以一种"监狱管理"的开发风格开发项目(希望情况不是这样)。
>
> 这些都是召开会议的合理理由(如果你的公司担心你在进行项目开发时乱来，可以向他们提供你之前成功交付的项目案例，以缓解他们的恐惧与担忧)。但是，如果举行了很多会议，但只是陈述了项目的进展，并且发现很多事情自上次会议以来并没有任何进展，这样的会议将对团队造成负面影响。
>
> 我强烈建议在项目开始时传达这个概念：为了满足每个演示所对应的交付目标，团队需要在很大程度上独自完成工作。欢迎提出问题和想法，并通过面对面的方式讨论(这也是敏捷方法基石的一部分)。但是项目状态会议、进度报告和重复的简单数据统计毫无用处，应该将这些内容立即从团队的负担中清除。
>
> 这可能是一场艰难的对话，特别是公司对机器学习带来的创新性持谨慎态度时。但是如果项目中确实存在上述的无效沟通，应该立刻提出这个问题，以便你可以清楚地传达为什么这些事情会对项目造成伤害，而非提供帮助，这样可以确保按时交付成果。

更合乎逻辑、更有用和更有效地利用每个人的时间，只在需要审查新内容时才开会审查正在进行的解决方案。但这些决策点是在什么时间？如何定义这些界限，从而平衡讨论项目要素的需要与对微小变更举行过于频繁且干扰工作的会议？

这取决于项目、团队和公司。我要说的是，每种情况都是唯一的、与众不同的。关于会议频率、会议议程和参与人员的问题要根据具体情况分析，避免可能出现的混乱或破坏解决方案进度的情况。

1. 后期研究阶段的讨论(变更会议)

针对之前描述的示例，假设数据科学团队确定必须构建两个模型以满足规划阶段用户使用过程模拟的要求。根据团队成员的研究，他们决定将"协同筛选"和"频繁模式增长算法"与深度学习实现进行对比，看哪种方法可以为再训练提供更高的准确性和更低的拥有成本。

数据科学负责人安排两组数据科学家和机器学习工程师处理这些相互竞争的实现方法。两组在完全相同的模拟客户数据集上生成模型的模拟结果，为网站显示这些建议的页面线框提供模拟产品图像。

本次会议不应关注任何实现细节。相反，应该只关注研究阶段的结果：减少已经阅读、研究和使用过的众多选项。团队已经发现了许多很棒的想法和更多的潜在解决方案，但这些想法并不能基于现有的数据发挥作用，因此已经将这些想法缩减为两个相互竞争的实现。不要把探索过的所有选项都提出来。不要提及那些有惊人结果但可能需要两年时间才能完成的东西。相反，把讨论精炼到下一阶段所需要的核心问题：实验。

向 SME 展示这两个备选解决方案，并将展示限定在以下内容：每个算法可以做什么、不可以做什么以及 SME 何时可以看到解决方案的原型，确定他们更喜欢哪个方案。如果预测的质量不存在明显差异，则应根据方法各自的缺点决定使用哪种方法，而将技术复杂性或实现细节排除在讨论之外。

将这些频繁的会议中讨论的内容，集中在相关的语言和参考资料上，让你的听众理解你的想法，并引发他们自己的联想。你可以在脑海中对会议的内容进行翻译，并暂时到此为止。技术细节只能由数据科学团队、架构师和工程管理人员在内部讨论。

在我参与过的许多项目中，实验测试阶段可能会对十几个想法进行测试，但只提供业务部门最可接受的两三个方案以供评审。如果实现过于繁重、昂贵或复杂，最好提出能够保证项目成功机会最大的选择——即使它们不像其他解决方案那样花哨或令人兴奋。记住：数据科学团队必须维护解决方案，而在实验过程中听起来很酷的东西可能会变成维护的噩梦。

2. 后实验阶段(SME/UAT 评审)

在实验阶段之后，数据科学团队中的子团队为推荐引擎构建了两个原型。在之前的里程碑会议上，他们对两个模型进行了介绍，并以听众可以理解的方式展示了它们的优缺点。现在要做的就是向与会者具体展示这两个模型。

之前在审查潜在解决方案期间，显示了一些非常粗略的预测。具有不同产品 ID 的重复产品出现在结果中，为一些用户生成了同一产品类型的无数产品条目列表，并且列出了演示中的关键问题以供参考。在最初的早期原型中，业务逻辑和功能需求还没有构建出来，因为这些元素直接取决于模型的平台和技术选择。

若已完成实验阶段，则展示的目标应该是展示模型的核心功能。也许需要将元素按照相关性排序。或者可以考虑根据价格范围推荐产品。最近的非会话历史浏览记录，以及某些客户对某些品牌具有隐性忠诚度，都是可以考虑的因素。所有这些大家认可的功能都应该展示给整个团队。然而，截至目前，得到的还不是项目的完整实现，而只是模拟显示系统最终的样子。

这个会议的结果应该与最初规划会议的结果相似：可以将那些被认为不重要的附加功能添加到开发规划中，如果发现任何原始功能是不必要的，应该将其从规划中删除。回顾最初的计划，更新后的用户体验可能如图 4-8 所示。

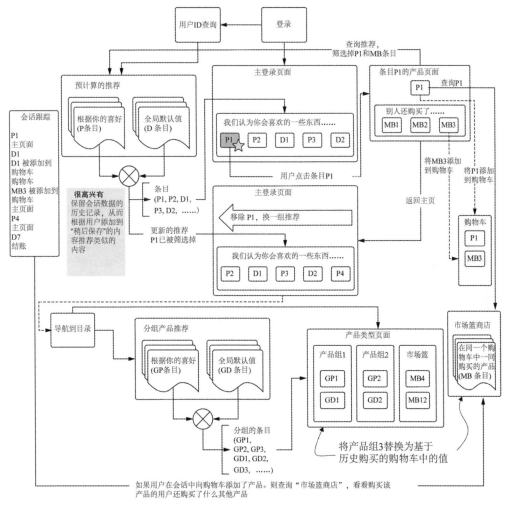

图 4-8　推荐引擎的最终线框设计，源于对实验结果的评审

实验阶段结束，数据科学团队可以解释说，早期阶段的先进想法不仅可行，而且不需要大量额外工作即可进行集成。图 4-8 显示了这些想法的整合(市场篮分析、动态筛选和聚合筛选)，但也保留想法，待将来实现。如果在开发过程中发现可以实现此功能的集成，则将其作为当前规划文件的一部分。

这个阶段的会议最重要的部分是团队中的每个人(从将处理事件数据传递到服务器以进行筛选的前端开发人员，到产品团队)都了解所涉及的元素和组件。通过会议，可以确保团队了解需要确定的元素的范围，以及需要为冲刺计划创建的合理主题和内容。对实现进行协作评估至关重要。

3. 开发冲刺评审(针对非技术受众的进度报告)

定期召开不以工程为重点的会议不仅有助于将信息从开发团队传递到业务部门，这些会议还可以作为项目状态的征兆，帮助指示何时可以开始集成不同的系统。尽管如此，这些会议仍然应该聚焦在项目的概要性讨论上。

对于许多做此类项目的跨职能团队来说，面对的诱惑是把这些项目变更会议变成"次级回顾会议"或超级冲刺计划会议。虽然这样的讨论可能有用(特别是对于不同工程部门之间的集成)，但这些主题应该放在工程团队的会议中。

一个完整的团队进度报告会议，应该努力生成当前状态的进度演示。应展示解决方案的模拟，从而确保业务团队和 SME 可以就项目工程师可能忽略的细节提供相关反馈。这些定期会议有助于防止前面提到的可怕的范围蔓延问题和在项目进入尾声时发现的关键组件丢失问题，这些问题都将导致项目交付的严重延迟。

4. MVP 评审(带 UAT 的完整演示)

代码完整对于不同的组织可能意味着不同的事情。一般来说，代码完整需要满足如下条件：

- 代码经过测试(通过单元/集成测试)。
- 该系统可以在使用生产规模数据的评估环境中作为一个整体运行(模型已经在生产数据上进行过训练)。
- 已计划的所有约定功能均已完成，并按设计执行。

但这并不意味着解决方案的"主观质量"达标。这个阶段仅意味着系统会将推荐信息传递给此推荐引擎示例页面上的正确元素。为本次会议做准备的 MVP 评审和相关的 UAT 是完成主观质量测量的阶段。

这对我们的推荐引擎意味着什么？这意味着 SME 登录到 UAT 环境并导航至该站点。他们根据自己的喜好查看推荐，并根据看到的内容做出判断。这也意味着对高价值客户的模拟，确保 SME 从这些客户的角度看到的推荐，与他们对这些类型客户的了解保持一致。

对于许多机器学习的实现，指标是很好的工具(当然应该大量使用指标，并详细记录)。但确定解决方案是否可以定性解决问题的最佳衡量标准是利用内部用户和专家的知识广度。他们可以在系统部署给最终用户之前使用并测试系统，从而给出判断。

在评估几个月来开发解决方案的 UAT 反馈会议上，业务部门和数据科学团队争论某个特定模型的验证指标怎样更好，但是定性评审的质量远低于定量评审的质量。这正是这次会议如此重要的原因。它可能会发现在规划阶段，以及在实验和开发阶段遗漏的关键问题。对解决方案的结果进行最终的完整性检查可以生成更好的最终结果。

关于本次会议和评审期间的质量评估，需要记住的关键信息是：几乎每个项目都带有大量的创建者偏见。当创建一个东西，特别是有足够挑战性、令人兴奋的系统时，创建者可能会因为对所创建产品的熟悉和崇拜，而忽略和错过重要的缺陷。

父母永远看不到自己的孩子有多丑或多蠢。无条件地热爱自己创造的东西是人类的天性。

——每个最理性的父母

如果在某一次评审会议结束时，解决方案得到了大多数人的积极评价，那么团队应该小心一点。创建一个有凝聚力的跨职能团队的副作用之一是，对项目的情感偏见可能会影响他们做出公正的判断。

如果你曾经参加过关于解决方案质量的总结会议，并且没有听到任何质疑的声音，那么你和项目团队应该在公司中召集与该项目无关的其他人开会。根据他们对解决方案公正和客观的评价，对解决方案进行改进。项目团队因为感情因素造成的偏见已经使他们无法看到项目中存在的缺陷，也就没有对项目进行改进的可能。

5. 预生产评审(使用 UAT 的最终演示)

最终的投产前评审会议就在项目上线之前。最终修改已完成，来自 UAT 开发完整测试反馈的问题已得到解决，并且系统已经运行了几天而没有崩溃。

计划在下周一发布(专业提示：永远不要在周五发布)，需要对系统进行最后的检查。系统负载测试已经完成，通过模拟 10 倍用户的业务高峰压力测试来测量解决方案的响应能力，使用日志记录系统的运行情况，对合成用户动作的模型再训练表明，模型与模拟数据适配度较高。从工程角度来说，所有的内容都通过了所有测试。

那我们为什么又见面了？

——每个被无数次会议折磨得筋疲力尽的人

系统发布前的最后一次会议应评审解决方案与原始计划的异同、因超出范围而被拒绝的功能，以及后加入的功能。这有助于让分析师对整体解决方案有合理的预期。已经构建了为推荐而收集交互数据所需要的系统，并创建了一个 A/B 检验数据集，可以让分析师检查项目的性能。

最后的会议应该关注数据集将位于何处，工程师如何查询它，以及团队的非技术成员可以访问哪些图表和报告(以及如何访问它们)。在最初的几个小时、几天甚至几周内，这个新引擎的表现将会受到大量的详细审查。为了让分析人员和数据科学团队保持清醒，需要做一些准备工作，以确保人们能够随时访问项目的指标和统计数据，这将确保公司中的每个人都可以做出基于数据的关键决策，甚至包括那些没有参与创建解决方案的人。

关于耐心的注意事项

发布一个像电子商务公司的推荐引擎一样将对业务产生重大影响的机器学习项目对企业来说就很可怕。业务部门的领导都想知道昨天的数字是多少。可能也想知道明天的销售数字会是什么样子。在这种程度的期待和恐惧下，分析结果时就需要足够的耐心。时刻提醒大家，别着急，深呼吸。

许多潜在因素会影响项目的成败，其中一些因素可能在设计团队的控制范围内，而另一些因素则完全不受设计团队的控制。由于存在大量的潜在因素,在收集到足够数量的关于解决方案表现的数据之前,需要保留对设计有效性的所有判断,以便做出统计上有效的判断。

等待,特别是对于一个花费大量时间和精力开发解决方案的团队来说,是有挑战性的。人们会想不断地查看状态,从而了解解决方案的运行表现和发展趋势。

为了让项目的决策者能够更好地了解解决方案的运行情况,数据科学团队需要对他们进行必要的统计分析培训。对于推荐引擎这样的项目,应该向项目的决策者解释什么是方差分析、复杂系统中的自由度、RFM 队列分析及相对较高水平的置信区间(主要关注分析在短时间内的自信程度——确切地说,是不自信程度)。这将帮助决策者做出明智的决定。根据用户数量、所服务的平台数量及客户到达网站的频率,可能需要几天或几周的时间来收集足够的数据,以便就项目对公司的影响做出明智的决定。

与此同时,要努力消除人们的担忧,并降低人们的预期。你所看到的销售额大幅提升和这个项目也许有关,也许无关。只有仔细分析数据,人们才会知道新功能会带来怎样的用户黏性和收益提升。

4.2 不要浪费时间:与跨职能团队交流

第 3 章在讨论项目的规划和实验阶段时指出,要记住的最重要方面之一(除了机器学习工作本身)是在这些阶段进行有效的沟通。收到的反馈和评估可以成为确保 MVP 按时交付并尽可能正确的宝贵工具,从而可以继续进行完整的开发工作。

下面再看一下图 4-7 中的甘特图,跟踪每个团队在各个阶段工作的进展概况。然而,出于交流的目的,我们只关注顶部内容,如图 4-9 所示。

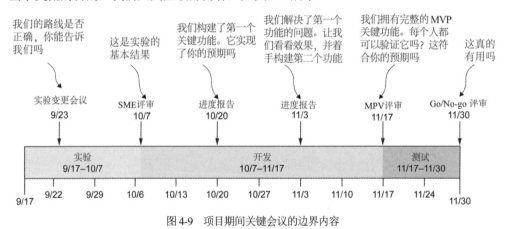

图 4-9　项目期间关键会议的边界内容

根据正在构建的项目类型,可能会在各个阶段开无数次会议(以及发布后数月的后续会议,从而评审指标、统计数据和对解决方案的弹性进行估计)。例如,即使开发阶段需要 9 个月,每两周一次的进度报告会议也只是重复地讨论上一个冲刺阶段的成果进度。接下来将详细分解这些阶段。

4.2.1　实验变更会议：我们知道自己在做什么吗

实验变更会议是数据科学团队最害怕的会议，也是其他所有人都为之兴奋的会议。会议中断了数据科学团队未成熟模型的实现，以及尚未完成的研究。这让数据科学团队中的混乱状态达到了巅峰。

不过，这次会议可能是项目中第二重要的会议。这是团队成员又一次有机会坦然地举起白旗投降，如果发现项目无法完成，或将会花费比计划更多的时间和金钱，或者是所需要的复杂性在未来的 50 年内不会出现，他们除了放弃还有什么选择呢？这是一个诚实和反思的时刻。这是把自我放在一边、承认失败的时刻，如果情况确实如此的话。

主导这次讨论的首要问题应该是：“我们真的能解决这个问题吗？”在这一点上，关于这个项目的任何其他讨论或想法都完全不相关。数据科学团队负责报告其发现的状态(例如不涉及针对模型的细节或将用于测试的额外算法)。本次会议最关键的讨论要点应该是：

- 原型的进展如何？
  - ◆ 有没有弄清楚正在测试的所有东西？
  - ◆ 到目前为止，哪一个看起来最有希望？
  - ◆ 打算停止追求任何你计划测试的东西吗？
  - ◆ 是否有望在预定的截止日期前拥有原型？
- 到目前为止，发现了哪些风险？
  - ◆ 数据工程团队需要了解的数据是否存在挑战？
  - ◆ 是否需要那些团队不熟悉的新技术、平台或工具？
  - ◆ 到目前为止，是否觉得这对我们来说是一个可以解决的问题？

除了这些直接的问题，这时讨论任何其他问题都是浪费数据科学团队的时间。这些问题都旨在从人员、技术、平台和成本角度评估该项目是否成立。

> **举白旗：承认失败是可以接受的**
>
> 严肃的数据科学人员很少愿意承认失败。对于刚毕业的博士生来说，他们之前从事的研究和实验可能持续数月甚至数年，他们不会承认有些问题是无法解决的。这也是一件好事，因为这些人发明了新的算法！(注意：他们这样做需要得到公司的批准，而不仅仅是为了解决问题而选择一种新颖的方式。)
>
> 然而，在为一家公司开发机器学习解决方案时，“这对我们来说是不是一个可解决的问题”从来不是真正的问题，真正的问题是我们是否有足够的时间完成这个解决方案，从而节省资金和其他资源。即使是最熟练的机器学习从业者，如果在寻找解决方案时操之过急也会大大影响其能力的发挥。
>
> 如果维护过脆弱或不稳定的解决方案，那么对项目的预期可能就会在一个合理的范围内。解决“所有事情”的愿望可能会被抑制，因为你知道这个解决方案可能不适合特定的项目、公司或参与维护它的团队。不是每个项目、团队或公司都需要解决最苛刻、最复杂的问题。毕竟，每个人都有极限。我可以保证，即使失败的白旗已经升起，在接

下来的日子里, 你的团队和公司仍将继续开发更多的数据科学项目。

越早意识到这一点越好。如前所述, 创作者不愿放弃他们的作品, 并且会随着时间的推移, 不断在自己的方案上投入更多的精力和资源。当发现一个项目表现出不值得继续下去的迹象时, 如果能及早停止这个项目, 将能够转向更有价值的事情。如果盲目地执着做下去, 只会让团队对你完全失去信心——在最坏的情况下, 整个公司对机器学习都会完全失去信心。

如果这次会议得到的答案都是肯定的, 就应该认真开始工作(希望数据科学团队成员的工作不会再受到干扰, 以便他们能够按时完成工作, 并出席下一次会议)。

4.2.2 SME 评审/原型评审: 我们能解决这个问题吗

到目前为止, 早期会议中最重要的就是 SME 评审, 这是非常关键的一步。这是决定资源分配的时刻, 也是决定这个项目是可以继续还是直接被搁置的关键时刻。

在 SME 评审会议期间, 应提出与上次 SME 小组会议相同的问题。唯一的不同是, 现在需要根据开发完整解决方案的能力、预算和预期进行具体调整, 因为现在已经更充分地了解了工作的全部范围。

本次讨论的主要焦点通常是模型原型。对于我们的推荐引擎, 原型可能看起来像网站的合成线框图, 其中包含叠加的产品图像块以及与正在显示的产品相关的标签。出于阐释目的, 使用真实数据总会有帮助。如果你要向一组 SME 成员展示产品推荐系统, 请在展示中使用 SME 熟悉的数据。使用他们的账户进行展示(当然, 在他们的许可下!)并评估他们的反应。记录他们给予的每一个积极反馈——但更重要的是, 他们给出的每个负面评论往往更有价值。

如果情况很糟怎么办?

根据项目、所涉及的模型和机器学习任务的一般方法, 原型 "糟糕" 的主观评价可能是微不足道的(适当调整模型、增加特征集等即可改善), 或者原型完全不可能实现(想增加额外的功能, 但是没有可用的数据。也可能是数据粒度不足以解决当前问题, 或者当前无法通过技术手段改善模型预测的结果)。

快速找到任何已识别问题的原因至关重要。如果原因很明显, 并且数据科学团队可以修改这些元素, 那么简单地回答: "别担心, 我们可以调整预测, 这样你就不会看到那么多凉鞋的结果了。" 但如果问题的性质非常复杂, "我真的不想看到波希米亚及地长裙旁边是 grunge 鞋"(希望你能在会议期间快速搜索这些术语的含义), 对于这个问题的回应应该是经过深思熟虑的, 或者再花一段时间进行额外研究, 但需要限制花在此类研究上的时间和精力。

经过仔细的考虑之后, 对于上一个问题的回答可能是这样的, "我们对此进行了调查, 并且由于没有关于鞋子款式的数据, 我们将不得不建立一个 CNN 模型, 训练它来识别鞋子的样式, 并创建在产品目录中识别这些样式所需要的数十万个标签。这可能需要几年才能完成。" 或 "我们对此进行了调查, 发现每种产品都有标签, 我们可以轻松地按样式类型对推荐进行分组，从而让你更灵活地选择你想要的产品组合类型。"

确保在原型审查会议之前知道什么是可能的，什么是不可能的。如果遇到不确定的请求，使用机器学习的万能答案："我不知道，但我会去找出答案。"

在演示结束时，整个团队应该有能力衡量这个项目是否值得继续下去。你正在寻求共识，即小组中的每个人(无论他们是否知道方法如何运作)都对项目即将采取的行动感到满意。

达成一致不是绝对的关键。但是，如果每个人担心的问题都得到了解决，并且可以通过公正和理性的讨论缓解恐惧，团队就会更有凝聚力。

4.2.3 开发进度评审：这会奏效吗

开发进度评审是在开发过程中"调整方向"的机会。团队应该关注项目的里程碑，如展示正在开发的功能当前状态的里程碑。使用在实验评审阶段使用的相同线框方法很有帮助，并且使用相同的原型数据，以便整个团队可以看到与早期阶段之间的直接比较。为 SME 制定一个共同的参考框架有助于根据他们可以理解的术语衡量解决方案的主观质量。

在前几次会议中，应该对项目的实际开发情况进行评审。虽然不用涉及软件开发的特定方面、模型调优或实现的技术细节，但需要使用抽象的术语充分讨论项目功能开发的整体进度。

如果在以前的会议中，确定的预测质量在某种程度上存在不足，则应进行更新和说明，以确保问题的解决让 SME 团队满意。仅仅声称"该功能已完成并已签入主程序"是不够的。你需要用事实证明。使用 SME 团队最初识别问题所使用的相同数据，向他们展示修改后的程序。

随着项目进度的不断深入，这些会议应该变得更加简短，更专注于集成方面。在最后的产品推荐项目会议上，SME 小组应该在 QA 环境中查看网站的实际演示。推荐应按计划通过导航进行变更，并应检查变更后的功能在不同平台上的表现。随着后期阶段的内容越来越复杂，将项目 QA 版本的构建推送给 SME 团队成员会很有帮助，这样他们就可以在自己方便的时间评估解决方案，并在例会上向团队提供他们的反馈。

不可预见的变化：欢迎来到机器学习的世界

说大多数机器学习项目都很复杂是一种可悲的保守说法。有些实现(如推荐引擎)可能是公司最复杂的代码库之一。撇开相对复杂的建模不说，相关的规则、条件和预测的使用可能复杂到让最完美的计划出现遗漏或疏忽。

机器学习项目有时是不连续的，但经常是可替换的，这意味着事情会发生变化。这对我们来说是好事。将敏捷思想应用于机器学习可以让变更对工作(和代码)造成的影响尽可能小。

也许数据不存在，或者创建成本太高，无法在已经建立的框架中解决特定问题。通过对方法进行一些更改，可以实现解决方案，但这将以增加解决方案另一个方面的复杂性或成本为代价。幸运和不幸的是(取决于需要更改的内容)，这就是机器学习的一部分。

在理解事情发生变化的同时，要意识到的重要一点是，出现障碍时，应该清楚地传达给需要了解变化的每个人。它是否影响了服务层的 API 合约? 与前端团队沟通; 不要召开全员会议讨论技术细节。它会影响筛选性别推荐的能力吗? 这是一件大事(根据 SME 的说法)，通过讨论解决方案可以使小组中所有人一起解决问题，并探索替代方案。

当问题出现时(一定会出现)，要确保你不是在 "暗中操作"。不要悄无声息地应用一个看似可行的解决方案，却不告诉任何人。以后产生不可预见问题的可能性将非常高，并且这些更改对解决方案的影响应该由更大的团队进行评审。

4.2.4　MVP 评审: 是否生成了我们要求的内容

在进行 MVP 评审时，每个人都应该对这个项目既感到高兴又感到筋疲力尽。这是最后一个阶段; 内部工程评审已经完成，系统运行正常，集成测试全部通过，在大规模突发流量下测试了系统的延迟情况，参与开发的每个人都已经准备好休假了。

我曾多次看到团队和公司在这个阶段发布解决方案。每次发生这种事，他们都很后悔。在 MVP 构建好并达成一致意见后，接下来的几个冲刺阶段应该专注于代码强化(创建可测试、可监控、可记录和仔细评审的产品可用代码——将在本书的第 II 和第 III 部分讨论这些主题)。

成功的发布涉及工程 QA 阶段完成后的一个阶段，在该阶段解决方案要经历 UAT。此阶段旨在衡量解决方案的主观质量，而不是可以计算的客观质量(预测质量的统计衡量)或团队中的 SME(他们将过多的感情因素投入这个项目中)所做的带有偏见的主观质量衡量。

UAT 阶段很棒。在这个时候，解决方案最终以来自项目外部人员的反馈的形式出现。这双新鲜的、公正的眼睛可以看到解决方案的本质，而不是为了建立它所付出的辛劳和情感。

虽然项目中的所有其他工作都是通过布尔尺度的 "可行/不可行" 来有效衡量的，但机器学习是一个依赖于最终消费者对预测的解释的质量滑动范围。对于推荐与最终用户的相关性这样主观的内容，这个范围可以非常广。为了收集相关数据以进行调整，一种有效的技术是调研(特别是对于推荐这样的主观内容)。基于受控测试提供有效质量排名的反馈可以实现对响应分析的标准化，从而对需要添加到推荐引擎的其他元素或需要修改的设置进行广泛的评估。

此评估和指标集合的关键方面是确保评估解决方案的成员不以任何方式参与解决方案的创建，也不知道推荐引擎的内部工作方式。预先了解推荐引擎任何方面的功能都可能会影响评估结果，当然，如果有项目团队成员包括在评估团队中，评估结果将会受到怀疑。

在评估 UAT 结果时，使用适当的统计方法对数据进行规范很重要。分数，特别是那些数值较大的分数，需要在每个用户提供的分数范围内进行标准化，以解释大多数人的评审偏差(有些人倾向于最大值或最小值，其他人倾向于平均值，还有人给出的分数过于积极)。一旦进行标准化，就可以对每个问题的重要性及其对模型整体预测质量的影响进行评估和排序，并确定实现的可行性。如果有足够的时间，变更是合理的，并且实现的风险足够低，不需要额外再进行一轮完整的 UAT，就可以实现这些变更，以便在项目发布时创建可能的最佳解决方案。

如果发现自己通过了 UAT 评审会议的评审而没有发现任何问题，那么你们是有史以来最幸运的团队，或者评审人员都是你们自己人。这在小规模的公司中很常见，几乎每个人都完全了解并支持该项目(带有不正确的确认偏差)。在这种情况下，引入外部人员验证解决方案可能会有所帮助(前提是该项目不是类似于欺诈检测模型或其他极端敏感的东西)。

许多成功地为面向外部的客户构建解决方案的公司通常会对新功能进行 Alpha 或 Beta 测试，正是为了从投资于他们的产品和平台的客户那里获得高质量的反馈。为什么不让你最热情的终端用户(内部或外部)提供反馈呢？毕竟，他们才是将要使用你所构建的东西的人。

4.2.5　预投产评审：我们真希望没有搞砸

该项目接近尾声。最终功能已经根据 UAT 反馈添加，开发完成，代码加固，QA 检查全部通过，解决方案已经运行了一个多星期，在压力测试环境中没有出现任何问题。为收集性能设置了指标，并创建了分析报告数据集，准备好填充这个数据集，以衡量项目是否成功。最后要做的是将其发布到生产环境。

最好能再见一次面，但不是为了自我祝贺(不过，作为一个完整的跨职能团队，以后一定要这样做)。这个最终的交付前评审会议应该是基于项目的回顾和功能分析。参加会议的每个人，不管属于哪个领域，对最终产品的贡献程度如何，都应该问同样的问题："我们构建了我们想要实现的东西吗？"

要回答这个问题，需要将原始方案与最终设计方案进行比较。原始设计中的每个功能都应该在 QA(测试)环境中实时运行。在切换页面时，产品是否被筛选掉了？如果连续向购物车中添加多个产品，是筛选所有相关产品，还是只筛选最后一个？如果产品从购物车中删除了——这些产品也会从推荐列表中删除吗？如果用户在浏览网站时向购物车中添加了 1000 个产品，然后又全部删除了，会发生什么？

希望所有这些场景在这个时间点之前早已测试完毕，但是这是一个重要的练习，可以让整个团队参与进来，以确保功能最终正确实现。在这个时间点之后，就没有回头路了。一旦发布到生产环境中，无论好坏，都将被客户使用。我们会在后续介绍如何处理生产环境中的问题，但现在先考虑一下，如果发布了一个存在严重缺陷的东西，会对项目的声誉造成什么损害。这是最后一次预发布会议，在不可撤销的生产版本发布之前，可以设计值得关注的问题，并进行最后的修复。

4.3 为实验设定限制

到目前为止，我们已经为推荐引擎项目做了所有能做的准备工作。我们参加了会议，表达了担忧和风险，并基于研究阶段制订了计划，我们有一套明确的模型用于试验。是时候来点音乐了，发挥我们的创意，看看能不能做出些不那么垃圾的东西。

不过，在我们变得过于兴奋之前，重要的是要意识到，与机器学习项目工作的其他方面一样，我们处理工作应该适度，并在所做事情背后有一个深思熟虑的目标。在项目的试验阶段尤为如此——主要是因为这是少数几个完全封闭的阶段之一。

如果拥有世界上所有的时间和资源，我们可以为这个个性化推荐引擎做什么？我们会研究最新的白皮书并尝试实现一个全新的解决方案吗？(你可以，这取决于你的行业和公司。)我们是否会考虑建立一个广泛的推荐模型集合，以实现我们所有的想法？(让我们根据客户终身价值的倾向性评分和总体产品组的亲和性，为每个客户群体开发一个协同筛选模型，然后将其与"FP 增长市场篮"模型合并，以填充特定用户的稀疏预测)。也许可以构建一个嵌入深度学习模型中的图(Graph)，它将发现产品和用户行为之间的关系，从而可以创建最复杂和最准确的预测。

所有这些都是巧妙的想法，如果我们公司的全部目的是向人们推荐产品，以上那些都是值得的。然而这些都是非常昂贵的，对于大多数公司来说最昂贵的资源就是时间。

我们要知道：时间是有限的资源，业务部门对于解决方案的耐心也是如此。正如我们在 3.2.2 节中讨论的，实验的范围与可用资源直接相关：团队中数据科学家的数量、我们将尝试比较的备选方案数量，以及最关键的、完成这项工作所需要的时间。我们需要控制的最后一个限制是，知道时间和开发人员的资源都是有限的，在 MVP 阶段只能构建这么多。

想要完全构建你脑海中的解决方案，并看到它完全按照你的设计运行，是很诱人的。这对于提高生产力的内部工具或数据科学团队内部的项目非常有用。但是，机器学习工程师或数据科学家在职业生涯中将从事的几乎所有其他事情都涉及客户因素，无论是内部客户还是外部客户。这意味着将有其他人依靠你的工作来解决问题。他们将对可能与你的假设不一致的解决方案的需求有细致入微的理解。

如前所述，将它们包括在使项目与目标保持一致的过程中非常重要，但是如果不认可你所构建的解决问题的方案，完全构建一个紧密耦合的复杂解决方案会有潜在危险。解决 SME 参与过程这一问题的方法是围绕要测试的原型设置边界。

4.3.1 设置时限

也许拖延或取消项目的最简单方法之一是在初始原型上花费太多时间和精力。发生这种情况的原因有很多，但我发现其中大多数原因是团队内部沟通不畅、非数据科学团队成员对机器学习流程如何工作的假设错误(通过适当的试验、得到错误结果，然后重新进行测试)，或者缺乏经验的数据科学团队假设需要有一个"完美"的解决方案才能将原型展现给他人。

防止这种混乱和完全浪费时间的最好方法是，限制审查想法需要的实验时间。就其本质而言，这种限制将消除在此阶段编写的大量代码。项目团队的所有成员都应该清楚，在规划阶段所表达的绝大多数想法不会在评审阶段得到实现；相反，为了做出关于使用哪种实现的关键决定，在测试项目时应该将测试数量控制在最小可接受值。

图 4-10 显示了实现实验阶段目标所需的最小实现量。此时，不需要任何额外的工作：决定一种算法，该算法在规模和成本上都能很好地工作，并且满足客观和主观的质量标准。

相比之下，图 4-11 只显示了基于规划会议中初始计划的一些潜在核心功能。

通过比较图 4-10 和图 4-11，应该很容易想象出从第一个计划过渡到第二个计划所涉及的工作范围越来越大。需要构建全新的模型，需要完成大量动态运行的聚合和筛选，必须合并自定义权重，并且可能需要生成数十个额外的数据集。这些元素都不能解决实验边界的核心问题：我们应该使用哪种模型进行开发？

限制做出这些决定的时间将阻止(或至少最小化)大多数机器学习从业者想要构建解决方案的自然倾向，而不管已经制订的计划是什么。有时候，强制减少工作量，对于减少流失率并确保可以生成正确的结果是一件好事。

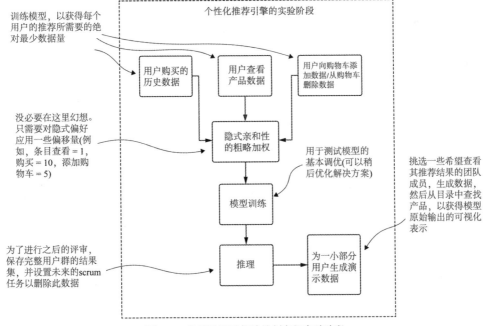

图 4-10 为团队测试想法绘制高级实验阶段

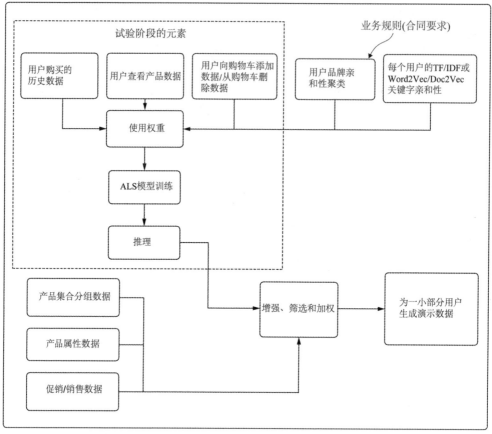

图4-11 通过进行有效的实验并从更大的团队获得反馈,实现开发阶段涉及的伸缩功能的伪体系结构规划

关于实验代码质量的说明

实验代码应该相对"简练"。它应该是脚本化的、注释掉的、混乱的、几乎不可测试的。它应该是一个脚本,充满了图表、图形、打印语句和各种糟糕的编码实践。

毕竟,这是一个实验。如果遵循严格的时间表来做出实验性的行动决策,可能没有时间创建类(class)、方法、接口、枚举器、工厂构建器模式、传递配置等。并且,在实验中将使用高级API、声明性脚本和静态数据集。

不要担心实验结束时的代码状态。这些代码应该作为完成正式编码的开发工作参考(在任何情况下都不应为最终解决方案直接使用实验代码),团队正在使用标准软件开发实践构建可维护的软件。

但在这个阶段,并且只有这个阶段,通常可以编写一些非常糟糕的脚本,大家都是如此。

4.3.2 可以投入生产吗? 你想维护它吗

虽然对于项目中的其他团队来说,实验阶段的主要目的是决定模型实现后的预测能力，但数据科学团队内部的主要目的之一是确定解决方案是否适用于整个团队。数据科学团队负责人、架构师或团队中的高级数据科学人员应密切关注项目将涉及的内容，提出难题，并努力获得真实的答案。一些最重要的问题如下：

- 构建此解决方案需要多长时间？
- 这个代码库会有多复杂？
- 根据需要重新训练的时间表，重新训练的成本如何？
- 我的团队是否具备维护此解决方案所需要的技能？大家都了解这个算法/语言/平台吗？
- 如果正在训练或推断的数据发生显著变化，要用多久来修改这个解决方案？
- 是否有其他人报告使用此方法/平台/语言/API 取得了成功？我们是在重新发明轮子还是在造一个方形轮子？
- 在满足所有其他功能目标的同时，团队还需要做多少额外的工作才能使这个解决方案运行？
- 这个方案是可扩展的吗？当不可避免地需要升级到 2.0 版本时，是否能够轻松地扩展这个解决方案？
- 这个方案是可测试的吗？
- 这个方案是可审计的吗？

在我的职业生涯中，无数次，我要么是构建这些原型的人，要么是在审查别人的原型时提出这些问题的人。尽管机器学习从业者看到结果时的第一反应，通常是"让我们选择效果最好的"，但很多时候，"最好的"结果要么几乎无法完全实现，要么就是维护人员的噩梦。

衡量这些关于解决方案未来可维护性和可伸缩性的问题至关重要，无论是关于正在使用的算法、调用该算法的 API，还是运行它的平台。花时间适当评估当前实现针对某产品的特定关注点，而不是简单地评估模型原型的预测能力，对构建成功的解决方案有着决定性的作用。

4.3.3　机器学习项目的 TDD、RDD、PDD 和 CDD

在开发软件时，似乎有无数种方法可供选择。从瀑布式到敏捷革命(以及它的各种其他风格)，都有各自的优点和缺点。

我们不详细讨论哪种开发方法最适合特定项目或团队。因为已经出版了一些非常精彩的书籍，深入探讨了这些主题，我强烈推荐阅读这些书籍，以改进机器学习项目的开发过程。Greg Smith 和 Ahmed Sidky 合著的 *Becoming Agile in an Imperfect World*(Manning，2009)以及 Lasse Koskela 撰著的 *Test Driven: TDD and Acceptance TDD for Java Developers*(Manning，2007)都值得一读。这里介绍 4 种值得讨论的机器学习开发的通用方法(一些是成功的方法，另一些是警示的故事)。

1. 测试驱动开发或特征驱动开发

对于机器学习项目来说，单纯的测试驱动开发(Test-Driven Development，TDD)非常有挑战性(并且最终肯定无法实现与传统软件开发相同的测试覆盖率)，这主要是由于模型本身具有不确定性。单纯的特征驱动开发(Feature-Driven Development，FDD)方法可能会在项目期间造成大返工。

但大多数成功的机器学习项目方法都包含了这两种开发风格的一些方面。采用增量工作方式、适应变化并专注于模块化代码(这些代码不仅可测试，而且完全专注于满足项目指南所需要的功能)，是一种行之有效的方法，有助于按时交付项目，同时创建可维护和可扩展的解决方案。

这些敏捷方法需要借鉴和调整，以便创建有效的开发策略，不仅适用于开发团队，而且适用于组织的一般软件开发实践。此外，具体的设计需求可能会决定采用略微不同的方法来实现特定项目。

为什么我要使用不同的开发策略？

当将机器学习作为一个广泛的话题讨论时，我们冒着过度简化一个极其复杂和不断发展的学科的风险。机器学习应用范围极其广泛(需要广泛的技能、工具、平台和语言)，不同项目之间复杂度的差异确实令人震惊。

对于像"我们想要预测客户流失"这样简单的项目，以 TDD 为主的方法可能是开发解决方案的成功方法。用于实现客户流失率预测的模型和推理流程通常相当简单(绝大多数的复杂性都在数据工程部分)。因此，对代码进行模块化，并构建代码库，使数据获取阶段的每个组件都可以独立测试，将有利于形成高效的实现开发周期和更容易维护的最终产品。

另一方面，一个复杂的项目，如集成推荐引擎，可能会使用实时预测服务，有数百个基于逻辑的重新排序功能，使用来自多个模型的预测，并有一个大型多学科团队进行研究。这类项目可以从使用 TDD 的可测试性组件中获得极大的好处，但在整个项目中，使用 FDD 的原则来确保只开发最关键的组件，从而减少功能扩张。

每个项目都是独一无二的。从开发的角度负责实现的团队负责人或架构师应针对适合项目需求的测试和通用代码体系结构设置工作速度预期。通过适当的平衡来修改经过验证的开发标准中的最佳实践，项目可以在其最低的故障风险点达到其所需功能的完整状态，从而使解决方案在生产过程中保持稳定和可维护。

2. 祈祷驱动的开发

在某一时刻，所有机器学习项目都是由"祈祷"驱动开发(Prayer-Driven Development，PDD)产生的。在许多不熟悉机器学习开发的组织中，项目仍然如此。在使用具有详细文档的高级 API 简化建模工作之前，一切都是痛苦的练习，希望拼凑在一起的东西可以勉强运行，并在生产中不会导致崩溃的恶性后果。不过，这里所说的并不是通过"祈祷"让模型"正常工作"。

我这样说的意思是，根据网络论坛中的示例或初学者所写的"教程"构建模型或者解决方案，简直是灾难。你可能会找到一篇博客，其中描述的内容与手头的任务有些相似，于是使用这篇博客的内容构建机器学习项目，在几个月后你会发现，这个"神奇的解决方案"只是一团糟。

PDD 是将不知道如何解决的问题移交给以前解决过它的"全能者"，这样做的目的是免去对技术的适当研究和评估。这样的做法很少会得到好结果。这会导致代码库损坏、之前的工作被浪费(我做了他们所做的——为什么这不起作用？)，甚至在最极端的情况下项目将被放弃。这是个问题，也是项目开发的反面教材，但遗憾的是，这种"反面教材"的项目，目前正以惊人的速度不断增多。

我看到的这种机器学习方面的"复制文化"，最常见的结果是，接受这种心态的人要么希望对每个问题都使用单一工具(是，XGBoost 是一种可靠的算法。但并不适用于所有问题)，要么只尝试最新和最流行的炫酷技术("我认为我们应该使用 TensorFlow 和 Keras 来预测客户流失")。

> 如果你只知道 XGBoost，那么一切看起来都像是梯度提升问题。

当以这种方式对自己进行限制时——不研究、不学习、也不测试替代方法、将实验或开发限制在少数工具中——这些限制和自我强加的界限将直接反映在解决方案中。在许多情况下，锁定一个工具或一种新技术，并强迫它解决每个问题，会产生次优解决方案，或者更具灾难性的是，会迫使你编写更多行不必要的复杂代码。

判断你的团队(或你自己)是否正在使用 PDD 的一个好方法是查看项目原型阶段的计划。有多少模型正在测试？有多少框架正在接受审查？如果其中任何一个的答案是"一个"，并且团队中没有人曾多次解决过这个问题，那么你就是在做 PDD。应该立即停止。

3. 混沌驱动的开发

混沌驱动的开发(Chaos-Driven Development，CDD)也称为牛仔开发(或黑客开发)，将完全跳过实验和原型设计阶段。起初它似乎很容易，因为早期没有发生太多次的重构。然而，在项目开发期间使用这种方式构建机器学习解决方案充满了危险。

由于在开发解决方案的过程中出现了修改和新增功能的请求，因此将出现大量的返工，有时是需要从头开始，这会减慢项目的整体速度。到最后(如果它做到了那一步)，通过这种反复返工与修改的方式实现，饱受折磨的数据科学团队会拒绝将来对代码做任何改进。

如果我希望你从这本书中学到什么，那就是避免使用这种开发风格。在我早期的机器学习项目中，我不仅为此感到内疚，而且看到它成为我所合作的公司放弃项目的最大原因之一。如果你不能阅读你的代码，修复你的代码，甚至解释它是如何工作的，那它将不会平稳地运行。

4. 简历驱动的发展

到目前为止，最有害的开发实践——为一个问题设计一个过度设计的、花哨的实现——是项目在生产后被放弃的主要原因之一。这些简历驱动的开发(Resume-Driven Development，RDD)实现，通常专注于以下几个关键特征：
- 涉及一种新颖的算法。
  - 除非这是由问题的独特性所决定的。
  - 除非多个经验丰富的机器学习专家一致认为没有替代方案可用。

- 涉及应用与项目中的新框架(在机器学习社区中未经证实,且带有无助于解决问题的功能)。
  - 现在已经没有真正的借口了。
- 在开发期间(最好是在项目完成之后)撰写一篇或一系列关于解决方案的博客文章。
  - 这会在团队中引起对项目健康情况的怀疑。
  - 在项目发布到生产版本之后,在一个月的时间里已经被验证是稳定的,并且影响指标已经被验证之后,可以庆祝项目已经成功。
- 将代码的编写精力主要放在机器学习算法而不是特性工程或验证上。
  - 对于绝大多数机器学习解决方案,特征工程代码与模型代码的比率应始终大于 4 倍。
- 在项目状态会议中讨论的内容是模型,而不是要解决的问题,这是不正常的。
  - 我们是来解决业务问题的,对吧?

这并不是说不需要开发新的算法,或使用极为复杂的解决方案。我们当然可以使用这些算法或解决方案,但只在没有其他办法或解决方案的情况下才这样做。

对于我们在本章中一直在回顾的示例,如果有人要提出以前从未构建过的独特解决方案,则应该提出反对意见。这种开发实践及其背后的动机不仅对解决方案团队有害,而且严重影响项目的进度和状态,并且一定会让项目的交付周期延长,同时增加更多成本,这样做只是开发者的简历中增加了一条内容,除此之外没有任何用处。

4.4 为混乱的业务规则做计划

作为本章一直在构建的推荐引擎的一部分,大量的功能逐渐被实现并增强了模型的结果。其中一些是为了实现最终结果的特定用例(例如,为网站的不同部分和应用程序提供可视化的集合聚合),而其他的则是为供应商的合同义务设计的。

最关键的功能是保护用户免受冒犯或筛选不适当的内容。我喜欢把机器学习的所有这些额外的细微差别称为“业务规则混乱”。这些具体的限制和管理非常重要,但通常也是项目中最具挑战性的方面。

如果未能很好地对这些规则进行设计(或未能完全实现它们),毫无疑问,项目一定会在发布之前被终止。如果在发布之前没有合理地设置这些限制,可能会对你公司的品牌造成不良影响。

4.4.1 通过计划“拥抱混乱”

暂时假设为推荐引擎开发 MVP 的数据科学团队没有意识到该公司正在销售敏感产品。这可以理解,因为大多数电子商务公司销售的产品很多,而数据科学团队成员不是产品专家。他们可能是该网站的用户,但肯定不是所有人都非常熟悉所售产品。由于不知道推荐的一部分产品可能会令人反感,因此他们无法识别这些产品并将它们从结果集中筛选掉。

错过这些细节并没有错。以我的经验，在复杂的机器学习解决方案中，这样的细节总是会出现。我们可以通过如下方式进行计划，从而解决这个问题。构建一个具有"常识"的代码库，通过向代码库传入配置参数应用或修改特定的函数或方法。当需要对结果进行限制时，只需要调用"常识"代码库，而不必花费数周对原有的代码库进行整体修改。

在开发解决方案的过程中，许多机器学习从业者倾向于首先考虑模型预测能力的质量。无数小时的实验、调整、验证和修改解决方案是为了获得一个数学上最优的解决方案，该解决方案将在验证指标方面表现非常突出。正因为如此，在花费了如此多的时间和精力构建理想的系统之后，发现需要对模型的预测施加额外的约束可能会让人烦躁。

这些约束存在于几乎所有以机器学习进行预测为核心的系统中(如果解决方案可以长时间应用在解决方案中，这些约束总会存在)。在金融体系中，筛选或调整结果可能有法律上的原因。也许，为了防止客户对预测反感，推荐系统可能会有内容限制(相信我，你不会想向任何人解释为什么向未成年人推荐成人用品)。无论是出于财务、法律、伦理还是简单的常识性原因，大多数机器学习实现的原始预测都不可避免地要进行一些改动。

在你开始花太多时间开发解决方案之前，了解潜在限制绝对是最佳实践。提前了解限制可以影响解决方案的整体体系结构和特征工程，并允许控制机器学习模型学习向量的方法。它可以为团队节省无数项目调整时间，并消除运行成本高且难以阅读的代码库，那些代码库充满了无穷无尽的 if/elif/else 语句链，用于对模型的输出结果进行修正。

对于我们的推荐引擎项目，可能需要将许多规则添加到 ALS 模型的原始预测输出中。作为练习，回顾一下早期的开发阶段工作组件图。图 4-12 显示了规划解决方案的元素，专门用于对建议的输出结果实施约束。有些是绝对必须的——合同要求，以及旨在剔除不适合某些用户的产品的筛选器。其他的一些想法是项目团队认为会对用户的推荐产生很大影响的想法。

图 4-12 显示了模型的业务限制类型。进行规划时，在实验之后和全面开发开始之前，有必要对这些特性中的每一个进行识别和分类。

这是非常必要的内容，如图 4-12 中的业务规则所示，必须在工作范围内进行规划，并作为建模过程的一个组成部分进行构建。它们的构建方式是否可以作为解决方案的可调整方面(通过权重、条件逻辑或布尔开关)取决于团队的需求，但它们应该被视为基本功能，而不是可选或用于测试的功能。

规则的其余方面(在图 4-12 中标记为"业务假设")可以以各种方式处理。它们可以作为可测试功能优先考虑(将构建配置，允许对微调解决方案的不同想法进行 A/B 检验)。或者，它们可以被视为不属于引擎初始 MVP 版本的未来工作，只是作为引擎中的"占位符"实现，可以在以后轻松进行修改。

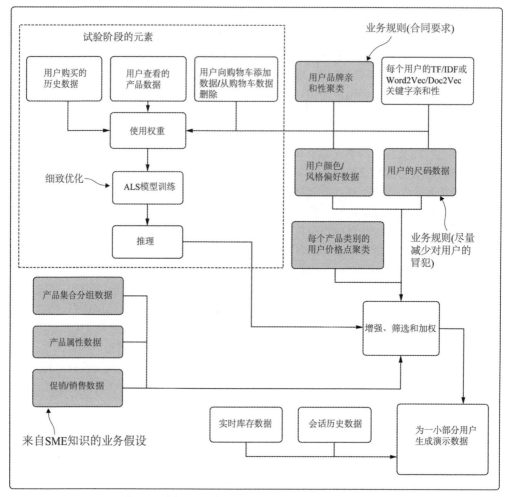

图 4-12 确定推荐引擎项目的业务上下文需求(风险检测图)

4.4.2 "人机回环"设计

无论哪种方法最适合团队(特别是对于从事引擎开发工作的机器学习开发人员),要记住的重要事实是,应尽早确定对模型输出的这些限制,并允许它们是可变的,如果有必要,及时对这些限制进行修改。但是,你想要为这些需求构建的最后一样东西是在源代码中硬编码的值,为了进行测试,需要对源代码进行修改。

处理这些事情的最好方法是,授权 SME 进行修改,从而快速更改系统的行为,而不必在漫长的发布期内关闭它。需要注意的是,需要控制 SME 的修改,在能让他们方便修改的同时(不需要经过验证程序,直接可以修改),不会让他们破坏源代码。

4.4.3　你的备选方案是什么

有新客户时会发生什么？对已经有一年多没有访问你网站的客户要推荐什么？对昨天刚访问过一次网站，今天又来访问网站的客户要推荐什么？

稀疏数据的规划不仅仅是推荐引擎所要面对的问题，但与其他机器学习程序相比，它对于模型的表现影响更大。

所有机器学习项目的构建都应该预期会出现数据质量问题，当数据格式不正确或丢失时，需要创建回退计划。这种"安全模式"的设定可能很复杂，就像使用注册信息或 IP 地理定位跟踪从该人登录的区域提取聚类的流行产品(希望他们没有使用 VPN)，或者可以简单地使用所有用户的通用人气排名。无论选择哪种方法，如果个性化数据集对用户不可用，拥有一组安全的通用数据用来回退是很重要的。

这一概念不仅适用于推荐引擎，还适用于许多用例。如果你正在进行预测，但没有足够的数据完全填充特征向量，这可能与推荐引擎冷启动问题类似。有多种方法可以处理这个问题，但是在计划阶段，一定要认识到这将成为一个问题，并且应该准备回退的方法，以便为期望返回数据的服务生成某种默认的信息。

4.5　对结果进行讨论

向外行人解释机器学习算法如何工作是一个挑战。即使在最好的情况下(当有人出于真正的好奇心而询问时)，类比、基于思想实验的例子，以及与之相伴的可理解的图表都很难生成。当试图发布项目的跨职能团队成员提出问题时，可能更具有挑战性，并会成为负担，因为他们对"黑盒"可以做什么有期望。当相同的团队成员发现预测结果或质量存在问题，并对糟糕的结果感到恼火时，描述所选算法的功能和能力的压力会更大。

在任何项目的开发中，无论是在规划的早期阶段、原型演示期间，还是在解决方案进行 UAT 评估的开发阶段结束时，都会出现问题。以下问题是针对我们的推荐引擎示例的，但我保证，这些问题及其变种存在于任何机器学习项目中，从欺诈预测模型到威胁检测，以及视频分类模型等：

- "它为什么认为我会喜欢这些产品？我绝不会为自己挑选那样的东西！"
- "为什么要推荐雨伞？那个顾客住在沙漠地区。它在想什么？！"
- "为什么它认为这位顾客会喜欢 T 恤？他只买高级时装。"

对所有这些问题的轻率回答很简单："算法不会思考，我们教给他什么，它就能预测什么"。专业提示：如果你选择这样解决问题，你的职业生涯恐怕再无上升的空间了。这种态度无益于问题的解决，只会让问题变得更糟，也会破坏你与其他团队同事的关系。你应该做的是，保持足够的耐心，诚实地回答问题："我们没有足够的数据来训练模型，从而让模型能够做出准确的预测"。当然，在使用上面的方式回答这个问题之前，应该尝试特征工程的所有可能性，在确定确实没有足够的数据提升模型的表现时，也只能这样回答了。

在我看来，成功的做法是通过阐述因果概念来解释这个问题及其根本原因，但需要使用与机器学习相关的方式进行解释。图 4-13 显示了一个很有帮助的可视化图，它解释了机器学习可以做什么，更重要的是，它不能做什么。

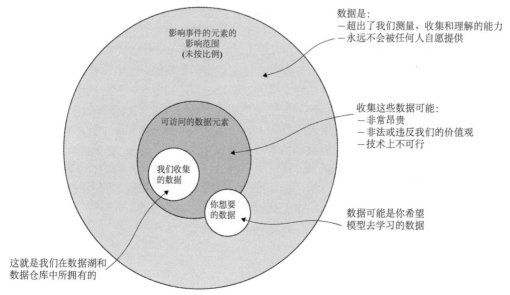

图 4-13 机器学习的数据领域——我们不能拥有一切

如图 4-13 所示，评审会议中的人要求的数据超出了我们获取数据的能力。也许可以告知某人对一双袜子的主观偏好的数据，由于如此特殊，以至于根本无法推断或收集这些信息。也许，为了让模型得出所要求的结论，要收集的数据将非常复杂、存储很昂贵或难以收集，以至于这种收集数据的行为根本不在公司的预算范围内。

当会议上的一位 SME 问道："如果模型预测这些产品与他们非常相关，为什么这群人不将这些产品添加到他们的购物车中？"你绝对无法回答这个问题。与其忽略这种让人感到沮丧的问题，不如简单地提出一些你自己的问题，同时解释模型可以"看到"的现实观点。也许用户正在为其他人购物；也许他们正在寻找一些新的东西，这些新的东西还没有在我们收集的数据中得到体现。当然，也许这些用户只是随便看看，并没有购买的打算。

影响"现实世界"中事件行为的潜在因素具有惊人的无限性。即使你已经收集所有已知信息和指标，仍然无法可靠地预测将要发生的事情，将在哪里发生，以及为什么会发生或不会发生。SME 想知道为什么预测的结果与真实的情况存在差异，比如，模型预测该客户应该购买我们的产品，但事实上他并没有购买。SME 的想法是可以理解的，因为作为人类，我们总是努力追求可解释的秩序。

放轻松。我们人类，就像我们的模型一样，不可能是完美的。

世界相当混乱。我们只能希望猜对将会发生的事情，而不是猜错。

以这种方式解释遇到的限制(对于没有训练集的模型，无法进行预测)也许会有所帮助，特别是在项目开始时，可以消除外行人对机器学习不切实际的期望。在项目进行中也应该与团队成员经常讨论，讨论当前使用的数据是否与业务相关，这可以说是一种最佳实践。因为这样可以使项目健康前行，减少项目开发中的失望和挫败感。

对于项目的负责人，应该使用通俗易懂的语言清楚地解释项目的预期，并通过创造性的方式解释项目中可能遇到的风险，以避免由于项目的解决方案不符合业务负责人的预期而导致项目停止或完全放弃。正如商业史上许多智者所说的那样："少承诺多兑现总是最好的。"

> **请向我解释一下，就像我是个 5 岁的孩子一样**
>
> 有时，在谈论模型、数据、机器学习、算法等时，你会觉得与周围的人无法沟通，虽然你相信自己已经使用最通俗易懂的语言向项目中的其他人解释，但他们依旧无法明白你要表达的内容。
>
> 前两章讨论过，沟通目标很简单：希望被理解。就好比自己是来自文明世界的现代人，在向洞穴中的原始人说，要走出洞穴寻找光明一样。你可能比外行更了解机器学习的技术，但是在向其他团队解释机器学习相关的概念时，那种"优越"的语气只会招来其他团队成员的愤怒和不满。
>
> 如果想更好地向听众介绍机器学习的概念，应该通过一些故事和示例解释复杂的话题，而不是使用晦涩难懂的专业术语，因为团队中的其他成员对你所学的专业可能完全不懂，完全无法理解你所讲的那些专业内容。

4.6　本章小结

- 将跨职能团队沟通的重点放在客观、非技术、基于解决方案的通俗易懂的内容上，这将有助于创建一个协作和包容的环境，以确保机器学习项目实现其目标。
- 为项目中的 SME 和内部客户团队建立项目功能演示的特定里程碑，这将大大减少机器学习项目中的返工和意外功能缺陷。
- 通过使用与敏捷开发相同的严谨性来处理研究、实验和原型设计工作的复杂性，可以减少获得可行的开发方案的时间。
- 在项目的早期理解、定义和合并业务规则和期望，有助于确保机器学习实现是围绕这些需求进行调整和设计的，而不是在解决方案已经构建之后才硬塞进去的。
- 避免讨论实现细节、深奥的机器学习相关主题，以及关于算法内部工作原理，将有助于对解决方案的性能进行清晰而集中的讨论，并允许所有团队成员进行创造性的讨论。

第 5 章

进行实验：规划和研究机器学习项目

本章主要内容
- 项目研究阶段的细节
- 为项目进行解决方案试验的过程和方法

前两章重点介绍了围绕机器学习项目工作的团队之间的规划、工作范围和沟通。本章和接下来的两章将关注机器学习工作中与数据科学家相关的几个最关键内容：研究、实验、原型设计和 MVP 开发。

一旦从计划会议中彻底捕获了项目的需求(获得尽可能多的"可实现需求")，并且定义了建模解决方案的目标，创建机器学习解决方案的下一阶段就是开始实验和研究。如果没有设置合适的项目结构，这些过程很容易导致项目被取消。

因为试验阶段似乎永无休止，而且没有明确的方向来最终确定解决方案的方法，项目可能会被取消。停滞的项目也可能是由糟糕的预测能力造成的。无论是由于优柔寡断，还是无法满足精度预期，为了防止项目因数据和算法问题而停滞和被取消，应该从实验阶段开始就给予足够的关注。

没有具体的规则准确估计实验阶段应该持续多长时间，因为每个项目可能会产生无限的复杂性。然而，本章中的方法保证了减少达到有利的 MVP 状态的时间，并且显著减少了团队在没有这种方法的情况下进行实验时所面临的重复工作。

本章将介绍机器学习实验的第一阶段(见图 5-1)。我们将通过一种经过验证的方法建立有效的实验环境，通过创建可重用的可视化函数评估数据集，并以一种受控和有效的方式进行研究和建模方法验证，从而帮助团队减少返工的次数，尽早进入 MVP 阶段。

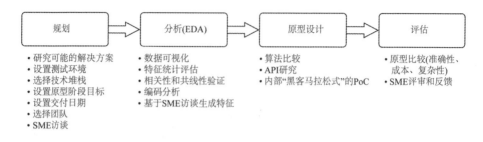

图 5-1 机器学习实验过程

我们将看到如何对研究进行合理的组合和规划,在规划阶段设置合理的预期,正确分析将在本章解决的场景,为模型选择和实验提供信息,最后,进行实验,并为手头的项目构建有效的实用程序。所有这些阶段和过程都是为了最大限度地获得更轻松的开发过程,并最大限度地降低从项目一开始就产生技术债务和放弃项目的风险。

前面研究了电子商务公司推荐引擎的预实验阶段。为了简洁起见,接下来的几章中会使用一个更简单的例子。虽然这个时间序列建模项目比许多机器学习实现简单得多,但所涵盖的内容普遍适用于所有机器学习工作。如果不适用,我会在本章中提供额外注释。与软件开发中的所有事情一样,高质量的项目是从良好的计划开始的。

5.1 设计实验

本章假设为一家花生零食供应商工作(具体来说,就是世界上大多数主要航空公司在航班中向乘客发放的小包装花生零食)。负责花生物流的业务部门要求开发一个程序,预测这种机上零食的需求,因为航空公司给他们的压力越来越大。错误的生产计划将导致生产出来的大量花生零食没有及时被食用,只能在过期时销毁,造成巨大的经济损失。

会议已经召开,需求已经收集,机器学习团队已经在内部讨论了项目。普遍的共识是,我们正在研究一个简单的时间序列预测问题。虽然知道了要解决的问题,但是从哪里开始呢?我们还有两周的时间来提出一个粗略的MVP,以表明有行之有效的方法解决这个问题。因此,最好马上行动。

我们将要得到的是图5-2所示的机器学习实验的规划阶段。在这个阶段,需要阅读很多内容,其中大多数内容将留在我们的头脑中,也会在浏览器中创建很多书签,将找到的宝贵资料收集起来。

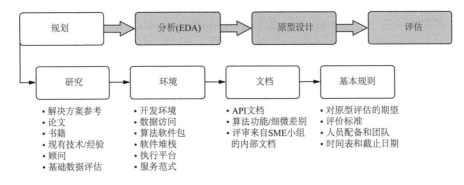

图 5-2 机器学习实验规划阶段路线图

5.1.1 进行基础的研究和规划

团队成员在规划会议结束后，回到办公桌后要做的第一件事就是查看可用数据。由于我们是一家花生食品制造商，并且之前与主要航空公司没有任何合作关系，因此我们不会获得机票销售预测数据。我们当然没有时间构建网络爬虫来尝试查看每个机场的航班情况(即便是以前尝试过构建爬虫的人也不想这样做)，不过我们拥有机场旅客流量的公开历史数据。

从图 5-2 中可知，要了解数据的性质，应该首先采取的行动之一是将其可视化，并运行一些简单的统计分析。大多数人会简单地将数据加载到本地计算机的环境中，然后开始在 Notebook 上工作。

不过，这样做可能是灾难的开始。在生产系统中，通过默认方式安装 Python 并在上面运行分析工作，绝不是好主意。为了尽量减少在开发环境中挣扎浪费的时间(并为以后顺利过渡到开发阶段做好准备)，我们需要为测试创建一个干净的环境。有关使用 Docker 和 Anaconda 为本章和所有后续章节中的代码清单创建开发环境的指南，参阅本书的附录 B。

现在，我们有了一个独立的环境(容器上的 Notebook 存储位置将映射到本地文件系统的指定位置)，可以将示例数据放入该位置并创建一个新的 Notebook 进行实验。

1. 数据集的快速可视化

在选择机器学习方法解决问题之前，应该做的第一件事是数据科学中最琐碎(但经常被忽视)的方面：了解数据。要预测机场客流，先查看一下可用的数据。代码清单 5-1 演示了一种脚本方法，可以快速可视化需要预测的时间序列之一——JFK 机场(肯尼迪国际机场)的国内客流数据。

注意 为了使用与这个示例相同的数据集，可以通过克隆由 Alan Turing Institute 维护的 repo 获取此数据集。根据附录 B 的介绍，进入同步的本地 Notebook 目录，并通过执行 git clonehttps://github.com/alan-turing-institute/TCPD.git 获得数据集。

代码清单 5-1　对数据进行可视化

创建 DataFrame 的副本, 以便可以对其进行修改

将 Month 列转换为 datetime 对象, 从而方便对日期类型的数据进行操作(目前, 它是一个由 3 个字母组成的字符串, 是月份的缩写)

```python
import pandas as pd
import numpy as np
import matplotlib.pylab as plt

ts_file = '/opt/notebooks/TCPD/datasets/jfk_passengers/air-passengertraffic-
    per-month-port-authority-of-ny-nj-beginning-1977.csv'
raw_data = pd.read_csv(ts_file)
raw_data = raw_data.copy(deep=False)
raw_data['Month'] = pd.to_datetime(raw_data['Month'], format='%b').dt.month
raw_data.loc[:, 'Day'] = 1
raw_data['date'] = pd.to_datetime(raw_data[['Year', 'Month', 'Day']])

jfk_data = raw_data[raw_data['Airport Code'] == 'JFK']
jfk_asc = jfk_data.sort_values('date', ascending=True)
jfk_asc.set_index('date', inplace=True)
plt.plot(jfk_asc['Domestic Passengers'])
plt.show()
```

添加一个常量文字列, 用来保存生成的日期列

为每个机场的基于行的索引组合日期类型的列

对 DataFrame 进行筛选, 因此只查看一个机场的数据(在本例中为 JFK 机场)

按日期对 DataFrame 进行排序, 从而可以通过正确排序的时间序列绘图(对于未来数据也是如此顺序)

将筛选后的 DataFrame 的日期列设置为索引

在 Notebook 中完成代码清单 5-1 的 REPL(Read-Eval-Print Loop)操作之后, 将获得时间序列趋势的简单可视化图, 显示了 1977—2015 在美国境内乘坐国内航班的月度乘客流量。使用 matplotlib 生成的绘图如图 5-3 所示。

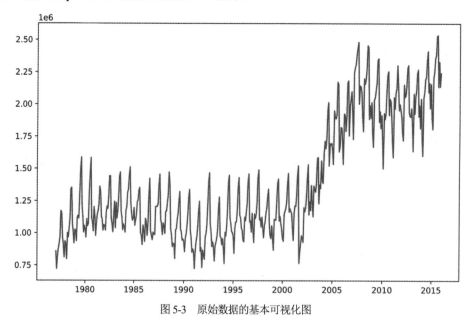

图 5-3　原始数据的基本可视化图

看到显示的原始数据，我们可以开始思考实验阶段的计划。首先，我们提出了一些应该回答的问题，这些问题不仅告诉我们需要做什么研究，以便了解预测的备选方案，还告诉我们应该使用的平台(在 5.2 节深入介绍)。以下是我们的数据观察和问题：

- 潜在因素正在影响趋势。数据看起来并不是一成不变的。
- 数据似乎有很强的季节性成分。
- 我们有数千机场的数据可用，应该考虑所选择的方法和数据规模。
- 对于这种情况，应该使用什么模型？
- 我们有两个星期的时间来提出解决这个问题的方向。能按时完成吗？

数据可视化阶段的问题和答案都有助于为项目创建更有效的实验阶段。过早地直接创建模型和测试随机想法，会浪费大量的时间和精力，从而无法按时交付 MVP。在研究潜在解决方案之前，了解数据集的性质，发现隐藏的问题，可以更高效地利用时间，因为此阶段可以通过及早剔除备选方案来减少测试和额外研究所花的时间。

2. 研究阶段

现在我们知道了数据中存在的一些问题——有很强的季节性，"趋势"受到我们完全不知道的潜在因素的影响——我们可以开始研究了。假设团队中没有人做过时间序列预测。如果没有业务知识专家的帮助，研究应该从哪里开始？

互联网搜索是一个很好的起点，但大多数找到的结果，都是描述相关解决方案的博客文章，而在这些文章中，有意掩盖了构建解决方案时涉及的复杂性。白皮书可以提供丰富的信息，但通常缺乏对于所使用的算法的具体介绍。最后，可以查看各种 API 的入门指南，以及其中提到的演示性示例。就如它们的名称所说的，它们只提供了最简单的演示用途的示例，这种有意的简化，使这些内容不能直接应用在生产开发中。

那么，应该如何预测机场未来几个月的乘客流量呢？简短的答案是"阅读相关书籍"。在时间序列预测方面有相当多的好方法。深度介绍相关内容的博客也可以提供帮助，但它们应该用作解决手头问题的初始方法，而不是作为可以直接从其中复制代码的存储库。

注意 G. E. P. Box 和 G. M. Jenkins 合著的开创性著作 *Time Series Analysis*(《时间序列分析》)(Holden-Day, 1970)被广泛认为是所有现代时间序列预测模型的基础。Box-Jenkins 方法是当今几乎所有预测实现的基础。

在对时间序列预测进行一些研究之后，我们发现了一些常用的解决方案。我们可以以这些解决方案为基础，进行修改。我们决定尝试以下解决方案：

- 线性回归(OLS、岭回归、lasso 回归、弹性网络和集成)
- ARIMA(Autoregressive Integrated Moving Average，差分整合移动平均自回归，又称整合移动平均自回归)模型
- 指数平滑(Holt-Winters)
- VAR(Vector Autoregression，向量自回归)

- SARIMA(Season Autoregressive Integrated Moving Average，季节性自回归综合移动平均线)

有了这些要测试的内容列表，下一步就是找出哪些软件包当中包含这些算法，并仔细阅读它们的 API 文档。在机器学习世界中，一个好规则是建立一个健康的软件库和团队预算，以不断扩展该库。拥有一系列技术书籍形式的深入指南可以帮助团队应对将面临的新挑战，并确保可以使用正确的信息处理机器学习应用程序的细微复杂性。

5.1.2　扔掉博客——仔细阅读 API 文档

当一个团队——通常是一个相当初级的团队——对博客文章中的内容深信不疑，以至于使用基于该博客的方法论(有时是具体的代码)构建整个项目时，几乎可以确认项目注定会失败。尽管博客的初衷总是好的，但由于其形式本身的限制，博客的作者不可能在这么简短的文章中，涵盖实际机器学习项目所需的所有信息。

让我们看看一篇博客文章可能对时间序列问题有什么影响。如果搜索“时间序列预测示例”，可能会找到多个结果。毕竟，预测技术已经存在了很长一段时间。不过，我们可能会发现，在博客中的脚本，大部分 API 都使用了默认值，并且省略了很多可用于生产环境的细节。

如果选择跟随博客中的示例(前提是相信博客中所描述的方法)，你可能最终会花费几个小时来查找 API 文档，并对作者看似简单的东西感到沮丧，因为你发现他们忽略了所有复杂的细节信息，从而努力制造一种“神奇”的假象：只需要阅读 10 分钟，你就能掌握一种解决问题的“万能灵药”，当然这是不切实际的。代码清单 5-2 是来自关于弹性网络回归的虚构博客(scikit-learn 示例)的示例片段，仅用于演示。

代码清单 5-2　来自 scikit-learn 的弹性网络博客示例

```
import pandas as pd
import numpy as np
from sklearn.model_selection import train_test_split
from sklearn import datasets
from sklearn.linear_model import ElasticNet
from sklearn import metrics
boston_data = datasets.load_boston()
boston_df = pd.DataFrame(boston_data.data, columns=boston_data.feature_names)
boston_df['House_Price'] = boston_data.target
x = boston_df.drop('House_Price', axis=1)
y = boston_df['House_Price']
train_x, test_x, train_y, test_y = train_test_split(x, y, test_size=0.3,
        random_state=42)
lm_elastic = ElasticNet()
lm_elastic.fit(train_x, train_y)
predict_lm_elastic = lm_elastic.predict(test_x)
print("My score is:")
np.round(metrics.mean_squared_error(test_y, predict_lm_elastic)
>> My score is:
>> 25.0
```

使用内置数据集——对于可复制的演示来说，这是一个可靠的举措

随机样本拆分

当然希望使用默认设置没问题……

我想我们不需要拟合模型的参考了吧

单一指标？ 当然，我们可以做得更好……

使用此代码有什么问题？撇开糟糕的格式和文本墙(可视化的一种表现形式)，下面列举使用这样的示例作为执行时间序列回归的一般问题：

- 这是一个演示，而且是相当简单的演示。但它的目的是尽可能简单，展示 API 的大致轮廓。
- train-test 拆分使用随机抽样。这对于预测时间序列来说往往会带来不好的结果(记住，该博客旨在展示弹性网络回归，而不是时间序列问题)。
- 该模型使用默认超参数。出于博客的目的，为了简洁起见，这是完全可以理解的，但并不能帮助读者了解他们可能需要更改哪些内容才能使其适用于他们的用例。
- 在博客的代码中，使用了"方法链"，并将结果显示为标准输出。这使得到的结果不能进一步处理。

在此不要误会我的意思。博客通常很好，很受欢迎。它们有助于教授新概念，并可能为你正在处理的问题提供替代解决方案的灵感。我总是告诉人们不要过度依赖博客的主要原因在于它们的目的是用简单的方式，快速地告诉你新技术的概要情况。为了实现这个目标，以及最简洁的总体使命，在博客中总是忽略许多宝贵的细节。

关于博客的说明

我不想让人觉得我在贬低他们。他们很棒。提供了对概念和潜在解决方案的精彩介绍。如果你是博客作者，请继续为读者提供精彩的内容。它确实有帮助。如果你是博客的读者，则需要谨慎行事。

一些关于机器学习的真正伟大的博客文章依旧存在于互联网上。遗憾的是，这些珍贵的文章被那些简单的教程、存在缺陷的代码及错误的编程实践文章所淹没。如果你在项目开始时使用博客作为研究的基础，要记住，直接基于博客的示例代码创建原型可能是可以的，但是在构建 MVP 时，必须完全重写解决方案。

如果使用博客作为主要参考工具，我最好的建议是看看有多少人使用这样的方法。你是否看到很多人使用特定方法撰写相似（但不相同）的解决方案？如果很多人都这样做，那么在你的数据上测试该方法应该没有什么问题。

你是不是在多个博客中看到相同的示例和代码？这是为了赚取广告点击率的一种无耻的复制粘贴行为。你看的博客越多，相同内容出现的次数也就越多，你看到的糟糕的代码实现就越多。在看这些博客的时候，要时刻提醒自己：作者是否知道自己在讲什么，他们写的东西是否值得信赖。

记住：永远不要做的一件事是，直接复制博客中的代码，将其作为你的项目代码。博客是为了简洁而编写这些代码的，通常只关注特定的主题。这种简短的代码示例不适合用在生产环境中，因此，应该始终看到这些博客的实际含义：使用尽可能短的文本，快速向读者传达某个特定主题的内容。

你需要仔细审查所使用信息的来源，而不是盲目地相信所读到的内容，把项目建立在那些"看起来还不错"的解决方案上。这些信息来源包括学术论文、API 教程、关于该主题的书籍。尤其是那些介绍项目测试和验证阶段的内容，对于这些内容要格外小心。因为如果使用了博客中介绍的新奇解决方案，导致项目失败或被取消，不仅会损害业务

部门对数据科学团队的信任，也不利于数据科学团队自身的发展。

1. 认真阅读 API 文档

一旦有了想要测试的建模方法列表，就应该仔细阅读相关模块的 API 文档。例如，如果阅读弹性网络的文档，会发现该模型的超参数有一些对于测试和优化非常重要的选项，如代码清单 5-3 所示。

代码清单 5-3　scikit-learn 内的弹性网络完整参数配置

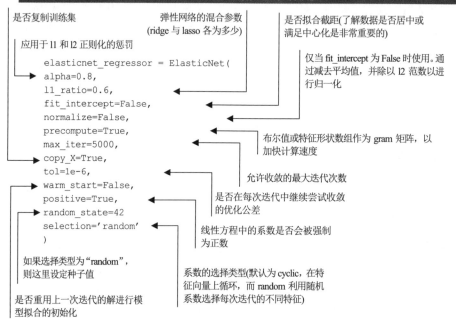

是否复制训练集

弹性网络的混合参数 (ridge 与 lasso 各为多少)

是否拟合截距(了解数据是否居中或满足中心化是非常重要的)

应用于 l1 和 l2 正则化的惩罚

仅当 fit_intercept 为 False 时使用。通过减去平均值，并除以 l2 范数以进行归一化

```
elasticnet_regressor = ElasticNet(
alpha=0.8,
l1_ratio=0.6,
fit_intercept=False,
normalize=False,
precompute=True,
max_iter=5000,
copy_X=True,
tol=1e-6,
warm_start=False,
positive=True,
random_state=42
selection='random'
)
```

布尔值或特征形状数组作为 gram 矩阵，以加快计算速度

允许收敛的最大迭代次数

是否在每次迭代中继续尝试收敛的优化公差

线性方程中的系数是否会被强制为正数

如果选择类型为"random"，则这里设定种子值

系数的选择类型(默认为 cyclic，在特征向量上循环，而 random 利用随机系数选择每次迭代的不同特征)

是否重用上一次迭代的解进行模型拟合的初始化

对于许多机器学习算法，保持选项(超参数)为默认值往往可以得到不错的结果。但是，最好验证这些选项是什么，以及它们的用途是什么。确定哪些选项应该调整，是构建有效模型的关键。很多时候，简单地将这些选项指定为默认值，但这些 API 的开发人员希望最终用户能够覆盖这些默认值。

提示　就像数据科学世界中的其他事物一样，不要假设任何事情。因为"假设"会让你在项目后期遇到各种棘手的问题。

根据团队达成一致的测试模型列表，团队中的每个人都应该开始熟悉每个模型 API 的可用选项。尽早熟悉这些内容很重要，不但可以评估每个模型的可维护性和复杂度，也可以在模型对比时，通过调整这些参数，获得模型在该场景下的最佳准确度，从而可以对这些模型进行公正的比较。

真的需要仔细阅读文档

当我看到有人使用特定的 API 时，我总是有点惊讶，有时在生产环境中，他们没有仔细阅读 API 就直接使用(包括我自己在内)。这就好比，在一架航班中，空中服务员直接走进驾驶舱开始驾驶飞机一样。他们知道飞机的工作原理和起降流程吗？他们可以保持飞机安全飞行吗？我想答案是否定的。

这并不是说应该阅读所使用模块的每个 API 的细节，因为这是不可能完成的任务，甚至有些荒谬。因为在机器学习的世界里，有不计其数的算法，更不用说这些算法内部使用的技术细节，没有人能够阅读所有这些内容。但应该阅读你所使用的 API 文档的主要内容，至少阅读到 API 的接口级别。

这意味着要熟悉你正在使用的类及其参数，以及在这些类中使用的方法。虽然不需要对包进行逆向工程，但是至少应该熟悉类的文档描述，知道要传入或覆盖哪些属性，并了解将要调用和与之交互的方法的基本功能。

大多数这些算法的实现都存在细微的差别(特别是更高级别的元算法，其整个行为由配置决定)。了解可以调整哪些参数，这些参数的意义，以及如何调整这些参数，将有助于降低测试期间的风险。它将为你节省大量时间并降低挫败感，特别是当你需要继续开发解决方案时，要知道哪些选项可以使用默认值，哪些选项需要调整。

我们将在本书后面更详细地讨论这些概念，但到目前为止，你已经理解了为什么在本章的 MVP 模拟中为 API 的所有参数指定特定值。

API 文档的一个关键作用是告知用户可用于控制软件行为的选项(对于机器学习用例来说，是算法的"学习"模式)。在不了解如何控制模型的学习行为的情况下，构建的模型可能由于过度拟合而无法很好地进行泛化，或者非常脆弱，以至于即使特征输入的基线可变性有轻微的变化，也会使解决方案对业务完全失效。

当一个模型变得无用，其表现不如手工的以人为中心的解决方案时，通常会被业务部门抛弃(即使它仍然由机器学习团队在生产环境中进行维护)。理解如何在实验的早期阶段适当地调优和控制模型的行为至关重要，即使在这个阶段没有必要进行微调。

2. 快速测试和粗略估计

在机器学习项目中，可能只有此时可以忽略对超参数调优的一般性评估。在快速评估期间，我们对如何优化模型来拟合数据不是特别感兴趣。相反，我们感兴趣的是测量一组不同算法的总体敏感性，稍后在微调模型和发生漂移时，试图衡量某个特定方法的稳定性。

前面介绍了为什么通过仔细阅读 API 文档(可能还包括源代码)了解如何调优每个模型非常重要。但是对于快速测试阶段，调优所有这些参数都是站不住脚的(参见下面关于过度构建的介绍)。在从 9 个备选方案中选出更易于管理的 MVP 实现，并完成完整测试的过程中，大多数参数只使用默认值可以加快测试进程。然而，即便是使用默认值，也建议将这些默认值显式地写出来，即在调用模型时，显式使用参数，只不过参数值为默认值。或者在代码中保留 TODO，以确保在准备对 MVP 阶段的模型进行全面调优时，方便检查 API 文档，这种设置方式是一种很有效的实践。

> **关于过度构建快速原型测试的说明**
>
> 在方案选型的早期测试实验中，关注的重点应该是速度而不是准确性。需要牢记的是，你为这家公司工作，结果是可预期的，并且可能还有其他项目需要你处理。
>
> 前面提到了过度开发原型的一些危害(这使得对 MVP 的选择变得更加困难)。但是，从更宏观的层面来看，不必要的工作对业务的不利影响更大。团队对于各种候选方案的过度测试都是在浪费时间，因为这些测试结果几乎无法复用。
>
> 效率、基于通用标准的客观选择以及转向开发 MVP，应该始终是原型设计的主要焦点，没有其他。在 MVP 阶段将有时间构建更好的准确性、更好的特征工程和更具创造性的方法来解决问题。

第 6 章将通过测试示例来解决预测问题。现在只需要知道对于第一轮探索工作和评估解决方案，预测不一定是完美的。最好把时间和精力集中在从列表中挑选最佳的解决方案，这样你就有一两个候选解决方案，而不是花费过多的时间来微调 9 个(或更多)解决方案。

5.1.3　抽签决定内部黑客马拉松

围绕测试设置边界非常关键，特别是当团队成员数量增加，项目复杂性随着团队经验的成熟而增加时。为了追求效率(以及节约前面提到的为构建 MVP 选择方向所用的时间)，如果没有将测试分配给个人或对应的编程团队，将不利于项目的成功。

如果让每个人都去找出最佳解决方案，特定的备选解决方案上就会出现大量的重复工作。如果让团队成员专注于单一方法，并对及时更新进度与状态，就能保证团队可以按时交付 MVP。

既然我们已经为预测模型提出了一系列潜在的解决方案，那么该如何测试它们呢？无论团队是由一个人组成还是由十几位数据科学家组成，使用的方法都应该是相同的。

- 留出一定的时间做测试。并且给测试设定结束的最后期限，这会给团队带来应有的紧迫感，从而让团队快速决定解决方案的有效性。
- 设置一些规则，就像你为黑客马拉松所做的那样：
  - 每个人都必须使用相同的数据集。
  - 每个人都必须使用相同的评估指标。
  - 每个评估都需要在同一时间段内进行预测。
  - 需要提供预测的可视化及指标。
  - 实验代码需要从头开始重新运行。
- 确保选择的编程语言是团队已经掌握的，并且如果业务部门决定推进解决方案，团队需要有能够运行该语言的平台。

如果以这种方式设置实验，对于这个问题，可能会基于这个数据集有以下规则。

- 一周的测试时间——在 Scrum 会议之后的星期四开始，演示文稿将在下一个星期四早上提交给整个团队进行评审。
- 要建模的数据是关于 JFK 机场的国内乘客数据。

- 评估指标如下：
    - 平均绝对误差(Mean Absolute Error，MAE)
    - 平均绝对百分比误差(Mean Absolute Percentage Error，MAPE)
    - 均方误差(Mean Squared Error，MSE)
    - 均方根误差(Root Mean Square Error，RMSE)
    - R 平方
- 将使用数据集内最后 5 年的数据进行预测评估。
- 实验将在通过 Docker 容器中标准 Anaconda 构建的基于 Python 3 的 Notebook 中运行。

建立规则后，团队(或一个人)可以着手找出解决方案。在开始研究如何以有效的方式完成解决方案之前，还需要介绍一件事：标准。

5.1.4　公平竞争环境

为了让我们使用这 9 种不同的方法进行有意义的实验，需要确保我们是在公平竞争。这意味着我们不仅使用相同的数据集进行比较，而且使用完全相同的误差指标对测试数据与预测结果进行评估。我们需要防止的核心问题是在衡量解决方案的有效性时，团队中存在犹豫不决和混乱(正如前面提到的，如果想要进入项目的 MVP 阶段，就不该浪费时间)。

因为我们在研究一个时间序列问题，所以要评估一个回归问题。我们知道，要进行真正的比较，需要控制数据分割(将在 5.2 节的代码示例中探索这一点)，但还需要就每个模型使要记录的评估指标达成一致，以便对预测的拟合优度进行比较。由于最终需要建立数千个这样的模型，而原始预测值的数量级相差很大[JFK 机场和 ATL(亚特兰大)机场的乘客数仅略多于 BOI(博伊西)机场的乘客数]，因此团队成员同意使用 MAPE 作为比较指标。但是，在一个明智的决定中，如果他们在以后的每个模型优化的调优过程中选择切换到不同的指标，他们还同意捕获尽可能多的适用于时间序列回归问题的回归指标。

出于这个原因，我们同意收集有关 MAPE、MAE、MSE、RMSE、解释方差(explained variance)和 R 平方等指标。这样，我们就可以灵活地讨论与数据和项目相关的不同指标的优势。

指标战争及其解决方法

对于用于不同机器学习解决方案的最佳指标，存在许多观点。无数时间被浪费在关于使用 MSE 还是 RMSE，F1 Score 是否适合 ROC 下的面积，以及是否应该将 MAE 标准化，将其转化为 MAPE 的荒谬争论中。

对于为每个用例选择适当的指标，肯定有一个很好的依据。然而，计算误差通常是性价比最高的，也是最快的。对所有适用的备选方案进行计算，并记录误差信息。显然，不要为回归问题记录分类指标(这将非常不明智)，反之亦然，但是为模型记录 MAE、MSE 和 R 平方，以确保每个方法的优势都可以体现出来，并作为最终决定的参考依据，是很有帮助的。

将上述指标全部记录下来是一个不错的选择，构建解决方案并对其进行调整时，可能会使用不同的指标。如果记录了完整的指标，就可以为每次尝试的运行提供历史参考，而不必为了收集额外的指标而返回重新运行旧的实验(这既昂贵又耗时)。

如果指标评估成本非常高(消耗大量计算资源)，以至于评估指标所产生的其他成本节约小于评估指标工作所消耗的成本，那么需要收集所有指标的唯一值可能就像在第 4 章的推荐引擎中，NDCG 的计算涉及在大量数据(隐式评分数据)上运行窗口函数，这可能需要数小时才能在相对较大的 Apache Spark 集群上完成。在关系数据库管理系统(RDBMS)中计算这些分数涉及昂贵的笛卡尔连接，可能需要更长的时间。如果指标标准不重要，并且需要很长时间来执行，同时不能证明它的收集是合理的，那么最好不要在它上面浪费时间。

5.2　执行实验准备工作

在一个专注于为业务问题构建机器学习解决方案的团队完成规划和研究阶段后，下一阶段就是为实验测试做准备，这是数据科学社区中最常被忽略的工作之一(我个人认为)。即使已经有关于谁将测试什么的可靠计划、一系列已经确定的指标、对数据集的评估以及每个团队将进行多长时间的实验的具体时间表，如果忽略这个准备阶段，将大大降低效率，极有可能导致项目延迟。这个准备阶段的重点是对数据集进行深入分析，创建整个团队可以使用的通用工具，以提高评估实验的速度。

项目进行到现在，我们已经决定尝试一些模型，为实验阶段设置基本规则，并选择使用的语言(Python，主要是因为可以使用 statsmodels 库)和平台(在 Docker 容器上运行的 Jupyter Notebook，以解决软件库兼容的问题，并且可以进行快速的原型测试，以及对结果进行可视化)。在开始进行大量建模测试之前，了解与手头问题相关的数据非常重要。

对于这个预测项目，这意味着对平稳性测试进行彻底分析，对趋势进行分解，识别严重异常值，以及构建基本的可视化工具，为子团队在快速模型测试阶段的工作提供帮助。图5-4 涵盖了准备工作的每个关键阶段，以确保每个"黑客团队"都有一个高效的开发流程，而不会专注于创建 9 个不同的副本，并使用相同的方式对开发结果进行绘制和评分。

这种分析路径高度依赖于正在进行的机器学习项目的类型。对于这个时间序列预测用例，在构建要评估的原型解决方案之前，需要完成上面所示各项。这些步骤适用于任何有监督的机器学习问题。但对于 NLP 项目，在此阶段要执行的操作可能略有不同。

之所以展示这些过程以及它们需要完成的顺序，是为了说明在进行模型原型设计之前需要制订计划。

如果不制订计划，评估阶段将一定是漫长、艰巨而混乱的，并且可能不会得出有效的结论。

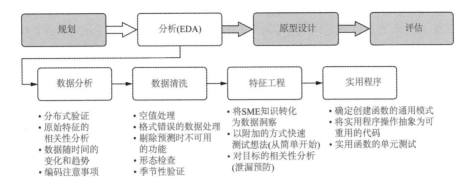

图 5-4　分析阶段，重点是评估数据，为原型设计提供信息

5.2.1　执行数据分析

在研究可能的解决方案的过程中，很多人发现对于趋势进行可视化非常有用。这个操作不只为解决方案的使用者日后对数据进行可视化做好准备，而且有助于最大限度地减少项目后期可能发现的数据不可预见问题；这些问题可能需要对解决方案进行彻底的返工(如果从时间和资源的角度来看返工成本太高，则可能会取消项目)。为了及早发现数据中存在的缺陷，我们将构建一些分析可视化。

基于代码清单 5-1 中构建的原始数据可视化(见图 5-3)，我们注意到数据集中有大量噪声。在趋势中有大量噪声有助于生成更明显的可视化总体趋势线，所让首先对 JFK 机场国内乘客的原始数据趋势应用平滑函数。代码清单 5-4 是将要执行的脚本，它利用了基本的 matplotlib 可视化功能。

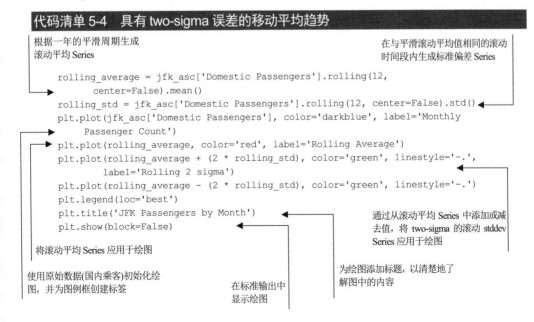

代码清单 5-4　具有 two-sigma 误差的移动平均趋势

根据一年的平滑周期生成
滚动平均 Series

在与平滑滚动平均值相同的滚动
时间段内生成标准偏差 Series

```
rolling_average = jfk_asc['Domestic Passengers'].rolling(12,
    center=False).mean()
rolling_std = jfk_asc['Domestic Passengers'].rolling(12, center=False).std()
plt.plot(jfk_asc['Domestic Passengers'], color='darkblue', label='Monthly
    Passenger Count')
plt.plot(rolling_average, color='red', label='Rolling Average')
plt.plot(rolling_average + (2 * rolling_std), color='green', linestyle='-.',
    label='Rolling 2 sigma')
plt.plot(rolling_average - (2 * rolling_std), color='green', linestyle='-.')
plt.legend(loc='best')
plt.title('JFK Passengers by Month')
plt.show(block=False)
```

将滚动平均 Series 应用于绘图

使用原始数据(国内乘客)初始化绘图，并为图例框创建标签

在标准输出中显示绘图

通过从滚动平均 Series 中添加或减去值，将 two-sigma 的滚动 stddev Series 应用于绘图

为绘图添加标题，以清楚地了解图中的内容

注意 此处和 5.2 节中显示的代码仅用于快速实验。5.2.2 节介绍了编写 MVP 代码更有效的方法。

在 Jupyter Notebook 中运行此代码将生成图 5-5 所示的图表。注意数据在经过平滑处理后的总体趋势，并意识到在 2002 年左右出现了一个明确的阶跃趋势。还要注意，在不同的时间段，stddev 变化很大。2008 年之后，这种变化变得更加明显。

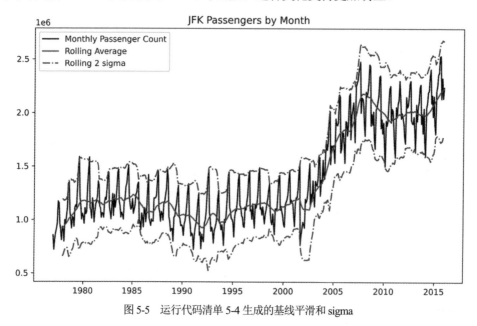

图 5-5 运行代码清单 5-4 生成的基线平滑和 sigma

使用"趋势"经常能带来好处，因为通过"趋势"可以发现用于模型训练和验证的数据中存在的潜在问题。具体来说，如果使用 2000 年之前的数据进行模型训练，然后用训练好的模型预测 2000—2015 年的乘客流量，将得到什么结果？

然而，在研究和规划阶段，我们发现经常会提及时间序列中的平稳性，以及某些模型类型如何在预测非平稳性趋势时遇到困难。应该研究一下这到底是怎么回事。

为此，我们将使用一个增强的 Dickey-Fuller 平稳性测试，它在 statmodels 模块中提供。这个测试将告诉我们，对于无法处理非平稳数据的特定模型，是否需要对时间序列进行平稳性调整。如果测试返回的值表明时间序列是平稳的，那么基本上所有模型都可以使用原始数据，而不需要对其进行转换。然而，如果数据是非平稳的，就需要额外的工作。接下来将显示为 JFK 机场国内乘客 Series 运行此测试的脚本，如代码清单 5-5 所示。

代码清单 5-5 时间序列平稳性测试

实例化 adfuller(增强的 Dickey-Fuller 测试)，并设置
autolag，以自动最小化用于确定滞后计数的信息标准

```
from statsmodel.tsa.stattools import adfuller
dickey_fuller_test = adfuller(jfk_asc['Domestic Passengers'], autolag='AIC')
```

创建布尔型的是/否平稳性测试。(在实践中，最好将测试统计
量与临界值进行比较，从而能够真正确定平稳性)

抓取测试结果的第一个元素

```
test_items = dickey_fuller_test[:4]
report_items = test_items + (("not " if test_items[1] > 0.05 else "") +
"stationary",)
df_report = pd.Series(report_items, index=['Test Statistic', 'p-value',
'# Lags', '# Observations', 'Stationarity Test'])
for k, v in dickey_fuller_test[4].items():
df_report['Critical Value(%s)' % k] = v
print(df_report)
```

生成信息的
索引 Series

从测试统计中
提取临界值

运行此代码后，得到图5-6所示的结果，结果将打印到标准输出。

```
Test Statistic            -0.0498716
p-value                     0.954208
# Lags                            13
# Observations                   454
Stationarity Test      not stationary
Critical Value(1%)         -3.44484
Critical Value(5%)         -2.86793
Critical Value(10%)        -2.57017
dtype: object
```

图 5-6　执行代码清单 5-5 得到的增强的 Dickey-Fuller 平稳性测试结果

好的，那很酷。但这一切意味着什么？

测试统计 (始终为负)是衡量时间序列必须包含单位根(Unit Root)的邻接性的指标。如果必须对时间序列应用多个单位根——例如，具有许多差分函数——才能使其基本是平坦的，那么它就越不平稳。在非数学术语中，如果测试统计小于临界值，则该级数将被确定为平稳的。在这种情况下，我们的测试统计值远高于临界值，因此给了我们一个接受 0 的 p 值，我们可以相当自信地声明，"这是非平稳的"(adfuller 测试的 H0 表示时间序列是非平稳的)。

注意　如果你对测试背后的理论和数学原理好奇，强烈建议你搜索原始研究论文：Graham Elliot 等人的 *Efficient Tests for an Autoregressive Unit Root* (1996 年)以及 D.A.Dickey 和 W.A.Fuller(1979 年)在期刊上发表的 *Distribution of the Estimators for Autoregressive Time Series with a Unit Root*，这些文章中介绍了基本单位根理论。

其他有趣的数据也在其中——特别是发现的滞后数量。可以通过另一种方式查看这个值，它可以帮助我们确定在使用基于 ARIMA 的模型进入建模阶段时应该使用的设置。13 这个数字似乎有点奇怪，因为在这里看的是月度数据。如果只是盲目地将这个值作为模型中的季节性(周期)成分，可能会得到一些非常糟糕的结果。不过，可以通过查看图 5-7 中的某些趋势分解来验证这一点。

下面将看看是否可以使用statsmodels的内置功能有效地分解数据的趋势、季节性和残差，从而指明在建模实验中需要使用的一些设置。值得庆幸的是，软件包的作者不仅构建了分解方法，还构建了很好的可视化，使我们可以轻松绘图，如代码清单5-6所示。下面看看如果使用季节性周期adfuller报告中的滞后计数会发生什么。

代码清单 5-6　季节性趋势分解

```
from statsmodels.tsa.seasonal import seasonal_decompose
decomposed_trends = seasonal_decompose(jfk_asc['Domestic Passengers'], period=13)
trend_plot = decomposed_trends.plot()
plt.savefig("decomposed13.svg", format='svg')
```

获取要存储的图形的引用(也会自动显示内联)

保存绘图供以后参考

对于 adfuller 滞后值 13，执行季节性分解

图 5-7 显示了执行代码清单 5-6 生成的图表。

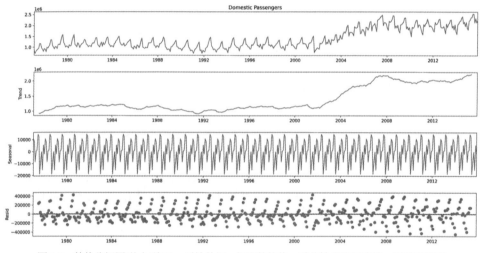

图 5-7　趋势分解图(从上到下)：原始数据，提取的趋势，季节性成分和残差。似乎有问题

结果看起来没那么吸引人，对吗？残差(底部窗格)似乎只有一个信号。残差应该是从数据中提取总体趋势和季节性后留下的无法解释的噪声。但在这里，似乎仍有相当多的实际可重复信号。重新运行代码清单 5-6，但将 period 改为 12，结果如图 5-8 所示。

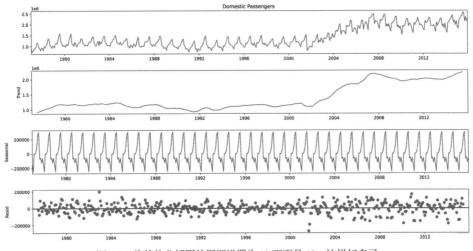

图 5-8 将趋势分解图的周期设置为 12 而不是 13。这样好多了

图 5-8 中周期值为 12 的评估看起来明显优于周期值为 13 的测试。现在得到的趋势的效果更好、更平滑，季节性看起来与数据中重复模式的周期性能够很好地匹配，残差是(大部分)随机的。在第 6 章进行测试时，我们会记住这个值。

提前做好准备工作的重要性在于可以通知我们的测试。它可以指导测试，使我们可以通过对数据的了解，对实验进行快速迭代，从而更快地获得有关方法及其对这个问题的适用性的答案。

记住，我们将在测试阶段评估 9 种预测方法。越快确定这 9 个候选方案中的哪个最佳，就能越快忽略其他几个，并且作为一个团队，为按时提交业务的 MVP 努力前行。

数据清洁度如何

数据清洁度问题是导致无法向业务部门按时提交 MVP 的主要原因之一。识别不良数据点不仅对模型训练的有效性至关重要，而且有助于向业务部门讲述为什么模型的某些输出有时可能不够准确。在与项目的业务部门讨论时，通过可视化工具构建一系列图表来表达潜在因素、数据质量问题和其他不可预见的因素造成的复杂性，可以获得很好的沟通结果。

关于这个项目的预测，必须解释的最重要一点是，它不会也不能成为一个可靠的系统。数据集中仍然存在许多未知因素——影响趋势的元素要么太复杂而无法跟踪，要么太昂贵而无法建模，或者几乎无法预测——这些数据都需要输入到算法中。对于单变量时间序列模型，除了趋势数据本身之外，没有任何数据需要进入模型。对于更复杂的实现，如窗口方法和长短期记忆(LSTM)、循环神经网络(RNN)等深度学习模型，尽管可以创建包含更多信息的向量，但有时没有能力或时间整理所有可能影响趋势的特征。

为了帮助进行这种对话，可以采用一种简单的方法识别异常值(离群值)，这些异常值与我们对季节性影响趋势的预期显著不同。对于 Series 数据，一种相对简单的方法是对已排序的数据使用差分函数。这可以按代码清单 5-7 所示的方式完成。

代码清单 5-7　时间序列差分函数和可视化

获取每个位置的值与指定滞后的单位差值。这里
查看的是紧挨着前面的值

生成绘图结构，以便可以创建这
3 个独立绘图的单个图像

获取原始数据的对数，以减少
后续步骤的差异幅度

```python
from datetime import datetime
jfk_asc['Log Domestic Passengers'] = np.log(jfk_asc['Domestic Passengers'])
jfk_asc['DiffLog Domestic Passengers month'] = jfk_asc['Log Domestic
    Passengers'].diff(1)
jfk_asc['DiffLog Domestic Passengers year'] = jfk_asc['Log Domestic
    Passengers'].diff(12)
fig, axes = plt.subplots(3, 1, figsize=(16,12))
boundary1 = datetime.strptime('2001-07-01', '%Y-%m-%d')
boundary2 = datetime.strptime('2001-11-01', '%Y-%m-%d')
```

获取前 12 个值的差值(与去年的差
值，因为数据是月度数据)

创建 x 轴参考点，说明 Series 数据中的异常时期
(从而向业务部门成员解释预测失败的原因)

```python
axes[0].plot(jfk_asc['Domestic Passengers'], '-', label='Domestic Passengers')
axes[0].set(title='JFK Domestic Passengers')
axes[0].axvline(boundary1, 0, 2.5e6, color='r', linestyle='--', label='Sept 11th
    2001')
axes[0].axvline(boundary2, 0, 2.5e6, color='r', linestyle='--')
axes[0].legend(loc='upper left')
axes[1].plot(jfk_asc['DiffLog Domestic Passengers month'], label='Monthly diff
    of Domestic Passengers')
axes[1].hlines(0, jfk_asc.index[0], jfk_asc.index[-1], 'g')
axes[1].set(title='JFK Domestic Passenger Log Diff = 1')
axes[1].axvline(boundary1, 0, 2.5e6, color='r', linestyle='--',
    label='Sept 11th 2001')
axes[1].axvline(boundary2, 0, 2.5e6, color='r', linestyle='--')
axes[1].legend(loc='lower left')
axes[2].plot(jfk_asc['DiffLog Domestic Passengers year'], label='Yearly diff of
    Domestic Passengers')
axes[2].hlines(0, jfk_asc.index[0], jfk_asc.index[-1], 'g')
axes[2].set(title='JFK Domestic Passenger Log Diff = 12')
axes[2].axvline(boundary1, 0, 2.5e6, color='r', linestyle='--', label='Sept 11th
    2001')
axes[2].axvline(boundary2, 0, 2.5e6, color='r', linestyle='--')
axes[2].legend(loc='lower left')
plt.savefig("logdiff.svg", format='svg')
```

绘制静态边界，我们
想强调为什么不可预
见的潜在因素将对趋
势造成影响

以多种方式显示数据中突出
的异常值，这将有助于更清楚
地传达潜在因素的影响

如果生成的图要与其他业务部门共享，则始终要绘制原始数据。那
么以后就可以直接将这些图放入幻灯片中，不需要重新制作

无论平台、可视化技术或流程如何，保存所
有生成的图以供以后参考都是好习惯

执行上述代码,将得到如图 5-9 所示的图形(以及保存到 Notebook 共享目录中的 SVG
图像)。

我们现在对数据的内容有了一些了解。我们创建了演示图和基本趋势分解，并收集
了有关这些趋势的数据。代码有点粗糙，读起来更像是脚本。如果不花点时间通过实用
函数使这段代码可重用，可能会发现每次有人想要生成这样的可视化时，都会在整个代

码库寻找这部分代码并进行复制粘贴。

在实验期间设置趋势图有助于向更广泛的业务受众解释预测功能的各个方面

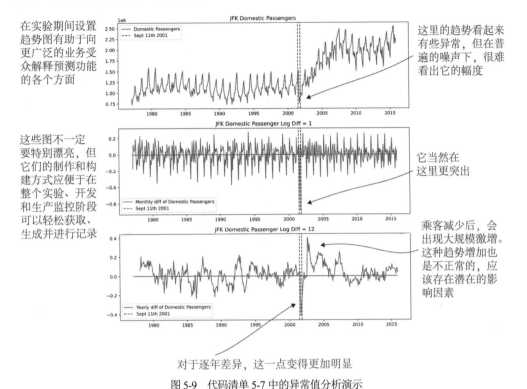

这里的趋势看起来有些异常，但在普遍的噪声下，很难看出它的幅度

这些图不一定要特别漂亮，但它们的制作和构建方式应便于在整个实验、开发和生产监控阶段可以轻松获取、生成并进行记录

它当然在这里更突出

乘客减少后，会出现大规模激增。这种趋势增加也是不正常的，应该存在潜在的影响因素

对于逐年差异，这一点变得更加明显

图 5-9　代码清单 5-7 中的异常值分析演示

5.2.2　从脚本转向可重用代码

回到及时性这一主题，如果专注于使用可重用的代码，就可以减少对项目方向做出决策的紧迫性。它不仅使代码库更加清晰(减少程序中重复的代码块)，而且有助于使项目的元素标准化，为 MVP(和开发)阶段做准备。减少混乱，加快决策速度，减少 Notebook 和脚本中的混乱，所有这些都是为了最大限度地提高业务部门对项目的信心，让项目更健康地继续下去。

我们在这里使用趋势分析和 JFK 机场国内乘客数据的可视化来编写大量脚本。这对于快速了解情况非常有帮助，在实验的早期阶段也是可以理解的(我们都这样做，任何说不这样做的人都是骗子)。但是，进入建模阶段时，每个人都在构建自己的模型，并且使用几乎相同的可视化代码。最终，我们得到了由不同组员提交的多个 Notebook，在这些 Notebook 中存在大量的、重复的可视化代码，浪费了组员大量的时间。虽然通过复制/粘贴来处理这些代码看起来很方便，但如果以后要对可视化代码进行修改，可能需要在程序中的几十个甚至几百个代码块中进行处理。更好的方法是创建函数，将可视化代码放在函数中调用。

在这个阶段，我当然不建议为这些实用函数构建软件包级的项目。这项工作将在项目的实际开发阶段，在漫长而艰难的生产发布道路上进行。

现在，使用这些有用且可重复的代码片段处理原始数据、可视化趋势，并将其中的信息添加到基本功能的标准化集合中。这项工作将为我们节省数十个小时，尤其是在针对其他机场数据进行不同的测试时。如果继续使用"复制/粘贴"的方式，而不是将代码转换成函数，那么在重复大量无意义工作的同时，会使整体代码变得难以维护。

下面看一下代码清单 5-1 中的数据集获取脚本，看看获取数据并正确格式化数据的函数可能是什么样的。为了实现数据获取功能，需要获取包含在此文件中的机场列表，使用筛选功能获取单个机场的数据，并指定与数据关联的时间序列周期性。代码清单 5-8 显示了实现这些功能的所有函数。

代码清单 5-8　数据提取和格式化函数

为包含机场信息的列，创建一个静态变量(从而在代码中减少硬编码的数量，这也方便日后对机场信息进行替换)

用于设置 DataFrame 索引的时间序列频率的函数

```
AIRPORT_FIELD = 'Airport Code'

def apply_index_freq(data, freq):
    return data.asfreq(freq)
```

基础数据采集和格式化函数

```
def pull_raw_airport_data(file_location):
```

从原始数据中的字符串日期值中提取月份数据

设置所获取数据的副本，以便可以安全地对其进行转换

```
    raw = pd.read_csv(file_location)
    raw = raw.copy(deep=False)
    raw['Month'] = pd.to_datetime(raw['Month'], format='%b').dt.month
    raw.loc[:, 'Day'] = 1
    raw['date'] = pd.to_datetime(raw[['Year', 'Month', 'Day']])
    raw.set_index('date', inplace=True)
    raw.index = pd.DatetimeIndex(raw.index.values,
      freq=raw.index.inferred_freq)
    asc = raw.sort_index()
    return asc
```

将日期列设置为 DataFrame 的索引(用于绘图和建模)

以正确的 NumPy 日期时间格式生成日期字段(用于时间序列建模)

将索引的属性设置为推断的频率

创建一个日期字段(每月的第一天)，以便可以对日期对象进行编码

```
def get_airport_data(airport, file_location):
    all_data = pull_raw_airport_data(file_location)
    filtered = all_data[all_data[AIRPORT_FIELD] == airport]
    return filtered
```

确保 DataFrame 已按日期索引排序，以防止以后数据 Series 提取出现问题

```
def filter_airport_data(all_data, airport):
    filtered_data = all_data[all_data[AIRPORT_FIELD] == airport]
    return filtered_data

def get_all_airports(file_location):
    all_data = pull_raw_airport_data(file_location)
    unique_airports = all_data[AIRPORT_FIELD].unique()
    return sorted(unique_airports)
```

用于返回数据中包含的所有机场列表的实用函数

　　创建这些函数后，每个子团队都可以使用它们，这些子团队将在整个实验阶段测试项目的解决方案。如果要进一步优化，可以在开发阶段将这些函数都放在一个类中，实现模块化，为最终的生产级项目创建一个标准化和可测试的实现(将在第 9、10 和 14 章介绍)。这些函数可以在代码清单 5-9 中方便地使用。

代码清单 5-9　通过可重用的函数获取数据

```
DATA_PATH = '/opt/notebooks/TCPD/datasets/jfk_passengers/air-passengertraffic-
    per-month-port-authority-of-ny-nj-beginning-1977.csv'
jfk = get_airport_data('JFK', DATA_PATH)  ◀
jfk = apply_index_freq(jfk, 'MS')  ◀
```

将正确的时间周期应用于 DataFrame 的日期索引(MS 表示"月开始频率")

使用函数 get_airport_data()以日期索引的 pandas DataFrame 形式获取数据

　　下面介绍可以做的另一项改进，重点是在代码清单 5-7 中创建并在图 5-9 中演示的异常值可视化脚本。我们将看到如何通过单行的形式使用这个脚本，从而大大简化这些图的生成，需要注意的是，并不需要将进一步提升这段脚本的通用性，因为那将花费大量的时间和精力。尽管这个可视化逻辑的函数表示有点复杂，并且需要更多的代码行，但最终结果还是值得的，因为只用一行代码就可以生成图，参见代码清单 5-10。

代码清单 5-10　用于可视化异常数据的可重用函数

函数通常没有这么多参数。*元组打包运算符和**字典打包运算符允许传递多个参数。对于这个例子，明确命名它们以尽量减少混淆

使用字符串插值来构建对 DataFrame 中动态创建的字段的静态引用

```
from datetime import datetime
from dateutil.relativedelta import relativedelta

def generate_outlier_plots(data_series, series_name, series_column,
        event_date, event_name, image_name):
    log_name = 'Log {}'.format(series_column)
    month_log_name = 'DiffLog {} month'.format(series_column)
    year_log_name = 'DiffLog {} year'.format(series_column)
    event_marker = datetime.strptime(event_date, '%Y-%m-%d').replace(day=1)
    two_month_delta = relativedelta(months=2)
    event_boundary_low = event_marker - two_month_delta
    event_boundary_high = event_marker + two_month_delta
    max_scaling = np.round(data_series[series_column].values.max() * 1.1, 0)  ◀
    data = data_series.copy(deep=True)
```

创建一个日期滞后变量，以便可以根据 DataFrame 的时间序列索引的频率获得统一的缩放比例

将传入的日期转换为与 DataFrame 的日期时间索引匹配的值。对于本例，可以转换传入的值。在一般实践中(特别是对于库)，正确的操作是为无效的传入配置抛出异常(验证索引中存在值可能是一种可以采用的方法)，以便函数的最终用户不会得到意外结果

为将对数据进行的一系列变化制作深拷贝(将对象复制到不同的内存地址)。这是一个有用的操作，特别是对于机器学习来说，通过这种技术，后续调用此函数不会改变源数据，这允许在调用此数据的集合上进行循环或 map/lambda

根据数据范围在正在绘制的垂直线上创建最大边界

执行与脚本版代码中先前执行的相同的 log 和 diff 函数，除了为避免硬编码而使用的参数化技术外，没有不同

从这里到底部的所有代码都与之前的脚本版的代码相同。不同的是，使用传入参数中的动态变量以灵活的方式构造所有内容

```python
data[log_name] = np.log(data[series_column])
data[month_log_name] = data[log_name].diff(1)
data[year_log_name] = data[log_name].diff(12)
fig, axes = plt.subplots(3, 1, figsize=(16, 12))
axes[0].plot(data[series_column], '-', label=series_column)
axes[0].set(title='{} {}'.format(series_name, series_column))
axes[0].axvline(event_boundary_low, 0, max_scaling, color='r',
    linestyle='--', label=event_name)
axes[0].axvline(event_boundary_high, 0, max_scaling, color='r',
    linestyle='--')
axes[0].legend(loc='best')
axes[1].plot(data[month_log_name], label='Monthly diff of
    {}'.format(series_column))
axes[1].hlines(0, data.index[0], data.index[-1], 'g')
axes[1].set(title='{} Monthly diff of {}'.format(series_name,
    series_column))
axes[1].axvline(event_boundary_low, 0, max_scaling, color='r',
    linestyle='--', label=event_name)
axes[1].axvline(event_boundary_high, 0, max_scaling, color='r',
    linestyle='--')
axes[1].legend(loc='best')
axes[2].plot(data[year_log_name], label='Year diff of
    {}'.format(series_column))
axes[2].hlines(0, data.index[0], data.index[-1], 'g')
axes[2].set(title='{} Yearly diff of {}'.format(series_name,
    series_column))
axes[2].axvline(event_boundary_low, 0, max_scaling, color='r',
    linestyle='--', label=event_name)
axes[2].axvline(event_boundary_high, 0, max_scaling, color='r',
    linestyle='--')
axes[2].legend(loc='best')
plt.savefig(image_name, format='svg')
return fig
```

如果希望用户在绘图大小方面具有更大的灵活性，这些值也可以是此函数的参数(figsize 的值)。对于本例，将对它们使用硬编码

善用差值(Interpolation)

在机器学习领域，我们所做的很多事情都涉及传递字符串引用。它可能会有点乏味。我发现唯一比在配置中处理字符串更乏味的事情就是在代码中的不同位置，通过手工的方式修改这些字符串的值。

插值是一个非常强大的工具，一旦学会了如何正确使用它，它就可以为你减少无穷无尽的挫败感和因打字错误而导致的失败。然而，尽管它已经很棒，但还是有一些更好的方法来通过更加"懒惰"的方式使用它。

你如何以一种"懒惰"的方式构建字符串？答案是，使用连接运算符。

假设要构建代码清单 5-10 中的一个字符串，即 axes[1]的标题。在连接的"懒惰"实现中，可能会这样做：

```python
axes[1].set(title=series_name + ' Monthly diff of ' + series_column)
```

虽然技术上是正确的(会正确组装字符串)，但看起来很难懂、不好阅读，并且极易出错。如果你忘记将前导和尾随空格放入中间静态定义的字符串怎么办？如果有人稍后需要更改该字符串怎么办？如果需要使用十几个不同的字符串加标题怎么办？在某个时刻，这样的代码显得很不专业，并且无法阅读。

使用'{}'.format()语法(在其中声明变量和类型格式)将减少恼人的错误，并使代码看起来更加简洁，这应该是可维护性的最终目标。如果不喜欢这种格式的语法，总还可以使用 f-strings——一种优化的、更简洁地将值插入字符串的方法。在本书中，我坚持使用旧格式，以使熟悉它的人更容易理解我的代码，但在工作中我使用的是 f-strings。

可以通过代码清单 5-11 执行代码清单 5-10 中的代码，并构建可视化(也可以将存储它们，供日后参考)。

代码清单 5-11　使用异常值可视化函数

```
irrelevant_outlier = generate_outlier_plots(jfk, 'JFK', 'International
    Passengers', '2003-10-24', 'Concorde Retired', 'irrelevant_outlier.svg')
```

如果执行这段代码，可以得到图 5-10 所示的可视化结果。注意，不必指定日期窗口、格式或任何其他样板文件，因为它们都是基于函数的配置参数动态生成的。我们甚至可以用这个函数绘制国际乘客的数量，而不是像代码清单 5-7 中那样将所有值硬编码到脚本中。

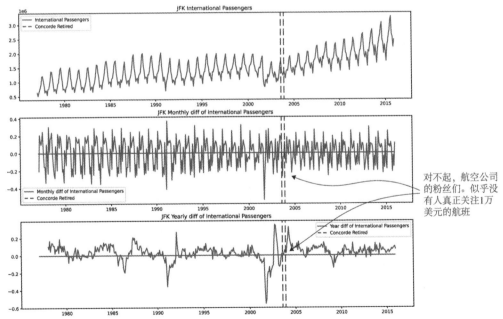

图 5-10　该图是用函数生成的，函数的可重用性允许对数据的异常值进行快速验证，从而节省时间

为了展示花费一点额外时间，并用实验验证代码构建函数的好处，让我们看看可以用完全不同的 LGA(拉瓜迪亚)机场的数据做什么。如果我们编写原始异常值绘图的脚本，并希望为 LGA 机场生成相同的绘图，则必须复制 JFK 机场脚本，并覆盖每个对 JFK 机场的引用，将绘图和分析字段从 International Passengers 更改为 Domestic Passengers，希望我们把所有的引用都替换掉，以防止绘制错误的时间序列或值(由于 Python REPL 具有对象恒常性的概念，所有引用都保存在内存中，直到内核 REPL 停止)。接下来显示具有绘图函数实现的代码，如代码清单 5-12 所示。

代码清单 5-12　用于异常值分析的实验阶段函数

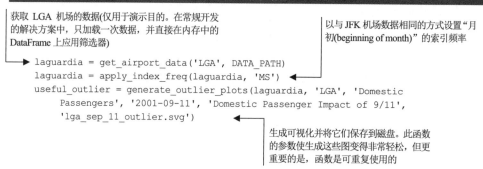

获取 LGA 机场的数据(仅用于演示目的。在常规开发的解决方案中，只加载一次数据，并直接在内存中的 DataFrame 上应用筛选器)

以与 JFK 机场数据相同的方式设置"月初(beginning of month)"的索引频率

```
laguardia = get_airport_data('LGA', DATA_PATH)
laguardia = apply_index_freq(laguardia, 'MS')
useful_outlier = generate_outlier_plots(laguardia, 'LGA', 'Domestic
    Passengers', '2001-09-11', 'Domestic Passenger Impact of 9/11',
    'lga_sep_11_outlier.svg')
```

生成可视化并将它们保存到磁盘。此函数的参数使生成这些图变得非常轻松，但更重要的是，函数是可重复使用的

通过这 3 行代码，可以获得存储到磁盘的新可视化，并针对发现异常值的时段进行适当标记，而不必重新实现构建数据集和进行可视化的所有代码。图 5-11 显示了生成的可视化结果。

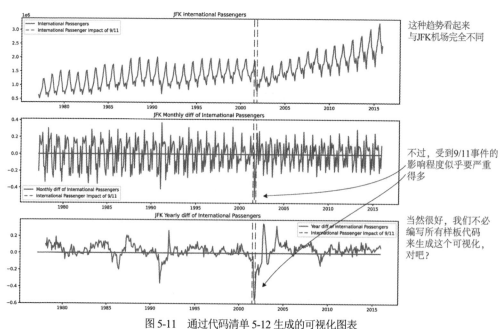

这种趋势看起来与JFK机场完全不同

不过，受到9/11事件的影响程度似乎要严重得多

当然很好，我们不必编写所有样板代码来生成这个可视化，对吧？

图 5-11　通过代码清单 5-12 生成的可视化图表

注意　此处显示的函数仅用于说明。后面将介绍为机器学习构建函数和方法的正确方法，以便在单个函数或方法中执行更少的操作。现在，重点只是说明可重用代码的优势，即使在项目的早期阶段也是如此。

何时应创建函数

在实验过程中，除了解决一个问题的直接重点外，还应该考虑代码的哪些元素需要模块化以便重用。并非解决方案的每个方面都需要为生产做好准备，尤其是在早期阶段，但开始考虑项目的哪些方面需要多次引用或执行是有帮助的。

离开快速原型来构建函数，有时会让人感觉你正在从完成的工作中暂时脱轨。重要的是要意识到，花 1 小时左右的时间创建对可重复任务的通用引用，可能为后续的工作节省数十小时的时间。

这些时间主要是通过一个简单的事实节省下来的，即将脚本化解决方案转换为正确开发的机器学习代码库时，不必审查那么多零散的实现。与在整个代码中散布数十个可视化和评分函数不同，你将得到一组单一用途的函数，这些函数只需要作为一个单元进行审查和评估即可。

我通常在机器学习项目中尽早创建可以实现以下功能的函数：

● 数据提取和数据清洗
● 评分和误差计算
● 通用数据可视化
● 验证和预测可视化
● 模型性能报告(如 ROC 曲线和混淆矩阵)

在构建机器学习解决方案的早期过程中，许多其他实例都可以进行"函数处理"。在构建项目的早期阶段，需要记住的重要一点是，要么留出时间立即创建可重用代码，要么至少以容易识别的方式对代码进行标记，以便在需要时尽快采取行动。

为什么要谈论使用函数的优势？肯定每个人都知道何时使用它们，对吧？

预测建模实验的现实是，大多数机器学习从业者最终将大部分精力花在特征工程、数据验证和建模上。不断重写和测试代码的过程让所有人都认识到，正在构建的项目实验代码可能会迅速演变成充满各种实现到一半、被注释掉的代码，这样混乱的代码我们自己都难以阅读。

有时感觉在想要测试新事物的过程中，好像为了能快速工作而从早期的 Notebook 单元中复制一段代码，会更容易。这最终会导致完全脱节的代码混乱，需要非常严格的承诺来形成适合进一步开发的代码。

大多数时候，当我看到(或过去做过)这样的新实验时，在决定采用某种方法时，所有原始的测试代码都会被放弃。但也不一定非要这样，如果在这一阶段中采取一点措施，后续的开发阶段将更加高效。

如果你在一个团队中工作，这些问题只会更加复杂。想象一下，如果这个项目由 6 个数据科学家小组完成。到想法的测试阶段完成时，仅数据提取就会存在数十种实现，并与至少十几种绘制数据和对时间序列数据进行统计分析的方法配对。标准化和使用函数有助于减少这种冗余代码。

5.2.3　为实验构建可重用代码的最后说明

进入项目实验的建模阶段之前，让我们看看另一个函数。该函数将帮助我们从每个模型的比较位置列表中的一个机场获得特定时间序列(乘客 Series 数据之一)的有用快照。

之前我们看过绘制异常值(5.2.2 节)和获取趋势分解图(5.2.1 节)。我们还有另外两个非常有用的图，指明对于将要测试的一些模型类型应该使用的初始设置。这两个图是自相关和偏自相关。

自相关(Autocorrelation)是一种算法，它将在时间序列和同一序列的滞后值(同一数据序列的前几步)之间运行皮尔逊检验，给出范围为－1~+1 的结果，表明这些滞后之间的相对相关性。值+1 为最大正相关，表示整个数据序列中指定滞后位置的值之间的完美同步性(如果沿时间序列每 10 个值有一个可重复模式，则显示为最大正相关+1)。自相关测试绘制的图表将显示已计算的每个滞后值，以及在对数曲线中从 0 延伸的圆锥体，表示置信区间(默认值为95%)。延伸到圆锥体之外的点被认为具有统计学意义。自相关测试包括滞后测量中的直接依赖信息及间接影响。

由于自相关检验性质的这种影响，单独看待它时，可能会有轻微的误导。除了自相关检验之外，在分析时间序列数据时还使用了一个有用的附加图，即偏自相关(Partial Autocorrelation)检验。这个附加测试以与自相关类似的方式评估每个滞后位置，但它更深入，消除了先前滞后值对被测独立滞后值的影响。通过消除这些影响，可以测量该特定值的直接滞后关系。

为什么这很重要

我们可以使用这些图中未显示的值作为建模的起点(即为自回归设计的模型)，具体参见第 6 章。

目前，应该确保在任何人开始建模之前，有一次性生成这些图表的标准化方法，以便所有团队能够快速生成这些可视化，以帮助指导调优工作。代码清单 5-13 创建了一个简单的函数来绘制并分析将要预测的序列内容。

代码清单 5-13　用于模型准备的标准化时间序列可视化和分析

为异常值图计算对数差分数据

```
from statsmodels.graphics.tsaplots import plot_acf, plot_pacf
def stationarity_tests(time_df, series_col, time_series_name, period,
image_name, lags=12, cf_alpha=0.05, style='seaborn', plot_size=(16, 32)):
log_col_name = 'Log {}'.format(series_col)
diff_log_col_name = 'LogDiff {}'.format(series_col)
time_df[log_col_name] = np.log(time_df[series_col])
time_df[diff_log_col_name] = time_df[log_col_name].diff()  ◄
decomposed_trend = seasonal_decompose(time_df[series_col], period=period)
df_index_start = time_df.index.values[0]
```

分解序列以获得趋势成分、季节性成分和残差作为 NumPy 序列

```
df_index_end = time_df.index.values[len(time_df)-1]
with plt.style.context(style=style):
    fig, axes = plt.subplots(7, 1, figsize=plot_size)
```

提取索引的开始值和结束值，以允许绘制水平线

包装 matplotlib.pyplot.plot 以允许设置图形样式，并更有效地渲染绘图单元

稍微调整渲染绘图以确保标题和轴标签不重叠

```
    plt.subplots_adjust(hspace=0.3)
    axes[0].plot(time_df[series_col], '-', label='Raw data for
        {}'.format(time_series_name))
    axes[0].legend(loc='upper left')
    axes[0].set_title('Raw data trend for {}'.format(time_series_name))
    axes[0].set_ylabel(series_col)
    axes[0].set_xlabel(time_df.index.name)
    axes[1].plot(time_df[diff_log_col_name], 'g-', label='Log Diff for
        {}'.format(time_series_name))
    axes[1].hlines(0.0, df_index_start, df_index_end, 'r', label='Series
      center')
    axes[1].legend(loc='lower left')
    axes[1].set_title('Diff Log Trend for outliers in
        {}'.format(time_series_name))
    axes[1].set_ylabel(series_col)
    axes[1].set_xlabel(time_df.index.name)
    fig = plot_acf(time_df[series_col], lags=lags, ax=axes[2])
    fig = plot_pacf(time_df[series_col], lags=lags, ax=axes[3])
    axes[2].set_xlabel('lags')
    axes[2].set_ylabel('correlation')
    axes[3].set_xlabel('lags')
    axes[3].set_ylabel('correlation')
    axes[4].plot(decomposed_trend.trend, 'r-', label='Trend data for
        {}'.format(time_series_name))
    axes[4].legend(loc='upper left')
    axes[4].set_title('Trend component of decomposition for
        {}'.format(time_series_name))
    axes[4].set_ylabel(series_col)
    axes[4].set_xlabel(time_df.index.name)
    axes[5].plot(decomposed_trend.seasonal, 'r-', label='Seasonal data for
        {}'.format(time_series_name))
    axes[5].legend(loc='center left', bbox_to_anchor=(0,1))
    axes[5].set_title('Seasonal component of decomposition for
        {}'.format(time_series_name))
    axes[5].set_ylabel(series_col)
    axes[5].set_xlabel(time_df.index.name)
    axes[6].plot(decomposed_trend.resid, 'r.', label='Residuals data for
        {}'.format(time_series_name))
    axes[6].hlines(0.0, df_index_start, df_index_end, 'black',
      label='Series Center')
    axes[6].legend(loc='center left', bbox_to_anchor=(0,1))
    axes[6].set_title('Residuals component of decomposition for
        {}'.format(time_series_name))
    axes[6].set_ylabel(series_col)
    axes[6].set_xlabel(time_df.index.name)
    plt.savefig(image_name, format='svg')
    plt.tight_layout()
```

绘制原始数据图，以便为其他图提供视觉参考

异常值数据图(log diff)

自相关图为自回归模型的调优(以及偏自相关)提供洞察力

偏自相关图为自回归模型调优提供洞察力

从 Series 中提取的趋势图

序列的季节性信号图

序列残差图

保存该图供以后参考和演示使用

在需要额外处理的情
况下返回组合图形

现在看看这段代码运行后的结果。图5-12是执行代码清单5-14的结果。

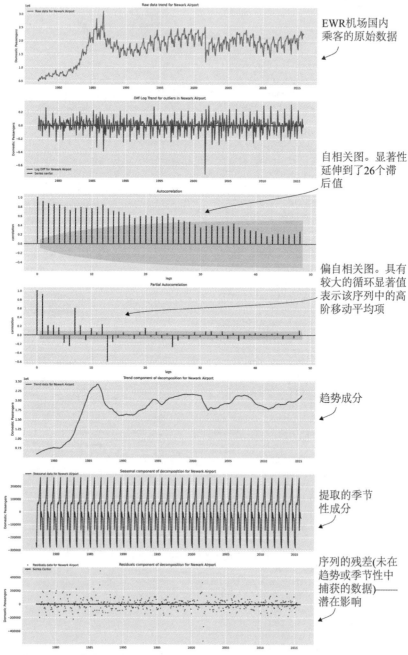

EWR机场国内
乘客的原始数据

自相关图。显著性
延伸到了26个滞
后值

偏自相关图。具有
较大的循环显著值
表示该序列中的高
阶移动平均项

趋势成分

提取的季节
性成分

序列的残差(未在
趋势或季节性中
捕获的数据)——
潜在影响

图 5-12　用于模型准备阶段的全趋势可视化套件，使用 EWR 机场国内乘客出行数据

代码清单 5-14　EWR 机场国内乘客趋势的可视化

从原始源数据集中，获取 EWR(纽瓦
克)机场的数据

在 DataFrame 的日期索引上应用频率

```
ewr = get_airport_data('EWR', DATA_PATH)
ewr = apply_index_freq(ewr, 'MS')
ewr_plots = stationarity_tests(ewr, 'Domestic Passengers', 'Newark Airport',
    12, 'newark_domestic_plots.svg', 48, 0.05)
```

为 EWR 机场指定的时间序列(国内
乘客)生成快照图表

现在终于准备好开始模型评估了。我们有一些标准的可视化，很好地包装在可重用的函数中，我们知道哪些机场的数据将被用于测试，开发的工具将确保每个实验测试都使用相同的可视化集和数据处理步骤。我们已经消除了许多可能存在的开发样板代码，并节约了大量的时间，这可以让我们将更多的精力放在解决核心问题上：预测。

在第 6 章开始建模时，将为建模阶段构建额外的标准可视化。目前可以保证一件事：团队不会重新发明轮子或过度使用复制和粘贴。

5.3　本章小结

- 通过数据集统计分析、模型 API 评审、API 文档阅读、快速原型制作和客观比较，对解决问题的潜在方法进行深入研究需要的时间进行限制。
- 通过适当的统计评估和可视化，可以深入了解候选特征数据，从而有助于及早发现问题。从对项目的训练数据有一个清晰的、定义良好的熟悉状态开始，将消除项目开发后期代价高昂的返工。

第**6**章

进行实验：测试与评估

本章主要内容
- 评估机器学习项目的潜在方法
- 客观地选择项目实现的方法

第 5 章介绍了应采取的所有准备措施，以尽量减少与项目试验阶段相关的风险。这包括从进行研究以提供可用于解决问题的备选方案，到构建团队成员可以在原型设计阶段利用的有用函数。我们将在本章继续前面的场景，这是一个机场乘客流量预测的时间序列建模项目，同时重点介绍应用于实验测试的方法，以减少项目失败的可能。

我们将着重介绍测试方法，这对项目开发的这个阶段至关重要，主要有两个原因。首先，在一种极端情况下，如果没有测试足够多的方法(批判性且客观的评估)，所选择的方法可能不足以解决实际问题。其次，在另一种极端情况下，测试太多备选方案可能会导致实验原型设计阶段在业务部门眼中花费太长时间。

通过遵循快速测试的宗旨，使用统一的评分方法实现方法之间的可比性，并专注于评估方法的性能而不是预测的绝对准确性，可以减少项目被放弃的机会。

图 6-1 比较了机器学习项目中原型设计的两种极端情况。使用折中的办法，在我领导过或合作过的团队中带来了最高的成功率。

如图 6-1 所示，任何一种极端行为都经常会导致截然相反的结果。在左侧，由于业务部门对数据科学团队交付解决方案的能力缺乏信心，项目取消的可能性非常高。除非运气非常好，否则团队随意选择和几乎没有测试过的解决方案可能不会是最优的。解决方案的实现同样可能很差、很昂贵，并且方案可能非常脆弱。

在图 6-1 的另一边，存在完全不同的问题。这里展示的学术影响为项目带来的彻底性令人钦佩，对于进行原创研究的团队来说效果很好。然而，对于在工业领域工作的数据科学团队来说，彻底评估问题的所有可能解决方案所需的大量时间将使项目延迟的时间远远超过大多数公司可以接受的程度。每种方法的定制特征工程、流行框架中可用模型的全面评估，以及潜在的新算法的实现，都是沉没成本。虽然这样做在科学上更加严谨，但为了正确评审哪种方法最有效而花费时间构建这些方法意味着其他项目都被搁置。

正如古老的格言所说，时间就是金钱，从时间和金钱的角度来看，花时间建立成熟的方法来解决问题非常昂贵。

为了探索以应用为中心的有效方法，我们将继续第 5 章的时间序列建模场景。本章将通过图 6-1 所示的折中方案，得出最有可能获得成功 MVP 的候选方法。

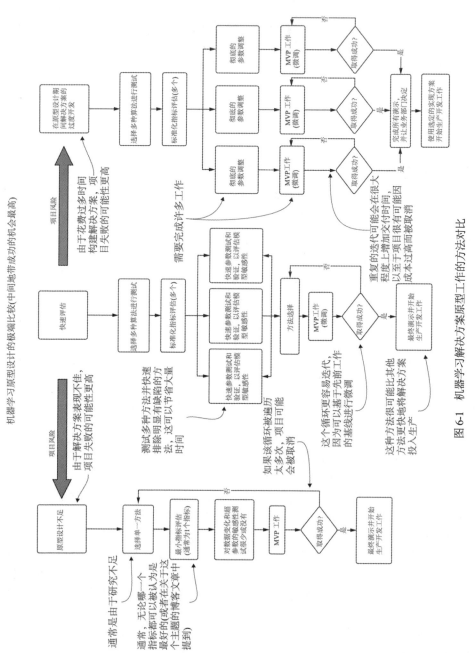

图 6-1 机器学习解决方案原型工作的方法对比

在这个阶段，需要抵制追求完美的诱惑

作为数据科学家，所有工作都倾向于构建尽可能优化和符合数学方法的解决方案。这是一个重要的驱动力，它应该是整个项目的整体目标。在早期测试阶段，追求完美实际上会对项目的成功造成损害。

虽然项目的业务发起人都希望获得最好的解决方案，但对该解决方案，他们能看见的只是你决定的最终方法。他们还关注开发此解决方案所需要的时间(及成本)。他们不知道你如何找到最佳解决方案，也不关心你在找到最佳解决方案的过程中测试了多少东西。

在原型设计和测试方法的阶段，最好避免我们与生俱来的愿望，即充分探索解决问题的所有备选方案，而是专注于寻找解决方案的最有效方法。通过以这种方式调整项目焦点，并将你的思想转变为将交付时间视为项目中第二重要的因素，这有助于让解决方案顺利地推进到下一个阶段。

6.1 测试想法

在第 5 章结束时，我们处于准备评估用于预测机场乘客的不同单变量建模方法的阶段。团队现在准备分为几组，每组将专注于已确定的各种研究选项的实现，尽最大努力生成准确的解决方案，还要了解调整每个模型的细微差别。

在每个人开始具体工作之前，需要开发更多的标准工具函数，以确保每个人都对相同的指标进行评估，生成相同的报告，并生成适当的可视化，以轻松显示不同方法的优点和缺点。一旦这些任务完成，团队就可以开始评估和研究每个建模任务，所有这些任务都使用相同的核心功能和评分。图 6-2 概述了项目模型原型设计阶段应使用的典型实用程序、函数和标准。

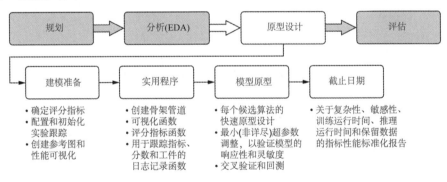

图6-2 原型设计阶段的工作元素及其函数

如 5.2 节所述，这种工作方法通常侧重于监督学习的项目。例如，CNN 的原型设计阶段看起来会有些不同(在构建人类可读的模型性能评估方面需要更多的前期工作，尤其是在谈论分类器时)。但总的来说，如果坚持这些用于设计不同解决方案原型的准备行动和方法，将减少数周令人沮丧的返工和混乱。

6.1.1 在代码中设置准则

在第 5 章，研究并开发了一套可视化工具，以及每个团队都可以使用的基本数据提取和格式化函数。构建这些主要有两个目的。

- 标准化——以便每个团队生成相同的图表、数字和指标，从而在不同方法之间进行连贯的比较。
- 沟通——以便可以生成可参考的可视化，向业务部门展示建模工作如何解决问题。

从项目的这一阶段开始，满足这两个需求至关重要。如果没有标准化，我们就有可能在为 MVP(以及随后完全开发的解决方案)采用哪种方法做出糟糕的决定。此外，如果没有标准化，许多团队可能构建功能相同的代码来实现可视化，这会极大地浪费各个团队的时间。如果没有充分的沟通，向业务部门展示的报告可能是让人感到困惑的指标分数，甚至在最糟糕的情况下，向业务部门展示原始代码。无论展示的是难懂的指标分数还是原始代码，都是会议中的灾难。

> **为清晰的图表时刻准备着**
>
> 作为一名初出茅庐的数据科学家(早在我们被称为数据科学家之前)，我最早学到的经验之一是，并非公司中的每个人都对统计数据感兴趣。向项目出资方的高管滔滔不绝地介绍准确度分数、置信区间或其他数学指标，并讲述你在过去数月内研究解决方案所付出的辛苦，往往得不到很好的回应，也很少能得到对方的表扬。
>
> 作为这个行业的从业人员，我们渴望了解世界的秩序和模式。负熵(Leon Brillouin 创造的一个术语)是一种自然进化趋势，它就像我们的基因一样存在于数据科学家的身体当中。因此，数据的可视化表示，特别是在简化高度复杂的系统时，作为与其他团队和业务部门的沟通工具总是十分有效的。
>
> 我强烈建议，对于数据科学家正在研究的任何具体解决方案，都应该花费大量的思想和精力思考和构建最有效、最容易理解的可视化，从而传达正在使用的(或从头开发的)算法的预测能力，以解决目标业务问题。这并不是说业务部门中的每个人都将对所使用的指标标准一无所知；相反，问题的关键在于，在传递关于机器学习解决方案的信息方面，可视化表示总是比其他方法更强大。
>
> 引用这一思想最初的传道者——易卜生的话："千言万语留下的印象不如一件事留下的印象深刻。"换句话说，弗雷德·R.巴纳德(Fred R. Barnard)巧妙地改编了这句话："一幅画胜过千言万语。"

在团队开始在各自的"竖井"中过度紧张地开发所分配的解决方案之前，可以让更大的团队完成最后的分析，以帮助他们了解其预测在视觉上的表现。记住，正如在第 4 章中所讨论的，在实验阶段结束时，团队需要以一种非机器学习和非技术人员容易理解的方式展示其发现。

实现这种交流最有效的方法之一是通过简单的可视化。专注于用清晰简单的注释显示解决方案输出的结果，不仅在测试的早期阶段有益，而且可以用于以后在解决方案投入生产时报告其性能。避免在没有图示的情况下混淆报告和图表，可视化的图示可以解释图表和报告的含义，确保可以与业务部门进行清晰、简洁的沟通。

1. 基线比较可视化

为了使更复杂的模型有一个基本的参考，看看最简单的实现产生了什么收益。然后就可以看看我们想出的东西是否能比这更好。为了建立时间序列模型，基线可以采取简单移动平均和指数平滑平均的形式。这两种方法都不适用于项目的预测需求，但它们的输出结果可用于在验证的保留期内查看更复杂的方法是否会有所改进。

为了创建团队可以用来查看算法关系的可视化，首先必须定义一个指数平滑函数，如代码清单 6-1 所示。记住，所有这些设计都是为了使每个团队的工作标准化，并构建一个有效的沟通工具，以便向业务部门传达项目的成功信息。

代码清单 6-1　指数平滑函数生成比较预测

alpha 是平滑参数，为 Series 中的前一个值提供衰减(接近 1.0 的值有很强的衰减效果，相反，接近 0.0 的值衰减的效果较小)

添加 Series 的起始值，以在正确索引位置启动遍历

遍历序列，对每个值和它的前一个值应用指数平滑公式

```python
def exp_smoothing(raw_series, alpha=0.05):
    output = [raw_series[0]]
    for i in range(1, len(raw_series)):
        output.append(raw_series[i] * alpha + (1-alpha) * output[i-1])
    return output
```

出于额外的分析目的，需要一个补充函数来生成这些简单时间序列模型的指标和误差估计。代码清单 6-2 提供了一种计算拟合的平均绝对误差，以及计算不确定区间(yhat 值)的方法。

代码清单 6-2　平均绝对误差和不确定性

实例化一个字典，将计算值放入其中，用于柯里化

```python
from sklearn.metrics import mean_absolute_error
def calculate_mae(raw_series, smoothed_series, window, scale):
    res = {}
    mae_value = mean_absolute_error(raw_series[window:],
        smoothed_series[window:])
    res['mae'] = mae_value
    deviation = np.std(raw_series[window:] - smoothed_series[window:])
    res['stddev'] = deviation
    yhat = mae_value + scale * deviation
    res['yhat_low'] = smoothed_series - yhat
    res['yhat_high'] = smoothed_series + yhat
    return res
```

计算 Series 差异的标准偏差，以计算不确定度阈值(yhat)

计算差分 Series 的标准基线 yhat 值

使用标准 sklearn mean_absolute_error 函数获取原始数据和平滑序列之间的 MAE

生成以平滑 Series 数据为中心的低 yhat Series 和高 yhat Series

注意　在这些代码清单中，在上述函数需要的地方加入 import 语句。无论是在 Notebook、脚本中编写，还是在 IDE 中作为模块编写，所有 import 语句都应始终位于代码的顶部。

现在已经在代码清单 6-1 和代码清单 6-2 中定义了这两个函数，可以在另一个函数中调用它们，不仅生成可视化，还生成一系列移动平均数据和指数平滑数据。代码清单 6-3 通过函数生成每个机场和乘客类型的参考数据，以及调用可视化函数的代码。

代码清单6-3　生成平滑图像

```
def smoothed_time_plots(time_series, time_series_name, image_name,
    smoothing_window, exp_alpha=0.05, yhat_scale=1.96, style='seaborn',
    plot_size=(16, 24)):
    reference_collection = {}          ◄── 数据返回值的柯里化字典
    ts = pd.Series(time_series)
    with plt.style.context(style=style):
        fig, axes = plt.subplots(3, 1, figsize=plot_size)          简单的时间序列
        plt.subplots_adjust(hspace=0.3)                            移动平均计算
        moving_avg = ts.rolling(window=smoothing_window).mean()  ◄──
        exp_smoothed = exp_smoothing(ts, exp_alpha)
        res = calculate_mae(time_series, moving_avg, smoothing_window,
            yhat_scale)
        res_exp = calculate_mae(time_series, exp_smoothed, smoothing_window,
            yhat_scale)
        exp_data = pd.Series(exp_smoothed, index=time_series.index)  ◄──
        exp_yhat_low_data = pd.Series(res_exp['yhat_low'],
            index=time_series.index)
```

调用代码清单 6-1 中定义的函数

为指数平滑趋势调用代码清单 6-2 中定义的函数

将 pandas 索引日期 Series 应用于非索引指数平滑 Series(以及 yhat Series 值)

为简单移动平均 Series 调用代码清单 6-2 中定义的函数

```
        exp_yhat_high_data = pd.Series(res_exp['yhat_high'],
        index=time_series.index)
        axes[0].plot(ts, '-', label='Trend for {}'.format(time_series_name))
        axes[0].legend(loc='upper left')
        axes[0].set_title('Raw Data trend for {}'.format(time_series_name))
        axes[1].plot(ts, '-', label='Trend for {}'.format(time_series_name))
        axes[1].plot(moving_avg, 'g-', label='Moving Average with window:
         {}'.format(smoothing_window))
        axes[1].plot(res['yhat_high'], 'r--', label='yhat bounds')
        axes[1].plot(res['yhat_low'], 'r--')
        axes[1].set_title('Moving Average Trend for window: {} with MAE of:
         {:.1f}'.format(smoothing_window, res['mae']))
        axes[1].legend(loc='upper left')
        axes[2].plot(ts, '-', label='Trend for {}'.format(time_series_name))
        axes[2].legend(loc='upper left')
        axes[2].plot(exp_data, 'g-', label='Exponential Smoothing with alpha:
         {}'.format(exp_alpha))
```

使用数字格式的字符串插值，使可视化更清晰

```
        axes[2].plot(exp_yhat_high_data, 'r--', label='yhat bounds')
        axes[2].plot(exp_yhat_low_data, 'r--')
        axes[2].set_title('Exponential Smoothing Trend for alpha: {} with MAE
         of: {:.1f}'.format(exp_alpha, res_exp['mae']))
        axes[2].legend(loc='upper left')
        plt.savefig(image_name, format='svg')
        plt.tight_layout()
        reference_collection['plots'] = fig
        reference_collection['moving_average'] = moving_avg
        reference_collection['exp_smooth'] = exp_smoothed
        return reference_collection
```

在代码清单6-4中调用此函数。借助这些数据和预构建的可视化，团队可以在整个建模实验过程中有一个易于使用和标准的指南来参考。

代码清单 6-4　为 Series 数据和可视化调用参考平滑函数

```
ewr_data = get_airport_data('EWR', DATA_PATH)
ewr_reference = smoothed_time_plots(ewr_data['International Passengers'],
    'Newark International', 'newark_dom_smooth_plot.svg', 12, exp_alpha=0.25)
```

执行代码清单 6-4 时，将为子团队提供快速参考可视化(以及与移动平均和指数加权移动平均平滑算法进行比较的 Series 数据)，如图 6-3 所示。

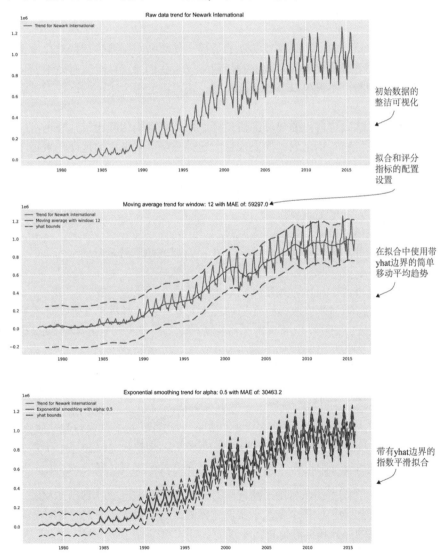

图 6-3　基于使用 smoothed_time_plots()函数的参考趋势可视化，如代码清单 6-4 所示

在这个阶段将这个样板可视化代码包装成一个函数(如代码清单 6-3 所示,并在代码清单 6-4 中调用)的目的有两个:

- 可移植性——每个团队都可以在代码中引用该函数,作为其工作的依赖项,确保每个人都生成完全相同的可视化。
- 为生产做准备——这段代码作为一个函数,可以很容易地作为一种方法移植到一个可视化类中,不仅可以用于这个项目,还可以用于未来的其他预测项目。

目前,专注于花费少量时间创建可重用代码似乎不值得,特别是我们一直关注解决方案原型的及时交付。但请放心,随着项目范围的扩大,以及远远超出简单预测问题的复杂性的出现,此时为准备模块化代码所做的相对较小的努力,将在以后节省大量时间。

2. 标准指标

在进入模型实验之前,团队需要实现的最后一件事是对预测进行标准化度量。这项工作是为了消除关于每个实现的有效性的任何异议。我们通过标准化有效地简化了对每种实现的优势的判断,不仅可以节省会议时间,还可以为每个实现的比较提供强有力的科学方法。

如果让每个团队确定自己的最佳评估指标,那么将它们相互比较几乎不可能,从而导致测试返工和项目进一步延迟。如果项目中这种完全可以避免的延误越来越多,项目被取消的机会也会越来越大。

因为指标而争论,听起来很傻,对吧?

是的。是的,它肯定是这样。

我是否见过这样的情况?是的,我见过。

我是否这样做过?真不好意思,是的,我也因此浪费了好多时间。

我是否可以接受这种行为?大多数情况下,我都接受了。

我是否见过因为这个原因导致项目被取消?没有,这太荒谬了。

需要说明的是,时间是有限的。在构建解决业务问题的解决方案时,对于业务部门来说,要么继续做他们一直在做的事情直到数据科学团队介入;要么直接要求取消项目,并拒绝与团队再次合作,因为他们无法接受无休止的项目延迟。

因为争论使用哪个指标评估模型而造成的项目延迟是多余的,并且是可以避免的。特别是我们知道计算模型评估的所有指标,并保留它们在未来的任何时间进行事后评估所花费的时间成本微不足道时。只需要收集与要解决的问题相关的所有内容即可(除了前面提到的例外情况——如果指标的计算复杂度如此之高以至于获取指标的成本非常昂贵,则确保在为其编写代码之前对它进行充分的评估)。调整代码以支持这种灵活性与敏捷原则一致,允许快速转向,而不需要进行大规模重构来实现这种更改。

在 5.1.3 节中,介绍了团队将用于给模型打分的指标: R 平方、MSE、RMSE、MAE、MAPE 和解释方差。为了让每个专注于实现建模测试的子团队节省大量时间,应该构建一些函数,使结果的评分和标准化报告更加容易。

首先，需要具体实现 MAPE，因为使用现成的 Python 库不太容易生成该指标(在撰写本文时)。该指标对于评估众多不同时间序列的整体预测质量至关重要，因为它是一个缩放和标准化的值，可用于比较不同的预测，而不需要考虑序列值的大小。

然而，它不应该被用作唯一的测量指标，正如之前在规划实验时所讨论的那样。如果需要根据不同的指标评估以前的实验，那么为每个正在进行的实验记录多个指标更好。代码清单 6-5 显示了一个基本的 MAPE 实现。

代码清单 6-5　简单的 MAPE 实现

```
def mape(y_true, y_pred):
    return np.mean(np.abs((y_true - y_pred) / y_true)) * 100
```

现在已经定义好了，可以创建一个简单的 Series(序列)评分函数。它将计算所有之前确定的指标，而不必像计算每个单独指标时忙乱地调用代码库。此功能还允许将这些计算嵌入可视化中，而不需要在整个代码中不断地重新定义标准指标计算。我们将使用的标准指标函数如代码清单 6-6 所示。

代码清单 6-6　对预测数据进行评分的标准误差计算

尽可能多地导入并使用标准评分库

```
from sklearn.metrics import explained_variance_score, mean_absolute_error,
    mean_squared_error, r2_score
def calculate_errors(y_true, y_pred):
    error_scores = {}
    mse = mean_squared_error(y_true, y_pred)
    error_scores['mae'] = mean_absolute_error(y_true, y_pred)
    error_scores['mape'] = mape(y_true, y_pred)
    error_scores['mse'] = mse
    error_scores['rmse'] = sqrt(mse)
    error_scores['explained_var'] = explained_variance_score(y_true, y_pred)
    error_scores['r2'] = r2_score(y_true, y_pred)
    return error_scores
```

通过实际序列和预测序列进行预测验证

使用代码清单 6-5 中定义的函数计算和使用 MAPE

局部变量声明(因为 mse 的值将被存储并用于 rmse 指标)

实例化一个字典结构，用于存储分数，以供在其他地方使用(注意没有打印语句)

此函数中明显缺少的是打印语句。这是出于两个截然不同的原因而设计的。

首先，我们希望使用字典封装的分数指标构建可视化，以便让团队使用。因此，我们不希望简单地将值打印到标准输出。其次，在函数和方法中使用标准输出报告是一种不好的做法，因为这将在以后开发解决方案时增加更多的工作。

在发布到生产之前仔细核对代码，以清除打印语句(或将它们转换为日志语句)很乏味且容易出错，如果有漏掉的打印语句存在，可能会对解决方案的性能产生影响(特别是在惰性计算的语言中)。此外，在生产环境中，没有人会读取标准输出，打印语句是多余的代码。

打印语句，以及为什么它们对机器学习来说很糟糕

老实说，打印(print)语句对所有软件都不利。唯一值得注意的例外是代码的临时调试。如果想在运行时检查复杂程序的状态，它们会很有帮助。除了这一特定的用例之外，应该不惜一切代价避免使用它们。

问题是到处都能看到它们：打印记录数、打印评分指标、打印数组和列表的长度、打印正在测试的超参数、打印 I/O 操作的源和接收端，以及打印方法的参数配置。这些打印对项目本身没什么意义(而且大多数情况下会对项目产生不利影响)。

博客文章、Hello Worlds 和基本的 API 入门指南大量使用打印语句，为那些接触新语言、新主题或新 API 的人立即展示令人满意的结果。一旦你对语法和用法有了一定的了解，就应该将这些打印语句从代码中删除。原因很简单：在试验和开发之外，永远不会再看到那些打印语句。在代码中随意使用它们将使标准输出的内容变得混乱且难以阅读。另外，这些被打印到标准输出的内容在程序运行结束后，将永久消失。

在机器学习中，将与运行相关的数据保存到可以轻松查询并直接引用的位置。这样，你可以将之前需要通过打印语句输出的调试信息存储起来，以供日后参考、绘图或用于自动化流程的系统控制。

帮自己一个忙，如果你真的需要在实验期间打印一些内容，请确保打印语句仅存在于实验脚本代码中。更好的选择是将结果记录在日志中，或者，正如将在第 7 章中介绍的，使用 MLflow 之类的服务。

对于最终的预建模工作，需要构建一个快速可视化和指标报告函数，这将为每个团队提供一种标准且高度可重用的方法，以评估每个模型的预测性能。代码清单 6-7 显示了一个简单的示例，6.1.2 节的模型实验阶段将使用它。

代码清单 6-7　带有误差指标的预测绘图

调用代码清单 6-6 中创建的函数，以计算项目的所有预定误差指标

将函数的输入设置为索引系列值，而不是带有字段名称的 DataFrame，这样可以让函数的通用性更强

生成图中的边界框元素的字符串

将误差指标添加到输出的字典中，以便可以在生成可视化之外的其他位置继续使用指标值

```python
def plot_predictions(y_true, y_pred, time_series_name, value_name,
    image_name, style='seaborn', plot_size=(16, 12)):
    validation_output = {}
    error_values = calculate_errors(y_true, y_pred)
    validation_output['errors'] = error_values
    text_str = '\n'.join((
        'mae = {:.3f}'.format(error_values['mae']),
        'mape = {:.3f}'.format(error_values['mape']),
        'mse = {:.3f}'.format(error_values['mse']),
        'rmse = {:.3f}'.format(error_values['rmse']),
        'explained var = {:.3f}'.format(error_values['explained_var']),
        'r squared = {:.3f}'.format(error_values['r2']),
    ))
    with plt.style.context(style=style):
        fig, axes = plt.subplots(1, 1, figsize=plot_size)
        axes.plot(y_true, 'b-', label='Test data for
```

用不同颜色将实际数据和预测数据同时绘制在一张图上

```
   {}'.format(time_series_name))
axes.plot(y_pred, 'r-', label='Forecast data for
   {}'.format(time_series_name))
axes.legend(loc='upper left')
axes.set_title('Raw and Predicted data trend for
   {}'.format(time_series_name))
axes.set_ylabel(value_name)
axes.set_xlabel(y_true.index.name)
props = dict(boxstyle='round', facecolor='oldlace', alpha=0.5)
axes.text(0.05, 0.9, text_str, transform=axes.transAxes, fontsize=12,
   verticalalignment='top', bbox=props)
validation_output['plot'] = fig
plt.savefig(image_name, format='svg')
plt.tight_layout()
return validation_output
```

创建一个文本框，用来显示所有误差分数以及绘制的数据

将文本内容写入文本边界框

现在，在创建了这些基本函数来加速实验工作之后，终于可以开始对时间序列工作的各种预测算法进行测试了。

6.1.2　运行快速预测测试

到目前为止，快速测试阶段是原型设计最关键的方面。正如本章的介绍中所提到的，在没有测试足够数量的方法以确定每种算法的调优灵敏度，以及花大量时间为每种方法构建完整的 MVP 解决方案之间，努力寻找一种平衡非常必要。由于时间是这个阶段最重要的考虑因素，因此需要高效地做出明智的决定，以确定哪种方法在以健壮的方式解决问题方面更有希望。

每个团队都配备了有效且标准化的实用函数，可以采用各自的方法快速测试，以找到最佳模型。团队一致认为建模测试时使用来自 JFK、EWR 和 LGA 机场的数据(每个团队需要在相同的数据集上测试其模型和调优范式，以便能够对每种方法进行公平的评估)。

让我们看看团队在快速测试期间将使用不同的模型方法完成哪些工作，将对这些方法做出哪些决定，以及如果团队发现该方法无效，如何快速调整策略。探索阶段不仅要发现每个算法的细微差别，还要阐明项目在准备阶段可能没有实现的方面(在第 5 章中介绍)。重要的是要记住，这是意料之中的，并且在快速测试阶段，团队发现这些问题时应该经常相互沟通(有关有效管理这些发现的提示，请参阅下面的内容)。

> **黑客马拉松(hackathons)比赛中需要一个裁判**
>
> 最让我激动的一些数据科学工作发生在项目的快速原型设计阶段。这令人兴奋，因为可以看到许多具有创造性的东西，并与众多"聪明的头脑"一起工作，为一个以前被认为无法解决的商业问题构建解决方案。
>
> 由于在黑客马拉松的一天(或几天，取决于问题的复杂性)内有许多混乱的事情，有一个活动主持人很重要。无论是团队领导、经理、首席数据科学家，还是团队中最资深的技术贡献者，重要的是让这个人从工作中脱离出来，担任团队之间的沟通者。
>
> 这个人的作用是讨论正在进行的工作，提供建议，并在小组中传递已经获得的知识。由于仲裁者角色的重要性，此人不应该参与任何解决方案的工作。他应该花时间从一个小

组转到另一个小组，提出简短但有针对性的问题，并在团队陷入困境时提供关于替代策略的建议。

我们将在本节的快速原型构建练习中看到，在一个团队中获得的发现可以应用到其他团队。关键是要有一个中立的技术团队来传播这些信息。

无论原型设计阶段如何进行，重要的一点是要记住，整个团队都是为同一家公司工作。每个人最终都将专注于找到解决方案的 MVP、开发和生产阶段中的最优方法。彼此之间的过分竞争不会为公司带来任何好处。

1. 如何创建验证数据集

一个小组在模型测试阶段使用预测方法进行研究和测试，但团队并不特别了解这种方法。团队中有人提到使用 VAR 对多个时间序列进行建模(多元内生序列建模)，因此，该小组着手研究该算法的全部内容以及如何使用它。

他们做的第一件事是搜索"向量自回归"，这会需要大量公式化理论分析和数学证明，主要围绕宏观计量经济学的研究和相关模型的自然科学应用。这很有趣，但如果想快速测试此模型对我们的数据是否有效，则不会有什么帮助。他们接下来会找到模型的 statsmodels API 文档并进行研究。

团队成员很快意识到他们还没有考虑对一个常见的函数进行标准化：拆分方法。对于大多数有监督的机器学习问题，总是使用 pandas 中提供的切片、使用随机种子的高级随机拆分等方法将 DataFrame 拆分成训练集和测试集。然而，对于与时间序列相关的模型拆分数据时，要格外小心。因为原始数据集中可能存在季节性，如果简单地对原始数据集进行拆分，模型的表现通常都会很糟糕。由于在之前生成数据集的时候添加了索引，因此可以根据索引位置创建一个相对简单的拆分函数，如代码清单 6-8 所示。

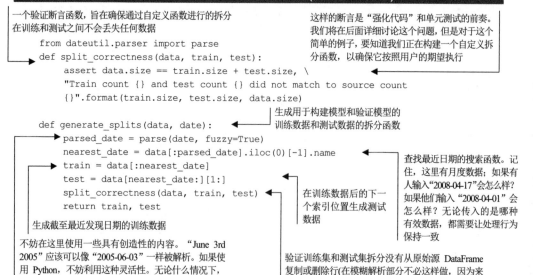

代码清单 6-8　将时间数据集拆分成训练集和测试集(带有验证检查)

一个验证断言函数，旨在确保通过自定义函数进行的拆分
在训练和测试之间不会丢失任何数据

这样的断言是"强化代码"和单元测试的前奏。我们将在后面详细讨论这个问题，但是对于这个简单的例子，要知道我们正在构建一个自定义拆分函数，以确保它按照用户的期望执行

```python
    from dateutil.parser import parse
    def split_correctness(data, train, test):
        assert data.size == train.size + test.size, \
        "Train count {} and test count {} did not match to source count
        {}".format(train.size, test.size, data.size)

    def generate_splits(data, date):
        parsed_date = parse(date, fuzzy=True)
        nearest_date = data[:parsed_date].iloc(0)[-1].name
        train = data[:nearest_date]
        test = data[nearest_date:][1:]
        split_correctness(data, train, test)
        return train, test
```

生成用于构建模型和验证模型的训练数据和测试数据的拆分函数

查找最近日期的搜索函数。记住，这里有月度数据；如果有人输入"2008-04-17"会怎么样？如果他们输入"2008-04-01"会怎么样？无论传入的是哪种有效数据，都需要让处理行为保持一致

在训练数据后的下一个索引位置生成测试数据

生成截至最近发现日期的训练数据

不妨在这里使用一些具有创造性的内容。"June 3rd 2005"应该可以像"2005-06-03"一样被解析。如果使用 Python，不妨利用这种灵活性。无论什么情况下，类型安全是很重要的

验证训练和测试集拆分没有从原始源 DataFrame 复制或删除行(在模糊解析部分不必这样做，因为来自解析器的无效日期将抛出异常)

这个团队的成员知道自己是团队中的优秀管家，立即将此函数片段发送给其他团队，以便他们可以使用简单的单行方法拆分数据。他们甚至加入了一个创造性的模糊匹配解析器，以防人们想要使用不同的日期格式。

为了确保代码正确，他们将对其实现进行一些测试。他们希望确保如果数据不能正确匹配，程序可以引发异常。让我们看看在图 6-4 中测试了什么。

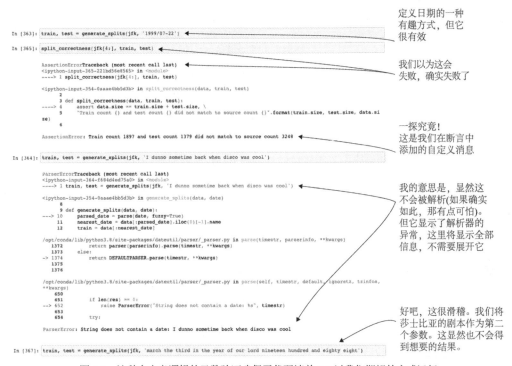

图 6-4　这种自定义逻辑的函数验证确保了代码清单 6-8 以我们期望的方式运行

2. VAR 模型方法的快速测试

现在我们有了一种将数据拆分为训练集和测试集的方法，让我们回顾一下为测试 VAR 模型而创建的内容。不需要深入了解该模型的功能，VAR 模型的目标是在一次过程中对多个时间序列同时建模。

注意　如果你有兴趣了解更多关于这些高级方法的知识，没有比 Helmut Lütkepohl 撰著的 *New Introduction to Multiple Time Series Analysis* (Springer，2006)更好的资源了，他是该算法的创建者。

团队查看了 API 文档页面上的示例，并开始实现一个简单的测试，如代码清单 6-9 所示。

代码清单 6-9　VAR 模型的简单测试

这就是我们一直在讨论的向量自回归器

```
from statsmodels.tsa.vector_ar.var_model import VAR
jfk = get_airport_data('JFK', DATA_PATH)
```

VAR 类具有基于最小化 Akaike 信息准则(AIC, Akaike information criterion)的优化器。此函数尝试对排序选择设置限制，以优化拟合优度。通过阅读此模块的 API 文档了解到这一点。AIC 的优化将允许算法测试一堆自回归滞后顺序，并选择一个表现最好的(至少它应该是这样的)

生成预测。这有点难以弄清楚，因为文档非常模糊，显然很少有人使用这个模型。不过，我们四处搜索并弄清了想要的内容。在这里，开始对两个序列的测试数据集进行预测，从中获取纯序列，并预测出与测试数据集中相同数量的数据点

使用自定义的拆分函数，可以读取人们想要输入的各种形式的日期

用时间序列数据的向量配置 VAR 模型。可以同时建两个模型！我觉得这应该很酷

```
jfk = apply_index_freq(jfk, 'MS')
train, test = generate_splits(jfk, '2006-07-08')
var_model = VAR(train[['Domestic Passengers', 'International Passengers']])
var_model.select_order(12)
var_fit = var_model.fit()
lag_order = var_fit.k_ar
var_pred = var_fit.forecast(test[['Domestic Passengers', 'International
    Passengers']].values[-lag_order:], test.index.size)
var_pred_dom = pd.Series(np.asarray(list(zip(*var_pred)))[0],
    dtype=np.float32), index=test.index)
var_pred_intl = pd.Series(np.asarray(list(zip(*var_pred)))[1],
```

在模型上调用 fit()，查看可以得到什么结果

文档说要这样做。它应该从拟合模型中获得 AIC 优化的滞后顺序

这让我很头疼。由于我们得到一个预测向量(国内旅客预测和国际旅客预测的元组)，因此需要从这个元组数组中提取值，将它们放入一个列表中，并将它们转换为 NumPy 数组，然后生成一具有来自测试数据的正确索引的 pandas 系列，以便可以绘制它

```
    dtype=np.float32), index=test.index)
var_prediction_score = plot_predictions(test['Domestic Passengers'],
                                        var_pred_dom,
                                        "VAR model Domestic Passengers JFK",
                                        "Domestic Passengers",
                                        "var_jfk_dom.svg")
```

我们甚至不使用它绘图(稍后解释原因)，但这种讨厌的代码可以通过从实验代码中复制粘贴得到

最后使用代码清单 6-7 中创建的预测图代码来看看模型的表现！

　　图 6-5 显示了代码清单 6-9 所示代码生成的预测图，将保留验证期内的预测数据与实际数据进行比较。

　　专家提示 如果每次预测中(或在算法开发代码中)生成如图 6-5 所示的混乱图表，我都能得到 1 分钱，那么我现在就不用工作了。我会和我美丽的妻子还有 6 只狗在某个地方放松，喝着冰镇鸡尾酒，听着海洋拍打着海岸的甜美声音。当你生成垃圾结果时，不要气馁。我们都会这么做。这是我们的学习方式。

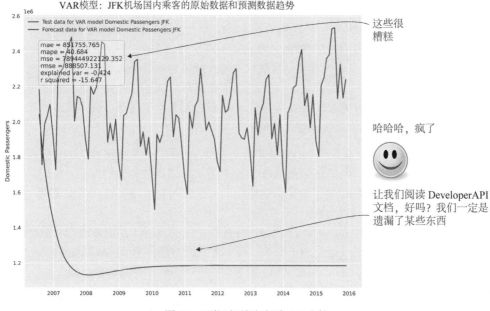

图 6-5　可能需要仔细阅读 API 文档

好吧，这很糟糕。虽然没有想象得那么糟糕(例如，它没有预测到乘客的数量会超过曾经生活过的人类的数量)，但它基本上是一个垃圾预测。下面假设这个团队有足够的毅力和智慧，可以挖掘 API 文档和 Wikipedia 文章以找出问题所在。

这里要记住的最重要的内容是，糟糕的结果是快速测试阶段的一部分。有时你很幸运，可能不会遇到这样糟糕的结果，但绝大多数情况下，第一次尝试测试时事情都不会那么顺利。在看到类似图 6-5 所示的结果之后，最糟糕的做法是将这种方法归类为无法使用，并转向其他方法。但通过对方法进行一些调整，该模型可能就是最佳解决方案。如果在第一次尝试仅对一系列原始数据使用默认配置，然后放弃它，那么团队永远不会知道它可能是一个可行的解决方案。

然而，除了上面说的极端事件，另一种极端情况同样会阻碍项目的成功。如果团队成员要花费数天(或数周)重复该方法数百次，以从模型中获得绝对最佳的结果，将没有时间和精力再致力于对其他方法的探索；他们将构建一个 MVP 并将大量资源投入这种单一方法中。但需要注意的是，这个阶段的目标是在几个小时内快速得到一个答案，以确定某种方法是否适合当前项目。

直面失败

在本章，我们一直在研究在实验过程中如何从糟糕的状态转向可以接受的状态。这在机器学习项目中是正常的。对于使用机器学习解决问题，有许多可以使用的方法。有些方法比其他方法更容易实现。对于其他人来说，在阅读 API 文档、博客甚至书籍时，隐藏的复杂程度可能不会立即显现出来。不可避免的是，对于大多数天生容易犯错的人来说，最初不会找到完美的解决方案。事实上，解决问题的前十几次尝试可能都会非常糟糕。

我对机器学习开发的一般意见是，对于每个可以投入生产的模型，我至少都尝试了一百多次(通常构建最终解决方案的代码都是经过多次尝试和放弃之后的结果)。

作为一名专业的机器学习工程师，应该意识到在实验的早期阶段，会遇到一些真正(也许很有趣)的失败，这一点至关重要。当然，有些失败可能非常令人沮丧，但当你最终找出问题并获得可接受的预测结果时，大多数人都会获得难以置信的满足感。简单地接受失败，从中吸取教训，并充分了解在编写代码前阅读 API 的重要性，避免盲目地开始代码编写，可以为代码开发过程节省大量的时间和精力。

在下一轮测试中，团队发现 fit()方法实际上使用了参数。他们之前看到的用作基线的示例没有使用参数，所以他们在阅读 API 文档之前不知道这些参数的存在。他们发现可以设置滞后周期，以帮助模型了解在构建自回归方程时需要回溯多远，根据文档，这有助于构建自回归模型的线性方程。

回顾开始建模之前所做的时间序列分析任务中记录的内容，他们知道趋势分解的周期为 12 个月(即趋势线的残差变成了噪声，而不是一些不符合季节性周期的循环关系)。他们使用代码清单 6-10 进行了再次尝试。

代码清单 6-10 阅读文档后，再次运行 VAR

这里有一个键，尝试正确设定它，并看看是否可以得到满意的结果

为了更全面地了解，让我们看看其他时间序列(国际乘客)

```
var_model = VAR(train[['Domestic Passengers', 'International Passengers']])
var_model.select_order(12)
var_fit = var_model.fit(12)
lag_order = var_fit.k_ar
var_pred = var_fit.forecast(test[['Domestic Passengers', 'International
    Passengers']].values[-lag_order:], test.index.size)
var_pred_dom = pd.Series(np.asarray(list(zip(*var_pred))[0], dtype=np.float32),
    index=test.index)
var_pred_intl = pd.Series(np.asarray(list(zip(*var_pred))[1], dtype=np.float32),
    index=test.index)
var_prediction_score = plot_predictions(test['Domestic Passengers'],
                                         var_pred_dom,
                                         "VAR model Domestic Passengers JFK",
                                         "Domestic Passengers",
                                         "var_jfk_dom_lag12.svg")
var_prediction_score_intl = plot_predictions(test['International Passengers'],
                                         var_pred_intl,
                                         "VAR model International Passengers JFK",
                                         "International Passengers",
                                         "var_jfk_intl_lag12.svg")
```

也绘制国际乘客的图表，看看这个模型对两者的预测效果如何

在运行这个稍作调整的测试后，团队查看结果，如图 6-6 所示。当然，它们看起来比以前好，但仍然不是特别理想。经过最终审查和更多研究，他们发现 VAR 模型仅适用于处理平稳的时间序列数据。

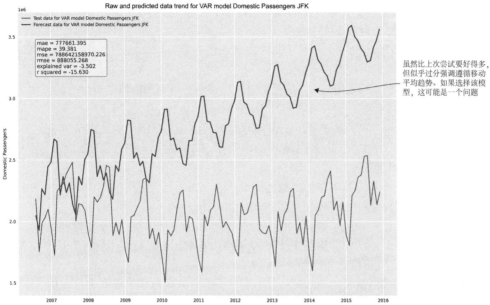

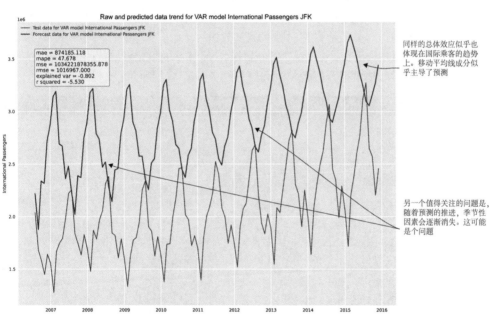

图 6-6　虽然运行代码清单 6-10 的结果比以前提升了一个数量级，但并不意味着它可以被接受

至此，该团队完成了评估。团队成员已经学到了很多关于该 API 的内容：

- 通过该 API 获取预测是复杂的。
- 通过该模型运行多个时间序列似乎与传入的向量具有互补效应。这可能会证明同一机场的不同序列存在问题。
- 由于向量要求形状相似，这是否可以处理那些在成为国内枢纽后才开始提供国际航班的机场数据？
- 季节性成分的缺失意味着，如果预测的时间过长，预测趋势的细节就会丢失。
- 算法似乎对 fit() 方法的 maxlag 参数很敏感。如果在生产中使用该参数，将需要大量的测试和监控。
- VAR 模型不是为处理非平稳数据而设计的。在运行代码清单 6-10 时，根据 5.2.1 节中的 DickeyFuller 测试，我们知道这些时间序列不是平稳的。

既然这个团队已经完成了测试，并且对这个模型家族的局限性(即平稳性问题)有了充分的理解，现在是时候研究其他几个团队的进展了(不要担心，我们不会研究所有 9 个模型)。也许他们的运气更好。

转念一想，我们再试最后一次吧。团队有一天的时间来对这个模型进行评估，毕竟，距离每个团队的内部截止日期还有几个小时。

让我们快速解决平稳性问题，看看是否能做出更好的预测。为了将时间序列转换为平稳序列，需要通过对其应用自然对数来规范数据。然后，为了去除与序列相关的非平稳趋势，可以使用差分函数得到随着序列沿时间尺度移动的变化率。代码清单 6-11 是转换为不同比例、运行模型拟合以及将时间序列缩放到适当比例的完整代码。

代码清单 6-11　基于 VAR 模型的平稳调整预测

还必须对国际乘客的其他向量位置序列数据做同样的事情 ⟶ 用序列对数的差分函数创建平稳的时间序列(记住，这就像对异常值分析所做的那样)

```
jfk_stat = get_airport_data('JFK', DATA_PATH)
jfk_stat = apply_index_freq(jfk, 'MS')
jfk_stat['Domestic Diff'] = np.log(jfk_stat['Domestic Passengers']).diff()
jfk_stat['International Diff'] = np.log(jfk_stat['International
        Passengers']).diff()
jfk_stat = jfk_stat.dropna()
train, test = generate_splits(jfk_stat, '2006-07-08')
var_model = VAR(train[['Domestic Diff', 'International Diff']])
var_model.select_order(6)
var_fit = var_model.fit(12)
lag_order = var_fit.k_ar
var_pred = var_fit.forecast(test[['Domestic Diff', 'International
    Diff']].values[-lag_order:], test.index.size)
var_pred_dom = pd.Series(np.asarray(list(zip(*var_pred))[0], dtype=np.float32),
    index=test.index)
var_pred_intl = pd.Series(np.asarray(list(zip(*var_pred))[1], dtype=np.float32),
    index=test.index)
var_pred_dom_expanded = np.exp(var_pred_dom.cumsum()) * test['Domestic
```

在数据的平稳表示上训练模型

```
                            Passengers'][0]
    var_pred_intl_expanded = np.exp(var_pred_intl.cumsum()) * test['International
        Passengers'][0]
    var_prediction_score = plot_predictions(test['Domestic Passengers'],
                                            var_pred_dom_expanded,
                                            "VAR model Domestic Passengers JFK Diff",
                                            "Domestic Diff",
                                            "var_jfk_dom_lag12_diff.svg")
```

通过使用 diff()的逆函数(累积和)将平稳数据转换回数据的实际比例。然后使用指数将数据的对数比例转换回线性空间。但是，这个 Series 被设置为 diff，因此必须将这些值乘以初始位置值(这是测试数据集 Series 开始时的实际值)才能获得正确的缩放比例

将测试 Series 与缩放的预测 Series 进行比较

```
    var_prediction_score_intl = plot_predictions(test['International Passengers'],
                                            var_pred_intl_expanded,
                                            "VAR model International Passengers JFK
                                            Diff",
                                            "International Diff",
                                            "var_jfk_intl_lag12_diff.svg")
```

所有这些复制和粘贴是怎么回事？

在本节的所有示例中，看到相同的代码行被反复粘贴在模型改进的每次迭代中。在这些代码片段中，包含所有这些内容不仅仅是为了演示一个完全构建的可执行代码块。相反，它是对许多实验 Notebook(或者如果编写 Python 脚本，则是这些脚本的副本)在测试实现、迭代个别想法、最终生成可度量结果的函数式代码脚本的模拟。

这是正常的。这是实验中的常规操作。

通常一个好的指导方针是确保你的实验和评估代码组织良好，易于阅读和遵循，并有足够的注释来解释相对复杂的部分。无论选择哪种解决方案，保持代码足够整洁都有益于下一阶段的开发。随时清理、删除无用的代码，并保持明晰的代码结构。

你肯定不希望在 Notebook 上出现无序的单元格、破碎的变量依赖链和大量注释掉的非功能性代码，这些代码处于纯粹的混乱状态。试图拼凑一个混乱的实验是一种挫折和徒劳的行为，让已经很复杂的过程(形成生产级代码的封装设计和体系结构)变得更加复杂，在许多情况下，与其对原有混乱的开发内容进行修改，不如从头开始更加容易。

在项目的这个阶段，拥有完整的功能和单元级封装不一定是坏事。只要代码写得干净且格式正确，这种封装可能比筛选数十个(或数百个)单元更容易弄清楚如何让实验像在快速原型设计阶段那样快速运行。它还使转换为基于类或基于函数式编程的实现变得相当容易。

图 6-7 显示了这个团队发现自己所处的最终状态，在对模型实现进行迭代之后，回过头来完整阅读文档，并对模型的工作原理进行了一些研究(至少在“机器学习级别的应用程序”上)。这种可视化是运行代码清单 6-11 得到的结果。

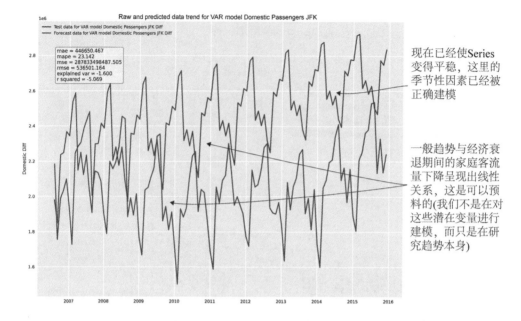

现在已经使Series
变得平稳，这里的
季节性因素已经被
正确建模

一般趋势与经济衰
退期间的家庭客流
量下降呈现出线性
关系，这是可以预
料的(我们不是在对
这些潜在变量进行
建模，而只是在研
究趋势本身)

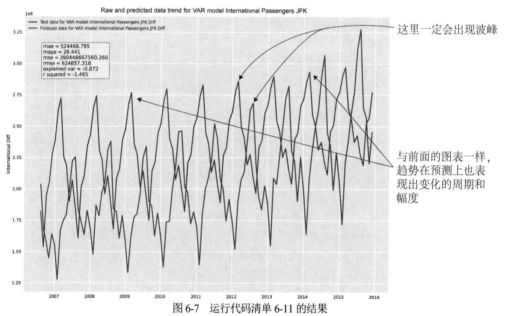

这里一定会出现波峰

与前面的图表一样，
趋势在预测上也表
现出变化的周期和
幅度

图 6-7   运行代码清单 6-11 的结果

　　实验阶段的第一部分已经完成。团队拥有一个显示出前景的模型，更重要的是，理解模型的应用程序，并能够适当地对其进行调优。可视化已经被保存下来，并且干净的示例代码被保存在 Notebook 中，供以后使用时参考。

　　实现这个特定模型的人员如果在其他小组之前完成了原型，就可以向其他小组介绍自己从工作中获得的一些收获。这种信息的共享将有助于加快所有实验的进展，以便能够决定为实际的项目工作使用什么方法。

哇，那真是让人觉得不爽······

重要的是要注意特定方法获得可接受的结果有多困难。是否需要特别多的特征工程才能使模型不要产生垃圾结果，还是模型对超参数具有极强的敏感性，甚至使用令人困惑和设计糟糕的 API，这个阶段所呈现的困难都需要引起团队的注意。

正如将在 6.2 节中回顾的，在实现各种解决方案时所面临的挑战将对开发可用于生产的解决方案的复杂性产生很大影响。此外，这些挑战将直接影响团队在生产环境中维护解决方案的能力。

在这个阶段，最好考虑以下问题并在过程中做好笔记，以便在以后评估复杂性时参考：

- 对参数变化的敏感性。
- 超参数的数量(这会影响模型的优化)。
- API 的流畅性(标准吗？能被放置到管道中吗？)。
- 为获得可接受的结果，必须完成的特征工程工作量。
- 对训练数据和测试数据量变化的适应性(当拆分边界改变时，这些预测的结果是否依旧可以被接受？)

3. ARIMA 的快速测试

假设 ARIMA 团队成员在开始时没有从 VAR 团队得到任何提示，除了将序列数据拆分为训练集和测试集，并通过它们对模型预测进行评分。他们正处于模型研究和测试阶段，使用其他团队用于数据预处理和日期索引格式化的相同函数工具，但除此之外，一切对他们来说都很陌生。

该团队意识到，其首要障碍之一是 ARIMA 模型所需的设置，特别是在模型实例化期间需要分配的 p(自回归参数)、d(差异)和 q(移动平均)变量。仔细阅读文档，团队成员意识到每个人都参与的实验前期工作已经提供了一种寻找突破点的方法。通过使用代码清单 5-14 内置的平稳性检验可视化函数，可以获得自回归(AR)参数的显著性值。

为了得到适当的自相关和偏自相关测量值，不得不对时间序列的对数执行相同的差分函数，就像 VAR 团队在测试最终模型中所做的那样(VAR 团队成员特别友好，分享了他们的发现)，以便可以尽可能多地去除噪声。图 6-8 显示了得到的趋势图。

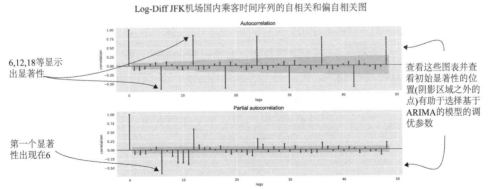

图 6-8　对 JFK 机场国内乘客序列的滞后进行平稳性测试

就像面前的 VAR 团队一样，ARIMA 团队成员通过一些迭代尝试不同的参数获得了糟糕的结果。我们不会介绍所有这些迭代(毕竟这不是一本关于时间序列建模的书)，而是看一下他们得出的最终结果，如代码清单 6-12 所示。

代码清单 6-12　ARIMA 实验的最终状态

```
from statsmodels.tsa.arima.model import ARIMA
jfk_arima = get_airport_data('JFK', DATA_PATH)
jfk_arima = apply_index_freq(jfk_arima, 'MS')
train, test = generate_splits(jfk_arima, '2006-07-08')
arima_model = ARIMA(train['Domestic Passengers'], order=(48,1,1),
    enforce_stationarity=False, trend='c')
arima_model_intl = ARIMA(train['International Passengers'], order=(48,1,1),
    enforce_stationarity=False, trend='c')
arima_fit = arima_model.fit()
arima_fit_intl = arima_model_intl.fit()
arima_predicted = arima_fit.predict(test.index[0], test.index[-1])
arima_predicted_intl = arima_fit_intl.predict(test.index[0], test.index[-1])
arima_score_dom = plot_predictions(test['Domestic Passengers'],
                                   arima_predicted,
                                   "ARIMA model Domestic Passengers JFK",
                                   "Domestic Passengers",
                                   "arima_jfk_dom_2.svg"
                                   )
arima_score_intl = plot_predictions(test['Domestic Passengers'],
                                    arima_predicted_intl,
                                    "ARIMA model International Passengers JFK",
                                    "International Passengers",
                                    "arima_jfk_intl_2.svg"
                                    )
```

(p, d, q)的排序参数。p(周期)值是由自相关和偏自相关分析作为计算显著值的一个因素得到的

特别值得注意的是，在该序列中没有采取平稳性对数和差异计算。虽然对这些平稳性调整进行了测试，但结果明显比用原始数据进行的预测差(我们不会查看代码，因为它与代码清单 6-11 中的方法几乎相同)。

图 6-9 显示了一些测试的验证图和分数；对数差异的尝试是在左侧(显然是次要的)，而用于训练的未修改序列则在右侧。虽然正确的图表分组绝非理想的项目解决方案，但它确实让更广泛的团队了解了 ARIMA 模型的细微差别和预测能力。

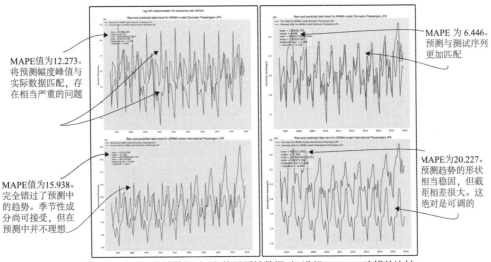

MAPE值为12.273。
将预测幅度峰值与
实际数据匹配，存
在相当严重的问题

MAPE 为 6.446。
预测与测试序列
更加匹配

MAPE值为15.938。
完全错过了预测中
的趋势。季节性成
分尚可接受，但在
预测中并不理想

MAPE为20.227。
预测趋势的形状
相当稳固，但截
距相差很大。这
绝对是可调的

图 6-9　使用平稳性数据(左)和使用原始数据(右)进行 ARIMA 建模的比较

他们的测试结果显示，在两种方法(原始数据和使用平稳性操作)中都有希望，说明存在更好的调整机会以使算法的实现更好。有了这些知识和结果，团队就可以准备在会议中向更大的团队展示其发现，而不必在这个阶段花费更多宝贵的时间再次改进结果。

4. Holt-Winters 指数平滑算法的快速测试

对该测试的介绍更简短。对于这个模型评估，团队成员希望将 Holt-Winters 指数平滑模型的实现封装在一个函数中，这样就不必在整个 Notebook 单元格中不断复制相同的代码。

将这种方法作为编写实验性代码的首选的原因将在第 7 章中变得更加明显。现在，只能说这个团队有一些更资深的数据科学成员。代码清单 6-13 显示了他们最终得出的结果。

代码清单 6-13　Holt-Winters 指数平滑函数及用法

```
from statsmodels.tsa.holtwinters import ExponentialSmoothing
def exp_smoothing(train, test, trend, seasonal, periods, dampening, smooth_slope,
    damping_slope):
    output = {}
    exp_smoothing_model = ExponentialSmoothing(train,
                                               trend=trend,
                                               seasonal=seasonal,
                                               seasonal_periods=periods,
                                               damped=dampening
                                               )
```

```
exp_fit = exp_smoothing_model.fit(smoothing_level=0.9,
                                  smoothing_seasonal=0.2,
                                  smoothing_slope=smooth_slope,
                                  damping_slope=damping_slope,
                                  use_brute=True,
                                  use_boxcox=False,



                                  use_basinhopping=True,
                                  remove_bias=True
                                  )
forecast = exp_fit.predict(train.index[-1], test.index[-1])
output['model'] = exp_fit
output['forecast'] = forecast[1:]
return output
jfk = get_airport_data('JFK', DATA_PATH)
jfk = apply_index_freq(jfk, 'MS')
train, test = generate_splits(jfk, '2006-07-08')
prediction = exp_smoothing(train['Domestic Passengers'], test['Domestic
    Passengers'], 'add', 'add', 48, True, 0.9, 0.5)
prediction_intl = exp_smoothing(train['International Passengers'],
    test['International Passengers'], 'add', 'add', 60, True, 0.1, 1.0)
exp_smooth_pred = plot_predictions(test['Domestic Passengers'],
                                   prediction['forecast'],
                                   "ExponentialSmoothing Domestic Passengers JFK",
                                   "Domestic Passengers",
                                   "exp_smooth_dom.svg"
                                   )
exp_smooth_pred_intl = plot_predictions(test['International Passengers'],
                                        prediction_intl['forecast'],
                                        "ExponentialSmoothing International Passengers
                                          JFK",
                                        "International Passengers",
                                        "exp_smooth_intl.svg"
                                        )
```

在开发过程中，如果选择此模型，所有这些设置(以及此拟合方法可用的其他设置)都将被参数化，并使用 Hyperopt 等工具进行自动优化

与测试的其他模型略有不同，该模型至少需要训练数据的最后一个元素来提供预测范围

删除对训练数据序列的最后一个元素所做的预测

由于该小组的时间序列的性质，对自回归元素(seasonal_periods)使用较长的周期性。在开发中，如果选择此模型，这些值将通过网格搜索或更好的自动优化算法自动调整

在开发过程中，该小组发现 Holt-Winters 指数平滑的 API 在 0.11 和 0.12 版本之间发生了相当大的变化(0.12.0 是 API 文档网站上的最新文档，因此默认显示该版本的文档)。结果，团队成员花费大量时间试图弄清楚为什么他们尝试应用的设置不断失败，并且总是出现重命名或修改参数导致的异常。

最终，他们意识到他们需要检查已安装的 statsmodels 版本从而阅读正确的文档(有关 Python 版本控制的深入阅读，请参见下面的说明)。图 6-10 显示了该小组的工作结果，反映了所有小组中最有希望的指标。

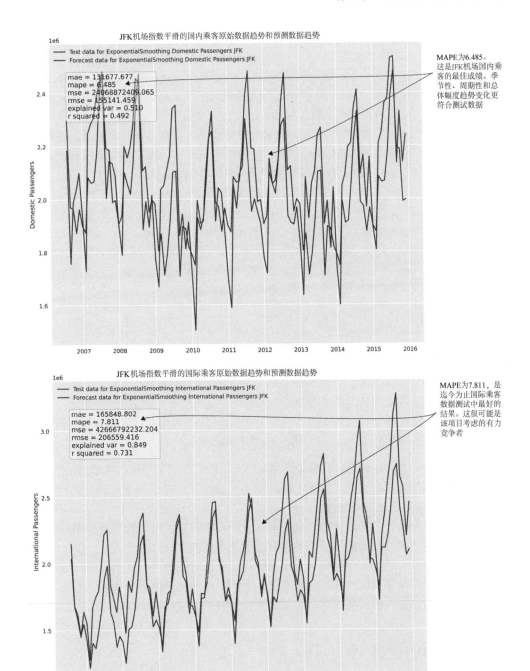

图 6-10　代码清单 6-13 中的 Holt-Winters 指数平滑测试的结果。我们有一个明确的竞争者

如何快速找出模块的版本

在这些示例中使用的包管理器 Anaconda 有很多可用的模块。除了基础的 Python 之

外，还包括数百个用于机器学习工作的非常有用的工具。每个工具都经过精心整理，以使各个依赖项都满足兼容性要求，可以协同工作。

因此，某些模块可能不像 API 文档提供的"稳定版本"那么新(特别是对于正在积极开发和频繁发布的项目)。因此，这些较新的 API 文档可能无法作为你正在使用的模块版本的参考。

不只是 Python 存在这样的问题。任何大型开源生态系统都会有这个问题。你很可能在使用 Java、Scala、R、TensorFlow、Keras 时遇到这种情况。然而，在 Python 中，可以相对容易地从 Python REPL(或 Notebook 单元格)中获取版本信息。

出于示例的目的，让我们检查 statsmodels 的版本信息。要获取它，只需要找出方法名称(通常是伪私有方法)并调用它。你可以通过导入基础包、执行 dir(<packagename>)并查看其命名来找到可能调用的这些方法的名称(通常是__VERSION__、__version 或 _version 等的变体)。

对于 statsmodels，方法名称是_version。要打印版本信息，只需要在单元格中输入以下内容，它将打印到标准输出。

```
import statsmodels
statsmodels._version.get_versions()
```

在撰写本文时，statsmodels 的最新稳定版本是 0.12.0，它对我们一直使用的 API 进行了一些重大更改。幸运的是，开源软件包的每个版本通常都会在其网页上保留其文档的旧版本。确保在查看文档时选择了正确的版本，以避免出现不兼容的问题及错误的结果。

不过，我们在当前版本的 Anaconda 中使用的 statsmodels 是 0.11.1 版本。我们需要确保正在查看该版本的 API 文档，以查看我们为建模而导入的每个类的参数。

在完成为期一天的迷你黑客马拉松之后，团队将他们的结果整理成简单易懂的报告，说明预测算法的能力和有效性。然后，团队将召开会议并进行一些展示和说明。

应用 6.1 节中定义的准备步骤，可以有效、可靠和客观地比较不同的方法。标准化意味着团队将有一个真正的基线比较来判断每种方法，而评估的时间窗口可以确保团队在构建 MVP 解决方案时，不会在某一候选方法上花费过多的时间和资源。

我们已经减少了选择一个糟糕的实现来解决业务需求的机会，并且完成得很快。尽管要求解决问题的业务部门对这些内部流程一无所知，但由于这种有条理的方法，以及在项目截止日期前完成的解决方案，公司最终将拥有更好的产品。

6.2 减少可能性

整个团队如何决定往哪个方向发展？回想一下，在第 3 章和第 4 章中，讨论过在实验评估完成后，就该让业务利益相关者参与进来了。我们需要获得他们的意见，尽管可能是主观的，以确保他们对这种方法满意，并将这种方法作为备选方案。这种做法也体现出对他们在业务方面的专业知识极为重视。

为了确保对测试过的项目的潜在实现进行充分的判断，需要更大范围内的团队评估每个已经测试过的方法，并根据以下内容做出判断：

- 最大化方法的预测能力。
- 在保持解决方案有效性的同时，尽可能降低方案的复杂性。
- 评估解决方案的开发难度，以便确定交付日期的实际范围。
- 估算训练(及重新训练)和推理的总拥有成本。
- 评估解决方案的可伸缩性。

通过在评估阶段关注每个方面，团队可以显著降低项目风险，共同决定 MVP 方法，这将减少机器学习项目失败、最终被放弃或被取消的绝大多数可能。图 6-11 显示了所有这些标准，以及它们如何用于机器学习项目工作的整个原型设计阶段。

既然你已经对团队在评估方法时应该关注什么有了明确的了解，下面看看该团队将如何决定选择哪种方法。

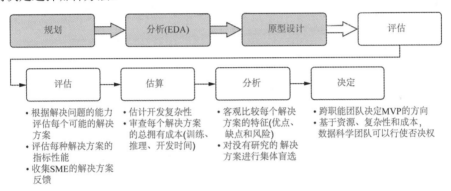

图 6-11　评估阶段的要素，用于指导建立 MVP 的路径

6.2.1　正确评估原型

在这一点上，大多数机器学习团队可能会让自己误入歧途，特别是在只呈现具体解决方案带来的准确性意义上。在 6.1.1 节(和代码清单 6-7)中讨论了创建引人注目的可视化的重要性，以一种易于使用的格式为机器学习团队和业务部门进行演示，但这只是决定机器学习方法表现的一部分。算法的预测能力当然非常重要，但它只是众多需要权衡的重要因素之一。作为一个示例，让我们继续讨论这 3 个实现(以及其他为了简洁起见没有展示的实现)，并收集关于它们的数据，以便能够探索构建这些解决方案的全貌。

召开团队会议，互相展示代码，用测试的各种参数评估不同的测试结果，并使用统一的标准进行比较。对于某些模型(如 VAR 模型、弹性净回归器、Lasso 回归器和 RNN)，机器学习团队甚至决定不将这些结果包括在分析报告中，因为在预测中产生的结果非常糟糕。向业务部门展示糟糕的失败结果没有任何用处，只会让本就非常费力的讨论变得更长、更艰难。如果要全面总结找到最佳解决方案的工作量，只需要说："我们尝试了15 种其他方法，但它们真的不适合这些数据"，然后继续前进。

在审议了每种方法的客观优点之后，内部数据科学团队的评估矩阵与图 6-12 相似。图中矩阵内的评估元素可以应用于大多数项目实现。过去，我使用的选择标准更详细，并根据项目需要解决的不同问题类型进行定制，但是使用通用的问题是一个不错的起点。

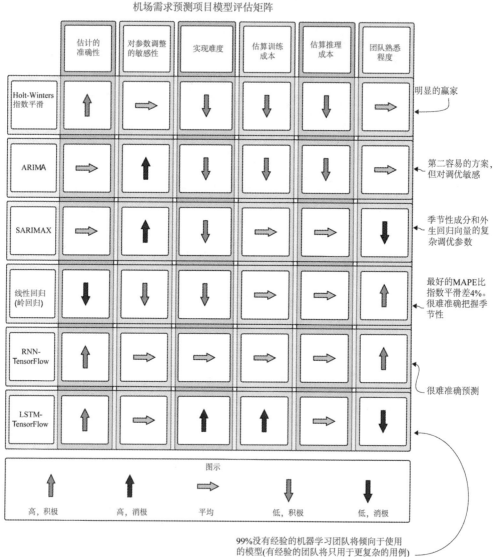

图 6-12 来自实验原型设计阶段结果的决策矩阵

如你所见，对一种方法进行整体评估非常重要，不能只看它的预测能力。毕竟，所选择的解决方案将需要在相当长的一段时间内进行开发、监控、修改和维护。如果不考虑可维护性因素，团队得到的功能强大的解决方案可能根本无法连续运行。

在完成原型构建之后的阶段，有必要深入思考构建这个解决方案会是什么样子，以及项目的整个生命周期会是什么样子。有人想要改进它吗？他们能做到吗？如果预测开始变差，可以轻易排除这种故障吗？能解释为什么模型会做出这样的决定吗？能负担得起运行成本吗？

如果你对所提议的解决方案有任何疑义，最好在团队中进行充分讨论，直到达成共识，否则就不要将它作为备选解决方案提出。在项目结束时，你最不希望发生的事情就是意识到构建了一个令人厌恶的东西，你希望它会悄无声息地消失，永远不再回来，因为它只会为你带来无尽的困扰。选择解决方案一定要慎重，因为一旦做出选择，日后再转向其他方法的代价相当巨大。

6.2.2　决定前进的方向

既然已经收集了关于每种方法相对优缺点的数据，并且确定了建模方法，那么真正的乐趣就开始了。既然每个人都得出结论，Holt-Winters 指数平滑似乎是构建这些预测最佳的选择，那就可以开始讨论体系结构和代码了。

但是，在编写代码之前，团队需要进行另一个计划会议。现在是回答难题的时候了。要记住，最重要的事情是，在确定开发方向之前应该回答以下问题。

问题 1：这需要多久运行一次？

"这需要多久运行一次？"考虑到每个人选择的模型类型，这很可能是最重要的问题。由于这是一个自回归模型，如果模型没有以高频率重新训练(可能每次只是运行推理)，预测将无法适应新的事实数据。该模型只考虑单变量序列来进行预测，因此应该尽可能使用较新的数据对模型进行训练，从而让模型可以不断适应数据的变化趋势。

提示 永远不要问业务部门人员或任何前端开发人员，"你多久需要预测一次？"他们通常会给出一些荒谬答案(非常短的时间)。相反，你应该问："预测什么时候不会影响你的业务？"然后再从那里着手。实现 4h 的 SLA 和实现 10ms 的 SLA 之间的基础设施成本可能相差几十万美元，并且它们之间的开发时间可能也会相差半年以上。

业务部门将需要为这些预测的"新鲜度"提供最低和最高的 SLA(服务级别协议)。粗略估计开发支持这些 SLA 要求的解决方案需要多长时间，以及该解决方案在生产中运行的成本。

问题 2：现在，数据在哪里？

由于数据是由外部数据源提供的，因此我们需要认真考虑如何为训练数据和预测数据创建稳定可靠的 ETL 数据获取流程。该数据的新鲜度需要满足问题 1 的要求(请求的 SLA)。

我们需要引入数据工程团队成员，以确保他们早在我们考虑为该项目投入生产之前优先考虑获取相关数据。如果他们无法承诺在预想的时间提供相关数据，我们将不得不自己编写 ETL，并使用相关数据填充源表，这将增加项目的范围、成本和风险。

问题 3：预测将存储在哪里？

用户是否会向预测发出商业智能(BI)风格的查询，以特殊的方式进行分析可视化？然后，可以将数据写入我们内部的 RDBMS 系统。

这是否会被数百(或数千)个用户频繁查询？数据是否需要提供给 Web 前端服务？如果是这样，我们将不得不考虑将预测作为排序数组存储在 NoSQL 引擎或内存存储中，如 Redis。如果要为 Web 前端提供服务，需要在这些数据前面构建一个 REST API，这将扩大当前项目的工作范围。

问题 4：如何建立代码库？

创建一个新的项目代码库，还是让这些代码与其他机器学习项目一起位于一个公共仓库中？我们是在追求模块化设计的完全面向对象(Object-Oriented，OO)方法，还是尝试进行函数式编程(Functional Programming，FP)？

对于未来改进，我们的部署策略是什么？是使用持续集成/持续部署(Continuous Integration/Continuous Deployment，CI/CD)系统、GitFlow 版本还是标准 Git？ 与每次运行相关联的指标在哪里？将在哪里记录我们的参数、自动调整的超参数和用于参考的可视化？

在这一点上立即回答所有这些关于开发的问题并不是绝对重要的，但是团队领导和架构师应该很快仔细考虑项目开发的所有这些方面，并就这些元素做出深思熟虑的决定(参见第 7 章)。

问题 5：在哪里运行训练？

我们真的不应该在笔记本电脑上运行它。坚决不要这样做。

由于该项目涉及的模型数量众多，我们将在第 7 章中探讨这方面的内容，并讨论每种选择的优缺点。

问题 6：推理将在哪里运行？

我们绝对不应该在笔记本电脑上运行它。你可以使用公有云的基础设施、本地数据中心，也可以是在云端或本地运行的临时无服务器容器运行推理。本书将使用容器运行推理。

问题 7：我们将如何向最终用户提供预测？

正如问题 3 的答案中所述，如何将预测结果提供给用户是在机器学习项目中最容易忽视，也是最关键的问题之一。需要在网页上提供预测吗？现在是与前端或全栈开发人员对话的好时机。

它是否需要成为 BI 报告的一部分？现在应该咨询数据工程和 BI 工程团队。

是否需要为分析师的即席 SQL 查询进行存储？如果需要存储，就直接存储，因为这对项目的影响微不足道。

问题 8：我们现有的代码有多少可以用于这个项目？

如果你已经开发了可以让工作更轻松的实用程序包，请查看它们。看看它们是否有现有的技术债务，你是否可以在进行此项目时对它们进行修复并做得更好？如果是，那么现在是修复它们的时候了。如果拥有现成的代码，并且它没有技术债务，则可以直接使用它们。

如果没有构建现成的实用程序框架，或者是第一次开始使用机器学习工程实践，不要担心！我们将在随后的许多章节中对这些技术进行详细介绍。

问题 9：我们的开发节奏是什么？将如何开发功能？

你是在和项目经理打交道吗？现在可以花一些时间向他们解释在这个开发过程中，你将丢弃多少代码。让项目经理知道，这些被删除的代码将永远被丢弃。向他们解释机器学习项目中存在的混乱情况，以便他们能够正确看待现实，并在项目开始前接受这些现实，从而不会对项目开发抱有不切实际的希望。

机器学习的功能处理是一种独特的野兽。我们确实会开发大量代码，只有发现某种特定方法站不住脚时，它们才会被完全重构(或丢弃)。这与"纯"软件开发形成鲜明对比，在纯软件开发中，特定功能被合理定义，并且可以相当准确地确定范围。除非你的项目涉及设计和开发一种全新的算法(根据你的信息，事实并非如此，无论你的团队成员如何试图说服你这是必要的)，否则无法保证你的代码库中包含特定的功能。

因此，纯粹的敏捷方法通常不适用于机器学习项目的代码开发，因为敏捷开发方法可能随时进行大幅度的调整，而机器学习项目经受不起这样的调整，例如，更换模型可能会导致大规模重构，让项目产生极大的延迟。为了帮助将敏捷的不同性质应用到机器学习开发中，设计你的故事、Scrum 和你的预期至关重要。

6.2.3 接下来做什么

接下来要做的就是创建 MVP。它致力于可演示的解决方案，该解决方案对模型进行了微调，记录了测试结果，并告知业务部门他们的问题可以解决。下一步是把工程学应用于机器学习项目中。

在第 7 章中，将深入研究这些主题，继续讨论这个"花生酱－库存－优化"问题，看着它从带有有限调优的硬编码原型，到充满函数的初始代码库，并支持自动调优模型，并将每个模型的调优评估完整地记录到 MLflow 中。我们还将从单线程的 Python 世界转入由 Apache Spark 分布式系统组成的并发建模世界。

6.3 本章小结

- 在测试 API 时需要对测试时长进行限制，并需要有整体规划，这样才能更好地寻找问题的潜在解决方案，并可以加速寻找项目正确的实现方向。我们需要对这些潜在解决方案进行彻底的评估，并在尽可能短的时间内完成这些评估。需要注意的是，在评估的过程中，模型的预测能力并不是唯一重要的标准。
- 全方位评估解决问题的备选方案，我们鼓励进行更多的评估，而不是关注某个解决方案的预测能力。需要评估的内容有很多，包括解决方案的可维护性、实现复杂性和实现成本等。

第 *7* 章

实践实验：从原型到 MVP

本章主要内容
- 超参数调整技术和自动化方法的优势
- 用于提高超参数优化性能的方法

第 6 章探讨了测试和评估针对机场乘客预测业务问题的潜在解决方案。我们最终决定了所要使用的模型(Holt-Winters 指数平滑)，但在快速原型设计阶段只进行了少量的模型调整。

从实验原型化转向 MVP 开发具有挑战性。它需要完全的认知转变，与迄今为止所做的工作都不相同。我们不再考虑如何解决问题并获得好的结果，而是需要考虑如何构建一个足够好的解决方案，以足够健壮的方式解决问题，从而可以让项目顺利进行而不会经常中断。我们需要将重点转移到监控、自动调优、可伸缩性和成本方面。我们正在从以科学为中心的工作转向以工程为中心的领域。

从原型转向 MVP 的首要任务是确保对解决方案进行正确的调优。参阅下面的补充说明，了解为什么调优模型如此重要，以及建模 API 中这些看似可选的设置对于测试来说实际上有多么重要。

超参数很重要——非常重要

机器学习代码库中最令人沮丧的事情之一是未调优的模型(使用 API 提供的各种默认参数生成的模型)。由于构建解决方案的其余部分涉及所有高级特性工程、ETL、可视化工作和编码工作，看到使用默认值的原始模型就像购买高性能跑车并给它加满普通汽油一样。

在这种情况下，它会运行吗？当然。它会表现良好吗？不会。它不仅表现不佳，而且一旦将它带入"现实世界"(使用一个模型对迄今未见的数据进行预测)，它崩溃的机会也非常高。

一些算法会自动处理其方法以得到优化的解决方案，因此不需要覆盖超参数。然而，绝大多数参数不仅影响算法优化器的核心功能(例如，广义线性回归中的 family 参数与任何其他超参数相比，会更直接地影响这种模型的预测性能)，还影响优化器执行搜索以寻找最小目标函数的方式。其中一些超参数仅适用于算法的特定应用(例如，某些超参数仅适用于特征向量内方差非常大或特定分布与目标变量相关的情况)。但对其中大多数超参数来说，它们的设定值对算法"学习"数据最优拟合方式的影响异常重要。

图 7-1 是线性回归模型的两个关键超参数的简化示例。不可能通过猜测的方式为它们设定合适的值，因为每个特征向量集合和问题通常具有与其他情况显著不同的最佳超参数设置。

注意，这些示例仅用于演示目的。为超参数设置的不同值对模型的影响不仅高度依赖于所使用的算法类型，而且取决于特征向量中包含的数据的性质和目标变量的属性。这就是每个模型都需要单独进行调优的原因。

如图 7-1 所示，与每个机器学习算法相关的看似可选的设置实际上对训练过程的执行方式非常重要。如果不对这些值做任何更改，也不对其进行优化，则几乎没有机会成功使用机器学习技术解决问题。

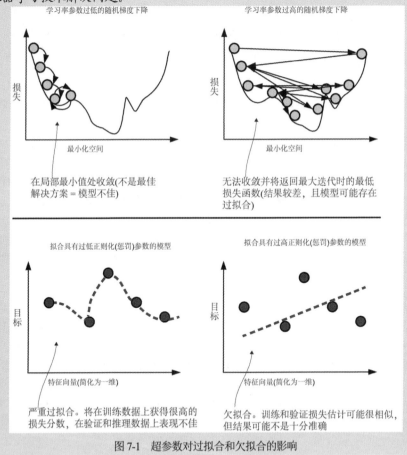

图 7-1   超参数对过拟合和欠拟合的影响

7.1   调整：自动化那些恼人的过程

在第 5 章和第 6 章中一直关注花生预测问题。在第 6 章结束时有了一个被认可的原型，并在单个机场进行了验证。用于优化和调整模型预测性能的过程是手动的，并不是特别科学，会使模型不能充分发挥其预测能力。

在这种情况下，"可以接受的"预测和"令人满意的"预测之间的区别可能是我们想要在机场展示的产品的巨大利润。毕竟，如果预测有误，可能会导致数百万美元的损失。仅仅通过一堆超参数而花费时间手动调优无法提高预测准确性或交付及时性。

如果想提出一种比手动调整更好的方法来调优模型，需要查看模型的选项。图 7-2 显示了数据科学团队用来调优模型的各种方法，按照从简单(功能较弱且可维护性较差)到复杂(自定义框架)的顺序进行。

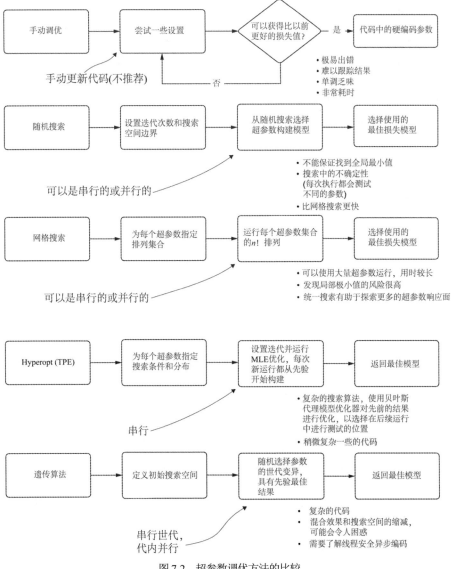

图 7-2　超参数调优方法的比较

图 7-1 中顶部部分的手动调优通常是原型的构建方式。在进行快速测试时，手动测试超参数的值是一种可以理解的方法。如第 6 章所述，原型的目标是获得解决方案可调性的近似值。然而，进入生产解决方案的阶段，需要考虑更可维护和更强大的解决方案。

7.1.1　调优选项

我们知道需要调优模型。在第 6 章中，清楚看到了如果不这样做会发生什么：生成的预测结果差得可笑，以至于预测准确度还不如掷骰子。在工作中，我们可以采用多种选择来获得最优的超参数集。

1. 手动调优(有根据的猜测)

稍后将看到，在将Hyperopt应用于预测问题时，为该项目需要构建的每个模型获得最佳超参数是多么困难。不仅优化值难以猜测，而且每个预测模型的最优超参数集也与其他模型不同。

使用手动测试方法优化参数是不可能的。如图 7-3 所示，这个过程效率低下、令人沮丧，而且浪费了难以置信的时间。

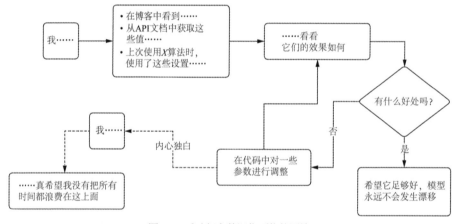

图 7-3　手动超参数调优面临的困境

提示　*不要尝试手动调优，除非所使用的算法只有非常少的超参数(一个或两个，最好它们都是布尔型或只有几种选项)。*

此方法的主要问题是跟踪已测试的内容。即使有一个系统来记录并确保以前没有尝试过相同的值，维护该目录所需的大量工作也是压倒性的，容易出错，而且在极端情况下，这些工作毫无意义。

在快速原型设计阶段之后，项目工作绝不应该采用这种调优方法。相信我，你有很多更好的事情可以做。

2. 网格搜索

作为机器学习技术的基石，基于网格的超参数测试的蛮力搜索方法已经存在了相当长的一段时间。为了执行网格搜索，数据科学家将选择一组值来测试每个超参数。然后，网格搜索 API 将生成这些超参数的集合，并对这些超参数进行排列组合，对每个组合的超参数进行测试。图7-4 说明了网络搜索是如何工作的，以及为什么对于具有大量超参数的模型来说，它可能不是最佳选择。

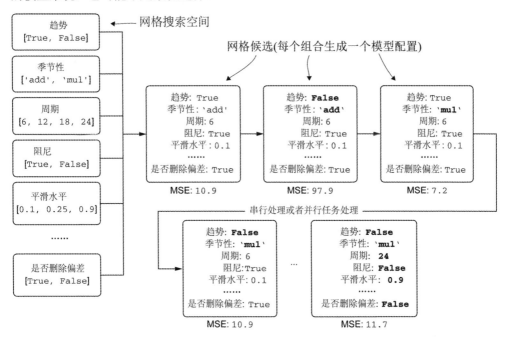

图7-4 用于参数调优的蛮力网格搜索方法

如你所见，在超参数较多的情况下，需要测试的排列数量很快就会变得不堪重负。显然，需要在所有排列所需的时间和模型的优化结果之间进行权衡。如果想探索更多的超参数组合，将不得不运行更多的迭代。这里真的没有免费的午餐。

3. 随机搜索

由于网格搜索的这些限制阻碍了其获得一组优化的超参数的能力，因此使用网格搜索在时间和资金方面都非常昂贵。如果我们有兴趣在预测模型中彻底测试所有连续分布的超参数，那么在单个 CPU 上运行时，所需要的时间不是几分钟，而是几周或更长的时间。

网格搜索的替代方法是尝试同时测试不同超参数的影响效果(而不是依靠显式排列来

确定最佳值)，具体来说是使用每个超参数组的随机抽样。图 7-5 说明了随机搜索的过程；将其与图 7-4 进行比较，可以了解方法的差异。

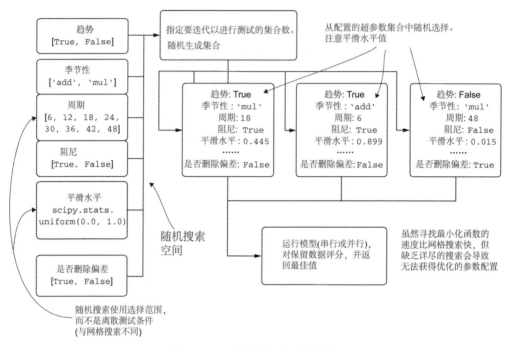

图 7-5　超参数优化的随机搜索过程

如你所见，候选测试参数的选择是随机的，并且不是通过所有可能值的排列机制控制的，而是通过测试的最大迭代次数控制的。这有点像一把双刃剑：虽然执行时间大大减少，但对超参数空间的搜索有限。

关于参数搜索的学术论点

对于为什么随机搜索优于网格搜索，可以找到许多论据，其中许多是非常合理的。但是，在线参考资料、示例和博客文章中提供的绝大多数内容，仍然使用网格搜索作为执行模型优化的一种方式。

主要原因是：它很快。没有哪个博主想要创建一个非常复杂或耗时的示例供读者运行。不过，这并不是好做法。

很多示例都使用网格搜索，以至于让很多数据科学家产生了错误的印象，他们认为在寻找最优参数的时候，网格搜索是最佳选择。这可能是因为我们骨子里都不太喜欢随机的、不确定的事情(我们不喜欢随机性，所以随机搜索一定很糟糕，对吧?)。对此，我表示怀疑。

我总是强调网格搜索的限制(如果想尝试所有的超参数组合，成本会相当高)，但我不是唯一一强调这些限制的人。请参阅 James Bergstra 和 Yoshua Bengio(2012 年)发表的 *Random Search for HyperParameter Optimization*(在 www.jmlr.org/papers 页面单击 volume13 在打开的页面中可找到该文)。我基本同意他们的结论，即网格搜索作为一种方法，在本质上是有缺陷的。由于某些超参数对特定训练模型的整体质量影响更大，因此影响较大的超参数与影响可忽略不计的超参数获得相同的权重，计算时间和更广泛测试的成本限制了有效搜索。在我看来，随机搜索比网格搜索好，但它仍然不是最有效或最佳的方法。

Bergstra 和 Bengio 同意："我们对超参数响应面的分析表明，随机实验更有效，因为并非所有超参数都对模型优化同样重要。网格搜索实验将太多的试验分配给了对无关紧要的维度的探索，并且在重要的维度上覆盖率很低。"下面将讨论他们如何通过创建一个真正出色的新算法来解决这个问题。

4. 基于模型的优化：树结构的 PARZEN 估计器(Hyperopt)

在时间序列预测模型中，我们面临着对超参数的复杂搜索——总共 11 个超参数，3 个连续分布和 1 个序数——这将需要在较大空间中进行搜索。前面的方法要么太耗时(手动调优、网格搜索)、太昂贵(网格搜索)，要么难以获得足够的拟合特征来验证保留数据(之前介绍的超参数优化方法都存在这个问题)。

该团队撰写了一篇论文，认为随机搜索优于网格搜索，同时也提出了一种选择优化超参数组合的方法：在基于高斯(Gaussian)过程或 Parzen 估计树(Tree of Parzen Estimator，TPE)的模型优化中使用贝叶斯(Bayesian)技术。他们的研究结果已经在开源软件包 Hyperopt 中提供。图 7-6 显示了 Hyperopt 的工作原理。

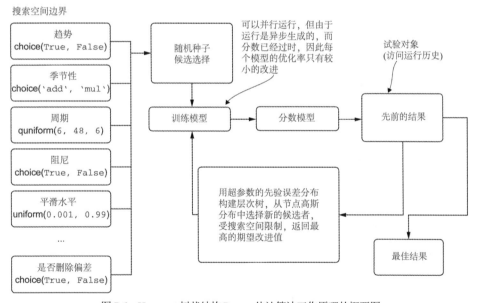

图 7-6　Hyperopt 树状结构 Parzen 估计算法工作原理的概要图

几乎可以保证，使用这个系统比最有经验的数据科学家使用前面提到的任何经典调优方法效果都好。它不仅具有探索复杂超参数空间的显著能力，而且可以比其他方法进行的迭代更少。关于这个主题的进一步研究，建议阅读最初的 2011 年白皮书——由 James Bergstra 等人编写的"超参数优化算法"(*Algorithms for Hyper-Parameter Optimization*) (http://mng.bz)，并阅读 API 文档的包，以进一步证明其有效性(http://hyperopt.github.io/hyperopt/)。

5. 更先进(且更复杂)的技术

任何比 Hyperopt 的 TPE 和类似的自动调优包更先进的东西通常意味着完成以下两件事之一：向提供自动化机器学习(AutoML)解决方案的公司付款或构建自己的解决方案。在构建自定义调优器解决方案的领域中，你可能会考虑将遗传算法与贝叶斯先验搜索优化混合在一起，以利用众所周知的遗传算法选择优化功能在 n 维超参数空间内找出最有可能给出良好结果的参数组合。

从已经构建了这些 AutoML 解决方案(https://github.com/databrickslabs/automl-toolkit)的人的角度来说，不建议你沿着这条路走下去，除非你正在处理数百个(或更多)不同的项目，并且对专门定制的高性能和低成本优化工具有明显的需求，用以解决你公司面临的各种问题。

然而，对于大多数有经验的数据科学团队来说，AutoML 绝对不是最佳选择。本质上，这些解决方案除了配置驱动的接口之外在很大程度上是自治的，这迫使你放弃软件中包含的决策逻辑的控制性和可见性。你无法发现为什么一些特征被剔除而另一些特征被创建，为什么选择某个特定的模型，以及为了达到所谓的最佳结果可能对特征向量进行了哪些内部验证。

撇开这些解决方案是黑匣子不谈，重要的是要识别这些应用程序的目标受众。这些功能齐全的管道生成工具包最初并不是为经验丰富的机器学习开发人员设计的。它们是为那些被临时任命为"数据科学家"的业务人员构建的——这些 SME 非常了解业务需求，但没有经验或知识来自己手工构建机器学习解决方案。

构建一个框架完成公司面临的一些更无聊和基本的建模工作，似乎令人兴奋。这当然可以。不过，这些框架的构建并不简单。如果你正在构建自定义的东西，如 AutoML 框架，请确保你有足够的资源，确保业务部门理解并批准这个庞大的项目，并且你能证明投资可以得到应有的回报。在项目的中间阶段，有很多事情要做，不是用来尝试那些看起来很酷的想法的时候。

7.1.2　Hyperopt 入门

回到我们的预测项目，我们可以自信地说，为每个机场调优模型的最佳方法将是使用 Hyperopt 及其 TPE 方法。

注意 Hyperopt 是我们一直使用的 Anaconda 之外的软件包。要使用它，必须在你的环境中执行软件包的 pip 或 conda 安装命令。

在进入将使用的代码之前，先从简化的实现角度来看看这个 API 如何工作。首先，Hyperopt 需要定义目标函数(代码清单 7-1 显示了用于寻找最小值的函数的简化实现)。该目标函数通常是一个模型，它用训练数据进行模型拟合、使用测试数据进行验证、然后评分并返回预测数据与验证数据进行比较得到的误差指标。

代码清单 7-1　Hyperopt 基础知识：目标函数

定义最小化的目标函数

要求解的一维四阶多
项式方程

最小化优化的损失估计

```
import numpy as np
def objective_function(x):
    func = np.poly1d([1, -3, -88, 112, -5])
    return func(x) * 0.01
```

为什么使用 Hyperopt?

我使用 Hyperopt 只是因为它被广泛使用。其他工具也可以提供类似的功能，并且可以说是这个包的更高级版本(优化超参数)。Optuna(https://optuna.org)是建立在 Hyperopt 之上的一个相当引人注目的延续。强烈建议你认真研究。

本书的重点不是技术，而是围绕技术使用的过程。在不远的将来，会出现更好的技术，也会出现寻找优化参数的更优方法。该领域的发展是持续的、不可避免的和快速的。我对讨论一种技术如何优于另一种技术不感兴趣，虽然很多其他的书都是这样做的。我感兴趣的是讨论为什么使用某些技术解决这个问题很重要。请随意选择适合你的东西。

声明了一个目标函数之后，使用 Hyperopt 的下一个阶段是定义一个用于搜索的空间。对于本例，我们只对一个要优化的值感兴趣，以便解决代码清单 7-1 中多项式函数的最小化问题。在代码清单 7-2 中，为函数的 x 变量定义搜索空间，实例化 Trials 对象(用于记录优化的历史)，并使用来自 Hyperopt API 的最小化函数运行优化。

代码清单 7-2　简单多项式的 Hyperopt 优化

实例化 Trials 对象以记录
优化历史

定义搜索空间——在本例中，对种子进行-12~12 的统一采样，并在
初始种子先验返回后，对 TPE 算法进行有界高斯随机选择

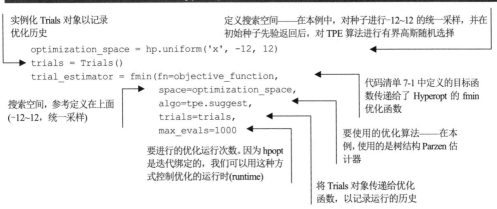

```
optimization_space = hp.uniform('x', -12, 12)
trials = Trials()
trial_estimator = fmin(fn=objective_function,
                       space=optimization_space,
                       algo=tpe.suggest,
                       trials=trials,
                       max_evals=1000
```

搜索空间，参考定义在上面
(-12~12，统一采样)

代码清单 7-1 中定义的目标函
数传递给了 Hyperopt 的 fmin
优化函数

要进行的优化运行次数。因为 hpopt
是迭代绑定的，我们可以用这种方
式控制优化的运行时(runtime)

要使用的优化算法——在本
例，使用的是树结构 Parzen 估
计器

将 Trials 对象传递给优化
函数，以记录运行的历史

运行此代码后，将看到一个进度条(在基于 Jupyter 的 Notebook 中)，因为已经对它进行了优化，它将返回在整个运行历史中发现的最佳损失。在运行结束时，将从 trial_estimator 获得返回值 x(该值为最佳设置)，以最小化在函数 objective_function 中定义的多项式返回的值。代码清单 7-3 显示了在这个简单的示例中该过程是如何实现的。

代码清单 7-3 Hyperopt 在最小化简单多项式函数方面的表现

生成一系列 x 值，用于绘制代
码清单 7-1 中定义的函数

从 mg 集合中检索每个 x 值对
应的 y 值

```
rng = np.arange(-11.0, 12.0, 0.01)
values = [objective_function(x) for x in rng]
with plt.style.context(style='seaborn'):
    fig, ax = plt.subplots(1, 1, figsize=(5.5, 4))
    ax.plot(rng, values)
    ax.set_title('Objective function')
    ax.scatter(x=trial_estimator['x'], y=trials.average_best_error(),
        marker='o', s=100)
    bbox_text = 'Hyperopt calculated minimum value\nx: \
        {}'.format(trial_estimator['x'])
    arrow = dict(facecolor='darkblue', shrink=0.01,
        connectionstyle='angle3,angleA=90,angleB=45')
    bbox_conf = dict(boxstyle='round,pad=0.5', fc='ivory', ec='grey', lw=0.8)
    conf = dict(xycoords='data', textcoords='axes fraction', arrowprops=arrow,
        bbox=bbox_conf, ha='left', va='center', fontsize=12)
    ax.annotate(bbox_text, xy=(trial_estimator['x'],
        trials.average_best_error()), xytest=(0.3, 0.8), **conf)
    fig.tight_layout()
    plt.savefig('objective_func.svg', format='svg')
```

在 mg 的 x 空间绘制函数

绘制 Hyperopt 根据搜索空间找
到的优化最小值

向图形添加注释，
以指明最小值

运行此脚本会生成图 7-7 所示的图形。

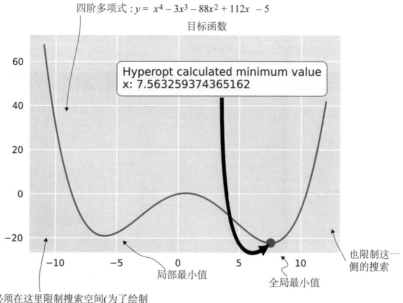

四阶多项式 : $y = x^4 - 3x^3 - 88x^2 + 112x - 5$

目标函数

Hyperopt calculated minimum value
x: 7.563259374365162

必须在这里限制搜索空间(为了绘制
效率和搜索效率)，因为这个等式很
快就会生成很大的 y 值

局部最小值

全局最小值

也限制这一
侧的搜索

图 7-7 使用 Hyperopt 求解简单多项式的最小值

线性模型在参数及其损失指标之间经常有波峰和波谷。使用术语"局部最小值"和

"局部最大值"描述它们。如果没有充分探索参数搜索空间，模型的调优可能停留在局部，而不能得到全局的最小值或最大值。

7.1.3 使用 Hyperopt 调优复杂的预测问题

现在已经了解了这个自动模型调优包背后的概念，可以将其应用于复杂的预测建模问题。正如在本章前面所讨论的，如果不借助一些工具，调优这个模型将会很复杂。不仅有 11 个超参数需要探索，而且在第 6 章中手动调优取得的成功并不是太令人满意。

我们需要一些东西提供帮助。我们请 Thomas Bayes(或者更确切地说，Pierre-Simon Laplace)伸出援助之手。代码清单 7-4 显示了针对机场乘客的 Holt-Winters 指数平滑(HWES)模型的优化函数。

代码清单 7-4 Holt-Winters 指数平滑的最小化函数

将 ExponentialSmoothing 类实例化为对象，对象配置了 Hyperopt 为每个要测试的模型迭代所选择的值

selected_hp_values 是一个多级字典。由于有两个单独的超参数部分要应用，并且一些参数名称相似，因此将它们分为 "model" 和 "fit" 以减少混淆

```python
def hwes_minimization_function(selected_hp_values, train, test, loss_metric):
    model = ExponentialSmoothing(train,
                     trend=selected_hp_values['model']['trend'],
                     seasonal=selected_hp_values['model']['seasonal'],
                     seasonal_periods=selected_hp_values['model'][
                        'seasonal_periods'],
                     damped=selected_hp_values['model']['damped']
                     )
    model_fit = \
    model.fit(smoothing_level=selected_hp_values['fit']['smoothing_level'],
                 smoothing_seasonal=selected_hp_values['fit'][
                    'smoothing_seasonal'],
                 damping_slope=selected_hp_values['fit']['damping_slope'],
                 use_brute=selected_hp_values['fit']['use_brute'],
                 use_boxcox=selected_hp_values['fit']['use_boxcox'],
                 use_basinhopping=selected_hp_values['fit'][
                    'use_basinhopping'],
                 remove_bias=selected_hp_values['fit']['remove_bias']
                 )
    forecast = model_fit.predict(train.index[-1], test.index[-1])
    param_count = extract_param_count_hwes(selected_hp_values)
    adjusted_forecast = forecast[1:]
    errors = calculate_errors(test, adjusted_forecast, param_count)
    return {'loss': errors[loss_metric], 'status': STATUS_OK}
```

fit 方法有自己的超参数集，Hyperopt 将为它要生成和测试的模型池选择超参数

获取参数数量的实用函数(可在本书的 GitHub 库中查看)

生成此模型运行的预测，以执行验证和评分。我们使用从训练集结束点到测试集最后一个索引对应的值进行预测

计算所有误差指标——Akaike 信息准则(AIC)和贝叶斯信息准则(BIC)，新添加的指标，需要超参数计数

Hyperopt 的最小化函数唯一返回的是一个字典，其中包含用于优化的测试指标和来自 Hyperopt API 的状态报告消息。Trials()对象将保存有关运行的所有数据和调优后的最佳模型

删除预测的第一个条目，因为它与训练集的最后一个索引条目重叠

你可能记得在第 6 章中为该算法创建原型时，对其中的几个值(smoothing_level、

smoothing_seasonal、use_brute、use_boxcox、use_basin_hopping 和 remove_bias)进行了硬编码，以使原型调优更加容易。在代码清单 7-4 中，将所有这些值设置为 Hyperopt 的可调优超参数。即使有如此大的搜索空间，该算法也将允许探索所有这些对保留空间的预测能力的影响。如果使用基于排列的内容(或者更糟糕的是，基于人类短期记忆的内容)，如网格搜索，可能不希望包含所有这些超参数组合，唯一的原因是这将会增加运行时间。

现在我们已经完成了模型评分实现，可以进入有效调优模型的下一个关键阶段：定义超参数的搜索空间，如代码清单 7-5 所示。

代码清单 7-5　使用 Hyperopt 探索空间配置

为了便于阅读，我们将配置分为类级超参数(model)
和方法级超参数(fit)，因为两者的某些名称相似

hp.choice 用于布尔和多变量选择(从可能值列表中选择一个元素)

```
hpopt_space = {
    'model': {
        'trend': hp.choice('trend', ['add', 'mul']),
        'seasonal': hp.choice('seasonal', ['add', 'mul']),
        'seasonal_periods': hp.quniform('seasonal_periods', 12, 120, 12),
        'damped': hp.choice('damped', [True, False])
    },
    'fit': {
        'smoothing_level': hp.uniform('smoothing_level', 0.01, 0.99),
        'smoothing_seasonal': hp.uniform('smoothing_seasonal', 0.01, 0.99),
        'damping_slope': hp.uniform('damping_slope', 0.01, 0.99),
        'use_brute': hp.choice('use_brute', [True, False]),
        'use_boxcox': hp.choice('use_boxcox', [True, False]),
        'use_basinhopping': hp.choice('use_basinhopping', [True, False]),
        'remove_bias': hp.choice('remove_bias', [True, False])
    }
}
```

hp.quniform 在量化空间中均匀地选择一个随机值(在本例中，选择 12 的倍数，为 12~120)

hp.uniform 在连续空间中随机选择(此处为 0.01~0.99)

代码清单 7-5 中的设置是 statsmodels 0.11.1 版中可用于 ExponentialSmoothing()类和 fit()方法的超参数的总和。其中一些超参数可能不会影响模型的预测能力。如果一直通过网格搜索对此进行评估，可能会在评估中忽略它们。对于 Hyperopt，由于其算法为有影响的参数提供更大的权重，将它们留在评估中并不会显著增加总运行时间。

自动调优时间模型的下一个艰巨任务是构建一个函数来执行优化，从调优运行中收集数据，并生成可以用来进一步优化代码清单 7-5 中定义的搜索空间的图。代码清单 7-6 显示了最终的执行函数。

注意 参考本书的配套存储库(https://github.com/BenWilson2/ML-Engineering)，以查看代码清单 7-6 中调用的所有函数的完整代码。里面包含可下载并可执行的 Notebook。

代码清单 7-6　Hyperopty 调优执行

由于用于执行调优运行并从优化中收集所有可视化数据的配置量很大，
我们将使用基于字典的命名参数来传递(**kwargs)

```
def run_tuning(train, test, **params):
    param_count = extract_param_count_hwes(params['tuning_space'])
    output = {}
    trial_run = Trials()
    tuning = fmin(partial(params['minimization_function'],
                          train=train,
                          test=test,
                          loss_metric=params['loss_metric']
                  ),
```

fmin()是启动 Hyperopt 运行的主要方法。使用 partial 函数作为每个模型静态属性的包装器，以使每次 Hyperopt 迭代之间的唯一区别在于变量超参数，而保持其他属性不变

为了计算 AIC 和 BIC，需要被优化的超参数的总数。可以从传入的 Hyperopt 配置元素 tuning_space 中提取它们，而不是强制该函数的用户对其进行计数

Trials()对象记录了不同超参数实验的每一个试验，并允许我们看到优化是如何收敛的

Hyperopt 优化算法(随机、TPE 或自适应 TPE)，可自动或手动控制

代码清单 7-5 中定义的优化空间

```
                  params['tuning_space'],
                  algo=params['hpopt_algo'],
                  max_evals=params['iterations'],
                  trials=trial_run
                  )
    best_run = space_eval(params['tuning_space'], tuning)
    generated_model = params['forecast_algo'](train, test, best_run)
    extracted_trials = extract_hyperopt_trials(trial_run,
      params['tuning_space'], params['loss_metric'])
    output['best_hp_params'] = best_run
    output['best_model'] = generated_model['model']
    output['hyperopt_trials_data'] = extracted_trials
    output['hyperopt_trials_visualization'] = \
      generate_hyperopt_report(extracted_trials, params['loss_metric'],
        params['hyperopt_title'], params['hyperopt_image_name'])
    output['forecast_data'] = generated_model['forecast']
    output['series_prediction'] = build_future_forecast(
                          generated_model['model'],
                          params['airport_name'],
                          params['future_forecast_
                              periods'],
                          params['train_split_cutoff_
                              months'],
                          params['target_name']
                          )
    output['plot_data'] = plot_predictions(test,
                          generated_model['forecast'],
                          param_count,
                          params['name'],
                          params['target_name'],
                          params['image_name'])
    return output
```

要测试和搜索以找到最优化配置的模型数量

从 Trials()对象中提取最佳模型

绘制试验历史

从 Trials()对象中提取调优信息以进行绘图

重建记录和存储的最佳模型

为 future_forecast_periods 配置值中指定的点构建未来预测

绘制保留验证期间的预测图，用来显示测试与预测的对比(第 6 章可视化的更新版本)

注意 要了解有关偏函数和 Hyperopt 工作原理的更多信息，参阅 Python 文档 (https://docs.python.org/3/library/functools.html#functools.partial)和 Hyperopt 文档，相关源代码位于 http://Hyperopt.github.io/Hyperopt/。

注意 代码清单 7-6 的自定义绘图代码可在本书的配套存储库中找到。参阅 https://github.com/BenWilson2/ML-Engineering 上的第 7 章 Notebook。

执行代码清单 7-6 中对 plot_predictions()的调用，如图 7-8 所示。从代码清单 7-6 中调用 generate_hyperopt_report()会得到图 7-9 所示的结果。

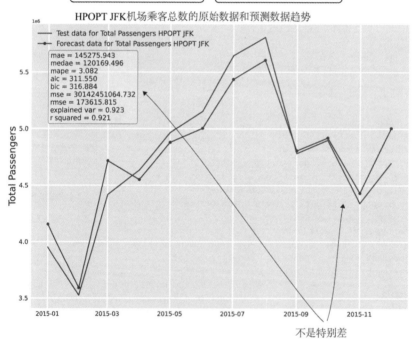

图 7-8 对来自总时间序列的最新数据进行预测回测(对 x 轴进行缩放，以提高可读性)

通过使用 Hyperopt 对保留数据进行最佳预测，我们已经将超参数优化到了可以确信它在未来能够提供准确预测的程度(前提是没有意外和不可知的潜在因素影响它)。因此，通过使用自动调优解决了机器学习工作优化阶段中的几个关键挑战元素。

- 准确性：预测尽可能是最优的(对于每个模型，只要选择一个合理的搜索空间并运行足够多次的迭代)。

- 训练及时性：借助这种级别的自动化工作，可以在几分钟而不是几天(或几周)内获得经过良好调优的模型。
- 可维护性：自动化调优使我们不必在基线随时间变化时手动重新训练模型。
- 开发时效性：因为代码是伪模块化的(在 Notebook 中使用模块化的函数)，所以代码是可重用、可伸缩的，并且能够通过控制循环轻松地为每个机场构建所有模型。

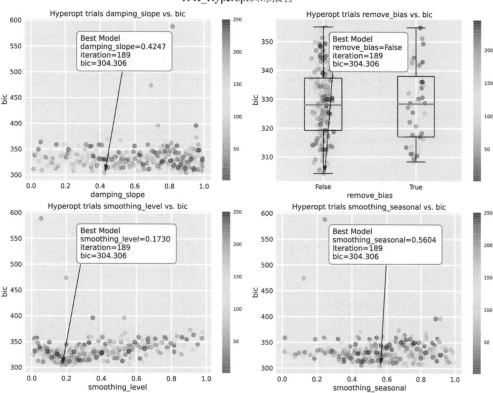

图 7-9　Hyperopt 试验运行的超参数的采样结果

注意　刚刚使用 Hyperopt 提取的代码示例是本书存储库中第 7 章 Notebook 部分中一个更大的端到端示例的一部分。在本例中，可以看到该数据集中所有机场的自动调整优化，以及为支持这种有效的模型调优而构建的所有实用函数。

7.2　为平台和团队选择合适的技术

我们一直使用的预测场景，在虚拟机(Virtual Machine，VM)容器中执行，并为单个机场运行自动调整优化和预测时，效果非常好。对每个机场，都得到了相当好的结果。通过使用 Hyperopt，还设法消除了手动调整每个模型的不可维护负担。虽然令人印象深刻，但它并没有改变我们不希望仅预测单个机场的乘客情况这一事实。我们需要对数以千计的机场进行预测。

图7-10显示了我们迄今为止按时间顺序所做的工作。每个机场模型的同步特性(在for循环中)和Hyperopt的贝叶斯优化器(也是串行循环)意味着我们在等待模型一个接一个地构建，每一步都等待前一步的完成，就像7.1.2节中讨论的那样。

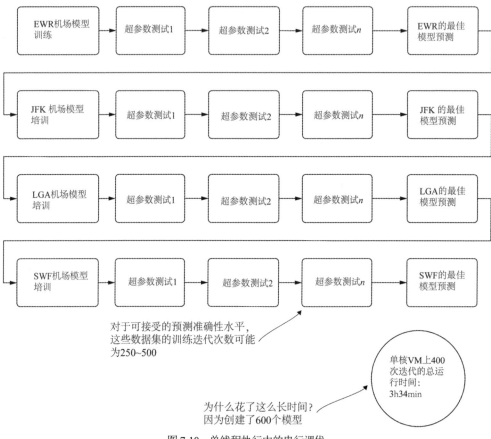

图7-10 单线程执行中的串行调优

如图7-9所示，大规模机器学习的问题是许多团队的绊脚石，主要是因为复杂性、时间和成本(这也是这种规模的项目经常被取消的主要原因之一)。对于机器学习项目工作的这些可伸缩性问题，是有解决方案的。每一种解决方案都涉及从串行执行的领域过渡到分布式、异步或这些技术的混合模式。

大多数Python机器学习任务的标准结构化代码以串行方式执行。无论是列表推导式、lambda循环还是for(while)循环，机器学习都习惯于顺序(串行)执行。这种方法带来的好处是减少了许多对内存要求很高的算法的内存压力，特别是那些使用递归的算法(这类算法很多)。但这种方法也可能是一个障碍，因为它需要更长的执行时间，每个后续任务都在等待前一个任务的完成。

我们将在 7.4 节简要讨论机器学习中的并发性，并在后面进行更深入的讨论(包括安全的和不安全的方法)。目前，关于项目的可伸缩性问题，需要研究一种分布式方法来解决，以便更快地探索每个机场的搜索空间。正是在这一点上，我们离开了单线程 VM 方法的世界，进入了 Apache Spark 的分布式计算世界。

7.2.1　使用 Spark 的理由

为什么使用 Spark？一句话：因为速度快。

对于我们正在处理的问题，每个月预测美国每个主要机场的乘客流量，不受以分钟或小时为单位的 SLA 的限制，但仍然需要考虑运行预测所需的时间。这有很多原因。

- 时间：如果将此任务构建为单一的建模事件，那么一个运行时间极长的任务中的任何故障都将需要重新启动任务(想象该任务在连续运行了 11 天之后，在已经完成 99%后失败)。
- 稳定性：我们希望对任务中的对象引用非常小心，并确保不会造成可能导致任务失败的内存泄漏。
- 风险：如果让机器长时间运行，无论是在本地还是在云端，都会增加失败的风险，因为有可能由于机器故障导致任务执行失败。程序运行时间越长，由机器故障导致失败的可能性越高。
- 成本：无论 VM 在哪里运行，都需要有人为它买单。

当我们专注于解决这些高风险因素时，分布式计算为串行循环执行提供了一个引人注目的替代方案，这不仅是因为成本，更因为执行速度。如果任务中出现了任何问题、数据的不可预见问题或运行 VM 的底层硬件的问题，分布式计算技术将大大减少预测任务的执行时间，将使我们能够灵活地启动任务并再次运行，并以更快的速度返回预测值。

> **关于 Spark 的简要说明**
>
> Spark 是一个大主题、一个巨大的生态系统，并且是一个积极基于 Java 虚拟机(JVM)的开源分布式计算共享平台。因为本书是关于 Spark 的，所以不会深入探讨它的内部工作原理。
>
> 关于这个主题已经有几本著名的书籍，如果你想了解更多关于该技术的信息，建议阅读：Jules Damji 等人合著的 *Learning Spark*(O'Reilly, 2020), Bill Chambers 和 Matei Zaharia 合著的 *Spark: The Definitive Guide*(O'Reilly, 2018), 以及 Jean-Georges Perrin 撰著的 *Spark in Action*(Manning, 2020)。
>
> 本书将探索如何有效地利用 Spark 执行机器学习任务。从这一点开始，许多示例都集中在利用平台的力量执行大规模机器学习项目(训练和推理)。
>
> 对于当前部分，关于 Spark 如何在这些示例中工作，所涵盖的信息相对比较简单，我们只专注于如何使用它来解决问题。

但是 Spark 将如何帮助我们解决这个问题呢？我们可以使用两个相对简单的范例，如图 7-11 所示。我们可以使用的不仅仅是这两个范例，但现在将从简单的示例开始。7.4 节将介绍更高级的方法。

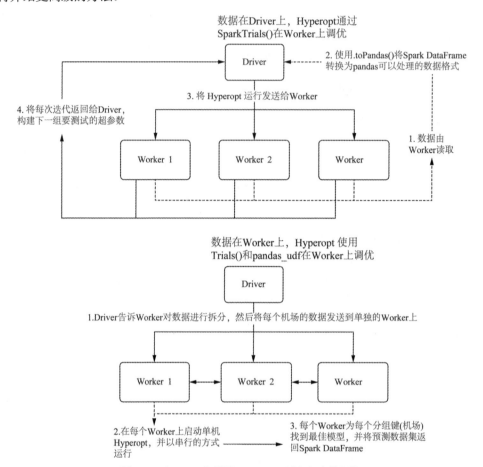

图 7-11 在 Spark 上使用 pandas_udf 进行超参数调优

第一种方法是利用集群中的 Woker 执行超参数的并行评估。在这个范例中，需要从 Worker 上收集时间序列数据集并汇总到 Driver 上。但这里存在限制，在撰写本文时，数据的序列化大小最大为 2GB，对于 Spark 上的许多机器学习用例，不应该使用这种方法。对于我们的时间序列问题，这种方法可以正常工作。

在第二种方法中，将数据留在 Worker 中。利用 pandas_udf 通过使用独立的 HyperoptTrials() 对象在每个 Worker 上分发每个机场的并发训练工作，就像第 6 章在单核 VM 上运行时所做的那样。

我们已从高级体系结构的角度定义了加速超参数调优的两种范式，在接下来的两节中将介绍如何执行(以及每种范式的优缺点)。

7.2.2 用 SparkTrials 处理来自 Driver 的调优

图 7-11 显示了在 Spark 集群中进行操作的物理布局，通过 SparkTrials()处理分布式调优，图 7-12 更详细地显示了执行过程。每个需要建模的机场都在 Driver 上进行迭代，其优化通过分布式的实现处理，其中每个候选超参数集合提交给不同的 Worker。

与单核方法相比，这种方法只需要少量修改即可实现类似水平的超参数空间搜索，效果非常好，随着并行度的提高，只需要小幅增加迭代次数。

注意 增加迭代次数作为并行级别的一个因素不可取。在实践中，我通常通过简单调整单核迭代的数量+(并行度因子/ 0.2)来增加迭代。这是为了提供更大的可用先验值池。在并行运行异步执行的情况下，启动的每个边界周期都不会像同步执行那样获得动态结果。

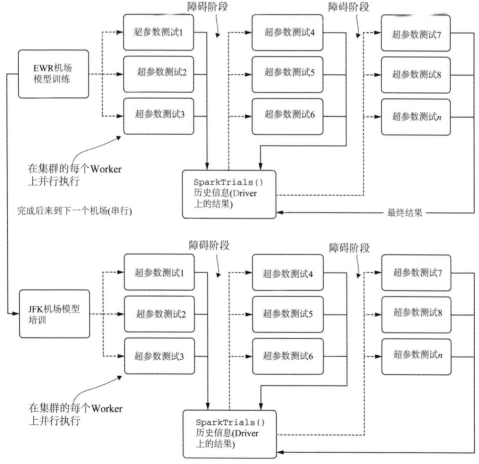

图 7-12　利用 Spark Worker 分发 Hyperopt 测试迭代以进行超参数优化的逻辑体系结构

Hyperopt 中优化器的性质使得这样做非常重要。作为贝叶斯估计器，它对一组优化参数进行测试的能力直接取决于它对先验数据的访问。如果并发数过多，那么缺乏结果数据就会导致频繁搜索使用率较低的参数。如果没有先前的结果，优化就更像是随机搜索，这违背了使用贝叶斯优化器的目的。

但是，这种权衡是可以忽略的，特别是与利用 *n* 个 Worker 分配每个迭代所获得的相当令人印象深刻的性能相比。要将函数移植到 Spark 上，只需要对第一个范例进行一些更改。

提示 要全面了解使用 Apache Spark 进行分布式超参数优化的示例，参阅本书存储库中名为 Chapter8_1 的配套 Spark Notebook，我们将在第 8 章中使用它。

我们需要做的第一件事是从 Hyperopt 导入 SparkTrials 模块。SparkTrials 是一个跟踪对象，它允许集群的 Driver 维护在远程 Worker 上执行的不同超参数配置所尝试的所有实验的历史(与标准的 Trials 对象相反，Trials 对象跟踪在同一 VM 上执行的运行历史)。

一旦完成了导入，就可以使用原生 Spark Reader 读取数据(在该例中，数据存储在一个 Delta 表中，并注册到 Apache Hive Metastore，可以通过标准数据库和表名标识符进行访问)。一旦将数据加载到 Worker，就可以将 Series 数据收集到 Driver 上，如代码清单 7-7 所示。

代码清单 7-7　使用 Spark 将数据作为 pandas DataFrame 收集到 Driver

定义用于写入机场数据的 Delta 表名称

定义 Hive 数据库名称，将刚才定义的 Delta 表注册到其中

```
delta_table_nm = 'airport'
delta_database_nm = 'ben_demo'
delta_full_nm = "{}.{}".format(delta_database_nm, delta_table_nm)
local_data = spark.table(delta_full_nm).toPandas()
```

将数据库名称和表名称插入标准 API 签名以进行数据检索

从 Delta 中，通过 Worker 读取数据(无法直接将数据从 Delta 读取到 Driver)，然后将数据作为 pandas DataFrame 收集到 Driver 节点

警告 在 Spark 中收集数据时要小心。对于绝大多数大规模机器学习项目(训练数据集可能达到数十或数百 GB)，在 Spark 中的.toPandas()调用或任何收集操作都会失败。如果你有大量可以迭代的数据，只需要对 SparkDataFrame 进行筛选，并使用迭代器(循环)通过.toPandas()方法调用来收集数据块，从而控制 Driver 每次处理的数据量。

运行代码清单 7-7 后，我们的数据留在 Driver 上，准备利用 Spark 集群的分布式特性执行模型的可伸缩调优，这比 7.1 节中在 Docker 容器 VM 中处理的伸缩性更大。代码清单 7-8 显示了对代码清单 7-6 的修改，允许通过分布式的方式运行模型调优。

代码清单 7-8　修改在 Spark 上运行 Hyperopt 的调优执行函数

将 Hyperopt 配置为使用 SparkTrials()而不是 Trials()，设置在集群的 Worker
上运行的并发数和全局超时级别(因为我们使用 Futures 提交测试)

```
def run_tuning(train, test, **params):
    param_count = extract_param_count_hwes(params['tuning_space'])
    output = {}
    trial_run = SparkTrials(parallelism=params['parallelism'],
      timeout=params['timeout'])
    with mlflow.start_run(run_name='PARENT_RUN_{}'.format(params[
      'airport_name']), nested=True):
        mlflow.set_tag('airport', params['airport_name'])
        tuning = fmin(partial(params['minimization_function'],
                              train=train,
                              test=test,
                              loss_metric=params['loss_metric']
                              ),
                      params['tuning_space'],
                      algo=params['hpopt_algo'],
                      max_evals=params['iterations'],
                      trials=trial_run,
                      show_progressbar=False
                      )
        best_run = space_eval(params['tuning_space'], tuning)
        generated_model = params['forecast_algo'](train, test, best_run)
        extracted_trials = extract_hyperopt_trials(trial_run,
          params['tuning_space'], params['loss_metric'])
        output['best_hp_params'] = best_run
        output['best_model'] = generated_model['model']
        output['hyperopt_trials_data'] = extracted_trials
        output['hyperopt_trials_visualization'] =
          generate_Hyperopt_report(extracted_trials,
                                   params['loss_metric'],
                                   params['hyperopt_title'],
                                   params['hyperopt_image_name'])
        output['forecast_data'] = generated_model['forecast']
        output['series_prediction'] = build_future_forecast(
                                   generated_model['model'],
                                   params['airport_name'],
                                   params['future_forecast_periods'],
                                   params['train_split_cutoff_months'],
                                   params['target_name'])
        output['plot_data'] = plot_predictions(test,
                                   generated_model['forecast'],
                                   param_count,
                                   params['name'],
                                   params['target_name'],
                                   params['image_name'])
        mlflow.log_artifact(params['image_name'])
        mlflow.log_artifact(params['hyperopt_image_name'])
    return output
```

配置 MLflow 以记录每个机
场的上级运行中每个超参数
测试的结果

将机场名称记录到 MLflow
中，以便更轻松地搜索跟踪服
务的结果

除了在 MLflow 日志中添加超参
数和计算损失指标(正在为子运
行中的迭代进行测试)，最小化
函数基本保持不变

将为最佳模型生成的预测图
记录到父 MLflow 运行中

记录运行的 Hyperopt
报告，写入父 MLflow
运行 ID

只需要对代码进行少量修改，即可使其在 Spark 的分布式框架中工作。此外(将在 7.3 节
更深入地讨论)，还可以轻松地将信息记录到 MLflow 中，从而解决创建可维护项目的关

键需求之一：用于参考和比较的测试来源。

将这种方法与在单核 VM 上运行的方式进行比较，新的方法提供了极高的实效性。之前的模型优化需要 3.5h，而现在使用小型的 4 节点集群，运行时间已经减少到 30min 以下。同时在现在的执行方法中，使用了更高的 Hyperopt 迭代次数(600 次)和并行参数(8)来尝试实现类似的损失指标性能。

在 7.2.3 节中，将研究一种完全不同的方法，并行执行每个机场模型(而不是并行调优)来解决可伸缩性问题。

7.2.3　用 pandas_udf 处理来自 Worker 的调优

使用 7.2.2 节的方法，能够利用 Spark 分配各个超参数调优阶段，以显著减少执行时间。但是，我们仍然对每个机场使用串行循环。随着机场数量的增加，无论在 Hyperopt 调优框架中执行多少并行操作，总任务执行时间和机场数量之间的关系仍然会呈线性增加。当然，这种方法的有效性有限，因为提高 Hyperopt 的并发级别将基本上否定运行 TPE 带来的优势，并将优化方式转化为随机搜索。

其实我们可以在模型阶段实现模型之间的并行化，有效地将这个运行时问题转化为水平扩展问题(通过向集群中添加更多工作节点来减少所有机场建模的执行时间)，而不是垂直扩展问题(iterator-bound，只能通过使用更快的硬件提高运行时间)。图 7-13 展示了这种通过在 Spark 上使用 pandas_udf 解决多模型问题的替代体系结构。

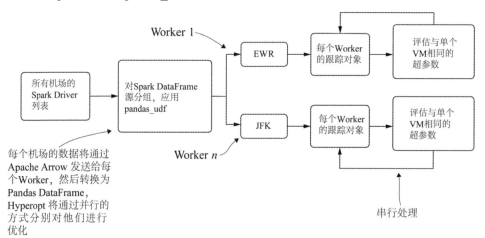

图 7-13　使用 Spark 控制一组 VM，以异步处理每个预测

在这里，使用 Spark DataFrame——一个基于驻留在不同 VM 上的弹性分布式数据集 (rdd)关系的分布式数据集——来控制主建模键(在本例中是 Airport_Code 字段)的分组。然后，将这个聚合状态传递给 pandas_udf，它将利用 Apache Arrow 将聚合数据序列化为 pandas DataFrame。这会创建大量并发的 Python VM，它们都用于处理各自的机场数据，就像是一个单独的 VM 一样。

不过，这里需要权衡。为了使这种方法生效，需要对代码做一些更改。代码清单 7-9

显示了这些更改中的第一个：将 MLflow 日志记录逻辑移动到最小化函数中，将日志记录
参数添加到函数参数中，从最小化函数中为每次迭代生成预测图，以便建模阶段完成后
可以看到它们。

代码清单 7-9　修改最小化函数以支持分布式模型方法

添加参数以支持 MLflow 日志记录

```
def hwes_minimization_function_udf(selected_hp_values, train, test,
    loss_metric, airport, experiment_name, param_count, name, target_name,
    image_name, trial):
  model_results = exp_smoothing_raw_udf(train, test, selected_hp_values)
  errors = calculate_errors(test, model_results['forecast'],
    extract_param_count_hwes(selected_hp_values))
  with mlflow.start_run(run_name='{}_{}_{}_{}'.format(airport,
      experiment_name,str(uuid.uuid4())[:8], len(trial.results))):
    mlflow.set_tag('airport', airport)
    mlflow.set_tag('parent_run', experiment_name)
    mlflow.log_param('id', mlflow.active_run().info.run_id)
    mlflow.log_params(selected_hp_values)
    mlflow.log_metrics(errors)
    img = plot_predictions(test,
                           model_results['forecast'],
                           param_count,
                           name,
                           target_name,
                           image_name)
    mlflow.log_artifact(image_name)
  return {'loss': errors[loss_metric], 'status': STATUS_OK}
```

使用唯一名称将每
个迭代初始化为它
自己的 MLflow 运
行，以防止冲突

为 MLflow UI 搜索功能
添加可搜索标记

记录 Hyperopt
的迭代次数

记录迭代的损失指标

记录特定迭代的超参数

为任务的特定执行而构建的所
有模型的集合的可搜索标记

保存从构建测试与预测数据的 plot_predictions
函数生成的图像(PNG 格式)

因为我们将直接在 Spark Worker 中执行一个伪本地 Hyperopt 运行，所以需要在一个
新函数中直接创建训练和评估逻辑，该函数将使用通过 Apache Arrow 传递给 Worker 的
分组数据，作为 pandas DataFrame 进行处理。代码清单 7-10 显示了如何创建这个用户定
义函数(udf)。

代码清单 7-10　创建分布式模型 pandas_udf 以并发构建模型

由于 Spark 是一种强类型语言，因此需要向 udf 提供关于 pandas 将
返回到 Spark DataFrame 的结构和数据类型的预期。这是通过使用定
义字段名称及其类型的 StructType 对象完成的

```
output_schema = StructType([
  StructField('date', DateType()),
  StructField('Total_Passengers_pred', IntegerType()),
  StructField('Airport', StringType()),
  StructField('is_future', BooleanType())
])

@pandas_udf(output_schema, PandasUDFType.GROUPED_MAP)
def forecast_airports(airport_df):
```

通过函数上方应用的装饰器定义
pandas_udf 的类型(这里使用一个分组的
映射类型，它接受一个 pandas DataFrame
并返回一个 pandas DataFrame)

我们需要从数据本身提取机场名称，
因为无法将其他值传递给此函数

```python
airport = airport_df['Airport_Code'][0]
hpopt_space = {
  'model': {
          'trend': hp.choice('trend', ['add', 'mul']),
          'seasonal': hp.choice('seasonal', ['add', 'mul']),
          'seasonal_periods': hp.quniform('seasonal_periods', 12, 120, 12),
          'damped': hp.choice('damped', [True, False])
  },
  'fit': {
          'smoothing_level': hp.uniform('smoothing_level', 0.01, 0.99),
          'smoothing_seasonal': hp.uniform('smoothing_seasonal', 0.01, 0.99),
          'damping_slope': hp.uniform('damping_slope', 0.01, 0.99),
          'use_brute': hp.choice('use_brute', [True, False]),
          'use_boxcox': hp.choice('use_boxcox', [True, False]),
          'use_basinhopping': hp.choice('use_basinhopping', [True, False]),
          'remove_bias': hp.choice('remove_bias', [True, False])
  }
}
```

我们需要在 udf 中定义
搜索空间，因为不能将
它传递给函数

```python
run_config = {'minimization_function': hwes_minimization_function_udf,
              'tuning_space': hpopt_space,
              'forecast_algo': exp_smoothing_raw,
              'loss_metric': 'bic',
              'hpopt_algo': tpe.suggest,
              'iterations': 200,
              'experiment_name': RUN_NAME,
              'name': '{} {}'.format('Total Passengers HPOPT', airport),
              'target_name': 'Total_Passengers',
              'image_name': '{}_{}.png'.format('total_passengers_
                  validation', airport),
              'airport_name': airport,
              'future_forecast_periods': 36,
              'train_split_cutoff_months': 12,
              'hyperopt_title': '{}_hyperopt Training
                Report'.format(airport),
              'hyperopt_image_name': '{}_{}.png'.format(
                'total_passengers_hpopt', airport),
              'verbose': True
            }
```

设置搜索的运行配置(在
udf 内，因为需要在
MLflow 中根据机场名
称命名运行，该名称只
有在数据从 udf 内传递
给 Worker 后才定义)

```python
airport_data = airport_df.copy(deep=True)
airport_data['date'] = pd.to_datetime(airport_data['date'])
airport_data.set_index('date', inplace=True)
airport_data.index = pd.DatetimeIndex(airport_data.index.values,
  freq=airport_data.index.inferred_freq)
asc = airport_data.sort_index()
asc = apply_index_freq(asc, 'MS')

train, test = generate_splits_by_months(asc,
  run_config['train_split_cutoff_months'])

tuning = run_udf_tuning(train['Total_Passengers'],
```

pandas DataFrame 的机场数据操作放在这
里，因为 Series 数据的索引条件和频率没
有在 Spark Data Frame 中定义

```
        test['Total_Passengers'], **run_config)
```

对"运行调优"函数的唯一修改是删除为基于 Driver 的分布式 Hyperopt 优化创建的 MLflow 日志记录，并只返回预测数据，而不是包含运行指标和数据的字典

```
    return tuning
```

返回预测的 pandas DataFrame(当所有机场完成异步分布式调优和预测运行时，这个数据可以被"重新组装"到一个整理好的 Spark DataFrame)

通过创建此 pandas_udf，可以调用分布式建模[在其单节点 Trials()模式下使用 Hyperopt]，如代码清单 7-11 所示。

代码清单 7-11　执行完全分布式的基于模型的异步预测

修改了单节点代码中使用的机场筛选条件，利用 PySpark 筛选来确定特定机场 Series 中是否有足够的数据构建和验证预测模型

```
def validate_data_counts_udf(data, split_count):
    return (list(data.groupBy(col('Airport_Code')).count()
        .withColumn('check', when(((lit(12) / 0.2) < (col('count') * 0.8)),
            True)
        .otherwise(False))
        .filter(col('check')).select('Airport_Code').toPandas()[
            'Airport_Code']))
```

为预测运行的具体执行定义唯一名称(这将为跟踪 API 设置 MLflow 实验的名称)

```
RUN_NAME = 'AIRPORT_FORECAST_DEC_2020'
raw_data = spark.table(delta_full_nm)
```

将 Delta(机场原始历史乘客数据)中的数据读入集群上的 Worker

```
filtered_data =
        raw_data.where(col('Airport_Code').isin(validate_data_counts_udf(raw_
        data, 12))).repartition('Airport_Code')
grouped_apply =
        filtered_data.groupBy('Airport_Code').apply(forecast_airports)
display(grouped_apply)
```

筛选掉没有足够数据进行建模的那些机场的数据

将 Spark DataFrame 分组并将聚合数据作为 pandas DataFrame 发送给 Worker，以通过 udf 执行

强制执行(Spark 被延迟评估)

运行此代码时，可以看到生成的机场模型数量与可用于处理优化和预测运行的 Worker 数量之间的关系相对扁平。虽然在最短的时间内对 7000 多个机场进行建模(一个具有数千个工作节点的 Spark 集群有点荒谬(仅成本就是天文数字)，但我们有一个使用这种范式的可排队解决方案可以水平扩展，这是任何其他解决方案都无法做到的。

尽管出于成本和资源原因(每个模型需要一个 Worker)无法获得有效的 O(1)执行时间，但可以启动一个有 40 个节点的集群，使用 40 个节点同时进行机场建模、优化和预测。这会将全部 7000 个机场的总运行时间减少至 23h，而不是在 VM 中通过串行循环执行(>5000h)，或者将数据收集到 Spark 的 Driver 集群并运行分布式调优(>800h)。

在寻找处理这种性质的大型项目的选项时，执行体系结构的可伸缩性与机器学习组件一样重要。不管在制订机器学习解决方案时投入了多少努力和时间，如果解决问题需

要花费数千(或数百)个小时，那么项目成功的机会就很渺茫。在 8.2 节中，将讨论其他方法，这些方法可以将已经显著改进的 23h 运行时减少到更易于管理的程度。

7.2.4　为团队使用新范式：平台和技术

从一个新平台开始，利用一项新技术或学习一种新的编程语言(或你已经知道的语言中的范式)对于许多团队来说都是一项艰巨的任务。在前面的场景中，从单机运行的 Jupyter Notebook 迁移到 Spark 这样的分布式执行引擎，是一个比较大的飞跃。

机器学习世界提供了很多选择——不仅是算法，还有编程语言(R、Python、Java、Scala、.NET、专有语言)和代码开发环境(用于原型设计的 Notebook、用于 MVP 的脚本工具和用于生成解决方案的 IDE)。最重要的是，有很多地方可以运行所编写的代码。正如之前看到的，导致项目运行时间急剧下降的不是语言，而是所选择使用的平台。

在探索项目工作的选项时，多做功课绝对必要。测试不同的算法对于解决特定问题至关重要，而且可以说找到一个平台来运行适合该项目需求的解决方案更为关键。

为了最大限度地提高企业采用解决方案的机会，应选择正确的平台，从而最大限度降低执行成本，最大限度地提高解决方案的稳定性，并缩短开发周期以满足交付期限。关于在哪里运行机器学习代码要记住的重要一点是，它与该专业的任何方面一样：花在学习用于运行模型和分析的框架上的时间会得到很好的回报，能够提高未来工作的生产力和效率。在不知道如何实际使用特定平台或执行范例的情况下，如 7.2.3 节所述，该项目可能已经针对每个启动的预测事件花费了数百小时的运行时间。

关于学习新事物的一点建议

在我数据科学职业生涯的早期，我有点害怕并且不愿意学习 Python 以外的其他语言。我错误地认为我选择的语言可以"做所有事情"，并且我不需要任何其他语言，因为我使用的算法都在那里(据我当时所知)，我熟悉在 pandas 和 NumPy 中操作数据的细微差别。当我不得不构建我的第一个超大规模机器学习解决方案时，我发现这大错特错，该解决方案涉及一个预测交付 SLA，该 SLA 太短，无法对 TB 级数据进行循环推理。

在接触 Hadoop 之后的这些年里，我已经精通 Java 和 Scala，用于为机器学习用例构建自定义算法和框架，并扩展了我对并发异步编程的知识，使我在解决方案中能够利用尽可能多的计算能力。我的建议是：让学习新技术成为日常习惯的一部分。

数据科学和机器学习工作与单一语言、单一平台或任何一成不变的事物无关。这是一个多变的、发展中的职业，专注于以解决问题的最佳方式来解决问题。学习解决问题的新方法只会使你和你所在的公司受益，也许有一天你会用你在工作过程中获得的知识回馈社会。

7.3　本章小结

- 依靠手动和规范的方法进行模型调优既费时又昂贵，而且不太可能产生高质量的结果。使用模型驱动的参数优化是首选方法。
- 为耗时的 CPU 密集型任务选择合适的平台和实现方法，可以显著提高机器学习项目的开发效率，并降低开发成本。对于像超参数调优这样的过程，最大化并行和分布式系统可以显著缩短开发时间。

第 8 章

动手实战：使用 MLflow 和运行时优化实现 MVP

本章主要内容
- 与机器学习代码版本控制相关的方法、工具与模型
- 模型训练和推理的可伸缩解决方案

在第 7 章，找到了方法解决机器学习从业者面临的最耗时、最单调的任务之一：对模型进行调优。通过掌握解决繁琐的调优行为的技术，可以大大降低产生不准确或毫无价值的机器学习解决方案的风险。然而，在应用这些技术的过程中，无意中将"一头巨大的大象"引入项目中：跟踪。

在前面的几章中，每次进行推理时都需要重新训练时间序列模型。对于绝大多数其他监督学习任务，情况并非如此。建模的其他应用，无论是监督的还是非监督的，都会有周期性的再训练事件，在这些再训练之间，每个模型都将被调用多次进行推理(预测)。

无论是否必须每天、每周或每月进行再训练(你真的不应该超过 1 个月都不对模型进行再训练)，都不仅会拥有最终生产模型的版本(它会生成评分指标)，还有自动调优的优化历史。将大量的统计验证测试、元数据、工件和用于运行的数据添加到建模信息中，这些数据对于历史参考很有价值，对你来说也至关重要。

本章将调优运行数据保存到 MLflow 的跟踪服务器中，使我们能够对我们认为重要的关于项目解决方案的所有内容进行历史性的观察。拥有这些数据不仅对调优和实验很有价值，对于监控解决方案的长期运行状况也很重要。随着时间的推移，拥有可参考的指标和参数搜索历史有助于了解可能使解决方案变得更好的方法，并且还可以深入了解性能何时下降到需要重建解决方案的程度。

注意 本书配套的 Spark Notebook 提供了本章讨论要点的示例。如果有兴趣，参阅随附的 GitHub 存储库了解更多详细信息。

8.1 日志记录：代码、指标和结果

第 2 章和第 3 章介绍了关于建模活动的沟通对于企业和数据科学家团队的重要性。不仅能够展示我们的项目解决方案，还能够提供历史记录以供参考，这对于项目的成功同样重要，甚至比用于解决它的算法更重要。

对于我们在前几章讨论的预测项目，解决方案中的机器学习内容并不特别复杂，但问题的严重性在于要为数千个机场进行建模(这又意味着要调优和跟踪数千个模型)，处理通信和为项目代码的每次执行提供历史数据信息是一项艰巨的任务。

在生产中运行我们的预测项目后，业务部门的成员想要了解在特定预测与所收集数据的最终现实相去甚远时会发生什么。这是许多依赖机器学习预测告知业务部门在运营中应采取行动的公司所遇到的常见问题。如果发生黑天鹅事件，并且业务人员正在询问为什么建模的预测解决方案没有预见到该事件，你必须尝试重新生成模型在某个时间点可能预测到的东西，以充分解释不可预测的事件是如何不能建模的。

注意 黑天鹅事件是一种不可预见的、多次发生的灾难性事件，它改变了所获取数据的性质。虽然很少见，但它们会对模型、业务和整个行业产生灾难性影响。最近的一些黑天鹅事件包括 911 恐怖袭击、2008 年的金融海啸和新冠肺炎疫情。由于这些事件影响深远且完全不可预测，对模型的影响可能是绝对毁灭性的。"黑天鹅"一词是在 Nassim Nicholas Taleb 撰著的 *The Black Swan: The Impact of the Highly Improbable* (Random House，2007)一书中提到数据与业务关系时创造并广为流传的。

为了解决机器学习实践者不得不处理的这些棘手问题，MLflow 应运而生。本节将要讨论的 MLflow 是 Tracking API，它提供了一个地方来记录所有的调优迭代、每个模型调优运行的指标以及可以从统一的图形用户界面(Graphical User Interface，GUI)轻松检索和引用的预生成的可视化。

8.1.1 MLflow 跟踪

让我们看看 7.2 节中两个基于 Spark 的实现发生了什么，因为它们与 MLflow 日志记录有关。在第 7 章显示的代码示例中，MLflow 上下文的初始化是在两个不同的地方实例化的。

在第一种方法中，使用 SparkTrials 作为状态管理对象(在 Driver 上运行)，MLflow 上下文被放置为函数 run_tuning()中整个调优运行的包装器。这是使用 SparkTrials 编排运行跟踪的首选方法。这样一来，无论是在跟踪服务器的 GUI 中查询，还是在涉及筛选器谓词的 REST API 请求跟踪服务器时，都可以轻松地将父运行的各个子运行关联起来。

图 8-1 显示了与 MLflow 的跟踪服务器交互时此代码的图形表示。该代码不仅记录了父封装运行的元数据，还记录了每个超参数评估发生时 Worker 的每次迭代日志记录。

在 MLflow 跟踪服务器的 GUI 中查看实际代码表现时，可以看到这种父子关系的结果，如图 8-2 所示。

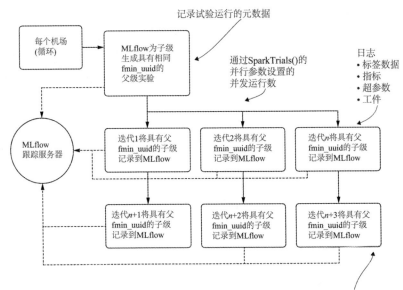

图 8-1　使用分布式超参数优化的 MLflow 跟踪服务器日志记录

在上下文包装器中指定的父运行
名称(使用 mlflow.start_run())

为父运行的子迭代执行
配置的并发运行数

	↑ Start Time	Run Name	User	Source	V…Mactual_parallelism
☐	⊘ 2020-12-02 13:33:59	PARENT_RUN_EWR_1	benjamin.wilson@databric...	CH7_3	- - 32
☐	⊘ 2020-12-02 13:34:01	-	benjamin.wilson@databric...	-	- - -
☐	⊘ 2020-12-02 13:34:02	-	benjamin.wilson@databric...	-	- - -
☐	⊘ 2020-12-02 13:34:03	-	benjamin.wilson@databric...	-	- - -
☐	⊘ 2020-12-02 13:34:04	-	benjamin.wilson@databric...	-	- - -
☐	⊘ 2020-12-02 13:34:05	-	benjamin.wilson@databric...	-	- - -
☐	⊘ 2020-12-02 13:34:06	-	benjamin.wilson@databric...	-	- - -
☐	⊘ 2020-12-02 13:34:07	-	benjamin.wilson@databric...	-	- - -

每个迭代的参数(默认情况
下通过紧凑的形式显示)

为每个子(迭代)运行
记录的损失指标

通过标记提高可查询性

	Metrics >				Tags >		
algo	damped	aic	best_trial_loss	bic	airport	fmin_uuid	runSource
hyperopt.tpe	-	-	287.2	-	EWR	9611b8	hyperoptAutoTracking
-	0	326.5	-	331.8	-	9611b8	hyperoptAutoTracking
-	1	318.1	-	323.5	-	9611b8	hyperoptAutoTracking
-	0	309.9	-	315.3	-	9611b8	hyperoptAutoTracking
-	0	298.3	-	303.6	-	9611b8	hyperoptAutoTracking
-	1	303.9	-	309.2	-	9611b8	hyperoptAutoTracking
-	1	329.9	-	335.3	-	9611b8	hyperoptAutoTracking
-	0	309.8	-	315.1	-	9611b8	hyperoptAutoTracking

图 8-2　MLflow 跟踪 UI 示例

　　相反，用于 pandas_udf 实现的方法略有不同。在第 7 章的代码清单 7-10 中，Hyperopt 执行的每个单独迭代都需要创建一个新的实验。由于没有将数据组合在一起的父子关系，因此需要应用自定义命名和标记，以允许在 GUI 内进行搜索，并且对于要应用于实际生产的代码而言，更重要的是 REST API。图 8-3 显示了该替代方案的日志机制概述(以及这个数千个模型的用例更具伸缩性的实现)。

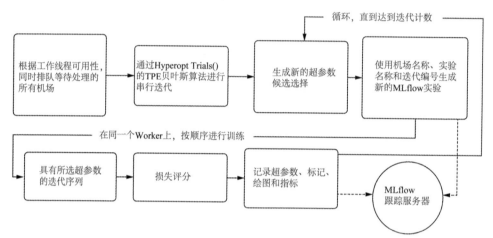

图 8-3　用于 pandas_udf 分布式模型方法的 MLflow 日志逻辑执行

　　无论选择哪种方法，讨论的重点是我们已经解决了一个经常导致项目失败的大问题(每种方法对于不同的情况都有自己的优点；对于单一模型项目，SparkTrails 是迄今为止最好的选择，而对于这里展示的预测场景，有数千个模型，pandas_udf 方法要优越得多)。我们解决了长期以来阻碍机器学习项目工作的历史跟踪和组织问题。不仅能够轻松访问测试结果，而且能够轻松访问当前在生产中运行的模型在其训练和评分时的状态，这只是创建成功的机器学习项目的一个重要方面。

8.1.2　不要通过打印记录日志

　　现在我们已经掌握了一个工具，可以用它来跟踪实验、调优运行和运行的每个预测作业的预生产训练，下面花点时间讨论在构建机器学习支持的项目时使用跟踪服务的另一个最佳实践：日志记录。

　　我在生产环境中的机器学习代码中看到打印语句的次数确实令人惊讶。大多数情况下，这是忘记删除(或故意留下以供将来调试)的调试脚本，这些脚本最初是为了让开发人员知道代码正在执行，以及程序的当前运行状态。在解决方案开发过程中，除了临时观察程序执行状况，这些打印语句永远不会再被其他人看到。图 8-4 的顶部显示了代码库中这些打印语句的不相关性。

　　图 8-4 比较了机器学习项目代码中常见模式的方法，特别是在前两个领域。虽然绝对不推荐顶部部分(在定期执行的 Notebook 中打印到标准输出)，但遗憾的是，这是行业中最常见的习惯。对于正在为其机器学习项目编写打包代码(或使用可编译的语言，如 Java、

Scala 或基于 C 的语言)的更复杂的团队，历史资源一直是将有关运行的信息记录到日志记录守护程序。虽然这确实维护了数据记录的历史参考，但也涉及大量 ETL，或者更常见的是 ELT，以便在出现问题时提取信息。图 8-4 中的最后一部分展示了如何利用 MLflow 解决这些可访问性问题，以及任何机器学习解决方案的历史来源需求。

我并不是说永远不要使用 print 或 log 语句。它们在调试特别复杂的代码库时特别实用，在开发解决方案时非常有用。但过渡到生产开发时，情况会发生改变。没有人再去查看打印语句，当你忙于其他项目时，解析日志以检索状态信息的愿望变得不那么受欢迎。

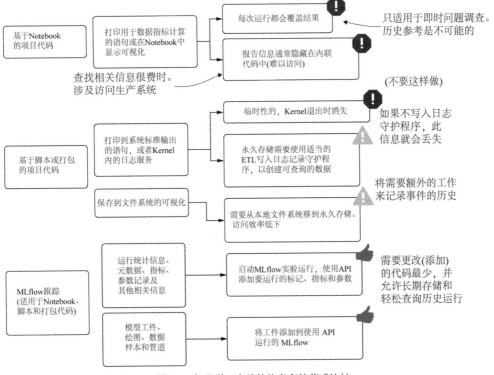

图 8-4   机器学习实验的信息存储范式比较

如果需要为项目的代码执行记录关键信息，则应将其记录下来以备将来参考。在 MLflow 等工具解决此问题之前，许多数据科学团队会将这些用于生产目的的关键信息记录到 RDBMS 的表中。在生产中拥有数十个解决方案的更大规模的团队可能已经使用 NoSQL 解决方案来处理可伸缩性。只有那些"自虐狂"会编写 ELT 作业解析系统日志，以检索有关其模型的关键数据。MLflow 通过为指标、属性和工件日志记录创建统一框架来简化所有这些情况，从而消除机器学习日志记录的繁琐工作。

正如之前在 Spark 上运行的示例中看到的那样，我们在这些运行中记录了与调优执行相关的典型信息之外的附加信息。我们记录了每个机场的指标和参数，以用于进行历史探索研究和制作预测图表。如果有额外的数据要记录，可以简单地通过 API 以

mlflow.set_tag(<key>,<value>)的形式添加一个标记来记录运行信息,或者对于更复杂的信息(如可视化、数据、模型或高度结构化的数据),可以使用 API 的 mlflow.log_artifact (<location and name of data on local filesystem>)记录信息。

在用于执行运行的系统之外的某个地方保存有关特定模型调优和训练事件的所有信息的历史记录,可以在尝试重新创建进行模型训练过程中可能看到的确切条件时,节省大量时间。通过这些信息还可以解释特定构建的具体运行过程。能够快速回答有关业务部门对模型性能信心的问题,可以大大减少项目被取消的机会,并在改进性能不佳的模型方面节省大量时间。

8.1.3　版本控制、分支策略和与他人合作

开发工作中影响项目及时、有组织地交付到 MVP 阶段的最大阻力之一是团队(或个人)与代码存储库的交互方式。在我们的示例场景中,有一个规模相对较大的机器学习团队在处理预测模型的各个组件,每个人通过结构化和受控的方式对代码库进行修改,这对于消除令人沮丧的返工、损坏的代码和大规模重构绝对重要。虽然我们还没有深入研究这段代码的生产版本是什么样(肯定不会在笔记本电脑中开发),但总体设计与图 8-5 所示的模块布局相近。

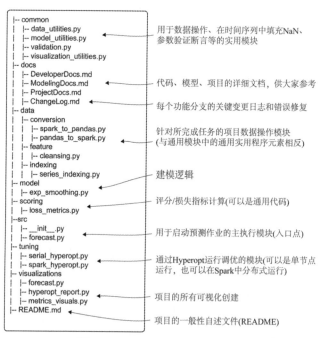

图 8-5　预测项目的初始存储库结构

随着项目的进展,项目的不同团队成员将在给定的时间为代码库中的不同模块做出贡献。在 Sprint 中,有些人可能正在处理围绕可视化的任务。该 Sprint 中的其他人可能正在处理核心建模类,而团队中几乎每个人都将添加和改进通用实用函数。

如果不使用强大的版本控制系统，也不使用围绕向存储库提交代码的基本流程，那么代码库被破坏的可能性很高。虽然机器学习开发的大多数方面与传统的软件工程开发有很大的不同，但两个领域完全相同的是版本控制和分支开发实践。

为了防止由于不兼容的更改合并到主分支而引起的问题，从 Sprint 中提取的每个场景或任务都应从 Repo 主分支的当前构建中切出自己的分支。应该在这个分支中构建新函数，对通用函数进行更新并添加新的单元测试，以确保团队所做的修改不会破坏任何内容。需要结束任务时，为该场景开发代码的数据科学家需要确保整个项目的代码通过单元测试(尤其是对于他们没有修改的模块和功能)，并在提交同行评审请求以将其代码合并到主代码之前，进行全面的集成测试。

图 8-6 显示了无论使用何种存储库技术或服务，在机器学习项目中处理存储库的标准方法。每种存储库或服务都有自己的特点、功能和命令，我们不在这里讨论，因为重要的是存储库的使用方式，而不是如何使用特定的存储库。

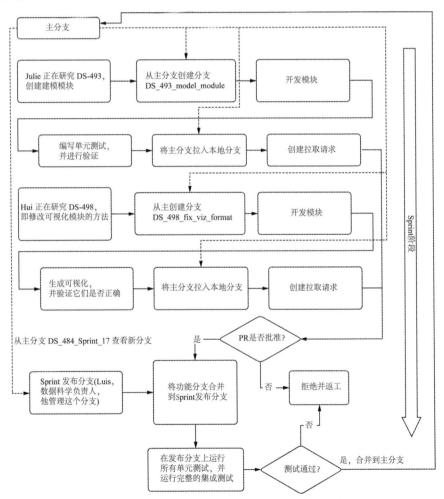

图 8-6　机器学习团队功能开发期间的存储库管理流程

通过遵循这样的代码合并范例，可以完全避免挫败感和浪费时间。它可以为数据科学团队成员留出更多时间来解决项目的实际问题，而不是解决无休止的合并问题和修复因错误合并导致的损坏代码。对代码合并的有效测试带来了更高水平的项目速度，为项目创建更可靠、稳定和无错误的代码库，进而显著降低项目被放弃的机会。

8.2　可伸缩性和并发性

在我们一直使用的项目示例中，解决方案最重要和最复杂的方面是可伸缩性。谈论可伸缩性时，实际上指的是成本。VM 运行并执行项目代码的时间越长，我们账单上的数字就越大。我们需要想办法提高资源利用率，让成本在可控和可接受的范围内，从而减轻业务部门对解决方案总成本的担忧。

在第 7 章的后半部分，评估了两种策略来扩展问题，以支持对更多机场进行建模。首先，在集群上并行化超参数评估，与串行方法相比，这显著缩短了每个模型的训练时间。其次，跨集群并行化实际的 per-model 训练，以稍微不同的方式扩展解决方案(这更有利于更多模型/合理的训练迭代方法)，进一步减少解决方案的成本。

如第 7 章所述，这些只是扩展此问题的两种方法，都涉及通过并行的方式让建模过程的一部分在多台计算机上运行。但是，我们可以添加一层额外的处理来进一步加快这些操作。图 8-7 显示了如何增加机器学习任务吞吐量，从而减少构建解决方案所需要的时间。

由上至下观察图 8-7，我们需要在简洁性和性能之间权衡。对于需要用分布式计算解决的问题，了解所使用代码库的复杂程度相当重要。这些实现的挑战不再属于解决方案的数据科学部分，而是需要越来越复杂的工程知识才能进行构建。

获得构建大规模机器学习项目的知识和能力，这些项目使用可以处理分布式计算的系统(如 Spark、Kubernetes 或 Dask)，将有助于确保你能够实现所需要规模的解决方案。根据我自己的经验，我将时间花在学习如何利用并发以及分布式系统的使用上，通过尽可能多地调用可用的硬件资源提高性能并降低项目成本。

为简洁起见，我们不会在本章中介绍实现图 8-7 的最后两个部分的示例。但将在本书后面部分讨论与并发相关的内容。

8.2.1　什么是并发

在图 8-7 中可以看到在底部两个解决方案中列出的术语"并发"。对于大多数没有软件工程背景的数据科学家来说，这个术语很容易被误解为"并行"。毕竟，它是同时有效地做更多的事情。

根据定义，并发是同时执行许多任务的行为。它并不意味着同时对任务进行排序或串行处理。它只要求系统和发送给它的代码指令能够同时运行多个任务。

另一方面，并行通过将任务划分为子任务来工作，这些子任务可以在 CPU 或 GPU 的离散线程和内核上并行、同时执行。例如，Spark 在执行器中离散内核的分布式系统上并行执行任务。

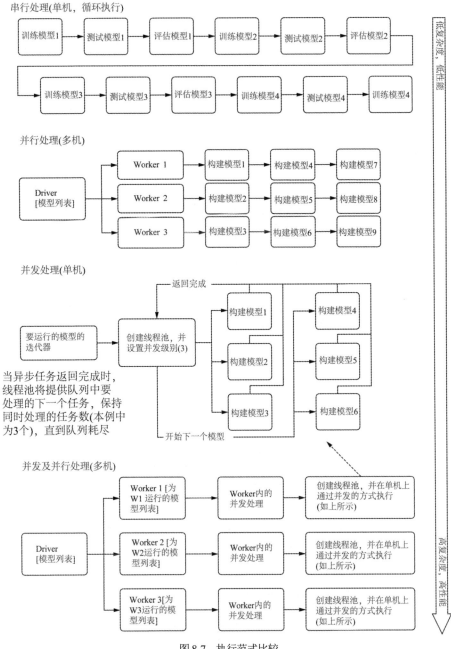

图 8-7 执行范式比较

举一个简单的例子，如果你在喝咖啡，突然来电话了，你放下咖啡杯去接电话，挂断电话之后继续喝咖啡，这可以认为是并发。如果你在喝咖啡，突然来电话，你一边喝咖啡一边讲电话，这可以认为是并行。并发的关键是具备处理多个任务的能力，但不一定要同时处理。而并行的关键是具有同时处理多个任务的能力。

这两个概念可以结合在一个可以同时支持它们的系统中，这个系统有多台计算机，每台计算机都有多个可用的计算核心。该系统体系结构如图 8-7 的最后一部分所示。图 8-8 说明了并行执行、并发执行及并发并行混合系统之间的区别。

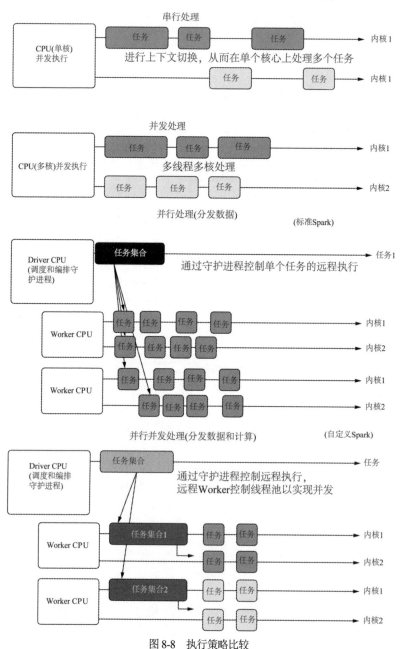

图 8-8   执行策略比较

利用这些执行策略解决特定类型的问题可能会显著提高项目成本。虽然对每个问题都使用最复杂的方法(分布式系统中的并行并发处理)似乎很诱人，但这根本不值得。如果尝试解决的问题可以在单台计算机上完成，那么最好就使用单台计算机运行解决方案，以降低体系结构的复杂性。建议仅在需要时才采用更复杂的基础体系结构。比如当数据、算法或任务规模无法在简单体系结构上运行时，才需要选择更复杂的基础体系结构。

8.2.2　哪些内容可以(或不可以)异步运行

关于提高运行时性能的最后一点，是要知道并非机器学习中的每个问题都可以通过并行执行或分布式系统解决。许多算法需要维护它的状态才能正常运行，因此不能拆分为子任务并在内核池中执行。

前几章遇到的单变量时间序列场景当然可以从并行中受益。我们可以并行化Hyperopt 调优和模型训练。可以在数据本身内实现隔离(每个机场的数据都是自包含的，不依赖于任何其他数据)和调优，这意味着可以通过适当利用分布式处理和异步并发来显著减少任务的总运行时间。

在选择提高建模解决方案性能的方法时，应该考虑正在执行的任务中的依赖关系。如果有机会将任务彼此隔离，例如根据可应用于数据集的筛选器分离模型评估、训练或推理，那么选择并行或并发框架可能是值得的。

但是，机器学习中的许多任务无法通过分布式的方式执行(或者至少不能轻易通过分布式方式执行)。需要访问整个特征训练集的模型不适合分布式训练。其他模型可能具有分布式能力，但由于需求或构建分布式解决方案所涉及的技术复杂性，这些模型都没有使用分布式算法。想知道一种算法或方法是否可以通过分布式方式来利用并发性或并行性时，最好的办法是阅读流行框架的库文档。如果没有在分布式处理框架上实现算法，就不要使用分布式方法。当然，不选择分布式算法的原因可能是有更简单的方法可以实现相同的效果，或者构建分布式解决方案的开发和运行成本过高。

8.3　本章小结

- 在解决方案的整个生命周期使用 MLflow 等实验跟踪服务可以显著提高项目的可审计性和历史监控能力。此外，利用版本控制和日志记录将增强生产用代码库，减少故障排除时间，并允许在项目投入生产时对项目的健康状况进行检查和诊断。
- 学习在可伸缩的基础设施中使用和实现解决方案，对于许多大型机器学习项目来说非常重要。虽然并不适合所有情况，但了解分布式系统、并发性以及支持这些范式的框架对于机器学习工程师来说至关重要。

为投产做准备：创建可维护的机器学习项目

现在已经完成了本书第 I 部分的学习，你对项目的验证模式应该有了一些了解，这种模式大量借鉴了现代软件开发使用的方法。一旦一个想法经过适当的评估并构建了(粗略的)原型，构建可维护解决方案的下一步就是专注于如何正确构建它了。

在本书第 I 部分的介绍中，提到很多机器学习项目由于缺乏规划和范围界定而失败。这些原因将直接导致项目的关闭，因为它要么是无法挽救的烂摊子，要么是业务部门没有意识到它的价值，并且不愿意继续为它的运行付费。这些问题是完全可以解决的，只要应用特定的项目开发方法避开这些陷阱即可。

在第 II 部分中，将介绍我从自己的项目工作中学到的一些经验教训，以及我在其他人的工作中看到的经验教训(无论好坏)，还有一些应用机器学习代码开发标准构建以下内容的方法：

- 运行良好的代码。
- 可测试且可调试的代码。
- 可以轻松修改的解决方案。
- 可以对性能进行评估的解决方案(基于它是否很好地解决了问题，并可以继续解决需要解决的问题)。
- 不会让你后悔的解决方案。

有了这些指导方针，将能够更好地将解决方案交付到生产环境中，并因可以向业务部门交付可维护的解决方案而感到欣慰。

第 9 章

机器学习中的模块化：编写可测试且
易读的代码

本章主要内容
- 为什么通过脚本片段编写代码会使机器学习项目变得复杂
- 了解对非抽象代码进行故障排除的复杂性
- 将基本抽象应用于机器学习项目
- 在机器学习代码库中实现可测试的设计

当收到别人编写的复杂代码库时，总是觉得压抑与沮丧。在被告知需要负责修复、更新和支持它之后，阅读堆积如山的难以理解的代码会让人泄气。当继承一个完全损坏的代码库并需要对它进行维护时，更糟糕的情况是你的名字将出现在提交历史记录上。

这并不是说代码完全无效。它可能运行得很好。代码可以运行的事实不是问题。人类无法轻易弄清楚它是如何工作的(或者更糟糕的是，为什么以这种方式工作)。我相信Martin Fowler 在 2008 年深刻地描述了这个问题：

任何傻瓜都可以编写计算机可以理解的代码。优秀的程序员编写人类可以理解的代码。

很大一部分机器学习代码不符合良好的软件工程实践。我们专注于算法、向量、索引器、模型、损失函数、优化求解器、超参数和性能指标，作为专业从业者，通常不会花太多时间遵守严格的编码标准。至少，大多数人都不是这样。

我可以自豪地说，多年来我就是这样一个人，写了一些真正有问题的代码(我发布它时，大多数时候它是有效的)。如果我只专注于一丁点的精确度提升或巧妙地处理特征工程任务，最终会创造出不可维护的代码。公平地说，对于我早期的一些项目比那个被误解的复活生物还要可怕(如果有人拿着火把和干草叉追赶我，我也不会责怪他们)。

本章和第 10 章将专门讲述我多年来学到的在编码标准方面的经验。它绝不是软件工程主题的详尽论述，因为有专门的书来讲述相关内容。相反，我介绍这些内容是为了在机器学习项目中可以创建更简单、更容易维护的代码库，这些是我学到的最重要的东西。我将在 5 个关键领域介绍这些最佳实践，如图 9-1 所示。

如图 9-1 所示，本章展示了我做过的可怕事情的示例，我在其他人的代码中看到的可怕元素，以及最重要的，解决它们的方法。本章的目标是避免生成像科学怪人一样过度复杂的代码。

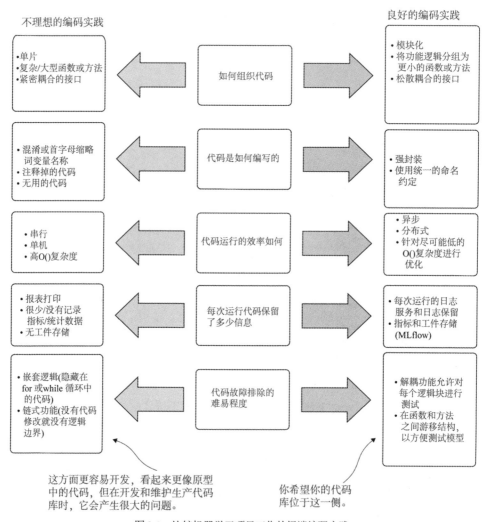

图9-1 比较机器学习项目工作的极端编码实践

"复杂"的代码

"复杂"这个词有很多含义，但在我们的代码当中，"复杂"包含两种情况：一种情况是代码涉及的功能和内容很多，虽然"复杂"但是代码的内容是可以被大家所理解的；另一种"复杂"的代码是混乱的，让人难以理解。"复杂但可以理解"的代码库是对特定代码段的封装(如函数或方法)可以遍历的分支路径的经验评估。for 循环、条件语句、匹配的 switch 语句和传入的参数—函数状态更改都是增加代码复杂性的元素。如果一小段代码可以做很多"事情"，这段代码可以产生的结果就非常多。这种复杂的代码库通常需要大量的测试，以确保其在所有可能的条件下都能正确工作。这种复杂性也使这样的代码库比那些功能分支路径较少的代码库更难理解。

然而，"复杂且难以理解"的代码库，是以难以确定代码如何运行的方式编写的。这种对"阅读和弄清楚代码有多难"的高度主观评估，在很大程度上取决于阅读代码的人的衡量标准。尽管如此，大多数有经验的开发人员可以就复杂代码库与不复杂代码库的构成达成普遍共识。

高度复杂且难以理解的代码库可能在反复修补代码(修改代码以修复延迟的技术债务)后达到复杂的状态。这段代码可能是链式的，使用糟糕的命名约定，包括以难以阅读的方式重复使用条件逻辑，或者只是随意使用不常见的速记符号(如 Scala 通配符_)。

代码库可以由以下元素组成。
- 复杂但可以理解：对于机器学习代码库来说，这是一个具有挑战性但可以接受的状态。
- 不复杂：可以接受，但通常只出现在数据科学的分析场景中。
- 不复杂但是难以理解：将在 9.1.1 节中看到这样的例子。
- 复杂且难以理解：机器学习从业者在继承代码库时遇到的烦恼。

开发机器学习项目的目标是首先关注代码库的复杂度指标，同时尽可能降低复杂度。这两个概念的衡量标准越低，正在处理的项目不仅可以顺利投入生产，而且可以作为满足业务需求的可维护和可伸缩解决方案的机会就越大。

为了让事情更简单，将在本章中使用一个相对简单的示例。这是一个我们应该都很熟悉的示例：单变量数据的分布估计。我们将继续使用这个示例，因为它简单且易于理解。我们将从编程问题的不同角度来看相同的有效解决方案，讨论将可维护性和实用性放在所有其他考虑因素之上的重要性。

9.1 单片脚本及其缺点

在计算领域，继承可以有不同的含义。考虑通过抽象编写可伸缩代码(面向对象设计中的代码重用，以减少复制函数、降低复杂性)时，这个主题首先浮现在脑海中。虽然这种类型的继承无疑是好的，另一种不同类型的继承可能是好的，也可能是噩梦。这里说的继承，是继承别人的代码库，这一般会让人困扰。

假设你在一家新公司工作。在完成入职培训后，你将得到一个令牌用于访问数据科学存储库(repo)。第一次执行拉取的这个时刻要么令人兴奋，要么令人恐惧，这取决于你以前是否有过拉取代码的经历。你会发现什么？这家公司的前辈们做了什么？代码的调试、修改和支持是否容易？它是否充满了技术债务？代码风格是否一致？它是否遵循了语言标准？

乍一看，浏览目录结构时你会感到十分沮丧。有几十个目录，每个目录都有一个项目名称。在每个目录中都有一个文件。你知道，打算弄清楚这些庞大而混乱的脚本如何工作时，你将面对一个充满挫折的世界。你的任务是为这些代码提供随叫随到的技术支持，这将非常具有挑战性。毕竟，出现的每个问题都涉及对这些令人困惑和复杂的脚本进行逆向工程，即使发生了最微不足道的错误，也需要进行逆向工程找出原因。

9.1.1 "巨石"是如何形成的

如果深入研究新团队存储库的提交历史，可能会发现从原型到实验的无缝过渡。第一次提交可能是一个简单的实验的结果，充满了 TODO 注释和函数占位符。随着我们浏览提交历史，脚本逐步成型，最终成为你在主分支中看到的用于生产的代码版本。

这里的问题不在于使用了脚本。绝大多数专业的机器学习工程师，包括我自己在内，都在 Notebook(通过脚本)上进行原型化和实验工作。Notebook 的动态特性和快速尝试新想法的能力使其成为这一阶段工作的理想平台。然而，在接受一个原型作为开发路径之后，所有的原型代码都会被丢弃，以便在 MVP 开发期间创建模块化的代码。

从原型到脚本的演变是可以理解的。机器学习开发过程十分煎熬，因为有无数的变化，需要快速的结果反馈，并且在 MVP 阶段方法可能会戏剧性地转向。然而，即使在早期阶段，也可以使用结构化的代码，以便更容易地分离功能、抽象复杂性，并创建更可测试(和方便调试)的代码库。

单片生产代码库形成的方式是直接将原型交付到生产中，这是不可取的。

9.1.2 文本墙

在我作为一名数据科学家的职业生涯中，让我在很早就意识到的是，我真的讨厌调试。让我沮丧的并不是追踪代码中的 bug，而是我必须经历这个痛苦的过程，找出我告诉计算机做的事情中哪里出了错。

像许多数据科学从业者在他们的职业生涯开始时一样，我开始用软件解决问题时，会写很多声明性代码。我写解决方案的方式基本上是我思考问题的逻辑(提取数据，然后做一些统计测试，然后做一个决定，然后处理数据，然后把它放入一个向量，然后放入一个模型……)。这变成了一长串顺序执行的动作。这个编程模型在最终产品中意味着一堵巨大的代码墙(文本墙)，没有分离或隔离动作，更不用说封装了。

在以这种方式编写的代码中寻找错误是一种纯粹的折磨。这种代码的体系结构不利于我在代码中的几百个步骤中找出哪个步骤出现问题。

解决文本墙的问题(WoT，发音与英文单词 what 相同)是一种对耐心的练习，这并不需要很多技巧，仅仅是大量繁琐的无聊工作。如果这个代码墙是你自己写的，你不得不自己完成这项令人沮丧且非常耗时的任务。但我们知道，这种令人沮丧的工作是完全可以避免的，只需知道如何对机器学习的代码进行拆分和隔离即可。

如果这个代码墙(文本墙)是别人写的，你只是继承了别人的代码，那我只能向你表示同情了。也许在完成代码的修复之后，你应该花些时间向代码的作者介绍代码拆分和隔离技术，帮助他们学习科学的代码规范，不要再写出这种令人恼火的代码。

为了给我们的讨论提供一个参考框架，让我们来看看其中一个 WoT 的场景。虽然本节中的示例相当简单，但其目的是想象一个完整的端到端机器学习项目采用这种格式会是什么样子，而不需要阅读数百行代码(我想你不会喜欢翻阅一本书中的几十页代码)。

> **关于代码清单 9-1 的简要说明**
>
> 我把这个例子放在这本书中想要引出的最后一件事是，我从来没有创建过这样的代码。我可以保证，在我的职业生涯早期，我写过比这糟糕得多的代码。我写过的脚本、函数和充满各种方法的类，它们非常糟糕，令人困惑不解，以至于在完成这些代码不到两周，我自己重新查看这些"工作"都无法理解。
>
> 这种情况让人感觉害怕，因为无论如何，代码的原始作者应该是这个星球上唯一能弄清楚它如何工作的人。这种方法失败时，无论是由于复杂性还是因为需要修改大量代码以改进代码库，通常都不得不从头开始。
>
> 我展示这些例子的目的是阐明我用艰苦的方式学到的东西，为什么它们在当时让我的工作陷入困境(错过项目截止日期，当我意识到我需要完全重写数百行代码时激怒了所有人)，以及如何以更简单的方式汲取我的教训。亲爱的读者，享受我以前的无能和无知带来的荣耀吧，请不要重复我的错误。我保证你最终会感谢我——未来的你也会感谢现在的自己。

代码清单 9-1 给出了一个相对简单的脚本块，用于确定最接近传入的连续数据 Series 的标准分布类型。该代码清单在顶部包含一些正态性检查，与标准分布的比较，然后生成绘图。

注意　本章中的代码示例在本书附带的存储库中提供，但是我不建议运行它们。运行它们需要很长的时间。

代码清单 9-1　"文本墙"脚本

```
import warnings as warn
import pandas as pd
import numpy as np
import scipy.stats as stat
from scipy.stats import shapiro, normaltest, anderson
import matplotlib.pyplot as plt
from statsmodels.graphics.gofplots import qqplot
```

pval? 这不是标准的命名约定。它应该
是 p_value_shapiro 或类似的东西

字符串连接难以阅读，可能会在执行过程中产生问题，并且需要输入更多内容。不要这样做

```
data = pd.read_csv('/sf-airbnb-clean.csv')
series = data['price']
shapiro, pval = shapiro(series)
print('Shapiro score: ' + str(shapiro) + ' with pvalue: ' + str(pval))
```

```
dagastino, pval = normaltest(series)
print("D'Agostino score: " + str(dagastino) + " with pvalue: " + str(pval))
anderson_stat, crit, sig = anderson(series)
print("Anderson statistic: " + str(anderson_stat))
anderson_rep = list(zip(list(crit), list(sig)))
for i in anderson_rep:
    print('Significance: ' + str(i[0]) + ' Crit level: ' + str(i[1]))
bins = int(np.ceil(series.index.values.max()))
y, x = np.histogram(series, 200, density=True)
x = (x + np.roll(x, -1))[:-1] / 2.
bl = np.inf
bf = stat.norm
bp = (0., 1.)
```

改变变量 pval 将使来自 shapiro 的原始变量今后无法使用。这是一个坏习惯，使更复杂的代码库几乎无法工作

对于这样的通用变量名，必须翻遍代码找出其用途

在这里改变 x 是有道理的，但同样，没有任何迹象表明这是为了什么

bl？那是什么？！ 缩写并不能帮助读者理解发生了什么

```
with warn.catch_warnings():
    warn.filterwarnings('ignore')
    fam = stat._continuous_distns._distn_names
for d in fam:
    h = getattr(stat, d)
    f = h.fit(series)
    pdf = h.pdf(x, loc=f[-2], scale=f[-1], *f[:-2])
    loss = np.sum(np.power(y - pdf, 2.))
    if bl > loss > 0:
        bl = loss
        bf = h
        bp = f
start = bf.ppf(0.001, *bp[:-2], loc=bp[-2], scale=bp[-1])
end = bf.ppf(0.999, *bp[:-2], loc=bp[-2], scale=bp[-1])
xd = np.linspace(start, end, bins)
yd = bf.pdf(xd, loc=bp[-2], scale=bp[-1], *bp[:-2])
hdist = pd.Series(yd, xd)
with warn.catch_warnings():
    warn.filterwarnings('ignore')
    with plt.style.context(style='seaborn'):
        fig = plt.figure(figsize=(16,12))
        ax = series.plot(kind='hist', bins=100, normed=True, alpha=0.5,
    label='Airbnb SF Price', legend=True)
        ymax = ax.get_ylim()
        xmax = ax.get_xlim()
        hdist.plot(lw=3, label='best dist ' + bf.__class__.__name__,
    legend=True, ax=ax)
        ax.legend(loc='best')
        ax.set_xlim(xmax)
        ax.set_ylim(ymax)
qqplot(series, line='s')
```

如果不对代码进行逆向工程，就不可能弄清楚所有这些单字母变量名称。它可能使代码简洁，但很难遵循。由于缺少注释，这种简写难以阅读

所有这些硬编码变量(尤其是bins)意味着如果需要调整，则需要编辑源代码。所有这些都应该抽象为一个函数

我对你刚刚看到的内容表示最诚挚的歉意。这段代码不仅令人困惑而且显得很不专业，同时它的编写方式接近于故意混淆各个功能。

变量名太可怕了。单字符的值？变量名的极端简写符号？为什么？它不会让程序运行得更快，而只会让人更难理解。可调值被硬编码，需要为每个测试修改脚本，这非常容易出错。如果在执行过程中设置停止点，可以很容易地找到为什么某些事情没有按照

预期工作。

9.1.3　单片脚本的注意事项

除了难以阅读外，代码清单9-1的最大缺陷在于它是单片的脚本。虽然它是脚本，但WoT开发的原则可以应用于类中的函数和方法。该示例来自Notebook，Notebook越来越成为用于执行机器学习代码的声明性工具，一般情况下都可以这样做。

在执行封装范围内有太多逻辑会产生问题(因为这是在Notebook中运行的脚本，所以整个代码是一个封装块)。请思考以下问题：

- 如果必须在这段代码中插入新功能，应该怎么办？
- 如果更改正确，那么对它进行测试的难度如何？
- 代码抛出异常该怎么办？
- 如何根据抛出的异常找出代码出了什么问题？
- 如果数据的结构改变了，怎么办？你将如何更新代码以适应这些变化？

在回答其中一些问题之前，先看看这段代码的实际作用。令人困惑的变量名、密集的编码结构和紧密耦合的引用，使我们必须运行它才能弄清楚它在做什么。代码清单9-2显示了代码清单9-1的第一部分。

代码清单9-2　代码清单9-1的标准输出结果

可能有效数字多了几个，
但也没有多大用处

这些 pvalue 元素可能会让人困惑。如果没有解释它们的含义，用户只能在API文档中查找这些测试，以理解它们是什么

```
Shapiro score: 0.33195996284484863 with pvalue: 0.0
D'Agostino score: 14345.798651770001 with pvalue: 0.0
Anderson statistic: 1022.1779688188954
Significance: 0.576 Crit level: 15.0
Significance: 0.656 Crit level: 10.0
Significance: 0.787 Crit level: 5.0
Significance: 0.917 Crit level: 2.5
Significance: 1.091 Crit level: 1.0
```

由于没有解释这些显著性和临界水平，这个数据对不熟悉Anderson-Darling检验的人来说没有意义

这段代码正在对单变量Series(这里是DataFrame中的一列)进行正态测试。对于回归问题的目标变量，这些测试绝对是值得的。图9-2所示是脚本剩余部分生成的第一个图形(除了最后一行)。

注意　第8章介绍了将信息记录到MLflow和其他类似工具的方法，以及将重要信息打印到标准输出是多么糟糕的想法。然而，该例是个例外。MLflow是一种全面的实用工具，在基于模型的实验、开发和生产监控中起辅助作用。在示例中，执行的是一次性验证检查，利用MLflow这样的工具根本不合适。如果需要看到的信息只在短时间内相关(例如在决定具体开发方法时)，那么维护该信息的无限期持久性令人困惑且毫无意义。

图9-3展示了由代码清单9-1生成的最后一个图形。

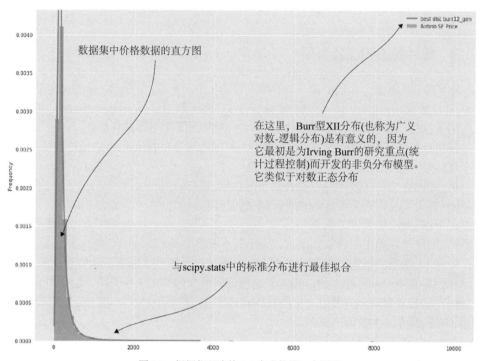

图9-2　根据代码清单9-1生成的第一个图形

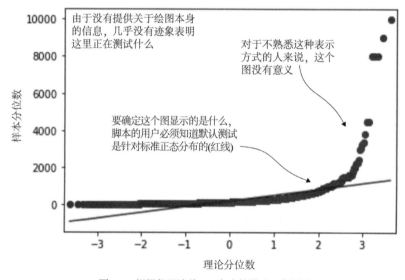

图9-3　根据代码清单9-1生成的最后一个图形

绘制一个 Series 与另一个 Series 的分位数值，这种分位数图对判断正态性(或不同分布的拟合好坏)有类似的辅助作用。在本例中，将数据集中价格 Series 的分位数与标准正态分布的分位数绘制在一起。

然而，由于代码中没有说明绘图的具体内容，因此这个脚本的最终用户可能会对发生的事情感到困惑。以这种方式在代码中求值不是什么好习惯，它们很容易被忽略，并且用户可能会感到困惑；为什么它们被放置在代码中的那个位置？

　　暂时假设我们并不局限于本书。假设这里不是简单地对单个目标变量进行统计分析的示例，而是一个完整的项目，如代码清单 9-1 所示。代码大概有 1500 行。如果代码出现故障会发生什么？我们能清楚地看到并理解这种格式的代码中发生的一切吗？我们从哪里开始解决这个问题？

> **但是，封装不就是为了绕开复杂性吗？**
>
> 是，也不是。
>
> 毫无疑问，如果将脚本中代码的公共功能封装到函数或方法中，重构对代码的运行没什么影响(毕竟，相同的逻辑将按照 CPU 看到的相同顺序处理)。然而，重构将极大降低代码的复杂性。它将允许开发人员看到更小的代码块，允许调试功能，测试隔离的(封装的)代码块是否像希望的那样运行，并极大地提高将来修改代码的能力。
>
> 将脚本转换为函数(FP)或面向对象(OO)代码似乎增加了复杂性：代码将有更多的行，将有更多的元素需要跟踪，并且对于那些不熟悉 FP 或 OO 概念的人来说，最初阅读代码可能会更加困难。但是一旦这些团队成员对这些范例的设计实践更加熟练，维护一个结构化的和功能隔离的设计将比维护一个庞大的 WoT 代码库容易得多。

9.2　调试文本墙

　　如果我们在理论上的新工作中快进一点，在看到代码库的状态后，最终将对它的状态进行维护。也许我们的任务是将一个新功能集成到现有脚本中。在对代码进行逆向工程，并注释以供理解之后，继续添加新功能。此时，测试代码的唯一方法是运行整个脚本。

　　在修改脚本以适应新功能的过程中，不可避免地要解决一些 bug。如果正在处理一个脚本或 Notebook 环境，其中连续执行了一长串操作，该如何排除代码中的错误？图 9-4 展示了为了纠正代码清单 9-1 中的问题，而必须进行的故障排除过程。

　　这个过程虽然令人沮丧，但即使没有代码清单 9-1 中糟糕的变量名和令人困惑的简写符号，也足够复杂了。代码越难以阅读和遵循，需要的认知负荷就越大，既需要在测试代码时选择二分法边界点进行隔离，也需要确定将哪些变量状态报告给标准输出。

　　这种对部分代码进行评估和测试的过程，意味着我们必须实际更改源代码以进行测试。无论是添加打印语句、调试注释还是注释掉代码，使用这种范式测试错误都会涉及大量的工作。可能会犯错误，而且在这种调试的过程中可能会增加新的 bug。

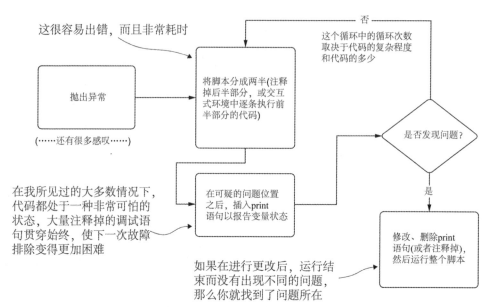

图9-4 耗时且需要耐心测试的二分法故障诊断过程，使单体代码库变得复杂(虽然复杂，但也许可以让人理解)

关于单体代码的注意事项

代码清单9-1似乎是糟糕开发实践的一个夸张示例。你阅读之后可能嘲笑它，并认为没人会以这种方式编写一个完整的机器学习解决方案。在我进入咨询行业之前，我可能也这么想。

根据对数百家公司的机器学习团队开发解决方案的观察，这种在整体块中编写代码的开发模式非常常见。通常，这来自一个孤立的数据科学部门，该部门与公司内部工程团队的其他成员之间没有联系，团队中也没有以前与软件开发人员合作过的人。这些团队直接将他们的原型 PoC 解决方案(从算法实现的角度来看，确实解决了问题)交付到生产环境。

实际上，我见过的代码库(在生产环境中"运行"，经常出现错误和故障的代码库)比代码清单9-1中的代码要难读得多。在拥有与此类似的机器学习代码的公司中，绝大多数最终会做出如下选择：

● 聘请一家昂贵的咨询公司重构代码，使其可以用于生产环境。你在这里可能会根据其解决方案的可维护性、顾问的技术成熟度，以及雇用一个高质量团队完成此工作的总成本做出不同选择。

● 让代码勉强运行，直到达到资源限制(你真的希望你的团队不断地修复相同的项目代码以使它持续运行吗？)，并且不断修复的成本超过了解决方案带来的收益，这将导致项目被彻底放弃。

提出这些实践的目的是阐明开发这样的代码存在的问题，并让那些编写这种代码的人知道他们存在的不足，以及这样的代码所带来的危害。

当然，一定有更好的方法来组织代码，以降低复杂性。代码清单9-3显示了代码清单 9-1 脚本的 OO 版本形式的备选方案。

代码清单 9-3 代码清单 9-1 的 OO 版本

传递一个 *kwargs 参数，因此在类初始化方法中定义的默认值可以通过
键值组合的方式覆盖(脚本中是通过硬编码的方式实现的)

版本检查的 switch 语句，因为 SciPy API 发生了
变化(这在 Python 开源库中经常发生，因为这些
库会随着时间的推移而改进)。新版本的 SciPy
保护了对发行版列表的访问，并创建了获取它们
的方法

将整个模块封装为一个类，因为其中的所有功能都专注于分布的分析

```python
import warnings as warn
import pandas as pd
import numpy as np
import scipy
import scipy.stats as stat
from scipy.stats import shapiro, normaltest, anderson
import matplotlib.pyplot as plt
from statsmodels.graphics.gofplots import qqplot


class DistributionAnalysis(object):

    def __init__(self, series, histogram_bins, **kwargs):
        self.series = series
        self.histogram_bins = histogram_bins
        self.series_name = kwargs.get('series_name', 'data')
        self.plot_bins = kwargs.get('plot_bins', 200)
        self.best_plot_size = kwargs.get('best_plot_size', (20, 16))
        self.all_plot_size = kwargs.get('all_plot_size', (24, 30))
        self.MIN_BOUNDARY = 0.001
        self.MAX_BOUNDARY = 0.999
        self.ALPHA = kwargs.get('alpha', 0.05)

    def _get_series_bins(self):
      return int(np.ceil(self.series.index.values.max()))


    @staticmethod
    def _get_distributions():
        scipy_ver = scipy.__version__
        if (int(scipy_ver[2]) >= 5) and (int(scipy_ver[4:]) > 3):
            names, gen_names = stat.get_distribution_names(stat.pairs,
stat.rv_continuous)
        else:
            names = stat._continuous_distns._distn_names
        return names

    @staticmethod
    def _extract_params(params):
        return {'arguments': params[:-2], 'location': params[-2], 'scale':
            params[-1]}
```

静态方法实际上是一个封装函数；没
有向类中传入对已初始化参数的引
用，也没有对任何其他方法的依赖。
大多数代码库都有很多这样的函数，
被认为是比定义全局函数更好的实践
方法，这样可以防止在全局上下文中
出现可变状态的问题

这些值保持
静态，但如果
需要，可以包
装到 kwargs
重写中

私有的实用程序方法，用以使被
调用的位置更整洁，更容易阅读

从分布拟合中提取参数的方法，将它们放入字典结构中(这称
为柯里化，是 Haskell Curry 的同名引用，它将复杂的返回类
型浓缩为一个引用，从而使代码更简洁)

回想一下，这个严格的引用逻辑在代码清单 9-1 中被
复制了多次。只提供一个引用来提取此信息，可以减
少代码中出现拼写错误的可能性，那是一种令人沮丧
的故障排除过程

基于找到的拟合参数构建概率密度函数(pdf)的私有方法。
这种切换是有条件的，因为分布族之间的参数数量不同

```python
    @staticmethod
    def _generate_boundaries(distribution, parameters, x):
        args = parameters['arguments']
        loc = parameters['location']
        scale = parameters['scale']
        return distribution.ppf(x, *args, loc=loc, scale=scale) if args else
distribution.ppf(x, loc=loc, scale=scale)
```

私有方法，通过分布的百分比函数(累积分布函数的逆函数)生成的标准直方图的起点和终点

切换逻辑，以处理一些只需要两个参数(位置和规模)的分布，其他分布则需要额外的参数

```python
    @staticmethod
    def _build_pdf(x, distribution, parameters):
        if parameters['arguments']:
            pdf = distribution.pdf(x, loc=parameters['location'],
                scale=parameters['scale'], *parameters['arguments'])
        else:
            pdf = distribution.pdf(x, loc=parameters['location'],
                scale=parameters['scale'])
        return pdf

    def plot_normalcy(self):
        qqplot(self.series, line='s')
```

生成 Q-Q 图的公共方法，将 Series 与标准正态分布进行比较。在未来的工作中，可以对其进行扩展或重构，从而允许针对 scipy.stats 中的任何发行版进行绘图

```python
    def check_normalcy(self):
        def significance_test(value, threshold):
            return "Data set {} normally distributed from".format('is' if value
            > threshold else 'is not')
```

一个 method-private 方法。由于此功能的目的是使代码更易于阅读和减少密集的代码，并且没有外部用途，因此在此方法中将其设置为"私有的"是首选方法

标准输出打印函数用于向 3 个主要类报告正态性测试。这里的插值与脚本中的稍有不同，并且基于传入的 Alpha 显著性水平进行正态性判定的可读性使最终报告更具可解释性，在对 Series 进行假设时更不容易出错

```python
        shapiro_stat, shapiro_p_value = shapiro(self.series)
        dagostino_stat, dagostino_p_value = normaltest(self.series)
        anderson_stat, anderson_crit_vals, anderson_significance_levels =
          anderson(self.series)
        anderson_report = list(zip(list(anderson_crit_vals),
          list(anderson_significance_levels)))
        shapiro_statement = """Shapiro-Wilk stat: {:.4f}
        Shapiro-Wilk test p-Value: {:.4f}
        {} Shapiro-Wilk Test""".format(
            shapiro_stat, shapiro_p_value, significance_test(shapiro_p_value,
                self.ALPHA))
        dagostino_statement = """\nD'Agostino stat: {:.4f}
        D'Agostino test p-Value: {:.4f}
        {} D'Agostino Test""".format(
            dagostino_stat, dagostino_p_value,
    significance_test(dagostino_p_value, self.ALPHA))
    anderson_statement = '\nAnderson statistic: {:.4f}'.format(anderson_stat)
    for i in anderson_report:
        anderson_statement = anderson_statement + """
        For signifance level {} of Anderson-Darling test: {} the evaluation.
```

```
        Critical value: {}""".format(
            i[1], significance_test(i[0], anderson_stat), i[0])
    return "{}{}{}".format(shapiro_statement, dagostino_statement,
        anderson_statement)
```

私有方法，对待测数据 Series 的直方图与 scipy.stats 中的
标准直方图的拟合程度进行评分。统计数据，使用 SSE

```
def _calculate_fit_loss(self, x, y, dist):
    with warn.catch_warnings():
        warn.filterwarnings('ignore')
        estimated_distribution = dist.fit(x)
        params = self._extract_params(estimated_distribution)
        pdf = self._build_pdf(x, dist, params)
    return np.sum(np.power(y - pdf, 2.0)), estimated_distribution
```

私有方法，用于生成 pdf，并将
其转换为一系列数据点，以便与
传入的原始数据 Series 进行比较

```
def _generate_probability_distribution(self, distribution, parameters, bins):
    starting_point = self._generate_boundaries(distribution, parameters,
        self.MIN_BOUNDARY)
    ending_point = self._generate_boundaries(distribution, parameters,
        self.MAX_BOUNDARY)
    x = np.linspace(starting_point, ending_point, bins)
    y = self._build_pdf(x, distribution, parameters)
    return pd.Series(y, x)
```

```
def find_distribution_fit(self):
    y_hist, x_hist_raw = np.histogram(self.series, self.histogram_bins,
        density=True)
    x_hist = (x_hist_raw + np.roll(x_hist_raw, -1))[:-1] / 2.
    full_distribution_results = {}
    best_loss = np.inf
    best_fit = stat.norm
    best_params = (0., 1.)
    for dist in self._get_distributions():
        histogram = getattr(stat, dist)
        results, parameters = self._calculate_fit_loss(x_hist, y_hist,
            histogram)
```

再次柯里化，这样我们就不必在 return 语句中返
回一个复杂的 n 值元组。Python 中的字典(及 Scala
中的 case 类)比位置编码的 return 语句更适合调
试，并带来更好的最终用户体验，即使这意味着
模块开发人员需要编写更多的代码

主要的原始方法，用于寻找与传入的 Series 最接近(以及所
有其他)的标准分布。从最终用户的角度来看，从模块的结
果中暴露原始数据有时是值得的(通常标记为开发人员
API)，使用户可以使用这些数据执行其他操作

```
        full_distribution_results[dist] = {'hist': histogram,
                                           'loss': results,
                                           'params': {
                                               'arguments': parameters[:-2],
                                               'location': parameters[-2],
                                               'scale': parameters[-1]
                                           }}
        if best_loss > results > 0:
            best_loss = results
            best_fit = histogram
            best_params = parameters
    return {'best_distribution': best_fit,
            'best_loss': best_loss,
```

公共方法，用于绘制
用于类评估的 Series
数据的最佳拟合

```python
        'best_params': {
            'arguments': best_params[:-2],
            'location': best_params[-2],
            'scale': best_params[-1]
        },
        'all_results': full_distribution_results
        }

    def plot_best_fit(self):
        fits = self.find_distribution_fit()
        best_fit_distribution = fits['best_distribution']
        best_fit_parameters = fits['best_params']
        distribution_series =
    self._generate_probability_distribution(best_fit_distribution,
    best_fit_parameters,
    self._get_series_bins())
      with plt.style.context(style='seaborn'):
        fig = plt.figure(figsize=self.best_plot_size)
        ax = self.series.plot(kind='hist', bins=self.plot_bins, normed=True,
                              alpha=0.5, label=self.series_name,
                              legend=True)
        distribution_series.plot(lw=3,
    label=best_fit_distribution.__class__.__name__, legend=True, ax=ax)
          ax.legend(loc='best')
        return fig

    def plot_all_fits(self):

        fits = self.find_distribution_fit()
        series_bins = self._get_series_bins()

        with warn.catch_warnings():
            warn.filterwarnings('ignore')
            with plt.style.context(style='seaborn'):
                fig = plt.figure(figsize=self.all_plot_size)
                ax = self.series.plot(kind='hist',
                                      bins=self.plot_bins,
                                      normed=True,
                                      alpha=0.5,
                                      label=self.series_name,
                                      legend=True)
                y_max = ax.get_ylim()
                x_max = ax.get_xlim()
                for dist in fits['all_results']:
                    hist = fits['all_results'][dist]
                    distribution_data = self._generate_probability_distribution(
                        hist['hist'], hist['params'], series_bins)
                    distribution_data.plot(lw=2, label=dist, alpha=0.6, ax=ax)
                ax.legend(loc='best')
        ax.set_ylim(y_max)
        ax.set_xlim(x_max)
    return fig
```

另一种方法，可以根据传入的 Series
数据绘制所有分布，以帮助可视化
标准分布之间的相似性

9.3　对机器学习代码进行模块化设计

经过寻找、修复、验证对庞大脚本的更改这样的痛苦练习，我们已经到了崩溃的临界点。我们与团队沟通，告诉他们代码的技术债务太高，需要在继续其他工作之前还清。团队接受了这一点，同意按照功能分解脚本，将复杂性抽象为可以独立理解和测试的更小部分。

在查看代码之前，先分析一下脚本，看看它的主要功能组成。这种基于功能的分析可以帮助确定创建哪些方法来实现功能隔离(有助于将来排除故障、测试和插入新功能)。图 9-5 说明了脚本中包含的核心功能，以及如何提取、封装和创建单一用途的代码分组，以定义哪些代码应该放在我们的方法中。

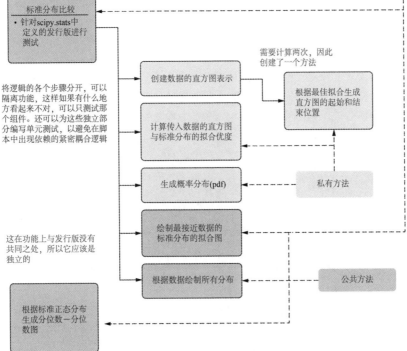

图 9-5　代码清单 9-1 的代码体系结构重构

这种对代码的结构和功能的分析有助于合理化通用功能的分组。通过这种检查，可以识别、隔离和封装元素，以提升代码的易读性和可维护性(故障排除和可伸缩性)。注意私有方法(private，最终用户不需要使用它来从模块中获取值的内部功能)和公共方法

(public，面向用户的方法，将根据他们的需要从代码中生成特定的操作)。向用户隐藏该模块的内部功能，将有助于减少用户的认知负荷，同时尽可能降低代码复杂度。

现在我们已经有了一个重构计划，可以把几乎无法理解的脚本代码重构成更容易理解和维护的代码，下面查看重构和模块化后的最终代码，如代码清单 9-3 所示。

代码清单 9-3 中的代码在功能上与脚本相同。它会在相同的运行时间内生成相同的结果，并且会即时编译成与代码清单 9-1 中脚本完全相同的字节码(减去用于绘制 Series 数据中所有标准引用分布的额外方法)。这段代码与脚本的主要区别在于其实用性。

虽然代码清单 9-3 中的代码行数比脚本中多得多，但在处理代码的核心逻辑时实现了隔离。我们可以一个方法一个方法地遍历代码，跟踪可能出现的任何问题，处理可能需要解决的任何故障。我们现在还能够对代码进行单元测试。有了可预测且易于理解的数据模型，就可以根据已知功能验证这些方法，就像化学中使用试纸进行快速测试一样。

以这种方式编写代码的好处是，在对稍微复杂的开发操作进行一次预先投资后，我们可以潜在地为自己节省无数令人沮丧的排除代码中错误所耗费的时间。这让我们可以更专注于应该做的事情：解决业务问题。

注意 如果将这个解决方案用于真正的代码库，统计计算将放在统计模块自己的类中，而可视化代码将放在另一个模块中。代码清单 9-3 中的所有方法都被放到一个类中，是为了更方便地阅读本书，在实际工作中不要这样做。

机器可读的代码与人类可读的代码

关于代码设计和结构的重要一点是，它主要是为了满足人类的利益，而不是为了执行代码的计算机。虽然看起来将操作密集而复杂的块连接在一起执行效率更高，但事实是，对于计算机来说，如果可执行逻辑相同，那么编写代码的方式(关于函数式、面向对象和脚本)纯粹是为了满足维护代码的人的利益。

高质量的代码库读起来应该像书面文本。它应该可以清楚地显示代码中的变量、函数、方法、类和模块名称以及标准操作，它应该足够清晰、简洁，易于理解。精通该编程语言的人应该能够通过阅读代码库中的代码，非常轻松地理解代码的功能。

简写的符号、令人困惑的首字母缩写和过于密集的控制流对理解代码如何工作没有任何帮助。毕竟，对于执行从高级语言代码编译而来的字节码的计算机来说，指向内存中的同一个对象时，变量名是 h 还是 standard_distribution_histogram 没有什么不同。而人类对代码的评估就不一样了。

整个设计哲学是为编写代码而存在的，适用于机器学习项目工作。它被称为测试驱动开发(Test Driven Development，TDD)，有助于以高效的方式构建代码解决方案。在 9.4 节中，将介绍应用于机器学习开发的 TDD 原则。

9.4 机器学习的测试驱动开发

作为我们与新团队对有问题的脚本进行重构工作的后续部分，可能应该讨论如何以不同的方式在 MVP 开发中工作。多年来出现了许多软件开发的理念和模式，其中我使用过并看到非常适合机器学习项目的是 TDD。

作为一个原则，TDD 适用于一般的软件开发。从本质上讲，TDD 首先关注编写测试，然后创建一个功能强大且优雅的代码库来满足这些测试。它的观点是："我需要执行操作 x，并期望生成结果 y，因此我将创建一个断言 y 的测试，然后为 x 编写代码，它可以通过 y 测试。"对于当今的大多数软件工程来说，TDD 被认为是以敏捷模式开发软件的基本方法之一。

虽然纯粹的 TDD 作为机器学习用例的开发策略非常具有挑战性(特别是试图测试来自完全不确定或不十分确定的算法时)，但当应用于机器学习项目工作时，基本原则可以显著提高代码的功能性、可读性和稳定性。你的断言可能与传统的软件开发人员编写的断言不同，但是目的和基础仍然相同。这一切都是关于有目的且可预测的行为，并可以在开发过程中确认其正确运行。

在回顾代码清单 9-1 和代码清单 9-3 之间的重构过程时，应该思考的是"我该如何测试这段代码？"而不是"什么东西好看？"图 9-6 展示了我在创建代码清单 9-3 时的思考过程。

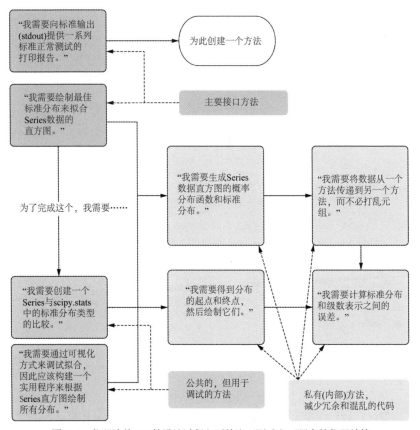

图 9-6　代码清单 9-3 的设计过程主要关注可测试和可隔离的代码结构

图 9-6 中最左侧的每个方框表示不同的逻辑操作，这些逻辑操作是为了测试而分开的。以这种方式拆分组件可以减少需要搜索的次数。我们还通过隔离单独的功能来降低代码的复杂性，通过对复杂的操作进行拆分，现在每个阶段都能够独立地检查和验证。

注意 在编写这些示例时，我实际上先编写了代码清单 9-3，然后根据该代码改编了代码清单 9-1。从一开始就从生成单元可测试代码的角度进行编写，可以使解决方案更容易阅读、修改和测试(或者，在本例中将这些代码转换为难以阅读的脚本)。开始编写抽象代码时，创建抽象的过程可能很陌生。在机器学习的从业过程中，随着时间的推移，你自然会倾向于更有效的方法。如果你正经历从脚本到在重构中抽象的转变，不要气馁。完成这个艰苦的过程后，你将迎来让人欣喜的新世界。

为了进一步解释图 9-6 中的思想过程是如何从结构设计转化为在简洁且隔离的功能分组中创建可测试代码的，以私有方法 _generate_boundaries()为例加以介绍。代码清单 9-4 显示了这个私有方法的简单单元测试是如何实现的。

代码清单 9-4　_generate_boundaries()方法的单元测试示例

静态测试期望的值，以确保
可以得到正确的功能

```
def test_generate_boundaries():                         ◀──  一个单元测试定义函数，用于测试
    expected_low_norm = -2.3263478740408408                  _generate_boundaries()方法
    expected_high_norm = 2.3263478740408408
    boundary_arguments = {'location': 0, 'scale': 1, 'arguments': ()}
    test_object = DistributionAnalysis(np.arange(0,100), 10)
    normal_distribution_low = test_object._generate_boundaries(stat.norm,
                                               boundary_arguments,
                                               0.01)
    normal_distribution_high = test_object._generate_boundaries(stat.norm,
                                                boundary_arguments,
                                                0.99)
    assert normal_distribution_low == expected_low_norm, \
        'Normal Dist low boundary: {} does not match expected: {}' \
        .format(normal_distribution_low, expected_low_norm)
    assert normal_distribution_high == expected_high_norm, \
        'Normal Dist high boundary: {} does not match expected: {}' \
        .format(normal_distribution_high, expected_high_norm)

if __name__ == '__main__':
    test_generate_boundaries()
    print('tests passed')
```

判断 _generate_boundaries 方法的返回值是否
等于期望值

类 DistributionAnalysis()的对象实例化

允许运行模块的所有测试(实际上，将在这里调用多个单元测试函数)。如果所有测试都通过了(断言不抛出异常)，这个脚本将退出，打印出测试通过的消息

调用受保护的方法 _generate_boundaries，其下限值为 0.01

在该方法中，测试了几个条件，以确保我们的方法能够按预期运行。该例中值得注意的是，如果这段代码没有与此模块中进行的其余操作隔离，那么测试将非常具有挑战性(或不可能完成)。如果这部分代码导致了问题，或者在这段代码之前或之后出现了另一

个紧密耦合的操作，在不修改代码的情况下，将无法确定问题的根源。然而，通过分离此功能，可以在此边界进行测试，并确定其行为是否正确，从而减少因为模块未完成其预期功能需要评估的事件数量。

注意 有许多 Python 单元测试框架，每个都有自己的接口和行为(例如，pytest 严重依赖 fixture 注释)。基于 JVM 的语言通常依赖于 xUnit 的标准设置，这与 Python 中的标准有很大的不同。这里的重点不是使用一种特定的风格，而是编写可测试的代码并遵循特定的测试标准。

为了演示这种范式在实践中的作用，让我们看看将第二个断言语句从相等转换为不相等时会发生什么。运行这个测试时，得到的 AssertionError 输出如代码清单 9-5 所示，详细说明了代码中哪里出了问题。

代码清单 9-5　单元测试失败示例

```
============================== FAILURES ==============================
_____ test_generate_boundaries _____
  def test_generate_boundaries():
      expected_low_norm = -2.3263478740408408
      expected_high_norm = 2.3263478740408408
      boundary_arguments = {'location': 0, 'scale': 1, 'arguments': ()}
      test_object = DistributionAnalysis(np.arange(0, 100), 10)
      normal_distribution_low = test_object._generate_boundaries(stat.norm,
                                                           boundary_arguments,
                                                           0.01)
      normal_distribution_high = test_object._generate_boundaries(stat.norm,
                                                           boundary_arguments,
                                                           0.99)
      assert normal_distribution_low == expected_low_norm, \
         'Normal Dist low boundary: {} does not match expected: {}' \
            .format(normal_distribution_low, expected_low_norm)
>     assert normal_distribution_high != expected_high_norm, \
         'Normal Dist high boundary: {} does not match expected: {}' \
            .format(normal_distribution_high, expected_high_norm)
E     AssertionError: Normal Dist high boundary: 2.3263478740408408 does not match
               expected: 2.3263478740408408
E     assert 2.3263478740408408 != 2.3263478740408408

ch09/UnitTestExample.py:20: AssertionError
========================== 1 failed in 0.99 seconds ==========================
Process finished with exit code 0
```

顶级异常(AssertionError)的返回值，以及在测试中为确保能追踪到哪里出了问题而编写的消息

断言试图执行的实际估算

报告边缘的插入符号表示单元测试中失败的那一行

设计、编写和运行有效的单元测试对于生产环境的稳定性至关重要，特别是在考虑未来的代码重构或扩展此实用程序模块的功能时，因为额外的工作可能会更改此方法或其他将数据提供给此模块功能的方法。然而，在将代码合并到主分支之前，我们确实想知道所做的更改会不会给该模块中的其他方法带来问题(并直观表明问题可能存在的位置，因为功能与模块中的其他代码是隔离的)。通过了解事情按照最初的意图工作，我们

可以自信地维护复杂的代码库。

注意 关于 TDD 的更多信息，强烈建议你阅读 Kent Beck 撰著的书，*Test-Driven Development by Example* (Addison-Wesley Professional，2002)。

9.5　本章小结

- 单片脚本不仅难以阅读，而且只能使用低效且容易出错的调试技术。
- 就修改行为和引入新特性而言，大型的、急于求值的脚本具有难以置信的挑战性。在这种情况下，排除故障将是一种具有挑战性的事情。
- 通过在机器学习代码库中使用抽象来定义任务的逻辑分离，极大提高了需要随着时间的推移维护和改进解决方案的代码的可读性。
- 设计项目代码体系结构以支持离散的可测试接口来实现功能，这对调试、特性增强工作和长期机器学习项目的持续维护更新很有帮助。

第 *10* 章

编码标准和创建可维护的机器学习代码

本章主要内容
- 识别机器学习代码中的"异味"以及如何纠正它们
- 降低机器学习项目中的代码复杂度
- 柯里化可以让代码更简洁、更容易理解
- 在机器学习代码库中应用适当的异常处理
- 理解副作用以及它们如何导致 bug
- 简化嵌套逻辑从而更方便理解

在第 9 章中,我们大致介绍了代码基础。专注于利用重构和基本的软件工程最佳实践来分解复杂的结构,这对于进一步讨论机器学习软件开发的更详细方面很重要。如果不奠定基本最佳实践的基础,接下来的代码体系结构和设计元素就无法发挥应有的作用。

在任何人的软件开发(机器学习或其他)职业生涯的早期,识别实现中潜在问题的能力实际上不存在。这是可以理解的,因为知道什么可行什么不可行的智慧直接来自经验。每个从事软件开发工作的人最终都会明白,你可以做的那些事情并不意味着你应该在代码中应用它。这些教训通常是通过把事情搞得一团糟之后获得的。

我见过很多项目因为上述原因被放弃。毕竟,如果没有人能够对代码进行故障排除,更不用说阅读代码,那么技术债务缠身的解决方案在生产环境中长时间运行的可能性就很小了。

本章的目标是确定我在机器学习代码库中看到的最常见的问题,这些问题直接影响解决方案的稳定性(以及维护解决方案的工作强度)。

10.1 机器学习的代码异味

有时，查看代码库就知道有些地方不对。你在格式化、集合处理、缺乏适当的递归或死代码(永远不会被执行的代码)数量方面看到的错误可以让你了解代码库的整体健康状况。如果它们足够糟糕，即使是团队中最初级的成员也能识别出来。

更隐蔽的问题对于初级数据科学家来说可能更难发现，但对于更资深的团队成员来说却很清楚。代码中的这些"异味"(Martin Fowler创造的著名术语)表示，可能在其他地方出现的潜在严重问题直接影响生产稳定性或使代码在出现问题时几乎无法进行调试。

表10-1列出了我在机器学习代码库中看到的一些更常见的代码异味。虽然列出的这些问题本身并不是灾难性的，但它们通常是我看到的"丹麦一切都不太好(源自莎士比亚的戏剧《哈姆雷特》中的台词)"的第一个迹象。发现其中一个代码异味通常意味着可能影响生产稳定性的更糟糕的问题包含在代码库的某个地方。学会识别这些问题，制订解决它们技术债务的计划，并努力学习在机器学习项目中避免这些问题的技术，可以显著减少机器学习团队未来不得不做的重构和修复工作。

表10-1 机器学习代码库中常见的"无毒"代码异味

代码异味	示例	为什么它散发"异味"
通配符导入	from scipy import *	这引入了包中所有的顶级函数。这可能会导致这些函数与从其他库中导入的函数发生冲突，或在代码库中造成命名空间冲突
多次导入	import numpy as np from numpy import add	令人困惑，在代码中混合使用多种导入方式。这将使代码难以阅读
过多的参数	from numpy import add def my_method(df, name, source, fitting, metric, score, value, rename, outliers, train, valid)	使代码更难阅读。 难以阅读，难以维护，而且令人困惑。说明了整个代码库中抽象和封装的更深层次的问题
复制的样板	在3个不同的地方定义用于训练、测试和推断的特性工程代码	又名霰弹枪手术——如果需要修改，则需要在所有地方进行修改，增加犯错和出现不一致的机会
使用默认值	km = Kmeans()	默认值通常并不理想
超参数	km.fit(train)	在快速原型设计之外看到未经调整的模型很危险
变量重用	pred = lr.predict(test) pred.to_parquet('/<loc>') pred = rf.predict(test) pred.to_parquet('/<loc2>')	违反单一职责原则。使代码难以跟踪和调试。会产生难以修复的状态错误。添加新功能可能会创建"意大利面条代码"(意大利面条代码是软件工程中反面模式的一种，是指源代码的控制流程复杂、混乱而难以理解，尤其是用了很多GOTO、异常、线程或其他无组织的分支。其命名的原因是程式的流向就像一盘面一样扭曲纠结)

(续表)

代码异味	示例	为什么它散发"异味"
文字变量	profit = 0.72 * revenue	文字变量是"神奇的数字",当它们广泛分布在代码中时,更新它们可能是一场噩梦。它们应该始终定义为命名常量
解释代码如何工作的内联注释	一些极其复杂的链式代码	如果你需要写注释来解释代码是如何工作的,那么你就做错了。当代码变得非常复杂,需要有人提醒你它是如何工作的时候,你应该假设没有人能够弄清楚你所写的内容。你需要做的是重构它,从而降低代码的复杂性
没使用公共表表达式的 SQL	没有封装临时表定义的链式连接	CTE 有助于提高 SQL 的可读性。拥有数百(或数千)行具有单一依赖链的 SQL 意味着任何修改(添加或删除一列)都可能花费数小时,而且几乎不可能进行调试
SQL 墙	函数没有进行缩进或者必要的换行	这种代码让人无法阅读
不断重塑类型	age = int(age) height = float(height) seniority = int(retirement)\ – int(age)	因为遇到了一次类型转换异常,那么为了确保异常不再发生,将所有整数都强制转换为整数,这是没有必要的

本章主要关注 5 种最常见的"致命"错误。这些都是导致机器学习代码库从根本上被破坏的严重问题。看到这类问题可能意味着每周至少会接到一次紧急的故障处理电话。

如果一个项目包含本章所描述的少数问题,它并不一定会失败。项目的继续开发可能是繁重和混乱的,或者维护起来非常麻烦,但这并不意味着它不会运行并提供预期的服务。

但是,如果代码库中存在大量的上面描述的问题,那么你晚上就不要指望能睡个好觉了,你会被各种 bug 修复的电话吵醒。图 10-1 显示了这些问题的严重性及其对最终项目的潜在影响。

在本章接下来的内容中,我们会详细介绍这 5 个主要的不良实践。我们将专注于如何修复它们,并讨论为什么它们对机器学习项目工作如此有害。

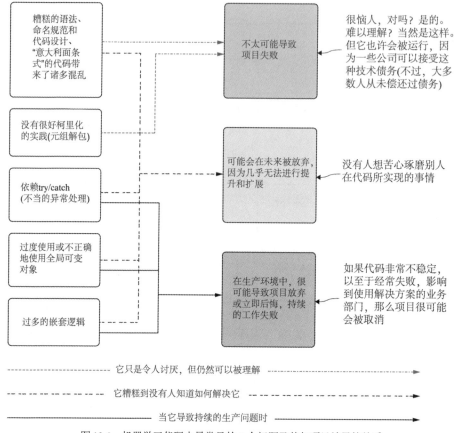

图 10-1　机器学习代码中最常见的 5 个问题及其与项目结果的关系

10.2　命名、结构和代码体系结构

那些需要随时待命来完成支持工作的人经历过的最令人疲惫和恐慌的场景，莫过于意识到刚刚发生故障并需要调查的任务又是"那一个"。这段代码是如此的令人困惑、复杂和胡乱修补，以至于当它坏掉的时候，通常需要请原始作者来修复它。更糟糕的是，知道那个人两个月前就离开了公司。现在你必须接手他留下的烂摊子，去修改这让人沮丧的代码。

深入研究它，你所看到的只是由晦涩的首字母缩写构成的变量名，函数内的大量代码墙，带有数十个不相关方法的类随意组合在一起，毫无帮助的内联注释，以及数千行注释掉的代码。它基本上是两种情况中最糟糕的：一是一盘"意大利面代码"(组织代码中的控制流，就像一盘坨在一起的意大利面)，二是一团泥(实际上是一堆单独的意大利面组成的泥沼，其中有重复的代码、全局引用、死代码，而且使用的体系结构毫无可维护性)。

遗憾的是，许多机器学习代码看起来都是这样，对代码进行诊断和重构非常令人沮丧。下面介绍关于命名、结构和代码体系结构的一些坏习惯，以及这些坏习惯的更好替代方案。

10.2.1　命名约定和结构

命名变量可能有点棘手。一些思想流派赞同"少即是多"的哲学，认为最简洁(最短)的代码是最好的。其他人，包括我自己，在编写非机器学习代码时，倾向于坚持更详细的命名约定。如第 9 章所述，计算机根本不关心如何命名事物(前提是，如代码清单 10-1 所示，没有将结构的保留关键字用作变量名)。

下面介绍一些命名问题的密集表示。从懒惰的缩写(简化的占位符变量名)到难以理解的类似密码的名称和系统保留的函数名，代码清单 10-1 有很多问题。

代码清单 10-1　糟糕的命名约定

使用内置语言函数 tuple()定义一个元组，该函数接受一个可迭代对象(这里是一个列表)。但是，变量定义没有说明它的用途

将其他列表合并为一个列表。在这条语句中定义列表很难阅读，并且增加了代码的复杂性。这个变量名很让人费解，对任何阅读代码的人来说都无法理解

生成一个数字列表。使用变量名 "abc" 只是因为懒惰

```
import functools
import operator
import math
gta = tuple([1,2,3,4])
abc = list(range(100))
REF_IND_24G_88A = list(zip(abc, list(range(0, 500, 5))))
tuple = [math.pow(x[0] - x[1],2) for x in REF_IND_24G_88A]
rtrn = math.sqrt(functools.reduce(operator.add, tuple) / len(tuple))
```

计算两个数字列表的平方误差。这个变量名是危险的，因为它是一个保留的函数名，现在在这个上下文中会被覆盖

计算均方根误差(RMSE)，但定义的变量名只用了 return 的缩写名称，这个名称并没有表明变量的真正含义

两个序列的 RMSE

将值报告给标准输出(仅供演示用途)

```
rtrn
> 229.20732972573106
gta
> (1, 2, 3, 4)
another_tuple = tuple([2,3,4]
> TypeErrorTraceback (most recent call last)
<ipython-input-9-e840d888412f> in <module>
----> 1 another_tuple = tuple([2,3,4])
TypeError: 'list' object is not callable
```

现在调用前面定义的元组 gta，看看它在执行时生成了什么

在 gta 声明中定义元组的预期结果

现在尝试生成另一个元组

哎呀！为什么无法运行？我们用列表定义重写了 Python 语言函数 tuple。由于 Python 中几乎所有的东西都是可变的、弱类型的和基于对象的，如果我们不小心，甚至可以覆盖语言本身的关键函数和方法

这显然是一个夸张的例子，将多个不良做法浓缩到一个代码块中。你几乎不可能在现实中看到这样的问题，但在我所见过的代码库中，每一个这样的问题都存在。

在这里提出的所有问题中，保留名称的使用可能最危险。它不仅在大型代码库中难以检测，而且会在未来的开发过程中造成严重破坏。我再怎么强调避免使用非特定变量名的重要性也不为过，特别是在 Python 这样的语言中，因为你可以使用看似无害的快捷

命名来覆盖核心函数和方法。

虽然这在编译语言中不是直接的问题(毕竟编译器不允许将受保护的方法重新赋值给你定义的东西)，但它可以通过无意地重写具有依赖关系的方法而引入。虽然 JVM 语言具有检测，并且不允许混合来自超类的不正确覆盖的特性，但在开发过程中使用名称不佳的方法可能会导致浪费无数小时来追踪构建失败的原因。

10.2.2　别要小聪明

开发简洁的软件没有奖项，将来也不会有。试图通过编写紧凑和简洁的代码对解释语言中代码的运行时效率没有任何帮助。它唯一的作用就是激起那些不得不阅读代码的人的愤怒。

注意 良好的代码样式和可理解的结构对大家都有益。计算机并不关心你的链式操作有多花哨，但其他人会。他们会因为你耍小聪明而讨厌你。

代码清单 10-2 举例说明了如何创建最密集、最高效的代码。虽然它在技术上正确，也能计算均方根误差，但它几乎无法阅读。

编写这样的代码对性能没有任何帮助。通过编写他们认为高效的代码，代码编写者可能会觉得自己更聪明，但事实并非如此。这些代码使得其他人很难弄清楚发生了什么，修改起来也会非常困难，并且限制了调试的可能性。

代码清单 10-2　复杂的单行代码

```
rmse = math.sqrt(functools.reduce(operator.add, [math.pow(x[0] - x[1], 2) for
x in list(zip(list(range(100)), list(range(0,500,5))))]) / 100)
```

编写这样的代码对任何人都没有好处，包括你自己。它是密集的，难以阅读，需要大量的精力来弄清楚它在做什么(即使它的名称使用正确的含义)

这种高效的单行编码风格需要对每个元素花费过多的精力，以便将发生的所有操作拼凑在一起。值得庆幸的是，在这个示例中执行了一组简单的逻辑。我以前在 IDE 中见过跨越几十行的单行程序，编写这样的代码对任何人都没有任何好处。

代码清单 10-3 是编写此功能块的一种更清晰、更直接的方法。虽然仍然不理想，但它与之前的代码相比，易于阅读。

代码清单 10-3　使用正确命名和良好结构的代码

更清晰的变量名，用纯文本解释变量指向的值

通过使用描述性的变量名，可以更容易了解代码的含义。通过变量名称说明正在执行的操作使阅读代码更加容易，不要使用对操作状态没有任何意义的令人困惑的变量名称

```
first_series_small = list(range(100))
larger_series_by_five = list(range(0, 500, 5))
merged_series_by_index = list(zip(first_series_small, larger_series_by_five))
merged_squared_errors = [math.pow(x[0] - x[1],2) for x in
    merged_series_by_index]
merged_rmse = math.sqrt(functools.reduce(operator.add, merged_squared_errors)
        / len(merged_squared_errors))
```

根据定义的逻辑将最终操作命名为特定的计算值，这使整个代码块更容易理解

在代码清单 10-4 中显示了编写这段代码的正确方法。不仅变量名清晰，而且我们没有重新实现标准包中已经存在的功能。为了保持代码尽可能简单和易读，不要尝试重复工作。

代码清单 10-4　代码的正确版本

scikit-learn 团队慷慨地提供并维护了 RMSE 方程。他们当然知道自己在做什么，你应该相信他们的模块可以正常运行

在函数或方法中硬编码值是一种反模式(除了在 mean_squared_error 函数中，我们强制将标志设置为 False 的特定功能)，因此在这里，我们允许生成器通过传入的配置来计算并生成 Series 的不同值

```python
import numpy as np
from sklearn.metrics import mean_squared_error

def calculate_rmse_for_generated_sequences(**kwargs):
    first_sequence = np.arange(kwargs['seq_1_start'], kwargs['seq_1_stop'],
        kwargs['seq_1_step'], float)

    second_sequence = np.arange(kwargs['seq_2_start'], kwargs['seq_2_stop'],
        kwargs['seq_2_step'], float)
    return mean_squared_error(first_sequence, second_sequence, squared=False)

calculate_rmse_for_generated_sequences(**{'seq_1_start': 0, 'seq_1_stop': 100,
                                          'seq_1_step': 1, 'seq_2_start': 0,
                                          'seq_2_stop': 500, 'seq_2_step': 5})
> 229.20732972573106
```

将均方误差函数(MSE)的平方参数标志设置为 False，即可得到 RMSE

10.2.3　代码体系结构

代码体系结构是一个有争议的主题。虽然许多人都吹嘘他们有一个理想的解决方法，但对于在代码库中实现良好逻辑布局的唯一有效答案是团队能够维护的逻辑布局。我已经数不清有多少次在工作中看到某人的理想存储库结构是如此荒谬的过度设计，以至于团队最终在项目完成之前挣扎着将代码合并到其中。

为项目定义一个意图良好但过于复杂的存储库结构的不可避免的结果是对合理抽象的破坏。在机器学习项目中，随着开发过程的推进，为了解决方案的需求而创建了额外的函数，新的函数最终被硬塞到错误的地方。当开发周期完成时，代码库就无法进行检索了，如图 10-2 所示。

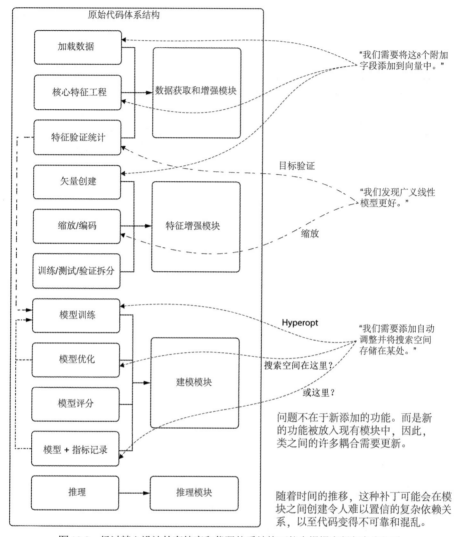

图 10-2 经过精心设计的存储库和代码体系结构可能会慢慢变得复杂和混乱

在本例中，需要向代码中添加 3 个主要功能。每个参与者都试图根据项目开始时构建的现有框架，找出他们的功能分支代码需要放在哪里。第一个向向量添加更多特性的改进并不令人困惑。存储库结构明确定义了专门用于此的模块。

第二个变更是对模型族的修改，涉及替换之前使用的模型。只要原始模型的核心代码(在更改之前就已经存在了)从代码库中完全删除，并且删除了死代码，而不仅仅是将它们注释掉，这种形式的重构就完全没问题。然而，作为该模型更改的一部分，需要以验证检查的形式提供新的功能。这将走向何方？

贡献者最终将这个新功能放到特性验证统计类中。这将在特性相关的统计信息和新的目标统计信息之间创建功能的紧密耦合。

虽然这两个操作都在对数据进行统计验证，但所执行的算法、验证和操作彼此之间没有任何关系。此外，为了让此功能能够适合现有的类，需要更改签名以适应这两种用例。这是一个典型的意大利面代码的例子：完全不相关的代码和用于"猴子补丁"(属性在运行时的动态替换，称为猴子补丁)功能的修改共同使代码变得更脆弱、更混乱，并且在未来更难修改。由于必须考虑新功能，对该类的测试也将变得更加难以编写。这样做所带来的收益远不如付出的成本多。对于这个新功能，贡献者应该做的是创建一个带有支持目标统计验证需求的类(或多个类)的新模块。

最后的更改是添加用于自动调优模型的 Hyperopt，这迫使团队成员执行高度复杂的重构。他们更新了模型训练模块来支持这一点，这是合理的。但是，搜索空间配置应该被外部化到不同的模块中。加载带有不相关功能的指标、参数和监视模块只会创建一个草率的代码库。这将使同行评审(Peer Review，PR)过程更加复杂，使未来的特性工作更具挑战性，并强制编写更复杂的单元测试以确保正确的代码覆盖率。

在这里要明确一点，我不主张严格遵守特定的代码体系结构，也不主张坚持项目 MVP 阶段结束时存储库的任何设计。代码应该始终健康增长；重构、改进、添加特性、删除特性和维护代码库的过程应该为所有从事软件开发的人所接受。

然而，有一些方法可以添加特性使代码库变得可维护，也有一些方法使代码库变得支离破碎、复杂和混乱。如果要更改现有功能或添加与当前类或模块定义的封装隔离的新功能，则应该在该模块中编写功能。但是，如果更改非常大(一个完全新的功能可以抽象到它自己的模块中)，或者涉及与散布在整个代码库中的许多其他类和模块的通信，那么就应该创建一个新模块。

10.3　元组解包和可维护的替代方案

假设我们正在开发一个生产环境中相对复杂的机器学习代码库。我们已经创建了特性分支，并准备实现改进。我们正在处理的内容(向核心模块添加统计测试)需要向评分方法添加另一个返回值。

查看现有的方法，我们看到返回的是一个值的元组，目前有 3 个值。在添加额外的逻辑并使用额外的变量更新返回元组之后，我们将来到需要新的返回值的代码部分。在更新针对此方法的功能分支结构后，在功能分支上运行测试。

一切都被打乱了。代码库中其他不需要新变量的地方，即使不使用它，也仍然需要捕获添加的返回值。幸运的是，有一个解决方案可以通过位置引用柯里化返回值：元组解包(tuple unpacking)。

10.3.1　元组解包示例

下面介绍代码清单 10-5 中的一个简单数据生成器。在这段代码中，我们使用逻辑映射函数生成数据，并将其可视化，然后返回 plot 对象和 series(因此可以基于配置的值对其进行统计分析)。

代码清单 10-5　具有元组返回的逻辑映射数据生成器

```
import matplotlib.pyplot as plt
import numpy as np
def logistic_map(x, recurrence):
    return x * recurrence * (1 - x)            用于递归先验值的
                                               逻辑映射函数

def log_map(n, x, r, collection=None):
    if collection is None:
        collection = []                        尾递归函数, 通过对每个前一个值应
    calculated_value = logistic_map(x, r)      用逻辑映射方程来生成序列
    collection.append(calculated_value)
    if n > 0:
        log_map(n-1, calculated_value, r, collection)
    return np.array(collection[:n])


def generate_log_map_and_plot(iterations, recurrence, start):
    map_series = log_map(iterations, start, recurrence)
    with plt.style.context(style='seaborn'):       函数, 用于生成级数, 以及显示特
        fig = plt.figure(figsize=(16,8))           定递归值对级数的影响的图形
        ax = fig.add_subplot(111)
        ax.plot(range(iterations), map_series)
        ax.set_xlabel('iterations')            元组返回类型。这并没有过分地展示传递
        ax.set_ylabel('logistic map values')   函数结果的复杂性, 但它仍然需要了解要
        ax.set_title('Logistic Map with recurrence of:    使用的函数签名。它还需要对每个调用该
    {}'.format(recurrence))                    函数的地方进行位置引用(在该函数的返回
    return (map_series, fig)                   类型和代码中使用它的每个地方之间创建
                                               紧耦合结构)

log_map_values_chaos, log_map_plot_chaos = generate_log_map_and_plot(1000,
    3.869954, 0.5)


调用带有返回值的元组解包的函
数, 将它们直接赋值给变量
```

注意 有关这些示例的结果，请参阅本章的 Jupyter notebook，该 notebook 位于 https://github.com/BenWilson2/ML-Engineering。

通过 generate_log_map_and_plot()函数指定的两个返回值，从使用和可维护性的角度来看，在使用它时保持正确的引用并不困难。然而，当返回值的大小和复杂度增加时，使用这个函数就会变得越来越困难。

作为来自函数的复杂返回类型的示例，请参见代码清单 10-6。这种单变量序列的简单统计分析将生成复杂的输出。虽然使用分组元组的目的是让它更容易使用，但它仍然过于复杂。

代码清单 10-6　具有噩梦般元组解包的统计分析函数

```
def analyze_series(series):
    minimum = np.min(series)          对一系列数据进行统计的
    mean = np.average(series)         函数
    maximum = np.max(series)
```

```
            q1 = np.quantile(series, 0.25)
            median = np.quantile(series, 0.5)
            q3 = np.quantile(series, 0.75)
            p5, p95 = np.percentile(series, [5, 95])
            std_dev = np.std(series)
            variance = np.var(series)
            return ((minimum, mean, maximum), (std_dev, variance), (p5, q1, median,
                q3, p95))
```

复杂分组嵌套元组返回类型，
将强制此函数的调用者返回位
置(或复杂定义的返回)

```
        get_all_of_it = analyze_series(log_map_values_chaos)
        mean_of_chaos_series = get_all_of_it[0][1]
        mean_of_chaos_series
        > 0.5935408729262835
```

使用对象将整个返回结
构保存在单个变量中

```
        ((minimum, mean, maximum), (std_dev, variance), (p5, q1, median, q3, p95)) =
                    analyze_series(log_map_values_chaos)
```

使用位置表示法和嵌套从返回结构中获取特定元素。
这是非常脆弱和难以使用。大多数情况下，当使用这
种方法时，如果函数发生了变化，重构时就会忽略这
些值，从而导致令人困惑的异常或错误的计算

扩展元组的可选访问模式。这是丑陋
的代码，难以维护。当底层函数发生
变化时，这个紧耦合签名将抛出
ValueError 异常，表示解包计数与预期
不符

不过，以这种方式编写代码是有问题的，原因不仅仅是必须查看源代码才能使用它。
当这个函数需要更改时，会发生什么？如果我们不需要计算级数的第 95 个百分位数，而
是需要计算第 99 个百分位数呢？我们把它放在结构的什么地方？

如果更新返回的签名，则必须更新使用此函数的每一个地方。这不是一种从函数中
抓取数据以便在其他地方使用的可用形式。这还增加了代码的复杂程度，从而使整个代
码库更加脆弱、更难维护，并使故障排除和测试变得令人沮丧。

10.3.2　元组解包的可靠替代方案

代码清单 10-7 给出了这个问题的解决方案，它使用的结构和方法与另一种主流机器
学习语言——Scala——所使用的结构和方法相似(通过使用 case 类)。在代码清单 10-7 中，
使用命名元组来处理返回类型结构，从而允许我们使用命名引用来获取结构中的底层
数据。

这种方法使未来修改成为可能，因为任何返回结构的修改都不需要在使用的地方去
定义消费模式。它也更容易实现。使用这些结构就像使用字典一样(使用类似的底层结构)，
但它们比字典更有语法糖的感觉，因为使用了位置命名实体表示法。

代码清单 10-7　用命名元组重构序列和绘图生成器

导入标准集合库以访问命名元组

定义命名元组，它将用于对元
组返回类型内的数据进行命名
访问

```
        from collections import namedtuple

        def generate_log_map_and_plot_named(iterations, recurrence, start):
            map_series = log_map(iterations, start, recurrence)
            MapData = namedtuple('MapData', 'series plot')
```

```
with plt.style.context(style='seaborn'):
    fig = plt.figure(figsize=(16,8))
    ax = fig.add_subplot(111)
    ax.plot(range(iterations), map_series)
    ax.set_xlabel('iterations')
    ax.set_ylabel('logistic map values')
    ax.set_title('Logistic Map with recurrence of:
{}'.format(recurrence))
return MapData(map_series, fig)

other_chaos_series = generate_log_map_and_plot_named(1000, 3.7223976, 0.5)
other_chaos_series.series

> array([0.9305994 , 0.24040791, 0.67975427, 0.81032278, 0.57213166,
       0.91123186, 0.30109864, 0.78333483, 0.63177043, 0.86596575, …])
```

返回变量中包含的各个值可以通过命名
元组集合定义中的命名元素来访问

返回的签名现在是单个元素(在使
用函数时使代码看起来更整洁)，但
它不再需要位置符号来访问元素

创建一个命名元组 MapData 的新实例，
并将函数返回的对象放在命名元组定义
的结构中

现在我们已经有了代码清单 10-5 中重构序列和生成绘图的简单示例，下面查看具有
定义结构的命名元组方法如何帮助我们处理代码清单 10-6 中更复杂的返回类型，如代码
清单 10-8 所示。

代码清单 10-8　使用命名元组重构统计属性函数

```
def analyze_series_legible(series):
    BasicStats = namedtuple('BasicStats', 'minimum mean maximum')
    Variation = namedtuple('Variation', 'std_dev variance')
    Quantiles = namedtuple('Quantiles', 'p5 q1 median q3 p95')
    Analysis = namedtuple('Analysis', ['basic_stats', 'variation', 'quantiles'])
    minimum = np.min(series)
    mean = np.average(series)
    maximum = np.max(series)
    q1 = np.quantile(series, 0.25)
    median = np.quantile(series, 0.5)
    q3 = np.quantile(series, 0.75)
    p5, p95 = np.percentile(series, [5, 95])
    std_dev = np.std(series)

    variance = np.var(series)
    return Analysis(BasicStats(minimum, mean, maximum),
                    Variation(std_dev, variance),
                    Quantiles(p5, q1, median, q3, p95))

bi_cycle = generate_log_map_and_plot_named(100, 3.564407, 0.5)
legible_return_bi_cycle = analyze_series_legible(bi_cycle.series)
legible_return_bi_cycle.variation.std_dev
> 0.21570993929353727
```

为分析的
每个组件
定义命名
元组

命名元组可以嵌套，从而
将类似的数据返回类型聚
集在一起

生成序列数据

调用该函数并从生成器函数返
回传入命名引用的序列数据

提取嵌套的命名元组变
量的数据

通过使用命名结构，你在重构代码时为自己和他人减少了工作量，因为不必更改函数或方法的所有调用实例。此外，代码更容易阅读。增加代码的易读性可能不会降低代码执行的复杂性，但可以保证使代码远不那么复杂。

许多机器学习 API 利用元组解包。通常，元组被限制为不超过 3 个元素，以减少最终用户的困惑。跟踪 3 个元素似乎并不复杂(在大多数情况下)。但是使用位置引用从函数或方法返回元素就变得很麻烦了，因为代码必须在每个调用代码的地方反映这些位置返回。

元组解包最终增加了人们阅读和维护代码时的困惑程度，并提高了代码库的总体复杂性。通过使用封装的返回类型(Python 中的命名元组，Scala 中的 case 类)，可以最小化功能分支中需要更改的代码行数，并减少解释代码时的混乱。

10.4　对问题视而不见："饮食异常"和其他不良做法

继续我们的场景，通过运行第一个功能分支的完整测试，进入我们不熟悉的代码库。作为这个分支的一部分，必须使用一个数据加载器模块，该模块是为与对象存储数据湖进行接口而编写的。由于这个模块的文档很差，代码很难阅读，我们错误地传递了错误的身份验证令牌。Stderr 和 stdout 在执行我们的分支时，只打印出一行：Oops.　Couldn't read data。

这不仅非常令人讨厌(即便使用"俏皮"的错误消息也没有用)，而且它没有提供任何关于为什么不能读取数据的指导。数据不存在吗？我们是否传入了无效的路径？我们能访问这些数据吗？新功能分支对数据载入类中的方法的使用是否有什么不正常的地方？

如果不加载和解析系统上的日志，我们就不会知道。我们将不得不跟踪、修改代码、插入调试语句，并花费数小时深入研究代码和实用程序模块代码，以弄清楚发生了什么。我们已经在不知不觉中成为"饮食异常"的受害者：通过不恰当地使用 try/catch 块来实现"只是让它工作"的错误意图。

10.4.1　精准使用 try/catch

在开发机器学习代码时，一个比较危险的坏习惯是异常处理。这个软件开发领域通常与大多数数据科学从业者在试图解决问题时编写代码的方式不同。

一般来说，当编写代码时发生错误时，一般只会针对当前的问题进行修复，然后继续解决问题。然而，在生产代码中，代码库中的许多事情都可能出错。可能是传入的数据格式错误，或者数据的规模变化到不能再进行有效计算的程度，或者其他数百万种可能的错误。

我见过很多人在一个看似无关痛痒的地方使用 try/catch。但是，如果不完全理解如何实现对特定异常的处理，可能会导致 try/catch 滥用，这可能会造成代码库难以调试。

注意 有关异常处理在不正确的情况下如何导致问题的逐步示例，请参阅本书附带的存储库中的 notebook：CH09_1.ipynb。

代码清单 10-9 说明了这个概念。在这个简单的示例中，我们取一个整数，然后用它除以一个整数列表。我们想从这个函数得到的是一个新的集合，它表示基数除以传入集合中的每个成员的商。函数下面的结果显示了执行这段代码的必然结果：ZeroDivisionError。

代码清单 10-9　一个会抛出异常的简单集合除法函数

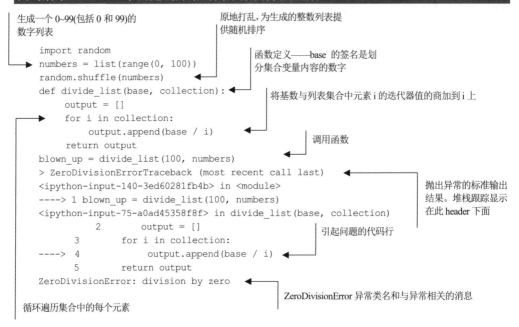

我所见过的许多数据科学家用来解决这个问题的盲目捕获(也就是"吃掉"所有异常)解决方案可能类似于代码清单 10-10。需要明确的是，绝不应该这样做。

代码清单 10-10　不安全地进行异常处理的例子

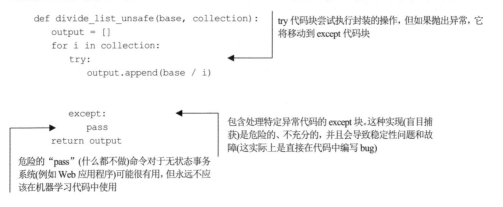

当执行这段代码时，将得到一个返回的列表，其中包含 99 个数字，减去由于 pass

关键字而引发异常并被忽略的 0 值。虽然这看起来像是解决了问题并让程序继续执行，但这确实是一个糟糕的解决方案。代码清单 10-11 说明了原因。

代码清单 10-11　为什么盲目使用异常处理是糟糕的行为

由于我们捕获了所有异常并继续执行(通过 pass 关键字)，因此不会抛出异常来警告我们有什么事情不能正常工作

传入一个字符串作为除数。这显然行不通(它会抛出 TypeError)

```
broken = divide_list_unsafe('oops', numbers)
len(broken)
> 0
```

列表为空。这可能会破坏下游的程序执行

当把非数字的内容传入这个函数时，不会得到错误。不会抛出任何异常来警告我们返回值是一个空列表。可以尝试做的是捕获确切的异常，这样就不会发生这样的情况，从而有效地处理问题。

捕获所有异常的问题

虽然代码清单 10-11 中的示例很明显，相当简单，而且在功能上似乎毫无问题，但在现实世界中，这种模式的实例却以一种非常丑陋的方式出现了。

假设你在机器学习项目中的绝大部分代码中编写了一系列盲目的 try/catch 语句。从读入源数据、执行特征工程任务、模型调优、验证和日志记录，每个主要步骤都封装在try、except 和 pass 语句中。如果在编码步骤中失败的数据有问题，会发生什么？如果读取源数据的身份验证令牌过期了呢？如果数据被移动了，读取数据的位置现在是空的呢？如果模型不能收敛，怎么办？

我想说的是，对于调查为什么这份工作没有任何产出的人来说，这些场景看起来都是一样的。出现问题的唯一迹象是这份工作没有完成它应该做的事情。因为所有的异常都被"吃掉"了，根本没有迹象表明从哪里开始寻找问题根源。

正是因为这个原因，盲目捕捉异常在本质上非常危险。在任何长时间运行的项目代码库未来的某个时刻，都会出现问题。这项工作会因为这样或那样的原因而失败。如果这妨碍了你解决问题的能力，那么你将不得不手动逐级遍历代码或执行某种二分搜索来跟踪发生了什么。用这种方法解决问题会浪费大量的精力和时间。

虽然编写正确的异常处理看起来需要做更多的工作，但这是必须做的事情。当代码最终出现问题时(相信我，它会出现问题的。因为只要观察足够长的时间，所有的代码库都会出现问题)，你将感激自己多花了 30 分钟编写正确的 try/catch 代码，因为它能让你在几分钟内而不是几天内找到问题的根源。

10.4.2　精心设计的异常处理

代码清单 10-12 展示了按类型捕获异常的正确方式。

代码清单 10-12　安全地捕获和处理单个异常

捕获我们想要的异常(ZeroDivisionError)并获
取异常对象的引用(e)

```
def divide_list_safer(base, collection):
    output = []
    for i in collection:
        try:
            output.append(base / i)
        except ZeroDivisionError as e:
            print("Couldn't divide {} by {} due to {}".format(base, i, e))
    return output

safer = divide_list_safer(100, numbers)
> Couldn't divide 100 by 0 due to division by zero
len(safer)
    > 99
```

不太理想的异常处理(当异常发生时，仍
然通过打印到标准输出来忽略它，但至
少对它做了一些处理)。正确的处理方式
是将错误信息记录到日志服务或
MLflow 中

调用该函数不会导致抛出可中断的异
常，但它确实让我们知道发生了什么

它删除了一个元素(0 整数)，但处理了输
入列表中剩余的 99 个元素

不过，这又带来了一个新问题。我们虽然生成了警告消息，但它被打印到标准输出。在生产系统中，为了排除问题，我们需要问题发生时的历史记录。打印到标准输出对我们没有帮助。

相反，我们需要一个集中的地方来查看这些问题发生的内容、地点和时间等细节。我们还需要确保，至少，我们的日志有一个可解析的标准格式，可以减少搜索日志文件以跟踪问题的时间。

10.4.3　正确处理错误

代码清单 10-13 显示了这个异常处理场景的最终实现，其中包含了针对零除法错误的自定义异常、日志记录和控制处理。

代码清单 10-13　使用适当的异常处理和日志记录的最终实现程序

```
from importlib import reload
from datetime import datetime
import logging
import inspect

reload(logging)
log_file_name = 'ch9_01logs_{}.log'.format(datetime.now().date().strftime(
    '%Y-%m-%d'))
```

这 3 行代码仅用于 Jupyter Notebook 中。
在.egg 文件中，只需要实例化一个新的
日志记录实例(然而，Jupyter 在初始化会
话时为你启动一个日志记录实例)

创建一个自定义异常类，具有从标准 ValueError 异常继承属性的能
力，并提供*args 以允许其他开发人员扩展或自定义此异常类

```
    logging.basicConfig(filename=log_file_name, level=logging.INFO)

class CalculationError(ValueError):
```

```python
    def __init__(self, message, pre, post, *args):
        self.message = message
        self.pre = pre
        self.post = post
        super(CalculationError, self).__init__(message, pre, post, *args)

def divide_values_better(base, collection):
    function_nm = inspect.currentframe().f_code.co_name
    output = []
    for i in collection:
        try:
            output.append(base / i)
        except ZeroDivisionError as e:
            logging.error(
                "{} -{}- Couldn't divide {} by {} due to {} in {}".format(
                    datetime.now(), type(e), base, i, e, function_nm)
            )
            output.append(0.0)
        except TypeError as e:
            logging.error(
                "{} -{}- Couldn't process the base value '{}' ({}) in {}".format(


                    datetime.now(), type(e), base, e, function_nm)
            )
            raise e
    input_len = len(collection)
    output_len = len(output)
    if input_len != output_len:
        msg = "The return size of the collection does not match passed in
collection size."
        e = CalculationError(msg, input_len, output_len)
        logging.error("{} {} Input: {} Output: {} in {}".format(
            datetime.now(), e.message, e.pre, e.post, function_nm
        ))
        raise e
    return output

placeholder = divide_values_better(100, numbers)
len(placeholder)
> 100
```

检索当前函数名,用于记录日志(防止在多个地方手动键入名称)

捕获除零异常,记录日志,然后提供一个占位值

根据传入的数据捕获数学上无效操作的 TypeError

在记录异常之后,我们想手动抛出它,这样该函数将提醒正在与之交互的开发人员,他们确实应该将数值类型作为基变量传递给该函数

如果列表大小不匹配,创建一个自定义异常类的对象

记录自定义异常的详细信息

引发自定义异常

由于我们将输出列表中失败的零除法错误替换为 0.0,因此列表长度匹配(100)

获取输入列表"集合"的长度和输出列表的循环后长度

在执行其他操作之前,记录 TypeError 异常(这样我们就可以看到它的发生)

在这一点上,当我们使用有效的集合(包含 0 或不包含)运行函数时,将获得每个被替换实例的日志报告。当我们使用无效值调用函数时,将记录异常并抛出(理想的行为)。最后,当列表不匹配时(例如捕获新的异常,但不替换值或修改逻辑的行为),做出这些更改的人将收到明确的警告,他们的更改引入了 bug。

代码清单 10-14 显示在变量提交的原始配置上运行此操作的日志结果，测试作为基本参数提供的无效字符串参数，并模拟不匹配的长度。

代码清单 10-14 记录捕获和处理的异常结果

用于读取日志文件的简单函数

```
def read_log(log_name):
    try:
        with open(log_name) as log:
            print(log.read())
    except FileNotFoundError as e:
        print("The log file is empty.")

read_log(log_file_name)
>
ERROR:root:2020-12-28 21:01:21.067276 -<class 'ZeroDivisionError'>- Couldn't
    divide 100 by 0 due to division by zero in divide_values_better

ERROR:root:2020-12-28 21:01:21.069412 The return size of the collection does
    not match passed in collection size. Input: 100 Output: 99 in
    divide_values_better
ERROR:root:2020-12-28 21:01:24.672938 -<class 'TypeError'>- Couldn't process
    the base value 'oops' (unsupported operand type(s) for /: 'str' and
    'int') in divide_values_better
```

我们甚至处理了 open()函数的预期异常，以便即使没有生成日志文件(因为使用函数时没有发生问题)，也不会抛出对函数的最终用户不清楚的异常。相反，会打印出一个简单的解释，让我们知道日志还没有创建

我们期望从包含数字 0 的整数集合列表中得到的异常

将 catch 块中用于处理零除法错误的 "replace with 0.0" 功能删除后的结果

将无效值作为基本参数传递给函数时记录的结果(在运行时也会抛出异常，但已经将异常记录到日志中)

即使是无害的错误，在开发过程中可能看起来并不重要，记录这些错误也可能是解决生产中问题的宝贵工具。无论你是想从根本上修复讨厌的问题，还是检查代码库的运行状况，如果没有日志和其中的数据，你可能完全意识不到解决方案代码中的潜在问题。如果有疑问，请将其保存在日志中。

10.5 使用全局可变对象

继续我们对新团队现有代码库的探索，我们正在处理另一个要添加的新特性。这个特性增加了全新的功能。在开发它的过程中，我们意识到我们分支的大部分必要逻辑已经存在，我们只需要重用一些方法和一个函数。我们没有看到的是，该函数使用了全局作用域变量的声明。当独立地为分支运行测试时(通过单元测试)，一切都完全按照预期工作。然而，对整个代码库的集成测试会产生一个无意义的结果。

经过数小时的代码搜索和调试跟踪，我们发现使用的函数的状态实际上与第一次使用相比发生了变化，函数使用的全局变量实际上也发生了变化，这使得第二次使用它完全不正确。我们遇到了变量混淆的问题。

10.5.1　易变性会如何伤害你

认识到易变性有多危险可能有点棘手。过度使用突变值、移动状态和覆盖数据可以有多种形式，但最终结果通常相同：一系列异常复杂的 bug。这些 bug 可以通过不同的方式表现出来：当你试图研究 Heisenbugs 时，它们似乎消失了，而 Mandelbugs 是如此复杂并充满不确定性，以至于它们看起来像分形一样复杂。重构充满突变的代码库并非易事，很多时候，也许从头开始修复设计缺陷更加容易。

突变问题和副作用通常在项目最初的 MVP 之后很久才会显现出来。之后，在开发过程中或在产品发布之后，依赖于可变性和副作用的有缺陷的代码库开始分崩离析。图 10-3 展示了不同语言及其执行环境之间的细微差别，以及为什么可变性问题可能不是那么明显，这取决于你所熟悉的语言。

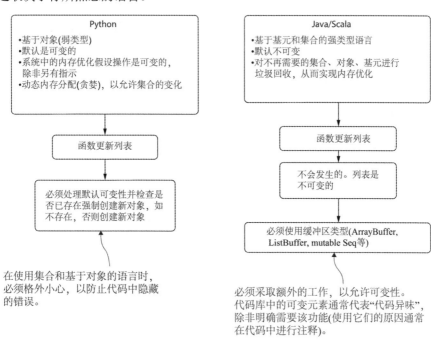

图 10-3　比较 Python 和基于 JVM 的语言中的可变性

为了简单起见，假设我们试图跟踪一些字段，从而在集成建模问题中使用独立向量。代码清单 10-15 显示了一个简单函数，它在函数签名的参数中包含一个默认值。当只使用一次时，它将提供预期的功能。

代码清单 10-15　维护元素列表的实用程序函数示例

向新元素列表中添加列表的简单函数(这不是一个创建向量的实际示例，但为了便于解释，它应该很简单)

遍历提供的元素列表，并添加到新集合中

```
def features_to_add_to_vector(features, feature_collection=[]):
    [feature_collection.append(x) for x in features]
```

```
    return feature_collection ◄————
```
返回新的集合

代码清单 10-16 所示是该函数的一次使用的输出。这里没看到什么不同。

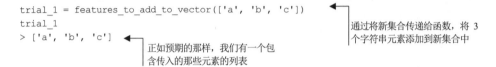

代码清单 10-16 使用简单的列表函数

```
trial_1 = features_to_add_to_vector(['a', 'b', 'c']) ◄——
trial_1
> ['a', 'b', 'c'] ◄——
```
通过将新集合传递给函数，将 3
个字符串元素添加到新集合中

正如预期的那样，我们有一个包
含传入的那些元素的列表

但是，当我们第二次调用它来执行额外的操作时，会发生什么呢？代码清单 10-17
显示了这种额外的用法，包括值是什么，以及原始变量声明发生了什么。

代码清单 10-17 通过重复调用我们的函数来改变对象状态

```
trial_2 = features_to_add_to_vector(['d', 'e', 'f']) ◄——
trial_2
> ['a', 'b', 'c', 'd', 'e', 'f'] ◄——
trial_1
> ['a', 'b', 'c', 'd', 'e', 'f']
```
使用新的元素列表再次调用
函数。我们应该期望返回的是
['d', 'e', 'f']

返回值仍然有以前调用它
时的值。这是不正常的

它更新了我们第一次调用时的变
量列表。这似乎出现了问题

这有点出乎意料，对吧？如果我们打算用字段 a、b 和 c 构建一个模型，然后用字段
d、e 和 f 构建另一个模型呢？这两个模型都有所有 6 列的输入向量。以这种方式使用突
变来覆盖变量不会破坏项目代码。这两个模型在执行时都不会抛出异常。但是，除非我
们非常仔细地验证所有的东西，否则我们会忽略我们只是构建了两个相同配置的模型。

像这样的 bug 会严重影响工作效率。花在找出某些东西为什么不能按预期工作上的
调试时间确实很长；这些时间应该花在构建新东西上，而不是花在弄清楚为什么我们的
代码不能按照我们想要的方式工作上。

这一切的发生是因为 Python 函数本身就是对象。它们维护状态，因此，该语言不包
含发生在其中的变量和操作是可隔离的概念。必须注意，特别是在向代码库中添加代码
时，要确保原始实现以一种不会引入意外行为(在本例中，避免非故意的突变)的方式精心
设计。

在向代码库添加新功能时，首要的目标是确保代码能够运行(不抛出异常)。如果没有
对更改进行验证，就会出现正确性问题，由于无意中使用了不安全的突变等快捷方式，
会产生难以诊断的错误。我们应该如何编写这些代码？

10.5.2 封装以防止可变性带来的副作用

通过知道 Python 函数维护状态(并且在这种语言中一切都是可变的)，我们可以预期
到这种行为。我们不应该应用默认参数维护隔离，并中断对象突变状态，而是应该使用

可以检查的状态初始化这个函数。

通过执行这个简单的状态验证，我们让解释器知道，为了满足逻辑，需要创建一个新对象来存储新的值列表。代码清单 10-18 显示了在 Python 中检查实例状态以进行集合突变的正确实现。

代码清单 10-18　效用函数的固定实现

如果没有传入 feature_collection 参数，则创建一个新的空列表(在本例中，这会触发Python生成一个新对象)

修改签名，将第二个参数默认为 None，而不是一个空列表

```
def features_to_add_to_vector_updated(features, feature_collection=None):
    collection = feature_collection if feature_collection else list()
    [collection.append(x) for x in features]
    return collection
trial_1a = features_to_add_to_vector_updated(['a', 'b', 'c'])
trial_1a
> ['a', 'b', 'c']
trial_2a = features_to_add_to_vector_updated(['d', 'e', 'f'])
trial_2a
> ['d', 'e', 'f']
trial_1a
> ['a', 'b', 'c']
```

不出所料，我们得到了一个包含传入元素的新列表

通过重复调用，我们得到了一个新的列表。这是预期的行为

原变量没有随着函数的重用而改变

这样的小问题可能会给实施项目的人(或团队)带来无尽的麻烦。通常，这类问题在早期就已经出现，在构建模块时没有显示出任何问题。即使是单独验证此功能的简单单元测试也会显示正常运行。

通常是在 MVP 的中点，涉及变异性的问题开始显现出来。随着构建的程序带来更大的复杂性，函数和类可能会被多次使用(这是开发中需要的模式)。如果没有正确实现，以前看起来运行良好的东西现在会导致难以排除的故障。

专家提示　最好熟悉你的开发语言处理对象、基元和集合的方式。了解该语言的这些核心细微差别将为你提供必要的工具，以一种不会在整个过程中为你带来更多工作量和挫折的方式指导你的开发。

关于封装的注意事项

在本书中，你将多次看到我在使用函数支持声明式代码方面白费口舌。你还会注意到对函数优先使用类和方法的引用。这都是由于使用封装(和抽象，但这是本文其他地方讨论的另一个话题)带来的巨大好处。

封装代码的两个主要优势如下：

- 限制最终用户访问内部受保护的函数、状态或数据
- 强制执行传入的数据和包含在方法中的逻辑

虽然第一个原因对绝大多数数据科学家来说无关紧要(除非你正在编写一个开源项目或实用程序库，或为面向公共的 API 做出贡献)，但封装的第二个属性可以为机器学习实

践者省去无尽的麻烦。通过数据的捆绑(数据的参数被传递到方法中)和该数据上的逻辑的本地化执行，你可以将行为与其他进程隔离。

- 方法中声明的变量只能在该方法中引用
- 方法对外部世界的唯一交互是通过它的返回值完成的
- 除了传入的参数之外，所执行的操作不能受任何状态的影响

这些封装属性意味着你可以在任何给定的时间内确保代码的正确性；例如，如果你有一个方法，它的唯一目的是将销售税抵消应用于商品的价格，那么你可以传入商品成本和税率，并确保无论系统的底层状态是什么，它总是只做一件事：将销售税抵消应用于传入的值，并返回调整后的值。这些属性还可以帮助你的代码更具可测试性。

封装还有许多其他好处(特别是对于机器学习工作)，我们将在本书的第Ⅲ部分中介绍这些好处。现在，请记住，通过使用函数和方法正确地处理数据和逻辑封装，可以完全消除状态管理带来的可变性问题和令人头疼的其他问题。

10.6 过多的嵌套的逻辑

在机器学习代码库中所有频繁编码的部分中，没有比大型条件逻辑树更让必须阅读和调试它们的人感到恐惧的了。在大多数情况下，它们都以相对简单的方式开始：少量if语句，少量elif语句，然后是一些各种各样的else语句。当代码已经投入生产几个月时，这些令人头疼的逻辑可以跨越数百(也可能是数千)行。这些业务逻辑规则通常演变成复杂的、令人困惑的、几乎不可能维护的多级混乱逻辑。

作为一个例子，让我们看看机器学习世界中一个经常出现的用例：集成。假设我们有两个模型，每个模型都生成每个顾客的购买概率。让我们从生成该数据集开始，以表示这两个模型的输出(见代码清单10-19)。

代码清单10-19 生成集成协调的综合概率数据

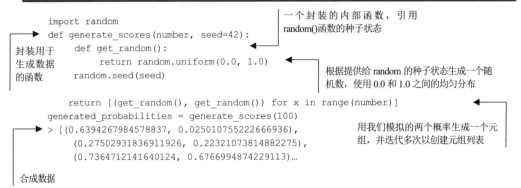

现在我们已经生成了一些数据，让我们假设业务需要基于这些不同的概率进行 5 个级别的分类，并将它们的 bin 值组合为单个代表性得分。

由于 Python(目前，从 Python 3.9 开始)没有 switch(case)语句可用，因此创建经过评估

的综合得分的方法可能如代码清单 10-20 所示。

代码清单 10-20　通过 if、elif 和 else 语句的合并逻辑

```
def master_score(prob1, prob2):
  if prob1 < 0.2:
    if prob2 < 0.2:
      return (0, (prob1, prob2))
    elif prob2 < 0.4:
      return (1, (prob1, prob2))
    elif prob2 < 0.6:
      return (2, (prob1, prob2))
    elif prob2 < 0.8:
      return (3, (prob1, prob2))
    else:
      return (4, (prob1, prob2))
  elif prob1 < 0.4:
    if prob2 < 0.2:
      return (1, (prob1, prob2))
    elif prob2 < 0.4:
      return (2, (prob1, prob2))
    elif prob2 < 0.6:
      return (3, (prob1, prob2))
    elif prob2 < 0.8:
      return (4, (prob1, prob2))
    else:
      return (5, (prob1, prob2))
  elif prob1 < 0.6:
    if prob2 < 0.2:
      return (2, (prob1, prob2))
    elif prob2 < 0.4:
      return (3, (prob1, prob2))
    elif prob2 < 0.6:
      return (4, (prob1, prob2))
    elif prob2 < 0.8:
      return (5, (prob1, prob2))
    else:
      return (6, (prob1, prob2))
  elif prob1 < 0.8:
    if prob2 < 0.2:
      return (3, (prob1, prob2))
    elif prob2 < 0.4:
      return (4, (prob1, prob2))
    elif prob2 < 0.6:
      return (5, (prob1, prob2))
    elif prob2 < 0.8:
      return (6, (prob1, prob2))
    else:
      return (7, (prob1, prob2))
  else:
    if prob2 < 0.2:
      return (4, (prob1, prob2))
    elif prob2 < 0.4:
      return (5, (prob1, prob2))
    elif prob2 < 0.6:
      return (6, (prob1, prob2))
    elif prob2 < 0.8:
      return (7, (prob1, prob2))
```

函数，用于处理两个概率的成对组合，并通过嵌套条件逻辑解决它们

嵌套的逻辑结构(如果第一个概率小于 0.2，检查第二个概率的条件)

```
        else:
            return (8, (prob1, prob2))                     用于计算概率值配对
                                                           元组集合的调用函数
    def apply_scores(probabilities):
        final_scores = []                                          调用评估函数将概率
        for i in probabilities:                                    解析为单个分数
            final_scores.append(master_score(i[0], i[1]))
        return final_scores
    scored_data = apply_scores(generated_probabilities)        对得分数据调用函数
    scored_data
    > [(3, (0.6394267984578837, 0.025010755222666936)),
       (2, (0.27502931836911926, 0.22321073814882275)),       基于条件逻辑的解析
       (6, (0.7364712141640124, 0.6766994874229113))]…        分数的前 3 个元素
```

这个层次逻辑链被写成一系列 if、elif 和 else 语句。它既难以阅读，又难以在附加的现实条件逻辑中维护。

如果需要对此进行修改，体验会是怎样的？处理该代码的人必须仔细阅读这堵条件逻辑墙，并确保每个位置都正确更新。对于本例来说，由于其简单性，它并不过于烦琐，但在我所见过的代码库中，业务规则的逻辑很少如此简单和直接。相反，常见的是带有大量 and 和 or 的嵌套条件语句，这进一步使该方法变得异常复杂。

如果将这种方法交给传统的软件开发人员，他们可能会以完全不同的方式处理这个问题：利用配置结构将业务逻辑与分数的合并处理隔离开来。代码清单 10-21 显示了这样一种模式。

代码清单 10-21 基于字典的处理业务逻辑的配置方法

```
threshold_dict = {                            用于从处理逻辑中删除映射逻辑的查找字典
    '<0.2': 'low',                            (在实际的代码库中，这些字典将位于与接下
    '<0.4': 'low_med',                        来的处理逻辑不同的模块中)
    '<0.6': 'med',
    '<0.8': 'med_high',
    '<1.0': 'high'
}
match_dict = {                                用于将成对概率分桶阈值转换为单个
    ('low', 'low'): 0,                        分数的解析器字典
    ('low', 'low_med'): 1,
    ('low', 'med'): 2,
    ('low', 'med_high'): 3,
    ('low', 'high'): 4,
    ('low_med', 'low'): 1,
    ('low_med', 'low_med'): 2,
    ('low_med', 'med'): 3,
    ('low_med', 'med_high'): 4,
    ('low_med', 'high'): 5,
    ('med', 'low'): 2,
    ('med', 'low_med'): 3,
    ('med', 'med'): 4,
    ('med', 'med_high'): 5,
    ('med', 'high'): 6,
    ('med_high', 'low'): 3,
    ('med_high', 'low_med'): 4,
    ('med_high', 'med'): 5,
```

```
('med_high', 'med_high'): 6,
('med_high', 'high'): 7,
('high', 'low'): 4,
('high', 'low_med'): 5,
('high', 'med'): 6,
('high', 'med_high'): 7,
('high', 'high'): 8
}
def adjudicate_individual(value):
    if value < 0.2: return threshold_dict['<0.2']
    elif value < 0.4: return threshold_dict['<0.4']
    elif value < 0.6: return threshold_dict['<0.6']
    elif value < 0.8: return threshold_dict['<0.8']
    else: return threshold_dict['<1.0']
def adjudicate_pair(pair):
    return match_dict[(adjudicate_individual(pair[0]),
    adjudicate_individual(pair[1]))]
def evaluate_raw_scores(scores):
    return [(adjudicate_pair(x), x) for x in scores]
dev_way = evaluate_raw_scores(generated_probabilities)
dev_way
> [(3, (0.6394267984578837, 0.025010755222666936)),
   (2, (0.27502931836911926, 0.22321073814882275)),
   (6, (0.7364712141640124, 0.6766994874229113))]…
```

函数,用于处理单个概率并将其值映射到分桶阈值

函数,用于根据匹配的字典查找和评估成对概率元组

函数,用于迭代总得分集内的每个元组并应用解析逻辑

调用 main 函数将概率解析为得分

数据的前 3 个元素

虽然这种方法比代码清单 10-20 中早期实现的方法容易理解得多,但它仍然远远不够理想。让我们假设,在项目解决方案的开发过程中,决定将生成概率分数的模型数量从 2 个增加到 8 个。

这将如何影响这两种结构?代码清单 10-22 说明了我们需要为 8 个模型编写多少行代码,才能解析出这两个实现模式的分数。

代码清单 10-22　一个计算我们需要写多少行代码的函数

一个有趣的小函数,用来计算 if、elif、else 模式需要写多少行代码

```
import math
def how_many_terrible_lines(levels):
return ((5**levels) * 2) + math.factorial(levels)
how_many_terrible_lines(8)
> 821570
```

一个非常可怕的数字!这是不现实的尝试

显然,这不是一个好选择。即使我们尝试使用这种方法(使用配置字典处理映射的"开发方法"),如果我们尝试将 8 个概率合并到一个分数中,我们将在字典的 tuple-8 键中创建 32 768 个条件。写这么多配置行真是太荒谬了。

关于坚持使用糟糕设计模式的注意事项

虽然 if/elif/else 模式的例子对一些读者来说可能有点荒谬，但我发现它是我见过的最常见的机器学习代码库方法。当我们讨论 8 个不同的元素时，考虑配置控制结构可以创建多少种排列时，字典方法可能看起来有点可笑。

这个例子并不夸张。我见过类似的配置文件，其中的字典远远超过 10 000 个键来处理这样的逻辑。其中大多数都不是手动输入的(如果是的话，那就太荒唐了)，而是机器生成的代码以及一些复制和粘贴到 IDE 的结果。

问题不在于有成千上万的键；Python 哈希表可以很容易地处理一个唯一的键标识符计数 2^{26}，然后性能就会成为查找函数(67 108 864 项)的瓶颈。Python 可以处理它，你和你的同事则无法处理。

以这种方式处理业务逻辑或特征工程工作暴露出的真正问题是，它甚至在一开始就被尝试过。用 if/elif/else 模式或字典模式处理这样的问题类似于那句古老的谚语，"当你拥有的是一把锤子时，所有的东西看起来都像钉子。"解决这类问题的更好方法是将复杂的逻辑模式分解为更小、更易于管理的部分。

如果你发现自己不得不一遍又一遍地复制和粘贴大量的逻辑代码，那么最好停止这样的操作，考虑如何更有效地解决它，然后返回来测试一些其他理论。这些理论不仅可以帮助你避免代码库变得难以管理，而且还可以使将来修改和排除故障变得更加容易。

代码清单 10-23 给出了解决这个问题的一个更好的方法。在这段代码中，我们将调整数据生成器，使其支持任意数量的概率作为模型返回元组的一部分，然后将查找函数从字典转换为分数的直接数学表示。从这一点开始，代码将复杂性降低到更易于管理的状态，通过伸缩、映射到新的解析分数和创建将来可以轻松修改的代码库，这将使业务规则更容易解析。

代码清单 10-23　更好的解决方案，可以毫不费力地扩展

生成要解析为单个分数的概率的 tuple-8 集合

```
def generate_scores_updated(number, elements, seed=42):
    def get_random():
        return random.uniform(0.0, 1.0)
    random.seed(seed)
    return [tuple(get_random() for y in range(elements)) for x in range(number)]
larger_probabilities = generate_scores_updated(100, 8)
larger_probabilities
```

函数在每个元组中生成任意数量的元素

生成的第一个 tuple-8 的示例

```
> [(0.6394267984578837, 0.025010755222666936, 0.27502931836911926,
    0.22321073814882275, 0.7364712141640124, 0.6766994874229113,
    0.8921795677048454, 0.08693883262941615), …
def updated_adjudication(value):
    if value < 0.2: return 0
    elif value < 0.4: return 1
    elif value < 0.6: return 2
    elif value < 0.8: return 3
```

将分数解析函数调整为数学分桶(bin)。要将该值的空间返回到原始二元组总体设计的范围，只需要在值的总和上创建一个上限或下限函数，再除以元组长度的一半

```
        else: return 4
    def score_larger(scores):
        return sum(updated_adjudication(x) for x in scores)
    def evaluate_larger_scores(probs):
        return [(score_larger(x), x) for x in probs]
    simpler_solution = evaluate_larger_scores(larger_probabilities)
    simpler_solution
    > [(15, (0.6394267984578837, 0.025010755222666936, 0.27502931836911926,
        0.22321073814882275, 0.7364712141640124, 0.6766994874229113,
        0.8921795677048454, 0.08693883262941615)),
       (10, (0.4219218196852704, 0.029797219438070344, 0.21863797480360336,…
```

主函数，迭代所有元组概率的集合

该函数对概率元组中每个元素的 bin 的解析分数进行相加

分数解析器前两个元素的一部分示例

我们已经在少量代码行中解决了可伸缩性和复杂性问题。我们降低了复杂性(摆脱了字典、映射和链式逻辑)，使代码更加简单。在编写代码时追求简单应该始终是所有开发人员的目标，特别是那些必须处理数据科学工作的人。

学习更多，这是我被问到最多的问题

到目前为止，初级数据科学人员最常问我的问题是："我怎样才能更好地学习所有这些软件开发的东西？"这是一个合理的问题。然而，这通常是一个误导性的问题。

机器学习的软件开发与纯粹的软件开发非常不同。机器学习并不需要开发人员精通许多编程语言或者其他专业技术，应该更多地关注创建可维护和稳定的代码，从而可以完成相关的数据科学工作。当然，纯粹的软件开发乐趣和基本原则之间的共同点是存在的。了解优秀软件设计的基础知识、抽象、封装、理解、继承和多态性对于作为一名机器学习工程师和开发人员获得成功至关重要。然而，在这些基础知识之后，相似之处就开始分化了。

当初级数据科学家问这个问题时，我想告诉他们的是，他们不需要成为经验丰富的开发人员，因为这对绝大多数人来说简直是不可能的(类似于同时掌握两个独立的职业所需的技能)。

不过，我给他们的建设性答案是相当开放式的。这都是关于他们想知道多少超出基础知识和成为一名全面发展的机器学习工程师所需的特定技能。

软件开发技能不是你刚学会的东西。你不会从阅读这本书或其他任何书中获得它们。你也不会通过上昂贵的课程或在网上浏览知识库来学到它们。这些技能是通过刻意花时间专注于用代码解决问题中学习的，同时也要参考过去比你更有技巧的人是如何解决这些问题的。这些技能是通过失败、重写、从错误中学习、测试和努力创造出比你上周写的代码更少出错的代码来学习的。这是一段漫长且艰辛的旅程，但在我看来，是值得的。

本章所涉及的问题只是我看到许多数据科学家在他们的代码中所做的事情，这些事情会导致他们的代码变得复杂和难以进行故障诊断。这些主题肯定不是一个详尽的列表，而是一组例子，帮助你思考为什么你编写的某些代码可能对你或其他人的故障诊断、维护，甚至解释都具有挑战性。

他们将编程接口称为"语言"是有原因的。就像你学习的任何语言一样，为了让别

人理解你的想法和意图，你需要理解并遵守基本的语法规则和结构组件。编程语言的一些细微差别与口语和书面语的细微差别相同。有精心制作的完美语法的例子，也有速记的"俚语"组成(除了一小部分内部知情人士之外，所有人都无法理解)。

写代码时就像给朋友发短信讲内部笑话一样，这绝对不是一个好主意，就像在求职面试时以那种方式说话是不可取的一样。然而，每一门语言都有自己的知识体系和标准，即使是熟练的开发人员，如果不了解这些标准，也会写出一些就像第一周学习这门语言的初学者写出的难以理解的代码，而且更糟糕的是，这种行为就像在学术会议上用俚语来发表演说一样，显得非常不专业。

一旦掌握了这些基本概念(第一语言是最难学习的，不管它的价值是什么)，你就会发现掌握基本概念和掌握编程的技巧之间存在着巨大的差距。

我喜欢把掌握一门语言看作是比较不同作者写诗和散文的必然结果。一开始，在学习了基础知识之后，你的代码可能处于儿童书籍级别。当然，里面有句子和情节，但不可能获得普利策奖。然而，随着时间的推移、更多的实践和纠正许多错误，最终你会写像大卫·福斯特·华莱士的小说那样，具有许多微妙细节的机器学习解决方案。

改进编码需要时间，而且需要很长的时间。该过程中充满了太多的错误和挫折，似乎你永远都不会精通它。然而，就像其他你已经掌握的事情一样，你最终会发现，在某个时刻，事情变得更容易了。你过去苦苦挣扎的基本实现会变得如此平常，很容易达到"完美"的状态，以至于你可能没有意识到自己所取得的收获。这一切都归结于学习和实践。

10.7 本章小结

- 能够识别常见的有问题的实现模式(代码异味)可以帮助你创建更易读、更容易调试和可扩展的机器学习代码库。
- 简化实现以提高可读性和减轻理解代码库是如何运行的负担。
- 用标准结构填充数据大大减少了扩展代码库所需的重构量，也降低了故障排除的复杂性。
- 正确使用 try/catch(异常处理)将创建一个更稳定的代码库。确保只捕获特定的异常，将有助于找出生产中的问题。
- 全局变量的副作用和不恰当的使用，会在代码库中产生潜在的严重问题。知道什么时候有效地使用它们，并且在大多数情况下不要使用它们，可以增强代码的弹性。
- 即使执行预期行为的逻辑过程可能导致嵌套和复杂的递归行为，尝试将此逻辑重构为更容易理解的东西，应该是机器学习代码库首要考虑的问题。

第 *11* 章

模型测量及其重要性

本章主要内容
- 确定模型影响的方法
- 归因数据收集的 A/B 检验方法

在第 I 部分中，我们专注于将机器学习项目工作与业务问题相结合。毕竟，这是使解决方案可以被采用的最关键方面。前几章关注的是发布前和发布中的沟通，本章关注的是发布后的沟通。我们将介绍如何展示、讨论和准确地报告机器学习项目的长期健康状况——特别是使用业务人员能够理解的语言和方法。

关于模型性能的讨论很复杂。虽然业务部门关注的是业务绩效的可测量属性，但机器学习团队关注的是模型效能的测量，因为它与目标变量的相关性强度有关。即使在这些不同的目标中隐藏着团队之间的理解障碍，但解决方案仍然可用。通过围绕指标与业务人员进行沟通，你可以回答业务经理真正想知道的问题："这个解决方案如何帮助公司？"只要确保分析是针对内部客户真正关心的业务指标进行的，数据科学团队就可以避免图 11-1 所示的情况发生。

这个机器学习团队存在项目"短视"问题。为了将一个可靠的解决方案投入生产，机器学习团队成员专注于他们自己的需求，因此在回答客户一定会提出的问题时准备不足。毕竟，展示相关性指标对客户来说毫无意义，也不应该这样做。

这个问题的解决方案是可行的。它涉及核心解决方案开发代码之外的一些工作，但它非常值得让业务人员参与进来并了解项目的状态。一切都从衡量这些业务属性开始(测量模型归因)。

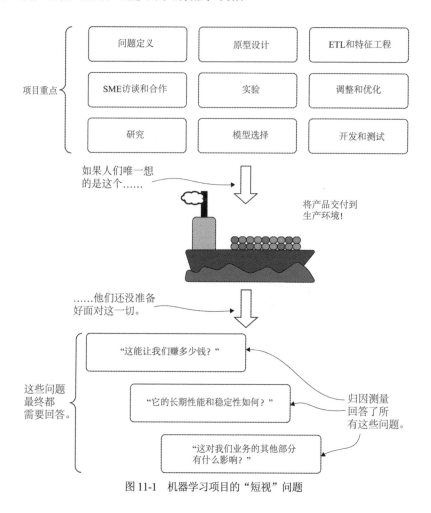

图 11-1　机器学习项目的"短视"问题

11.1　测量模型归因

我们要开始吃冰淇淋了。具体来说，我们是一群在冰淇淋公司工作的数据科学家。几个月前，销售和营销团队找到我们，要求我们提供一个模型，帮助确定何时向客户发送优惠券，从而增加他们在收件箱中看到这些优惠券的机会。营销团队现在是在每周一早上八点发送大量邮件。我们的项目旨在生成最适合发送邮件的时间，从而优化电子邮件发送的行为。

图 11-2 的顶部显示了我们先前状态的组件和示例。图的底部显示了根据模型输出的结果生成的邮件样式，它针对我们的每个成员进行了个性化处理。

我们已经构建了这个 MVP，并在前期运行的基础上提供了一些改进的结果。通过跟踪像素数据(嵌入在电子邮件优惠券代码中的 1×1 像素，显示营销广告的打开率和点击率)，发现模型基于我们对优惠券的实际打开率和使用率的监测得到了令人震惊的准确结果。

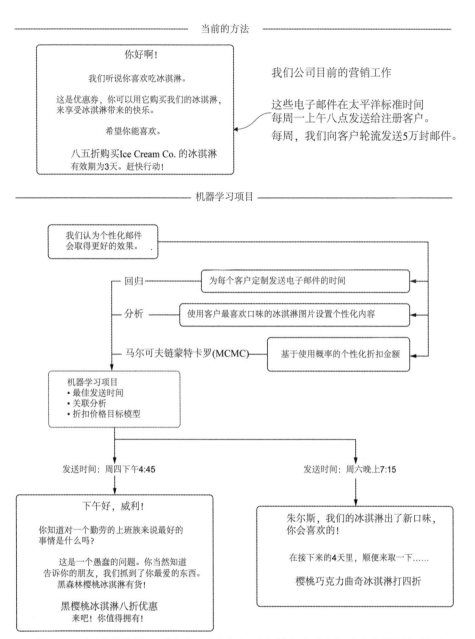

图 11-2　对于冰淇淋项目，我们有一个基线和一个新的实验要测试。如何衡量它是否成功

虽然这个消息令人兴奋，但业务人员对从预测到实际打开电子邮件的增量误差并不感兴趣。他们真正想知道的是："这能增加销量吗？"为了回答这个问题，我们先分析这个指标，如图 11-3 所示。

我们如何确定在客户最有可能看到优惠券的时候向他们发送目标优惠券，以及与客户使用这些优惠券之间是否存在因果关系?首先要确定测量什么，测量对象是谁，使用什么工具来确定模型是否具有因果关系。

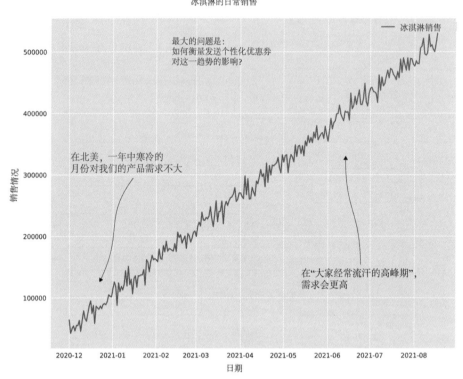

图 11-3 销售：模型的真实目标指标

11.1.1 测量预测性能

在测量模型性能时，我们需要考虑的第一步与在任何实验设计(Design Of Experiments，DOE)练习中所进行的步骤是相同的。在解决方案的产品发布日期之前，我们首先与参与电子邮件营销活动的专家(这个项目的内部客户)交谈。毕竟，这个团队更了解我们的客户以及他们与我们的产品之间的交互。

在这些讨论中，我们希望将重点放在营销团队对客户的了解上。对客户基础的深入了解将帮助我们确定所收集的关于他们的哪些数据可以用来限制潜在的影响，从而最小化结果中的差异。表 11-1 显示了 SME 组和数据科学团队的推测，以及分析的结果。

表 11-1 假设差异与数据中的实际先验证据

假设	是否显著	是否可以用于用户分组
在气温较高地区的顾客会购买更多的冰淇淋	否	否
居住在农村地区的消费者购买更多	是	也许*
30 岁以上的顾客购买更多	否	也许*

(续表)

假设	是否显著	是否可以用于用户分组
打开电子邮件的客户购买更多	是	是
与我们有长期合作历史的客户购买更多	是	也许**
有孩子的顾客买得更多	是	否***

*在我们的分析中引入大量数据倾斜的可能性。潜在的高危分组值。

**可以结合购买金额和最近购买的情况进行分析。

***数据不足，可能很难跟踪。

根据我们的历史数据对不同的客户群进行分组，这将有助于隔离行为模式，从而最小化组内差异。图 11-4 说明了将如何使用我们在分析测试中发现的最佳分组方法。

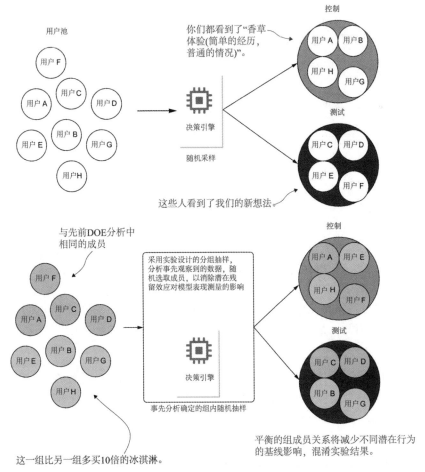

图 11-4 通过分组来最小化潜在因素的影响，以减少组内方差

我们知道，需要将导致行为不平衡的潜在变量效应最小化。我们无法得到最终确定

将看到的行为(多模态)的数据，但如果可以控制它，肯定可以改善我们的归因。但是该怎么做呢？如何最有效地对用户进行分组？

基于与 SME 小组的讨论，我们着手分析可以减少顾客中固有的可变性的方法。通过听取营销团队的意见，我们发现其评估客户群体的可靠方法是最优的解决方案。通过结合最近购买的次数、历史购买次数和客户的消费总额，可以定义一个标准的指标来对我们的队列进行分类(参见下面关于 RFM 的介绍，了解这种细分技术的威力)。

RFM：如果你向人们销售产品，这是一种很好的分组方式

RFM 是近时性(recency)、频率(frequency)和货币价值(monetary value)的首字母缩写，是 Jan Roelf Bult 和 Tom Wansbeek 创造的直接营销术语。在他们的文章 "Optimal Selection for Direct Mail" (直销函件的最佳选择)中，他们假设 RFM 是一种非常强大的对客户价值进行分类的方法。两人估计，一家公司 80% 的收入实际上来自 20% 的客户。

虽然这种方法早就存在，但他们依旧在许多行业中一次又一次地证明它的正确性(也不仅仅局限于 B2C 类型的公司)。主要的概念是根据这 3 个观察变量分别定义 5 个分位数的客户 bin。例如，拥有高货币价值的客户将是前 20% 的消费者，他们的 M 值为 5。拥有低频率价值(在账户生命周期内的总购买次数较少)的客户，通常包括一次性购买者，他们的 F 值为 1。

当将它们组合起来时，RFM 值创建了一个包含 125 个元素的矩阵，从最低价值的客户(111)到最高价值的客户(555)。在这些 125 个原始矩阵入口值上应用特定于业务和特定于行业的元分组，允许公司(和数据科学团队)拥有潜在变量减少的分层点，从而进行假设检验。

我曾经有点怀疑这种把人类行为以如此简单的方式进行分组的技术——直到我在第三家公司第三次分析它。我现在非常相信这个看似简单却非常强大的技术。

使用我们的 RFM 计算来生成客户分组，如图 11-5 所示。

这个 RFM 示例并不专用于人类(或动物)。在我们的客户基础的百分位分析中，我们从最有价值的(555，最近购买的，并且有频繁的购买历史记录)。在这些客户的生命周期中，他们的消费额较高)到最没有价值的(111，与前面的情况相反)进行分析。这使我们能够大致估计影响客户行为的大量潜在因素。这反过来又使我们能够在进行分析时进行客户分组，以确保我们将测试暴露给行为相似的相对统一的人群。它允许通过控制我们的实验来减少方差。

头脑练习 如果我们进行总体抽样，将 "555 成员" 中的 90% 选为对照组，而只有 10% 进行测试，那么模型的因果关系验证结果会是什么？我们很可能会得出这样的结论：模型不够好，这是有误导性的。那么，相反的情况会带来什么危险？

虽然从这 3 个属性中产生的 125 种 RFM 组合很有趣，但它们对于分析模型的性能并没有特殊帮助，因为它与所关注的业务指标有关。在 SME 共同努力下，能够将这 125 种成员分解为 3 个主要的分组进行分析：高价值分组、中价值分组和低价值分组。

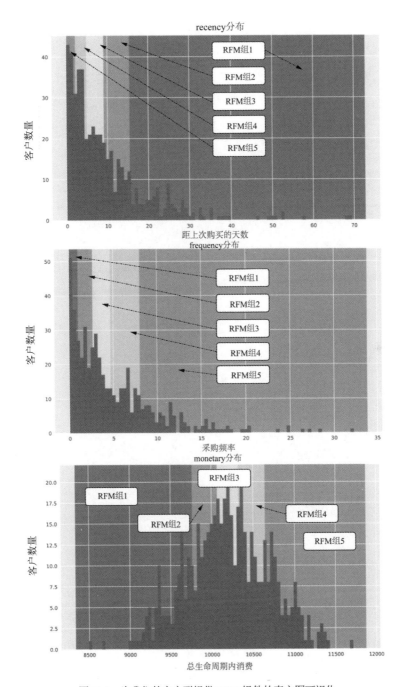

图 11-5　为我们的客户群提供 RFM 组件的直方图可视化

如图 11-6 所示，这将我们的客户群进行了分离。这些图表清楚地分离了每个 RFM 元素对基线收入的贡献，以及统计显著性的差异，这都要归功于我们在进行假设检验时使用的"致命武器"。

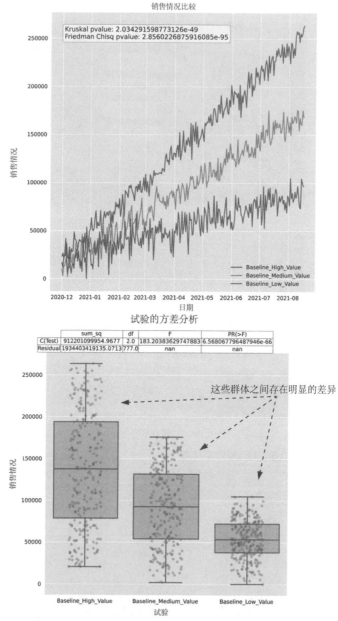

图11-6　对于那些在计算RFM时(我们与SME一起)对用户进行的分组，分析3个分组的同质性

注意 有关这些图是如何生成的(以及代码)、Python 中用于获得这些显著值的统计包，以及涉及的数据生成器的详细信息，请在 GitHub 上查看本书的附带代码库 https://github.com/BenWilson2/ML-Engineering。

为什么我不能只用我的评分指标来判断模型的表现呢

让我们暂时抛开业务人员可能不熟悉我们用来估计模型拟合优度的预测误差指标概念这一事实。我们不能仅仅使用评分指标来指示模型的运行情况的主要原因是，当我们测量业务影响力时，我们评估的东西并不相同。无论我们的模型对保留的验证数据表现如何，指标性能都不能保证对所有项目的目标产生影响。

似乎我们已经完全解决了基于指标性能和保留数据的问题。然而，宣称已经获得基于这些指标标准的整个项目解决方案的胜利有点为时过早，而且这具有高度的误导性。使用相关性评分来评估模型的质量的问题是，收集到的特征并没有包含影响结果的所有因素。

在生成特征向量的过程中，我们希望优化观察结果与响应变量的相关性。因为这个事实，我们永远无法确定这些预测是否会影响我们想要影响的东西。

对于我们的场景，确定预测的影响效果的唯一方法是使用假设检验，测量看到模型输出结果的人与没有看到模型输出结果的人之间的收入影响。这些样本总体之间的收入差异可以让我们相信，当应用于总体数据时，我们的模型具有概率效应。

在我们深入讨论为什么会这样(相关性与因果关系)之前，让我们看看常见的监督学习问题中的一些差异：机器学习指标得分与相同项目的业务指标得分的比较。表 11-2 给出了一些例子。

表 11-2　项目指标和业务指标的示例

项目	机器学习指标	业务指标
欺诈识别	PR 下的面积，ROC 下的面积，F1	诈骗损失金额，诈骗调查次数
客户流失预测	PR 下的面积，ROC 下的面积，F1	最近的购买事件，高风险的登录事件
销售预测	AIC, BIC, RMSE 等	收入
情感分析	BLEURT, BERTScore	使用工具数量，参与度
冰淇淋优惠券	MAE, MSE, RMSE	收入，优惠券的使用

通过了解这种差异，使数据科学团队的视角与业务部门所关注的主要内容保持一致，而不仅仅是使用各种指标。虽然损失指标对于模型训练非常重要，但优化的损失指标(特别是在对数据集中的虚假相关性进行优化的情况下)可能并不等于目标业务指标中的有利条件。在机器学习驱动的项目的整个生命周期中，同时使用损失指标和业务指标将大大降低解决方案不满足业务期望的风险。

在向整个业务部门展示证据结果时，最重要的一点是永远不要把相关性和因果关系混为一谈。让人们从你的结果中推断因果关系是一种滑坡现象。如果监控的指标是公司范围内的关键属性(如收入)，这只会变得更加危险。

A/B 检验可以根据观察到的行为差异，以证据为基础确定模型的影响，但这是你所能做的最大限度的声明。这从来都不是确定的。最好的做法是永远不要把模型中基于相关性的特征或分层(分组)分析中使用的分组特征当作驱动力的实际原因。我们只是在没有全面了解的情况下做出这样的声明。

关于机器学习指标的说明

机器学习指标非常有用，对于模型的正确构建绝对至关重要，并提供了大量关于我们能够进行的相关预测的经验质量的信息。如果有什么不同的话，我发现自己在构建解决方案的过程中收集了太多这样的信息(我是一个"以防万一"的数据囤积狂)。

话虽如此，机器学习指标对业务部门完全无用。它们与内部和外部客户无关。

它们不能保证你能解决你想要解决的问题。根据它们的设计和目的，它们只不过是一种信息性工具，用于衡量你与目标匹配的相对质量，前提是你收集了关于现实的相关数据。

我在这一章(以及本书的许多部分)想要讨论的是，我们的注意力应该始终放在最终状态上。作为机器学习从业者，我们应该关注我们正在构建的是什么——而不是我们使用了哪些算法，使用了哪些统计模型，或者我们的特征工程工作是多么优雅和先进。这些模型、基础架构和数据都是用来解决业务部门所需解决的同一个问题的。

任何由数据科学团队处理的项目都具有内在的可衡量的质量。如果项目没有这些信息，那么它超越实验阶段的机会是相当有限的。任何项目中要解决的潜在问题都有自己的指标，这些指标通常是由要求数据科学团队解决问题的业务部门定义的。

我们是想增加销售额吗？然后衡量收益、销量、客户留存率、重复购买和登录会话时长。

我们是想增加内容的浏览量吗？然后测量观看百分比、在平台上停留的时间、重复访问和推荐消费。

我们是在试图发现欺诈行为吗？然后测量成功识别率、损失减少率和客户满意率。

我们是否在预测设备故障？然后进行设备健康检查、维修成本计算和设备更换支出计算。

该项目的指标包括业务的某个方面，已经被测量，并被仔细检查，以保证数据科学团队可以将精力用在模型拟合上。业务部门的期望是机器学习的使用将使事情变得更好。

如果你不衡量解决方案是否使事情变得更好，而是使用一些深奥的相关性质量统计指标来证明你实现的预测能力，那么你是在给自己和其他人带来伤害。

用业务部门熟悉的指标描述项目的内容，这也是业务负责人打电话给你说你可能成为他们的英雄的原因。这种关注将增加他们对团队能力的信心，让团队诚实面对项目对业务的影响，并帮助每个人清楚地认识到事情的进展是否顺利(并且，正如你将在下一节中看到的，事情并不总是按照我们的想法进行下去)。

11.1.2 明确相关性与因果关系

向业务部门展示模型结果的一个重要部分是清楚地说明相关性和因果关系之间的差异。如果你向业务部门领导展示的任何东西中，哪怕只有一点点可能帮助他们推断出因果关系，就要进行这次会谈，并将你的结果汇报给他们。

相关性就是观察到的变量之间的关系或联系。除了这种关系的存在，它并没有任何意义。对于不参与数据分析的外行人来说，这个概念本质上是违反直觉的。在分析中对数据关系做出"似乎有意义"的简化结论，实际上就是我们大脑的连接方式。

　　例如，我们可以收集冰淇淋卡车的销售数据和连指手套的销售数据，这些数据都是按周和地区进行汇总的。我们可以计算出两者之间存在很强的负相关关系(冰淇淋的销量随着手套销量的增加而减少，反之亦然)。看到因果关系的结论，大多数人都会笑："好吧，如果我们想卖更多的冰淇淋，我们就需要减少连指手套的供应！"

　　对于这样一个愚蠢的例子，一个外行人可能会马上说："嗯，人们在冷的时候买手套，在热的时候买冰淇淋。"这是一个定义因果关系的尝试。根据观察到的数据中的这种负相关，我们肯定不能做出这样的因果关系推断。我们无法知道究竟是什么影响了个人购买冰淇淋或手套的结果(根据观察结果)。

　　如果我们在这一分析中引入一个额外的混杂变量(外界温度)，可能会发现对我们错误结论的额外证实。然而，这忽略了驱动购买决策的复杂性。作为示例，请参见图11-7。

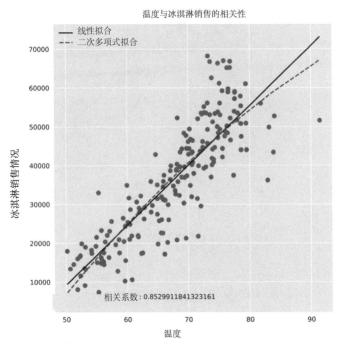

相关性告诉我们，这些变量之间存在很强的关系。
但它并没有告诉我们谁导致谁的发生。

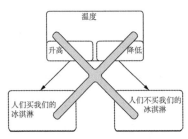

图11-7　相关性并不意味着因果关系

很明显，这是一种相关关系。随着气温的升高，冰淇淋的销量也会增加。所展示的关系相当牢固。但除了两者之间存在某种关系之外，我们还能推断出什么吗？

让我们看图 11-8。图 11-8 显示了一个额外的观察数据点，我们可以把它放入一个模型中，以帮助预测是否有人想买我们的冰淇淋。

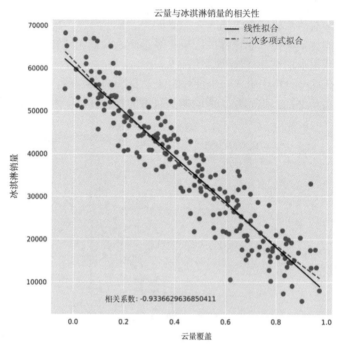

如果我们通过云量覆盖情况来分析冰淇淋销量，
并发现更强的相关性呢？

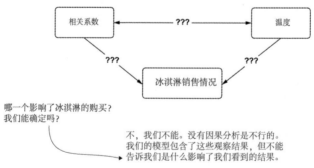

图 11-8　当我们想到温度和销售额的关系时，这是一种令人困惑的相关性。哪一个在推动销售？
是温度还是云层？这是一种混合效果吗

天空中云量与销售额的关系，我们得到的相关性甚至比与温度的相关性还要强。这告诉我们什么？它只是说，这些观察到的变量之间存在很强的关系(相关性)。除此之外，我们不能推断出其他任何东西。我们当然不能做出逻辑上的飞跃，说高温、无云的天气就能保证卖出更多的冰淇淋。温度和云量似乎对购买率有影响，但我们不能肯定地说，这是人们是否打算购买冰淇淋的原因。

在机器学习模型的世界中，我们正在处理优化观察变量之间关系的成本函数，以实现基于我们所拥有的数据进行的最佳合理估计。在任何情况下，这并不意味着因果关系。

原因很简单：我们不是万能的。我们只是没有捕捉到做出一个决定的所有原因。由于我们没有观察到所有的原因，因此我们的模型当然也忽略了它们。如果我们能够捕捉到所有的影响，我们就都会失去数据科学家的工作，因为人们将能够以完美的精确度和接近于零的不确定性直接陈述预期结果。

让我们想象一下，我们试图弄清楚某人是否会购买冰淇淋。图 11-9 显示了可能驱动人们决定购买我们产品的影响因素的组合。在这浩瀚的原因海洋中，我们收集的关于这个人的数据是有限的。对于可能影响购买决定的其他影响因素，我们根本无法收集这些信息。如果我们真的收集了所有的信息，这个模型可能不会很好地泛化。我们会被维度的诅咒所束缚，而要从这么多的特征中建立一个有用的模型，需要数十亿行数据才能达到非常精确的程度。

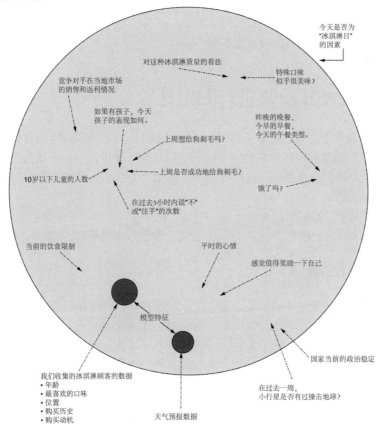

图 11-9　影响模型的事件数不胜数。如果我们没有观察到所有这些元素，就无法得知准确的因果关系，因为我们没有掌握所有信息

最好不要试图给任何机器学习模型的结果分配因果关系。记住，我们处理的是相关性，为了建立预测，我们要尽最大努力从相关值中得出结论。我们不能通过这种短视的观点来给出某些事情是否发生的因果关系。

同样地，我们不能仅仅因为 A/B 检验的统计显著结果就直接推断出因果关系。我们只能拒绝检验组之间结果的等价性。然而，可以通过 A/B 检验来验证我们的预测是否有价值。

作为一名数据科学家，理解这些概念非常重要。但更重要的是，在与你的客户进行交谈时，要强化这些概念。在我工作过的团队中，沟通这些概念时，如果出现失败，将带来很多困惑，并且令人沮丧。

关于因果分析(推理)的提示

某些技术，如 DOE 和因果建模，可以表现出特征和目标之间的因果关系。与只关注误差项最小化的监督学习不同，通过 DOE 建模可以自主地发现事物之间的因果关系。

通过仔细构建 DOE 中的有向无环图(DAG)关系，我们可以确定对目标变量影响的大小和方向，这是传统监督学习无法做到的。关于因果模型和 DOE 主题的进一步阅读，我强烈推荐阅读 Jonas Peters 等人撰著的 *Elements of Causal Inference: Foundations and Learning Algorithms* (MIT Apress，2017)。

11.2 利用 A/B 检验进行归因计算

在前面的章节中，我们明确了归因指标的重要性。对于冰淇淋优惠券模型，我们定义了一种方法，将我们的客户划分为不同的分组，从而最小化潜在变量的影响。我们已经定义了根据与我们正在尝试改进的内容(我们的收入)相关的业务指标，来评估我们实施成功标准的重要性。

有了这些认识，我们如何开始计算影响呢？我们如何做出一个在数学上合理的决定，并对像"模型对业务的影响"这样复杂的事情，提供一个准确的评估？

11.2.1 A/B 检验基础

现在，我们已经通过使用简单的基于百分比的 RFM 分割(我们在 11.1.1 节中分配给客户的 3 个组)定义了我们的队列(用户分组)，我们准备对客户进行随机分层抽样，以确定他们将获得哪种优惠券。

对照组将在太平洋标准时间周一上午八点收到一个普通优惠券，作为机器学习前的处理。测试组将获得目标内容和交付时间。

注意 尽管同时发布一个项目的多个元素，这些元素都与控制条件有很大的不同，对于假设检验来说，似乎是违反直觉的(并且它混淆了因果关系)，但大多数公司(明智地)愿意放弃评估的科学准确性，以尽快将解决方案发布出去。如果你曾经遇到过这种违反统计标准的情况，我的最佳建议是：耐心地保持沉默，并意识到你可以在以后进行变异检验，通过进一步的 A/B 检验来确定不同的实现方式对解决方案不同方面的因果影响。在发布解决方案时，通常更值得的做法是先发布可能最好的解决方案，然后再分析其中的各个部分。

在产品发布后的短时间内，人们通常希望在数据开始涌入时就看到说明性的图表。这需要创建许多折线图，这些图是基于控制组和检验组聚合业务参数的结果生成的。在让每个人都开始制作花哨的图表之前，需要定义假设检验的几个关键方面，以使其成为一个有效的判断标准。

我们需要收集多少数据？

在设计假设检验时，该过程的一个关键部分是为评估确定适当的样本量。代码清单 11-1 显示了一种基于业务需求确定适当样本大小的相对简单的方法。

代码清单 11-1　最小样本量测定器

有人用高级 API 将来自 SciPy 的 power 求解器封装在 statsmomodels 中

生成控制和检验之间的"提升"增量列表(指标之间的差异百分比)

```
from statsmodels.stats.power import tt_ind_solve_power
x_effects = [0.01, 0.05, 0.1, 0.15, 0.2, 0.25, 0.5]

sample_sizes = [tt_ind_solve_power(x, None, 0.2, 0.8, 1, 'two-sided') for x
    in x_effects]
sample_sizes_low_alpha = [tt_ind_solve_power(x, None, 0.01, 0.8, 1,
    'two-sided') for x in x_effects]
```

通过将 effect_size 设置为 None 来解决 alpha 0.2 的样本大小

用于处理 alpha 为 0.01 时的样本量(99%的确定性不存在第 I 类错误)

图 11-10 显示了运行此代码的结果(可视化代码可以在本书附带的存储库中看到)。在这两种情况下，我们都将 power 值保持在 0.8。如果第 II 类错误的风险对该用例的业务场景有害，则可以而且应该调整该值。

随着 alpha 值(我们测量的显著性水平)的降低，用于确定检验和对照之间差异的记录样本的数量增加。在模型进入生产之前，需要有沟通并收集足够数据所需的时间，以便做出结论性的判断，这是绝对必要的。如果没有设定这些预期，业务部门可能只是想知道什么时候可以交付，而更令人沮丧的是，业务部门无法从项目中看到他们所要实现的结果。

上述估计完全基于统计检验，需要正态分布和均匀的样本组大小。我们将在其余部分讨论如何不仅检验参数数据，而且对非参数数据和不平衡样本量进行适当的显著性检验。

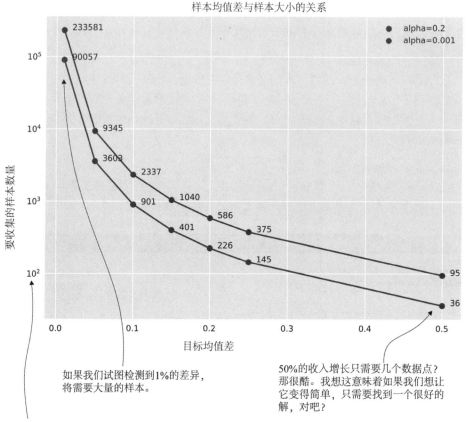

图 11-10　基于置信度要求的样本大小确定

不要做什么

图 11-11 说明了许多公司在使用机器学习项目工作影响业务的过程中早期评估归因的方法。如果不使用合理的统计过程将正确的分析应用到归因指标中，业务人员便会感到非常沮丧。

解决这一问题的最好方法是制订既定的规则，规定如何评估数据以及判断影响所需的时间，并建立一个监测系统来测试所监测参数的统计学意义。

定义了 RFM 队列，理解了样本大小估计，并执行了检索归因数据以进行指标的自动监视工作，就可以开始评估项目了。我们已经准备好看看所有的努力是否值得。

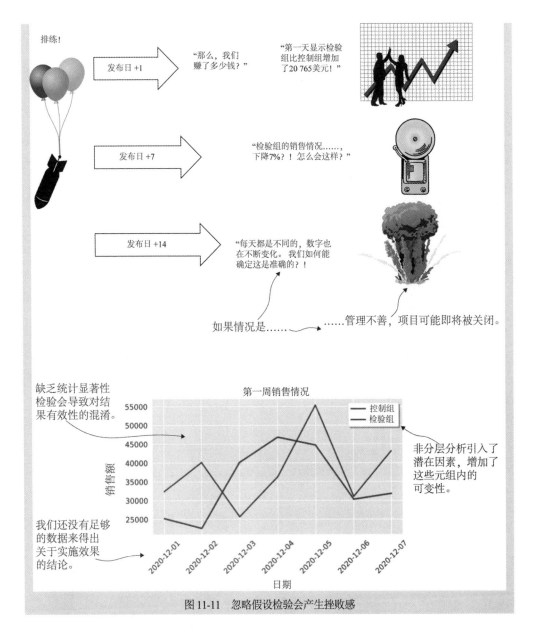

图 11-11 忽略假设检验会产生挫败感

11.2.2 连续评估指标

对于我们的冰淇淋优惠券场景，业务部门所关心的主要指标之一是收入。在许多情况下，在处理货币价值的指标时，与支出有关的分配通常极不正常。图 11-12 显示了与可变定价商品和无限篮子情况(如电子商务)相关的无界购买图。

如果你处理的是这样的分布，你就不需要使用标准的参数检验了。然而，对于我们的用例，我们有一组固定价格的商品(我们所有的冰淇淋都是相同的价格)，我们发放的优惠券针对单一商品。不过，我们已经做了统计分析的功课，验证了我们将得到类似正态分布的数据。

在对我们的解决方案进行实验检验时，将定义如代码清单 11-2 所示的参数检验。我们将把这些应用到一个标准图中，该图不仅可以显示特定群体随时间的销售数据，还可以显示每个检验的等价检验 p 值。在实际操作中，并不是所有这些都包含在报告中(这里显示和计算参数和非参数检验仅用于演示目的)。你应该根据自己的需要选择所需的报告内容。

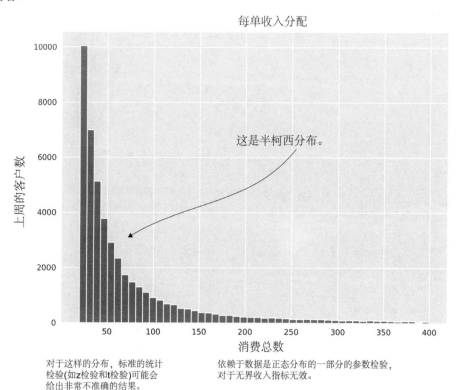

图 11-12　对客户收入的正态性检验

代码清单 11-2　统计检验的折线图

```
from statsmodels.stats import anova
from scipy.stats import f_oneway, mannwhitneyu, wilcoxon, ttest_ind
from collections import namedtuple
import matplotlib.pyplot as plt
DATE_FIELD = 'Date'
TARGET_FIELD = 'Sales'
def calculate_basic_stats_df(series):           通过简单的函数获取每个
                                                series 的关键统计信息
    StatsData = namedtuple('StatsData', 'name mean median stddev variance sum')
    return StatsData(series.name,
                     np.mean(series),
                     np.median(series),
```

```
                        np.std(series),
                        np.var(series),
                        np.sum(series)
                        )
def series_comparison_continuous_df(a, b):
    BatteryData = namedtuple('BatteryData', 'left right anova mann_whitney_u
        wilcoxon ttest')
    TestData = namedtuple('TestData', 'statistic pvalue')
    anova_test = f_oneway(a, b)
    mann_whitney = mannwhitneyu(a, b)
    wilcoxon_rank = wilcoxon(a, b)
    t_test = ttest_ind(a, b, equal_var=False)
    return BatteryData(a.name,
                       b.name,
                       TestData(anova_test.statistic, anova_test.pvalue),
                       TestData(mann_whitney.statistic, mann_whitney.pvalue),
                       TestData(wilcoxon_rank.statistic, wilcoxon_rank.pvalue),
                       TestData(t_test.statistic, t_test.pvalue)
                       )


def plot_comparison_series_df(x, y1, y2, size=(10,10)):
    with plt.style.context(style='seaborn'):
        fig = plt.figure(figsize=size)
        ax = fig.add_subplot(111)
        ax.plot(x, y1, color='darkred', label=y1.name)
        ax.plot(x, y2, color='green', label=y2.name)
        ax.set_title("Comparison of Sales between tests {} and
    {}".format(y1.name, y2.name))
        ax.set_xlabel(DATE_FIELD)
        ax.set_ylabel(TARGET_FIELD)
        comparison = series_comparison_continuous_df(y1, y2)
        y1_stats = calculate_basic_stats_df(y1)
        y2_stats = calculate_basic_stats_df(y2)
        bbox_stats = "\n".join((
            "Series {}:".format(y1.name),
            "   Mean: {:.2f}".format(y1_stats.mean),
            "   Median: {:.2f}".format(y1_stats.median),
            "   Stddev: {:.2f}".format(y1_stats.stddev),
            "   Variance: {:.2f}".format(y1_stats.variance),
            "   Sum: {:.2f}".format(y1_stats.sum),
            "Series {}:".format(y2.name),
            "   Mean: {:.2f}".format(y2_stats.mean),
            "   Median: {:.2f}".format(y2_stats.median),
            "   Stddev: {:.2f}".format(y2_stats.stddev),
            "   Variance: {:.2f}".format(y2_stats.variance),
            "   Sum: {:.2f}".format(y2_stats.sum)
        ))
        bbox_text = "Anova pvalue: {}\nT-test pvalue: {}\nMannWhitneyU pvalue:
        {}\nWilcoxon pvalue: {}".format(
            comparison.anova.pvalue,
            comparison.ttest.pvalue,
            comparison.mann_whitney_u.pvalue,
            comparison.wilcoxon.pvalue
            )
        bbox_props = dict(boxstyle='round', facecolor='ivory', alpha=0.8)
```

调用 SciPy 和 statsmodels 模块的函数,用于计算参数和非参数等效性检验

调用每个 series 的基本统计计算

调用 series 比较函数来获取显著性检验值,以便在绘图中显示

```
ax.text(0.05, 0.95, bbox_text, transform=ax.transAxes, fontsize=12,
    verticalalignment='top', bbox=bbox_props)
ax.text(0.05, 0.8, bbox_stats, transform=ax.transAxes, fontsize=10,
    verticalalignment='top', bbox=bbox_props)
ax.legend(loc='lower right')
plt.tight_layout()
```

图 11-13 显示了执行此代码的结果；描述了高价值客户队列(群组)的前 150 天的测试结果。

这里比较的数据集是非参数的。这是由于随着时间的推移，销售趋势导致我们的分布随着时间的变化而变化。允许我们使用方差分析(ANOVA)、T 检验和 Z 检验等比较的唯一条件是我们的数据具有平稳性(趋势为 0)。

以这种方式显示时间序列只是说明检验结果的一部分。正如我们在第Ⅰ部分中所强调的，对于任何机器学习项目来说，清晰地与业务部门沟通的能力非常重要。当在交谈中涉及归因和测量的话题时，这一点就更加重要。全面了解数据涉及的不仅仅是数据结果的单一展示，我们将在下面进行详细介绍。

我真的要这么做吗！

简而言之，不需要。

机器学习项目工作有不同的层次。对于实现属性(和漂移)指标，影响业务的每个级别的关键性都有相应的重要级别。让我们看几个例子：

- 用于为其他项目生成标记数据的内部工具模型——使用标准机器学习指标就可以了。

- 设计用于协助其他部门完成重复任务的公司内部预测模型——归因模型不适用，定期临时漂移检测可能是值得的。

- 对于直接影响关键业务运营(有助于影响主要业务决策)的公司内部项目，进行漂移检测绝对重要，构建归因模型是一个好主意。

- 面向外部客户的模型——归因测量、漂移检测和偏差检测(根据收集的数据的性质和类型，评估放大系统性社会问题的现实后果的偏见预测)是绝对需要的。

最后一个要素是大多数现实中机器学习项目所关注的：影响公司盈利能力或效率的至关重要因素。在这个列表中特别值得注意的是偏差测量(偏差指的是根据样本拟合出的模型的输出值与真实值之间的差距)，这是撰写本文时一个活跃的研究课题。我在本书中没有深入讨论这个话题，但它是我们工作的一个关键方面(很多书都是关于这个主题的，我鼓励所有专业的机器学习从业者至少阅读其中的一本)。

当我们的模型影响人们的生活时，偏差测量就变得非常重要，比如在如下场景中：信用卡申请、住房贷款批准、警察巡逻建议、城市资金和人类行为风险检测，以及其他机器学习用例。如果在这些应用中，根据之前数据训练出的模型，在预测时结果出现严重的偏差，那么你应该对于模型预测的结果给予额外的关注，这总是能帮助你从与业务部门艰难的对话中解脱出来。

检验Test_High_Value和Control_High_Value之间的销售情况比较

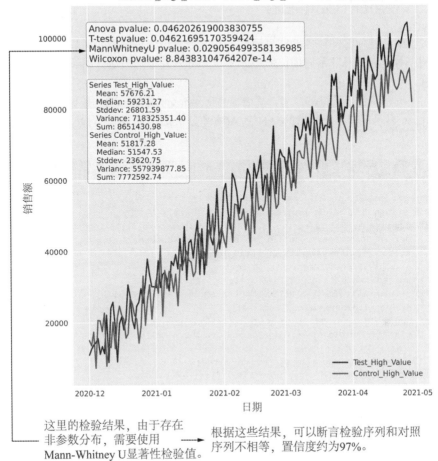

Anova pvalue: 0.046202619003830755
T-test pvalue: 0.04621695170359424
MannWhitneyU pvalue: 0.029056499358136985
Wilcoxon pvalue: 8.84383104764207e-14

Series Test_High_Value:
Mean: 57676.21
Median: 59231.27
Stddev: 26801.59
Variance: 718325351.40
Sum: 8651430.98
Series Control_High_Value:
Mean: 51817.28
Median: 51547.53
Stddev: 23620.75
Variance: 557939877.85
Sum: 7772592.74

这里的检验结果,由于存在
非参数分布,需要使用
Mann-Whitney U显著性检验值。

根据这些结果,可以断言检验序列和对照
序列不相等,置信度约为97%。

这显然不是正态分布。
只有在非趋势(平稳)情况
下,我们才会对固定价格
的项目进行正态分布的
检验和控制之间的比较。

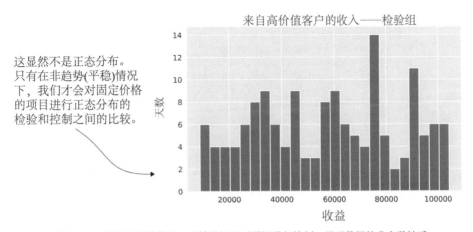

图 11-13 随着时间的推移,对检验组和对照组进行绘制,显示数据的非参数性质

11.2.3 使用替代显示和检验

为了配合任何时间参考的假设检验，向业务人员展示结果的箱线图可能有用。虽然这些图表对提取信息非常有用，但绝大多数外行人并不熟悉这些图表所能表达的重要统计信息。

如果没有统计显著性的参考，就很容易在不充分(或高方差)的数据上做出判断。代码清单 11-3 显示了参数化数据的 ANOVA(方差分析)图，以及进行检验所需的 DataFrame 操作。

代码清单 11-3 生成参数数据的方差分析箱线图报告

```
from statsmodels.formula.api import ols             对 DataFrame 进行归一化以支持
from statsmodels.stats import anova                 statsmodels 中的方差分析计算
def generate_melted_df(series_collection, dates, date_filtering=DATA_SIZE):
    series_df = generate_df(series_collection, dates)
    melted = pd.melt(series_df.reset_index(), id_vars='Date',
      value_vars=[x.name for x in series_collection])
    melted.columns = [DATE_FIELD, 'Test', 'Sales']
    return melted[melted[DATE_FIELD] > max(melted[DATE_FIELD]) -     创建方差分析所需的线
      timedelta(days=date_filtering)]                               性模型
def run_anova(data, value_name, group_name):
    ols_model = ols('{} ~ C({})'.format(value_name, group_name),
      data=data).fit()
    return anova.anova_lm(ols_model, typ=2)
def plot_anova(melted_data, plot_name, figsize=(16, 16)):
    anova_report = run_anova(melted_data, 'Sales', 'Test')
    with plt.style.context(style='seaborn'):
        fig = plt.figure(figsize=figsize)
        ax0 = fig.add_subplot(111)
        ax0 = sns.boxplot(x='Test', y='Sales', data=melted_data,
          color='lightsteelblue')
        ax0 = sns.stripplot(x='Test', y='Sales', data=melted_data,
          color='steelblue', alpha=0.4, jitter=0.2)
        ax1 = fig.add_subplot(211)
        ax1.set_title("Anova Analysis of tests", y=1.25, fontsize=16)
        tbl = ax1.table(cellText=anova_report.values,
                    colLabels=anova_report.columns,
                    rowLabels=anova_report.index,
                    loc='top',
                    cellLoc='center',
                    rowLoc='center',          将方差分析结果统计量
                    bbox=[0.075,1.0,0.875,0.2]  叠加到图表中，以方便
                    )                          参考
        tbl.auto_set_column_width(col=list(range(len(anova_report.columns))))
        ax1.axis('tight')
        ax1.set_axis_off()
        plt.savefig("anova_{}.svg".format(plot_name), format='svg')
```

在另一个数据集(平稳且没有季节性影响的数据集)上执行上述代码的结果如图 11-14 所示。与我们一直在使用的数据集相比，这个数据集生成的细节有哪些不同，请参阅本

书配套的代码存储库。

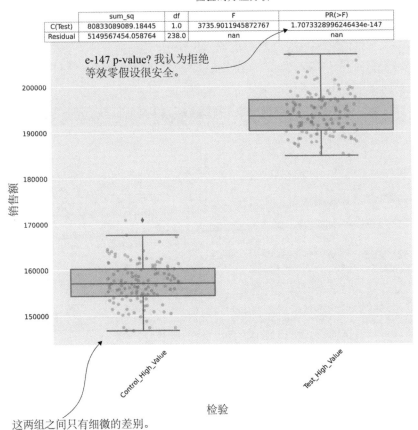

检验的方差分析

	sum_sq	df	F	PR(>F)
C(Test)	80833089089.18445	1.0	3735.9011945872767	1.7073328996246434e-147
Residual	5149567454.058764	238.0	nan	nan

e-147 p-value? 我认为拒绝
等效零假设很安全。

这两组之间只有细微的差别。

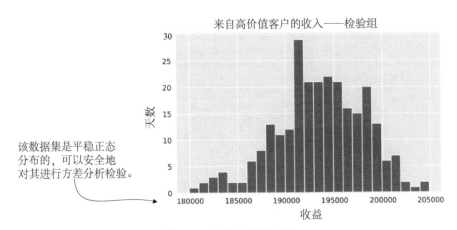

来自高价值客户的收入——检验组

该数据集是平稳正态
分布的，可以安全地
对其进行方差分析检验。

图 11-14　平稳参数检验示例

通过这些参数检验，可以更准确地确定检验中差异的大小。这主要是因为建立的参数化检验，要求样本均值服从正态分布，且均值的标准误差服从自由度为 $n-1$ 的卡方分布。在我们最初的问题中，同时检验几组数据，将每个方差分析检验作为成对检验绘制出来可能有点麻烦。由于检验组和控制组之间只划分了 3 组，这可能不会太苛刻。但如果接受检验的组数为 25，情况则会完全不同。

进入 Tukey HSD 检验(HSD 代表诚实的显著差异)，这是另一种类型的参数检验，与之前检验的主要区别是，每组之间的成对比较可以同时进行。代码清单 11-4 显示了该检验的实现和附带的可视化报告。

代码清单 11-4　Tukey HSD 假设检验与绘图

定义 pairwise_tukeyhsd 返回类型
的结构

从 Tukey HSD 检验的
有效载荷结果中提取
数据

```python
from statsmodels.stats.multicomp import pairwise_tukeyhsd
def convert_tukey_to_df(tukey):
    STRUCTURES = [(0, 'str'), (1, 'str'), (2, 'float'),
        (3, 'float'), (4, 'float'), (5, 'float'), (6, 'bool')]
    fields = tukey.data[0]
    extracts = [extract_data(tukey.data[1:], x[0], x[1]) for x in STRUCTURES]
    result_df = pd.concat(extracts, axis=1)
    result_df.columns = fields
    return result_df.sort_values(['p-adj', 'meandiff'], ascending=[True, False])

def run_tukey(value, group, alpha=0.05):
    paired_test = pairwise_tukeyhsd(value, group, alpha)
    return convert_tukey_to_df(paired_test._results_table)

def plot_tukey(melted_data, name, alpha=0.05, figsize=(14,14)):
    tukey_data = run_tukey(melted_data[TARGET_FIELD], melted_data[TEST_FIELD],
      alpha)
    with plt.style.context(style='seaborn'):
        fig = plt.figure(figsize=figsize)
        ax_plot = fig.add_subplot(111)
        ax_plot = sns.boxplot(x=TEST_FIELD, y=TARGET_FIELD, data=melted_data,
          color='lightsteelblue')
        ax_plot = sns.stripplot(x=TEST_FIELD, y=TARGET_FIELD,
                                data=melted_data, color='steelblue',
                                alpha=0.4, jitter=0.2)
        ax_table = fig.add_subplot(211)
        ax_table.set_title("TukeyHSD Analysis of tests", y=1.5, fontsize=16)
        tbl = ax_table.table(cellText=tukey_data.values,
                             colLabels=tukey_data.columns,
                             rowLabels=tukey_data.index,
                             loc='top',
        cellLoc='center',
        rowLoc='center',
        bbox=[0.075, 1.0, 0.875, 0.5]
        )
tbl.auto_set_column_width(col=list(range(len(tukey_data.columns))))
ax_table.axis('tight')
ax_table.set_axis_off()
plt.tight_layout()
plt.savefig('tukey_{}.svg'.format(name), format='svg')
```

运行成对
Tukey
HSD 检验

返回按显著性和平均
增量排序的结果对

在箱线图顶部创建一个显示表，显示
正在评估的所有成对组之间的关系

在平稳的全样本检验组上执行这段代码，结果如图 11-15 所示。通过观察中值组和低值组，可以看到，从视觉上区分看似相似的数据之间的差异非常困难。进行可视化或简单的聚合来评估是非常危险的行为，将统计验证检验结果的图表直接展示给业务人员，也不会带来令人满意的沟通结果。

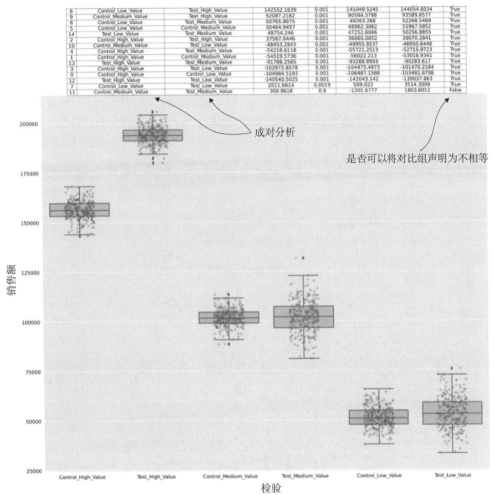

两两比较检验在一个快照中提供简单、易于理解的比较结果。它非常有用，
但只有在满足检验的基本条件时才使用这样的方法。

图 11-15　Tukey HSD 两两比较检验，显示组与组之间的关系，以及是否可以拒绝原假设

这个简单的图表对于业务部门来说很容易解释。它有助于防止任何人随意对项目的成功(或失败)作出判断，直到有足够的数据支持该结论，无论这些支持数据是什么。在图 11-15 中，可以看到，对于我们的中值队列(群组)，检验组和对照组之间没有明显的差异。这可以帮助识别哪些组可能需要使用不同的方法(为模型的下一个迭代和进一步的检验打开大门)，哪些应该小心处理(高值组的检验条件似乎工作得很好；为什么现在改变它？)

11.2.4 评估分类指标

到目前为止，我们一直在讨论收益，但这并不是冰淇淋消费优化项目的全部内容。虽然高管们关心的是模型对销售数字的影响，但营销团队想知道消费者对优惠券的使用情况。

遗憾的是，我们不能对标称型数据使用与连续型数据相同的方法。ANOVA 测试、Tukey HSD 比较或任何其他此类技术都将不能使用。相反，我们需要深入研究类别测试所涉及的内容。对于我们正在测量的事件，现在需要思考那些"会发生"和"不会发生"的事情。

代码清单 11-5 显示了一个简单的数据模型，以测试的前 50 天发放的 50 000 张优惠券为例，该模型测量了检验组和对照组之间的比率。为了保持可视化的简单性，将把所有的队列放到一个组中(但实际上，每个队列将有不同的图表和对应的一组统计检验)。

代码清单 11-5 分类显著性检验

```python
from scipy.stats import fisher_exact, chi2_contingency
def categorical_significance(test_happen, test_not_happen, control_happen,
    control_not_happen):
  CategoricalTest = namedtuple('CategoricalTest',
                               'fisher_stat fisher_p chisq_stat chisq_p
                               chisq_df chisq_expected')
  t_happen = np.sum(test_happen)
  t_not_happen = np.sum(test_not_happen)
  c_happen = np.sum(control_happen)
  c_not_happen = np.sum(control_not_happen)
  matrix = np.array([[t_happen, c_happen], [t_not_happen, c_not_happen]])
  fisher_stat, fisher_p = fisher_exact(matrix)
  chisq_stat, chisq_p, chisq_df, chisq_expected = chi2_contingency(matrix)

  return CategoricalTest(fisher_stat, fisher_p, chisq_stat, chisq_p,
    chisq_df, chisq_expected)

def plot_coupon_usage(test_happen, test_not_happen, control_happen,
  control_not_happen, name, figsize=(10,8)):
  cat_test = categorical_significance(test_series, test_unused,
    control_series, control_unused)
    with plt.style.context(style='seaborn'):
  fig = plt.figure(figsize=figsize)
  ax = fig.add_subplot(111)
  dates = np.arange(DATE_START,
                    DATE_START + timedelta(days=COUPON_DATES),
                    timedelta(days=1)).astype(date)
  bar1 = ax.bar(dates, test_series, color='#5499C7', label='Test
    Coupons Used')
  bar2 = ax.bar(dates, test_unused, bottom=test_series,
    color='#A9CCE3', label='Test Unused Coupons')
  bar3 = ax.bar(dates, control_series, bottom=test_series+test_unused,
    color='#52BE80', label='Control Coupons Used')
```

对于检验组和控制组的每个序列数据 (事件发生，事件不发生)，得到这些事件的总和

对每组的 happen/not happen 矩阵进行 Fisher 精确检验的总和

对矩阵进行卡方偶然性检验

根据分类显著性函数进行统计检验

将条形图堆叠在一起，以方便查看随着时间推移的交互率

```
bar4 = ax.bar(dates, control_unused,
  bottom=test_series+test_unused+control_series,
  color='#A9DFBF', label='Control Unused Coupons')
bbox_text = "Fisher's Exact pvalue: {}\nChisq Contingency pvalue:
  {}\nChisq DF: {}".format(
   cat_test.fisher_p, cat_test.chisq_p, cat_test.chisq_df
   )
bbox_props = dict(boxstyle='round', facecolor='ivory', alpha=1.0)
ax.set_title("Coupon Usage Comparison", fontsize=16)
ax.text(0.05, 0.95, bbox_text, transform=ax.transAxes, fontsize=12,
  verticalalignment='top', bbox=bbox_props)
ax.set_xlabel('Date')
ax.set_ylabel('Coupon Usage')
legend = ax.legend(loc='best', shadow=True, frameon=True)
legend.get_frame().set_facecolor('ivory')
plt.tight_layout()
plt.savefig('coupon_usage_{}.svg'.format(name), format='svg')
```

为图形构建统
计检验报告框

运行这段代码(在已发送并使用 ETL 完成优惠券数据处理之后), 将得到如图 11-16
所示的图表。

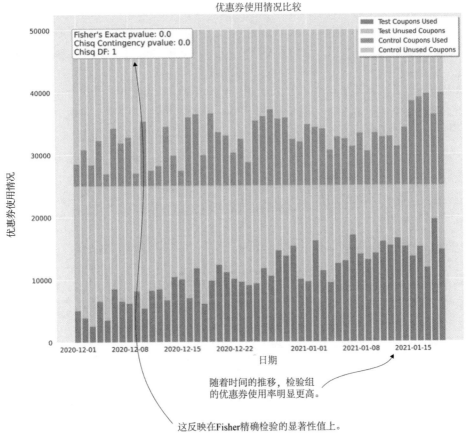

图 11-16　在假设检验分析中测量类别型的"发生"/"不发生"事件

图 11-16 可能不适用于所有机器学习项目。本章前面部分，基于连续值的指标在工作中非常常见。但如果你需要基于事件的数据进行评估并且根据测试条件给出结论性的声明，就需要使用与之前连续值估计不同的方法。

归因测量的一般应用

我们讨论了冰淇淋券发放的模型归因指标。我不是对任何一家冰淇淋公司不屑一顾，但有没有更严谨一点的尝试？

关于监视业务属性的关键是选择有效的衡量指标。由于缺乏更好的措辞，我们说这些指标的效用完全集中在"细节决定成败"的概念上。衡量业务成功的方法有细微差别，有的有用，有的毫无意义。选择包含业务细微差别的可度量属性非常关键。与负责该业务方面的业务部门 SME 小组进行讨论，对于确保你的归因分析是有效的非常有帮助。

细节决定成败

对于局外人来说，业务指标似乎由常识形成。如果我们试图衡量一个模型的收入影响，我们只看销售额，对吗？如果我们在计算用户黏性提升，我们只会着眼于登录事件。优化飞往国际机场的航线会考虑飞机上座率，对吗？

虽然定义这些规则可能看起来微不足道，但我可以向你保证，事实不是这样的。对于每个用例，关于如何计算哪个指标，以及如何计算这些指标的细节，已经被证明既复杂、又与公司的特定运行模式高度相关。因此，与你的同事讨论所有归因指标非常重要，因为他们每天在计算报告中的数字时都会使用这些指标。

如果你正在构建一个试图为公司实现收入目标的解决方案，请与财务团队沟通。如果你正在优化物流效率，请与运营部门沟通。如果模型的目标是减少制造部件的缺陷数量，你应该与质量保证和计量部门沟通。

与业务部门紧密合作并一起生成一系列与业务相关的指标，将可以确保在展示模型对业务的影响时几乎不会发生混淆。通过这种一致性，增加了大家对解决方案的信心，确保机器学习解决方案成为公司成功运营的关键要素，并帮助业务部门发展创新，也为数据科学团队提供更多的项目机会。

如何确定要监视哪些业务指标？

简而言之：张嘴问。

通常数据科学团队是为机器学习项目工作提出好主意的人——尽管大多数情况下，业务部门的发起人或执行者联系团队来解决问题。尽管如此，在我参与过的项目中，能够主动将所有问题都提出来的情况屈指可数。

我并没有低估所做的工作，只是诚实地说，在构建机器学习解决方案之前，问题就已经存在了。区别在于，它是由人类而不是算法和代码处理的。收益最大化？这是营销部门所完成的工作。欺诈检测？那是欺诈部门应该完成的任务。定价优化？需求预测？在你被招来解决问题之前，大家通过手工的方式来完成这些工作，这种情况已经由来已久了。

这些人知道他们能够完成的工作。他们会比你更了解数据的细微差别、他们所负责的领域以及客户或流程的性质。决定业务的哪些方面可以用来为你将要构建的产品的表现创建一个可测量的指标标准的最佳人选就是这些人。

每次我开始做一个新项目——除了我最初凭空创建的几个解决方案,它们都失败了——我开始了解这些人。我邀请他们参加讨论,共进午餐,参加会议,通常只是倾听他们所说的一切。我会问他们一些尖锐的问题,比如如何衡量他们自己的工作是否成功(如果你的模型衡量的是部门的目标,这些人对目标是否实现更清楚)。我也会咨询他们,如何判断他们已经取得了成功。我会询问团队的目标和关键结果(OKRs)是什么。

也许他们会告诉你,他们的衡量标准不是通过检测到的正确欺诈事件的数量,而是更多地通过检测到以前从未见过的新欺诈事件。也许他们会说,他们专注于找出足够多的欺诈行为,但从来不想错误地将合法用户判定为欺诈用户。这些可能会影响模型的构造,但它们也可以被用作衡量解决方案健康状况的指标标准。

通过这样做,并让深入了解业务的人参与进来,这将为项目的成功发布做出巨大的贡献,但更重要的是,这将以公司一般看待它的相同方式衡量产品发布模型的能力。这将防止出现业务部门发现模型性能出现退化或者其他问题而你没有发现的情况。这将有助于项目的稳定运行。

现在我们已经介绍了如何测量用于归因分析的机器学习实验,专注于回答业务人员想要了解的关于项目的关键问题,是时候"面对房间里的另一头大象了"。我们需要弄清楚如何检测漂移,如何处理它,以及当不可避免的模型恶化发生时,应该采取怎样的行动。用我们的归因分析建立统计数据来衡量它,配合内部专注于数据科学的损失指标,我们已经准备好面对它了。是时候考虑模型漂移了。

11.3 本章小结

- 归因分析使数据科学团队能够清楚地与业务部门针对他们所关心的问题进行有效的沟通。利用适当的统计方法和受控测试,可以提供解决方案状态的客观声明。
- 通过使用正确的统计检验来评估 A/B 检验数据,可以就解决方案的性能状态做出声明,提供数据驱动的影响声明。

第 12 章

通过观察漂移以保持你的收益

本章主要内容
- 识别和监控生产解决方案中的漂移
- 定义对检测到的漂移的响应

在第 11 章中,我们建立了衡量机器学习解决方案有效性的基础。这个坚实的基础使数据科学团队能够就与业务相关的项目性能与业务人员进行沟通。为了继续对解决方案的有效性做出积极的报告,还有许多工作要做。

如果对业务的适当的归因监控和报告是项目的基石和基础,那么熵就是寻求持续摧毁项目的风暴。我们把这种混乱的转变称为收益漂移,它有多种形式。与它斗争需要持续地监控和对所有进入和流出模型的东西保持怀疑态度。

本章将介绍常见的模型漂移类型、原因和解决方案。与漂移作斗争将有助于确保你的解决方案可以持续为公司提供价值。

12.1 检测漂移

假设我们刚刚将冰淇淋推荐器从第 11 章发送到生产中。我们在整个开发过程中使用了良好的工程实践,我们的内部 SME 测试看起来很有希望。属性测量已经设置好,A/B 检验已经定义好,我们已经准备好开始收集结果。让我们开始行动。

直到该模型在生产中顺利运行了大约 6 周后,我们才收到营销团队关于客户基础分析中一些令人担忧的趋势的通知。在这个国家的一个地区,优惠券的发放和打折已经让我们的冰淇淋出现断货的情况;而在另一个地区,产品购买类型的不平衡已经变得如此惊人,以至于出现了大量过剩的过期产品。这些信息确实让人感到一些恐慌。

我们共同努力,以一种特殊的方式挖掘特征数据,把所有其他的项目工作都搁置起来,因为我们正在努力调查模型是否为问题的根本原因。经过几天的探索性分析,我们并没有找到根本原因,我们收到了来自业务部门的最后通牒:要么修复模型,要么关闭它。利润归因的提升虽然抵消了产品报废的成本,但这并不是一个足够令人信服的故事,不足以安抚业务人员。

我们闭上眼睛祈祷，希望对模型的重训练可以带来好的结果，根据训练期间的holdout验证评分指标的结果，似乎问题已经自己解决了。至少现在是这样的。

这是怎么回事？为什么这个模型突然就变成这样了？为什么这种看似无关痛痒的东西会对企业造成如此严重的影响？最重要的是，在我们将这个模型发布到生产环境之前，我们还应该做哪些事情？

简单的答案是，熵无处不在。特征测量数据，以及影响因果关系的潜在因素，都在不断变化。在许多情况下，我们对模型的输出所采取的行动会导致数据的变化。隐藏的影响反馈循环可以引入模型在训练期间没有接触到的新的相关性。曾经对目标优化有价值的关系可能会恶化或加强，以至于从模型中得出的预测不再能够解决项目想要解决的问题。

对于某些用例来说，这些影响可能是相当严重的和迅速的(例如，欺诈检测非常容易受到这种影响，因为罪犯很聪明，他们会使用新的手段，让你的模型无法检测出他们的欺诈行为)，而其他影响则是渐进的。如果没有算法监控，很容易被遗漏。意识到并控制这些不可避免的变化是机器学习项目开发的一部分。我们需要预料到这些情况，通过适当的系统来发现它们，并知道如何修复它们。

影响漂移的因素

模型漂移有 6 种主要形式。有的很容易发现，而另一些则需要大量的研究和分析才能发现。表 12-1 给出了这些模型退化问题的简要概述。

表 12-1 预测漂移类型和纠正措施

漂移类型	衡量方法	纠正措施
特征漂移	特征分布验证 预测事后误差计算	使用新数据训练模型 重新审视特征工程
标签漂移	预测的事后分析	使用新数据训练模型，优化
概念漂移	归因测量 特征分布验证 事后预测分析 即席分析 因果关系模型(模拟)	执行特征工程工作 重新训练模型 重新审视解决方案(使用新算法或新方法) 评估解决方案相关性
预测漂移	事后预测分析 归因测量	分析对业务的影响
现实漂移	你会看到的，因为一切都出现问题	转向人工干预 重新评估特征 在训练数据中创建强制停止边界 重新训练模型
反馈漂移	改进模型所花费的时间 再训练期间的表现	评估解决方案的效果 确定是否需要新的解决方案

这些测量方法相对常见,在概念漂移检测中可以获得最详细的信息。对于那些要应用于生产的模型,应该将所有这些方法在模型投入生产之前都应用一遍。持续测量的原因有很多,但主要有以下几点:

● 模型通常都会发生漂移。没有所谓的静态实现。

● 仅仅通过归因测量识别渐进式退化非常具有挑战性。通过多种方式监视性能,可以提醒你注意那些在长期运行时可能遇到的问题。

● 如果没有进行历史测量,那么对快速退化的响应具有挑战性。在没有数据的情况下修复模型并定义问题所在非常耗时。

● 警报可以为你赢得宝贵的时间来解决一个早期出现的问题,以免它成为一个更大的问题。这有助于项目健康发展,并增加企业对数据科学家工作的信心。

为了探索这些漂移问题,为了简单起见(也为了好玩),我们将在本章中坚持使用之前使用的冰淇淋场景。

注意 在 12.2 节中描述的为这些效果设置监视的一些技术,特别是基于特征的漂移,对于使用大量特征的模型可能很难扩展(我见过有人试图实现由数千个特征组成的海量向量,希望提高准确性)。在设计预测性解决方案时,这绝对是需要考虑的问题。如果采用简单的方法,将大量数据放入模型中,并希望得到最好的结果,那么对于监视此类实现的运行状况来说,结果可能是一场噩梦。

特征漂移

让我们想象一下,我们的冰淇淋购买倾向模型使用了多个地区的天气预报数据。还假设在模型上没有设置监视,并且每个月都对模型进行被动再训练。

当最初构建模型时,我们对特征做了彻底的分析。我们确定了相关值(皮尔逊和卡方),发现温度和冰淇淋销量之间有着惊人的紧密关系。在最初的几个月里,一切都进展得很顺利,我们按照特定的时间间隔发出邮件,邮件的打开率超过 60%。

突然之间,在 6 月中旬,归因模型开始跌落悬崖。邮件打开率和优惠券利用率非常低。从 20% 的收入增长变成现在 300% 的损失。我们继续这样运作,营销团队尝试不同的活动方案。就连产品开发团队也开始尝试新的口味,因为他们错误地认为顾客已经厌倦了正在出售的冰淇淋口味。

直到几个月后,当数据科学团队被告知项目可能会被取消时,才开始进行深入的调查。通过调查该模型对从 6 月中旬开始的一周的预测,我们发现使用优惠券倾向的概率发生了戏剧性的变化。当我们研究这些特征时,会发现一些令人担忧的东西,如图 12-1 所示。

尽管这只是特征漂移的一个滑稽例子,但它与我在职业生涯中所见过的许多例子相似。我很少遇到数据科学家在没有通知的情况下突然更改数据流,我所经历或听说的许多数据科学项目都像这个例子中描述的一样荒谬。

很多时候,像这样的变化是如此巨大,以至于预测结果变得完全不可用,甚至在短时间内就发生一些实质性的变化。在图 12-1 所示的一些罕见情况下,如果没有自动监控,漂移可能会以很微妙的方式发生，而且在很长一段时间内，很难被检测到。

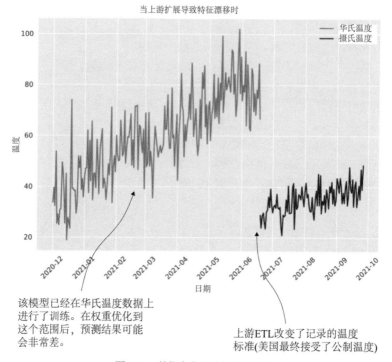

图 12-1 单位变化导致的特征漂移

对于这个用例，预测输出将为经受新的"现代冰河时期"事件(因为温度单位发生变化，新的数据让我们看起来都生活在低温的冰河时期一样)的客户提供建议。对于大多数用户来说，模型输出的概率可能非常低。由于模型发送推荐的后预测触发器被设置为 60% 的倾向性，因此低得多的概率将导致评估测试中的绝大多数客户不再能收到电子邮件。有了测量平均值和标准偏差的特征监控，通过简单的启发式控制逻辑就可以捕捉到这一点。

另一种形式的特征漂移是特征忽略。当我们的推理数据超出模型训练数据的范围时，就会出现这种漂移。例如，如果我们的模型在 60°F 和 95°F(南加州)之间的温度下进行训练。而由于转换到摄氏温度，归因特征下降到 20 华氏度，那么基于树的模型就可以很好地处理这个问题。他们将把这些新值储存在任何捕获最低温度范围(约 60 华氏度)的决策标准内。

线性模型呢?其实不然。毕竟，模型的构件是线性模型中的一个方程。推理特征向量的温度值将与一个系数相乘，并与训练期间确定的特征计算的剩余部分相加或相减。当数值远远超出训练估计期间看到的范围时，预测可能会以非常出乎意料的方式进行。

标签漂移

标签漂移是一个需要追踪的非常隐蔽的问题。标签中的漂移通常是由几个关键(重要性较高)特征分布的变化引起的，它可能与业务需求的目的相违背。

让我们想象一下，我们的冰淇淋优惠券模型的某些方面开始受到一种潜在力量的影响，由于缺乏数据收集，我们无法完全理解这种力量。我们可以在相关性中看到是什么在驱动它，因为它普遍减少了我们的一个特征值的方差。然而，我们无法最终将收集到的数据特征与所看到的影响联系起来。我们看到的主要效果如图 12-2 所示。

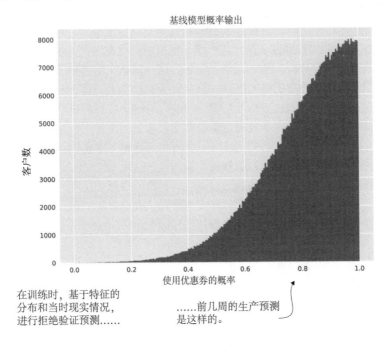

在训练时，基于特征的分布和当时现实情况，进行拒绝验证预测……

……前几周的生产预测是这样的。

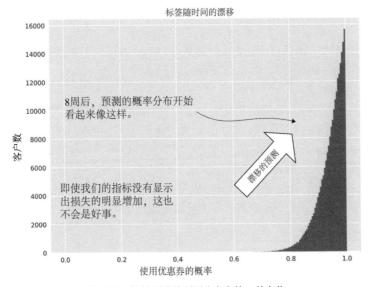

8周后，预测的概率分布开始看起来像这样。

即使我们的指标没有显示出损失的明显增加，这也不会是好事。

图 12-2　标签漂移是预测分布中的一种变化

随着这种分布的转变，我们可能会看到对业务产生的巨大影响。从机器学习的角度来看，从理论上讲，在图 12-2 的底部场景中，模型的准确性(损失)可能比初始训练时更好。这使得发现这类事件的异常具有挑战性；从模型训练的角度来看，这可能会显得更好更理想。然而，从业务角度来看，像这样的漂移事件可能是灾难性的。

如果营销团队设定一个阈值，仅当使用概率超过 90%时才发送定制的电子邮件优惠券，会发生什么？这样的限制通常是因为成本(批量发送很便宜，而通过定制的解决方案发送明显贵得多)。如果营销团队基于这个水平的阈值进行发送，并且通过几周的运行，对模型预测的结果进行分析，那么营销团队将为这些定制发送选择最佳的成本效益比。随着第二个图表中标签漂移的时间推移，这将意味着基本上所有的测试组客户都将进入这个程序。成本的大幅增加很快就让营销部门的人对这个项目产生疑问。如果成本的增加非常大，营销团队可能会完全放弃这个机器学习项目。

密切关注模型输出随时间的变化，可以为潜在问题带来可见性，并确保输出在一定程度上的一致性。当结果发生变化时(我向你保证，它们会发生变化)，无论是表面上积极的还是消极的，都可能有来自结果的后续影响，模型的内部使用者可能还没有准备好。

最好时刻监控这一点。如果你没有持续地监视从解决方案中得到的预测状态，那么对更大范围的业务的影响(取决于你正在解决的问题类型)可能会非常严重。标签漂移监测的实现应关注以下方面：

- 收集和存储预测结果
- 关于分类问题
  - 定义一个聚合预测类值的时间窗口，并存储每个值的计数。
  - 跟踪一段时间内标签预测的比率，并为比率值建立可接受的偏差水平。
  - 使用一种算法，例如具有非常低 alpha 值的 Fisher 精确检验(<0.01)之间的最近值和模型生成期间计算的验证(测试)指标。
  - (可选)确定近期数据的概率质量函数(pmf)，并与训练过程中模型生成的验证预测的 pmf 进行比较。pmf 离散分布的比较可以用 Fisher 非中心超几何检验等算法来完成。
- 关于回归问题
  - 通过捕获窗口数据的平均值、中位数、stddev 和四分位差(IQR)，分析最近预测的分布(向后移的天数、小时数，取决于预测的数量和波动性)。
  - 设置阈值，用于从测量的聚合统计信息中监视感兴趣的值。当出现偏差时，提醒团队进行调查。
  - (可选)确定与连续预测最接近的分布，并通过使用 Kolmogorov-Smirnov 检验等算法来比较该概率密度函数(pdf)的相似性。

概念漂移

概念漂移是一个具有挑战性的问题，它会影响模型。用最简单的术语来说，它是引入一个对模型预测有强烈影响的巨大潜在(未收集的)变量。这些影响通常在广义上表现出来，改变了训练模型用于估算的大部分特征(如果不是全部的话)。让我们继续看冰淇淋的例子，如图 12-3 所示。

我们测量并使用这些值进行基于相关性的训练(天气数据、我们自己的产品数据和事件数据)，这些值已被用于为个别客户建立与一周内购买冰淇淋倾向的强相关性。正如我们在第 11 章中所讨论的，那些超出我们收集能力的潜在变量比我们收集的数据对一个人的购买决定有更大的影响。

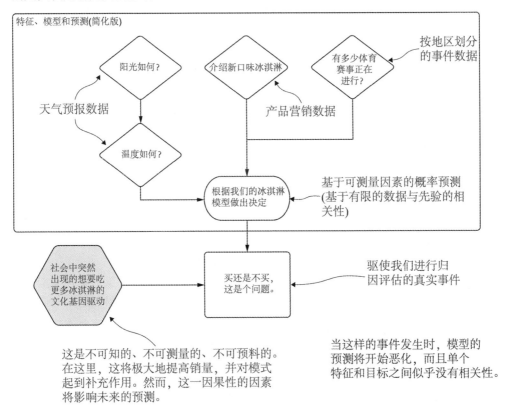

图 12-3　概念漂移对模型性能、业务和归因测量的影响

当未知的因素积极或消极地影响一个模型的输出时，我们可能会在预测或模型的归因测量中得到戏剧性的变化，这就是我们现在遇到的情况。追踪的根本原因可能是非常明显的(全球出现流行病)，也可能是隐蔽而复杂的(社交媒体对品牌形象的影响)。在我们的场景中，可以像下面这样监控这种类型的漂移：

- 为如下条目实现指标记录
  - ◆ 主要模型误差(损失)指标(s)
  - ◆ 模型归因标准(项目正在改进的业务指标)

- 为预测收集和生成聚合统计数据(在适用的时间窗口内)
  - 计数(预测的数量，每个分组队列的预测，等等)
  - 均值，stddev，回归的 IQR
  - 计数(预测的数量，预测的标签的数量)和分类器的 bin 概率阈值
- 评估预测和归因测量的汇总统计随时间的趋势。无法解释的漂移可以作为模型再训练或返回到特征工程评估的基础(可能需要额外的特征来捕获新的潜在因素影响)。

不管原因是什么，重要的是要监视这个问题的两个潜在症状：与被动再训练相关的模型指标，以及主动再训练的模型归因数据。监测模型有效性的这些变化可以帮助早期干预，解释分析报告，以及以一种不会对整个项目造成破坏的方式解决问题。

答案可能不像其他类型的漂移(即特征漂移和预测漂移)那样容易看出。对这种无法解释的漂移进行生产监视的关键在于第一时间捕获它。如果不加以检查，无视这种对模型性能的潜在影响，可能会对业务造成惊人的影响，这取决于具体情况。通过简单的 ETL 创建这些监视统计信息所花费的时间总是值得的。

预测漂移

预测漂移与标签漂移高度相关，但有细微的差别，使得从这种类型的漂移中恢复需要遵循另一组操作。与标签漂移一样，它对预测的影响也很大，但与外部影响无关，而是与模型中的某个特征直接相关(尽管有时会令人困惑)。

让我们想象一下，我们非常成功的冰淇淋公司在训练模型解决方案时，在美国太平洋西北地区的表现微不足道。在缺乏训练数据的情况下，模型不能很好地适应与该区域相关的极少数特征数据。除了缺乏数据问题，我们不知道该地区的潜在未来客户是否喜欢我们的产品，因为探索性数据分析(EDA)的信息同样缺乏。

经过最初几个月的新活动，通过口头宣传提高知名度，结果发现不仅太平洋西北地区的人们非常喜欢我们的冰淇淋，而且他们的行为模式与我们一些最活跃的客户非常匹配。因此，我们的模型增加了向这个地区的客户发放优惠券的频率和速度。由于需求的增加，该模型开始向该地区的客户发放如此多的优惠券，从而产生了一个全新的问题：库存问题。

图 12-4 显示了我们的模型无意中帮助创建的对业务的影响。虽然这本身不是一个坏问题(它肯定会提高收入！)，但一个意想不到的驱动因素可能会带来需要解决的问题。

图 12-4 所示的情况确实是积极的。然而，在这种情况下，模型的影响不会在建模指标中显示出来。实际上，即使我们在这个新数据上重新训练模型，这也可能显示为几乎等效的损失分数。归因测量分析是检测这一点并解释客户基础潜在变化的唯一方法。

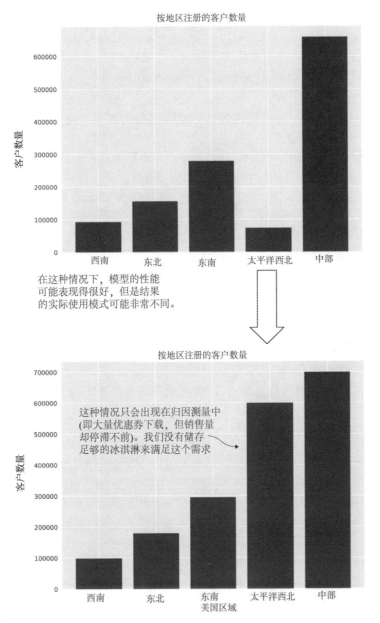

图 12-4　模型输出对业务的高度有益的影响。这可能会产生其他问题，可能需要快速调整(特别是当相反的情况发生时)

一般来说，预测漂移是通过特征监测过程处理的。这组工具包含以下许多概念。

● 每个特征的先验分布监测与最近值的比较，因适当的时间因素滞后：

   ◆ 计算特征在训练时的平均值、中位数、标准差、IQR。

   ◆ 计算用于推断的最新特征统计指标。

- ◆ 计算这些值之间的距离或百分比误差。
- ◆ 如果这些指标之间的差值高于特定的水平，则通知团队。
- ● 分布等价测量：
  - ◆ 将连续特征转换为训练期间特征的概率密度函数(probability density function，pdf)。
  - ◆ 将名义(分类)特征转换为训练期间特征的概率质量函数(probability mass function，pmf)。
  - ◆ 利用 Wasserstein 指标或 Hellinger 距离等算法，计算这些数据和最近的(通过训练模型看不到的)推理数据之间的相似性。
- ● 为每个特性的基本统计指标指定统计过程控制(Statistical Process Control，SPC)规则：
  - ◆ 基于西格玛的阈值水平，测量每个连续特征随时间的平滑值(通常通过移动平均或窗口聚合)，并在违反所选规则时发出警报。这里通常使用"西方电力公司规则(Western Electric rules)"。
  - ◆ SPC 规则基于特征中类别或名义值的比例成员关系(作为时间的函数聚合)。

无论你选择使用哪种方法(或者你想选择使用所有方法)，在训练期间收集特征状态信息的最关键作用是，它允许监视和提前通知特征退化。

为了帮助跟踪这些统计指标，许多人(包括我自己)严重依赖 MLflow 的跟踪服务。将这些值作为模型训练事件的一部分记录下来，有助于确保保存模型用于训练的历史记录，还可以避免每次执行漂移验证时都对这些值进行昂贵的(昂贵是指计算资源和所用时间)历史计算。

现实漂移

我在 2022 年 1 月 20 日写下这段话："过去的一年对冰淇淋行业来说是艰难的一年。总的来说，对于人类也是艰难的一年。那些我们曾经使用过的销售手段(在社区、社区公园、体育赛事和狗狗公园的冰淇淋车)，对我们来说并不那么奏效。我们不得不重新评估分销战略和营销信息，并应对由于 COVID-19 造成的令人难以置信的艰难经济环境。"

现实漂移是概念漂移的一种特殊情况：虽然它是一种外部(不可测量的，也是不可预见的)影响，但这些基本的变化可能比一般的概念漂移对模型的有效性产生更深远和更大规模的影响。然而，并非只有流行病的爆发才会导致现实的漂移。毕竟，在 20 世纪的头几十年，马蹄铁制造商在准确预测需求方面也会遇到类似的问题。

这类事件从根本上来说是变革和颠覆性的，尤其是当它们是黑天鹅事件时。在最严重的情况下，它们可能对企业造成巨大的损害，出现模型失灵的情况。公司的生存将面临严重的威胁。

那些比较温和的破坏性现实漂移，对于在生产中运行的机器学习解决方案，通常会造成相当严重的打击。由于无法识别哪些新特性可以解释业务中的潜在结构变化，因此调整解决方案来处理大型和即时的变化就成为一个暂时的问题。根本没有足够的时间或资源来修复模型(有时甚至没有收集所需数据的能力)。

当这类基本范式转变事件发生时,受外部状态变化影响的模型将面临以下两种命运之一:

- 由于性能不佳和/或成本控制而被放弃
- 经过大量的特征生成和特征工程改造后的模型重建

你绝对不应该做的是默默地忽视这个问题。预测很可能是无关的,盲目地对原始特征进行再训练不太可能解决问题,而让性能不佳的模型运行是代价高昂的。至少,需要对进入模型的特征的性质和状态进行全面评估,以确保特征的有效性仍然是可靠的。如果不以这种彻底的验证方式处理这些事件,那么人们不太可能允许模型继续长时间产生未经验证的结果。

反馈漂移和收益递减法则

另一种较少被提及的漂移形式是反馈漂移。想象一下,我们正在研究一个建模解决方案,用于估计工厂制造的零件的缺陷密度。我们的模型是一个因果关系模型,我们的生产方案是以一种有向无环图的方式构建的,它反映了我们的生产过程。在运行这种贝叶斯建模方法来模拟改变参数对最终结果(我们的收益率)的不同影响之后,我们发现自己有一组看似最优的参数可以应用在我们的生产中。

首先,该模型显示了不能产生最佳结果的关系。随着我们进一步探索特征空间并重新训练模型,模拟结果更准确地反映了我们启动测试时的预期结果。在运行模型并利用模型输出的头几个月里,我们的收益率稳定到接近 100%。

通过控制我们正在建模的系统中存在的因果关系,我们在模型中有效地创建了一个反馈循环。允许调整的参数的方差会缩小,如果我们在此数据上建立一个监督机器学习模型进行验证,它不会学到很多东西,因为再也没有值得学习的信号了(至少没有一个有价值的信号)。

这种影响并不是在所有情况下都存在,因为因果模型比基于相关性的传统机器学习模型受此影响更大。但在某些情况下,基于相关性的模型的预测结果可能会污染我们的新特征,从而使那些收集到的特征与实际发生的观察结果产生偏差。客户流失模型、欺诈模型和推荐引擎都非常容易受到这些影响(我们直接操纵客户的行为,根据预测来促进积极的结果,最小化消极的结果)。

在许多监督学习问题中,这是一个风险,可以通过评估随时间推移的预测质量来检测。当每次重新训练发生时,应该记录与模型相关的指标(MLflow 是一个很好的工具),并定期测量,以查看在将新特征数据包含到模型时是否发生性能退化。如果模型不能简单地返回到基于最近活动使用的验证数据的可接受的损失指标水平,那么你可能处于收益递减的领域。

对这种情况的解决方案是重新考虑特征工程工作(添加可以帮助模型学习新的数据范式的数据)或重新考虑项目。重新审视项目,有时意味着最好关掉它。随着时间的推移,通过利用机器学习发现系统(或人)行为中存在的模式,一些问题可以完全解决,并且可以通过修改业务操作的方式来消除这些问题。

12.2   解决漂移问题

我们已经讨论了如何通过在归因指标上使用适当的统计检验来计算模型的影响，并且讨论了影响模型的熵的类型，这些熵使我们的模型随着时间的推移变得不那么稳定。如果我们看到冰淇淋优惠券模型在 12.1 节定义的 6 种方式中的任何一种情况下恶化，那么将通过什么过程纠正它？

12.2.1   我们可以做些什么

这一切都从监控开始。对于我们的冰淇淋优惠券场景，这涉及不仅为我们的预测(安全地存储每批预测以供分析用例)构建 ETL 过程，还包括用于设置关于模型健康状况的触发警报的基本统计测量属性。

让我们回顾第 11 章中作为特征输入到模型中的外部温度测量。图 12-5 显示了一个可视化的示例，通过在温度特征上设置 3 个单独的检查，可以检测底层数据中的问题。

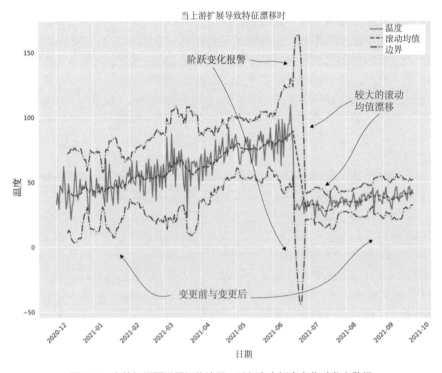

图 12-5   在特征周围设置阈值边界，以便在大幅度变化时发出警报

图 12-5 只是视觉上的辅助。在实践中，警报将通过对数据执行的计算来配置，如果边界偏移幅度超过预定阈值，则触发纯粹基于代码中编写的逻辑。然而，该图中确定的 3 个区域是通过示例来说明应该嵌入监控代码的规则，这些规则可以提醒团队注意模型输入特性中的问题。

第一个确定的检测(平均步长变化警报)用于检测较大的、意外的偏差,这些偏差可能会对模型的预测能力造成问题。这样的规则实现起来相对简单,可以有配置的阈值,并且是一个有效的预警系统,机器学习团队可以在新数据到达时立即干预。

第二种检测类型(数据方差值的步进变化)通常需要更多的时间来触发。相同的值(温度)在不同的温标(摄氏度和华氏度)上的差异本质上是不同的。因此,数据的总方差将显示出显著的差异。然而,为了减少在离散时间内出现假阳性警告的情况,与方差监测有关的报警条件通常需要较长的触发时间。

第三种指示类型,虽然与平均值的变化一致,但在历史上没有观察到变化的显著增加。当在变化测量中出现较大的峰值时(通常比本例中第二种情况监视到的变化大得多),需要对所测量数据的状态进行调查。

至少,为了防止模型有效性的缓慢熵衰减和图 12-5 所示的破坏性事件,我们需要对模型的各个方面进行测量。特征监控、训练标签漂移测量、模型验证指标和归因指标都是识别漂移的有效策略。

表 12-2 列出了我在不同行业中看到和研究过的常见建模类型,以及在再训练事件发生前需要保持多长时间的稳定性的一般估计,以供参考。

表 12-2　模型稳定性和对漂移的鲁棒性

应用场景	归因指标	重训练周期(近似)
客户流失率预测	高概率的购买事件发生在对客户采取行动之后	每月
客户终身价值(CLV)	持续的 CLV 群组成员百分比 稳定性	每周
交通行业	收入	每月
按需定价	购买率	
推荐引擎(定制化)	购买率或收视率	每小时或每天
图像内容标签	分类误差百分比	从两个月到半年
欺诈检测	损失事件计数 损失总额 未被检出的欺诈事件总数	每半个月
设备故障预测	维护(更换)费用	每半年或每年
预测(生存)	不必要的维护次数	
销售预测	投影中的回测精度	每天或每周

如你所见,在不同的应用程序中,预计的再训练周期变化非常大。表 12-2 只显示了常见的情况。即使建立了一个系统,在模型归因性能下降时创建一个新模型,也不能保证新模型一定成功。漂移效应可能同时影响旧模型和新模型(大多数情况下确实如此),以至于仅仅对新数据进行再训练无法将模型的性能修复到可接受的水平。

对于被动计划的再训练范式,如果没有密切监测归因测量,问题可能需要更长时间才能被发现。根据表 12-2 中提到的周期性(粗略估计),漂移事件发生后的第一次定期再训练通常会发现一个需要人工干预来解决的问题。它可以是重新审视项目的特征工程阶段，包括可以帮助模型适应现有特征中的新状态的新特征，或者对最初用于构建项目的方法进行彻底的检查。

通过监视影响模型的元素，从特征指标和模型指标，一直到归因指标，我们可以确定预测中存在的问题。一旦我们确定了它，能做些什么呢？

12.2.2 应对漂移

对于图 12-5 中所示的温度漂移示例，修复漂移条件的响应是微不足道的。我们可以对旧数据应用特征转换，使其与新的温标一致。识别、隔离和修复那些明显而琐碎的问题是显而易见的。修复它们，然后继续前进。

遗憾的是，并不是所有问题都这么简单。如果我们不能很容易地确定是什么导致了模型中的退化，那该怎么办？我们有如下 4 种应对漂移的主要方法。

- 计划或触发再训练，根据先前的模型验证结果，并根据新的验证数据验证新模型。保留最好的那个。
- 对于明显的问题(例如 ETL 错误、基数爆炸或特征变化)，修复或扩展特征，重新训练模型，验证其在新的保留数据上的性能，并继续在新模型上像以前一样运行。
- 对于与上一列表项中提到的明显因素无关的预测退化问题，重新进行特征工程，进行探索性数据分析和相关性分析。确定是否需要添加任何新特征，或者是否需要删除现有特征。尝试重新训练并发布一个新的验证过的模型到生产中。
- 如果模型显示了统计上显著的负面业务影响，请立即停止使用该模型。尝试进行根本原因分析并修复问题(如果可能的话)。如果模型的优势不再存在，则永久关闭它。

这个列表中的后 3 个元素相对来说是不言自明的。然而，第一个有一定程度的细微差别，主要是用于再训练的机制。启动训练事件有两种主要方法：被动和主动，如图 12-6 所示。

这两种启动模型再训练的机制截然不同。在被动再训练中，我们设置了一个预定的任务，该任务将使用特征数据的移动窗口来训练一个新模型(这种方法对于预测在一段时间内快速变化的值的高度动态数据集很有用)或从时间开始的所有数据，包括以前的生产模型没有看到的新数据。然后，我们从最新的数据中获取一个保留验证集，并根据相同的新的保留验证数据对当前的先前模型(我们的生产模型)和新模型进行模型评估。根据我们的模型指标，获胜者被选中用于生产。

对于这种被动再训练方法，我们通常设置警报，在新模型因多次迭代而没有选择替换时通知我们。这是在警告我们，最近的数据可能会发生根本的转变，这可能表明需要重建特征工程集(这将是从被动再训练周期中移除的活动)。

对于图 12-6 下方所示的主动再训练实现，使用了一个持续监控的自动化解决方案，该解决方案测量了与模型的业务影响和预测质量相关的属性(分布、方差、均值等)。如果属性监视检测到性能下降，则会发生自动再训练事件。与被动实现类似，也会比较新触发的模型事件和最近的保留数据，以及当前运行的模型和相同的数据。如果新模型更好，则选择将其推广到生产中(通常通过 CI/CD 自动化)。与被动方法一样,在早期的模型迭代中屡次失败,将触发数据科学团队进行调查的警报。

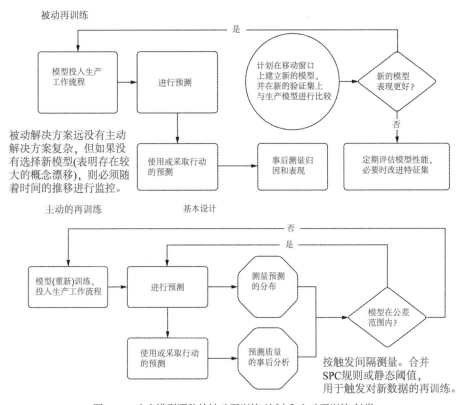

被动解决方案远没有主动解决方案复杂,但如果没有选择新模型(表明存在较大的概念漂移),则必须随着时间的推移进行监控。

图 12-6　响应模型漂移的被动再训练(计划)和主动再训练(触发)

选择被动实施还是主动实施完全取决于项目中机器学习团队的规模、实施的稳定性、业务用例的性质以及团队的能力。为机器学习项目选择这些解决方案中的哪一个并不重要。唯一需要了解的重要事情是你需要选择它们中的一个。

假设模型会像第一次训练时那样继续预测,而没有进一步的行动,让模型自生自亡是一种灾难。不考虑再训练、健康检查、监控和归因指标的项目注定要失败,因为它们与业务无关或产生了消极影响。

12.3　本章小结

- 监测漂移的主要类型——特征、标签、概念、预测、现实和反馈——对于确保解决方案的正常运行非常重要。
- 通过被动或主动的方式进行再训练是对抗漂移的有效方法。当这些尝试失败时,重新审视实现至关重要,这样可以引入处理漂移的新特征,以确保解决方案可以继续按计划运行。

第*13*章

机器学习中的开发"傲慢"

本章主要内容
- 对过度设计的实现进行重构以提高开发速度
- 确定重构的目标代码
- 建立简单驱动的开发实践
- 以可持续的方式采用新技术
- 比较实现中所构建和使用的各种技术

第12章从纯粹关注预测和解决方案有效性的角度重点讨论了用于衡量项目整体运行状况的关键组件。通过对其输入和输出进行有效和详细的监视来支持可以长时间运行的机器学习项目，肯定会比那些没有这样做的项目有更高的成功率。然而，这只是故事的一部分。

项目成功的另一个主要因素与工作中的人有关。具体来说，我们需要考虑在解决方案的生命周期中参与支持、诊断问题、改进和维护项目代码库的人员。

注意 当一个项目被发布到生产环境中时，这仅仅是它生命周期的开始。机器学习的真正挑战是在很长一段时间内保持运行良好。

这种人为因素的表现形式如下：
- 代码是如何编写的——其他人能读懂它吗？
- 代码如何执行——它是确定的吗？它有什么副作用吗？
- 对于用例来说，代码的复杂度如何？
- 改进机器学习代码是多么容易啊——它一直处于重构的状态。

在本章中，我们将观察"标志"，以注意那些使机器学习代码库变得难以维护的定义模式。从花哨的代码伸缩(喜欢炫耀的开发人员经常使用这种技术)到构建超级框架的创建者，我们将能够识别这些问题，看到替代方案，并理解为什么机器学习项目代码开发最有效的设计模式与项目的所有其他方面相同。

提示 只构建那些解决手头问题所需的复杂程度的代码。毕竟，人们必须维护这些代码。

> **为什么"傲慢"？虽然这有点侮辱人。**
>
> 我选择了"傲慢"这个词作为本章标题的组成部分，对于这个标题，我进行了长时间的思考，在思考的过程中，出现两个版本的我。首先是现在的自己，因为对自己的技能过于自信，而在遇到毁灭性的失败时被刺痛，一个为了追求骄傲的虚荣而构建令人绝望的混乱的自我驱动的解决方案的人，一个以代码中的聪明程度来衡量项目成功的吹牛者。另外一个是年轻时的我，刚开始在这个领域工作，感觉自己很不称职，像我想象的那样是个冒牌货。
>
> 我讨论过是否应该用"骄傲"这个词来代替"傲慢"，但我觉得这是不真诚的，不适用于我们在这一章将要讨论的内容(我希望我能和年轻时的自己进行一次长时间的、艰苦的交谈)。"傲慢"这个词更合适。根据定义，它拥有过度的骄傲和自信。请注意，这与骄傲无关(当我们解决了职业中一个复杂的问题时，我们都应该感到自豪)，而是"过于骄傲"。
>
> 作为数据科学家，当我们表现出傲慢的倾向时，可能正在为问题构建过于复杂的解决方案。不管是因为自己的虚荣心，还是单纯想向同行证明我们的技能足够高，最终的结果都是一样的：后悔。我们最终构建了不可维护的、令人困惑的、过于复杂的和不可扩展的解决方案，这些解决方案极有可能使项目脱离轨道或使我们的同行感到沮丧，并担心有一天我们必须排除代码中的故障。

本章涵盖了我在追求代码简单性的过程中学到的许多危险的方法，定义了可持续机器学习开发的模式，希望这些模式可以使你避免我多年来所犯的一些痛苦的错误。

13.1 优雅的复杂性与过度设计

想象一下，我们正在开始一个新项目。它与前两章没有太大的区别(它与狗有关)。我们有一些关于狗的数据。我们知道它们的品种、年龄、体重、最爱的食物，以及它们通常是否有良好的性格。此外，我们还做一些额外的标记，记录每只狗狗走进我们的宠物店时是否表现出饥饿的迹象。

有了这些数据，我们想建立一个模型，根据狗狗主人的注册数据，预测我们是否应该在他们经过收银台时为他们提供优惠。

注意 是的，我很清楚这有多蠢。不过，这让我的妻子咯咯地笑了起来，所以这个场景就保留了下来。

当开始研究这些数据时，我们意识到拥有大量的训练数据。数十亿行数据。但是，我们希望在模型的训练中全部利用它，因此只能将 Apache Spark 作为我们的平台。

由于在本书中我们已经广泛地使用了 Python，因此让我们利用本章深入研究另一种广泛用于大规模(就行计数训练量而言)机器学习项目的语言：Scala。由于我们将使用 Spark

的机器学习库，为了有效地从列式数据中构建特征向量，我们需要识别所有非连续数据
类型，并将它们转换为带索引的整数值。

　　在讨论显示本节主题之间差异的代码示例之前，让我们先讨论机器学习编码实践的
规模。我喜欢把开发风格(就代码复杂性而言)看作一种微妙的平衡行为，如图 13-1 所示。

　　在天平的右边，我们有非常轻量级的代码。它具有高度声明性(几乎类似于脚本)、单
调性(多次复制和粘贴语句，对参数进行微小的更改)和紧耦合性(更改一个元素意味着遍
历代码，并更新所有基于字符串的配置引用)。

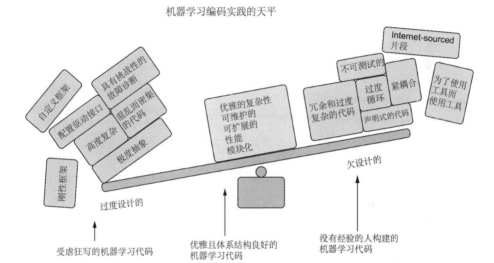

图 13-1　在软件开发实践的这两个极端之间取得平衡，可以让项目更稳定更高效

　　这些轻量级代码库通常看起来像是由来自不同公司的一群人编写的。在许多情况下，
它们的确如此，因为整个函数和代码片段都是从流行的开发人员问答论坛中获得的。它
们共同具有的一个附加特性是依赖于非常流行的框架和工具，这些框架和工具都有良好
的文档记录(或者，至少是足够复杂，以至于在前面提到的开发人员论坛上提供了足够密
集的问题和答案，可以自由地借鉴)，而不管它们有多适合用例。以下是这种行为的一些

关键特征。

- 当训练数据集包含数千行和数十列时，使用用于大规模机器学习的框架(例如，不要使用 SparkML，坚持使用 pandas，在广播模式下使用 Spark 进行训练)。
- 当请求量每分钟不会超过几个请求时，在大型服务体系结构之上构建实时服务(与其在 Seldon 中使用 Kubernetes，不如在 Docker 容器中构建一个简单的 Flask 应用)。
- 当每小时要进行几百个预测，并且 SLA 可以以分钟为单位进行测量时，为大规模微批量预测设置流采集服务(不要使用 Kafka、Spark 结构化流或 Scala 自定义函数，而是使用 Flask 应用程序)。
- 使用在 GPU 硬件上运行的具有 Horovod 多 GPU gang 调度模式的 LSTM，构建时间序列预测模型，单变量时间序列可以用简单的 ARIMA 模型用个位数的 RMSE 值进行预测(使用 ARIMA 模型并选择更便宜的基于 CPU 的虚拟机)。

然而，在天平的左侧则是截然相反的。代码密集、简洁、高度抽象，通常很复杂。左侧的方式可以应用于一些小组和组织，但总的来说，它是不必要的，令人困惑的，并且限制了能够为项目作出贡献的人员的数量，因为需要了解高级语言特性。一些机器学习工程师在使用轻量级脚本风格开发处理了一个足够大和复杂的项目后，将在后续项目中采用左侧的大量代码方法。他们在维护脚本风格和所有广泛的耦合方面所做的努力可能会导致抽象操作符的爆炸式增长，从而迅速接近构建通用框架的边缘。我可以很诚实地说，我就是那个人，这反映在图 13-1 的底部。

在图的中间是一个平衡的方法，它对于团队开发风格的长期成功具有最大的可能性。让我们看一些例子，看看我们的代码在开始使用这两个相互竞争的极端情况时可能会是什么样子。

13.1.1 轻量级脚本风格(命令式)

在我们开始用极简的声明式风格编写原型机器学习模型的代码之前，让我们简要地看看我们的数据是什么样子的。表 13-1 显示了数据集前 5 行的示例。

表 13-1 来自饥饿狗狗数据集的数据样本

Age	Weight	Favorite food	Breed	Good boy or girl	Hungry
2	3.05	Labne	Pug	No	True
7	20.44	Fajitas	Dalmatian	Sometimes	False
5	11.3	Spaghetti	German Shepherd	No	True
3	17.9	Hummus	Estrela	Yes	False
8	55.6	Bolognese	Husky	Yes, when food is available	True

可以清楚地看到，我们的大多数数据都需要编码，包括 hungry 标签(预测目标)。

下面看看如何通过构建一个向量，并使用 SparkML 的管道 API 运行一个简单的 DecisionTreeClassifier 来处理这些编码。

这些操作的代码如代码清单 13-1 所示(请参阅下面的"为什么使用 Scala?"。说明了我为什么选择用 Scala 而不是 Python 来展示这些例子)。

代码清单 13-1　命令式模型原型

```
import org.apache.spark.ml.feature.{StringIndexer,
  VectorAssembler,
  IndexToString}
import org.apache.spark.ml.classification.DecisionTreeClassifier
import org.apache.spark.ml.evaluation.BinaryClassificationEvaluator
import org.apache.spark.ml.Pipeline
val DATA_SOURCE = dataLarger
val indexerFood = new StringIndexer()
  .setInputCol("favorite_food")
  .setOutputCol("favorite_food_si")
  .setHandleInvalid("keep")
  .fit(DATA_SOURCE)
val indexerBreed = new StringIndexer()
  .setInputCol("breed")
  .setOutputCol("breed_si")
  .setHandleInvalid("keep")
  .fit(DATA_SOURCE)
val indexerGood = new StringIndexer()
  .setInputCol("good_boy_or_girl")
  .setOutputCol("good_boy_or_girl_si")
  .setHandleInvalid("keep")
  .fit(DATA_SOURCE)
val indexerHungry = new StringIndexer()
  .setInputCol("hungry")
  .setOutputCol("hungry_si")
  .setHandleInvalid("error")
  .fit(DATA_SOURCE)
val Array(train, test) = DATA_SOURCE.randomSplit(
    Array(0.75, 0.25))
val indexerLabelConversion = new IndexToString()
  .setInputCol("prediction")
  .setOutputCol("predictionLabel")
  .setLabels(indexerHungry.labelsArray(0))
val assembler = new VectorAssembler()
  .setInputCols(Array("age", "weight", "favorite_food_si",
    "breed_si", "good_boy_or_girl_si"))
  .setOutputCol("features")
val decisionTreeModel = new DecisionTreeClassifier()
  .setLabelCol("hungry_si")
  .setFeaturesCol("features")
  .setImpurity("gini")
  .setMinInfoGain(1e-4)
  .setMaxDepth(6)
  .setMinInstancesPerNode(5)
  .setMinWeightFractionPerNode(0.05)
val pipeline = new Pipeline()
  .setStages(Array(indexerFood, indexerBreed, indexerGood,
    indexerHungry, assembler, decisionTreeModel,
    indexerLabelConversion))
```

dataLarger 是一个 SparkDataFrame,包含表 13-1 中示例的完整数据集

索引第一个 String 类型的列(breed),并基于出现频率创建一个新的 0 阶降排序

为下一个分类(字符串)列构建索引器(好在只有 4 列, 对吧?)

为目标(标签)列构建索引器

创建训练集和测试集的划分

定义将用于特征向量的字段(列)

构建决策树分类器模型(为了简洁, 超参数使用硬编码方式)

定义在管道中接受和包装操作的顺序(在实验期间进行了大量修改)

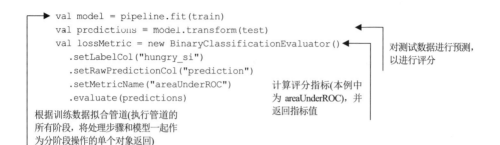

根据训练数据拟合管道(执行管道的所有阶段，将处理步骤和模型一起作为分阶段操作的单个对象返回)

对测试数据进行预测，以进行评分

计算评分指标(本例中为 areaUnderROC)，并返回指标值

这段代码看起来应该比较熟悉。这就是我们在查看特定建模框架的 API 文档时所看到的。在这个例子中，我们使用的是 Spark，其他框架也有类似的例子。这是命令式的风格，意味着我们直接在代码中提供执行步骤，让我们通过逐步的方式执行。虽然它使代码非常易于阅读(这就是为什么入门指南中的示例使用这种格式)，但当我们在实验和MVP 开发期间进行不同的测试时，对代码的修改和扩展就变成一场噩梦。

为什么使用 Scala？

我们使用 Scala 主要是因为 Spark。Python 是首选语言，Spark 完全支持它，但 Spark的后端(底层)是用 Scala 编写的。Python API 只是 Scala API 的一个包装器(接口)，因此，如果需要调用比 DataFrame API 更底层的接口，则必须使用 Scala 或 Java。

选择在 Spark 中使用 Python 还是在 Spark 中使用 Scala 通常需要考虑以下几个因素：

● 你熟悉 Java(或 Scala)还是 Python。

● DataFrame API 的函数模块无法直接支持复杂的数据操作，需要使用用户定义的函数、弹性分布式数据集(Resiliently Distributed Dataset，RDD)操作，或者开发自定义估计器和转换器。

● 需要使用自定义分布式算法来解决特定的问题(例如，在本书写作时，XGBoost仅以 Scala/Java 库的形式提供)。

"但你为什么要在本书中使用 Scala 呢？"

这是个很好的问题。这主要是因为业内有一群沉默的机器学习工程师喜欢用它完成他们的机器学习任务，尤其是在处理极其庞大的数据集时[在互联网搜索结果中，找不到很多关于 Scala 和 Java 的问题，因为使用 Scala 和 Java 的代码比使用更宽松的语言(如Python)的门槛更高]。我在本章中引入 Scala，是为了展示一种与大多数人所熟悉的机器学习代码开发方法略有不同的方法，目的是激起你的好奇心并拓宽你的视野。尽管如果你已经习惯使用 Python，这门语言对你来说可能很陌生，但我向你保证，学习这种语言会获得很好的回报，并可以帮助扩展你作为专业机器学习工程师的技术储备(为你提供另一套工具，以解决在 Python 中可能难以解决的问题)。

在 Spark 中使用 Scala 而不是 Python，还有很多更底层和更注重工程的原因。这些原因与一些主题有关——并发、线程管理，以及直接利用 JVM 上的堆内存——这些都是机器学习内容中为算法开发人员保留的。对于 Spark 的最终用户来说，执行机器学习相关的工作，Python 是迄今为止被广泛接受的标准。不过，话虽如此，对于那 5%别无选择只能使用 Scala 的情况，掌握一门额外的语言总是好的(而且，这是一种优雅而有趣的代码编写语言！)。

当我第一次开始从事机器学习项目时，我从未意识到用这种命令式风格编写代码是多么困难。我的大部分代码类似于代码清单 13-1。那么，如果这是我作为数据科学家职业生涯早期在几十个项目中做过的事情，我为什么要反复强调这个问题呢？

如果在实验和测试过程中，我们发现必须向模型添加更多特征，会发生什么？如果我们通过广泛的探索性数据分析，发现有 47 个额外的特征可以让模型表现得更好，该怎么办？如果这些特征都是类别型(也称为列表型)的呢？

这样，代码如果按照代码清单 13-1 的命令式设计风格编写，就会变成一堵难以管理的文本墙。我们将使用浏览器或 IDE 中的查找功能，以便知道到代码的哪里去更新内容。VectorAssembler 构造函数本身将成为一个难以维护的巨大字符串数组。

以这种方式编写复杂的代码库容易出错、脆弱且令人头痛。虽然前面提到的原因在项目的试验和开发阶段已经够糟糕的了，但请考虑一下如果源数据发生更改(源系统中某列被重命名)，会发生什么。我们需要更新代码库中的多少个地方？我们能及时找到它们吗？我们能否找到所有这些任务，并在预测的服务中断之前恢复任务吗？

我经历过那样的生活。在使用新的预测方法之前，我修复问题的成功率(调整代码库以支持数据上游发生的根本更改)当时不到 40%。

因此，在经历了这些挫折之后，我全身心地投入编写复杂代码的工作中。我通过拥抱极端的抽象和面向对象的原则，成为我自己(和我的团队)最大的敌人，并且我真的认为我写出极其复杂的代码是在做正确的事情。

13.1.2　"精心设计"的混乱

年轻时的 Ben 创建了什么？他创建了类似下面的代码清单(见代码清单 13-2)。

代码清单 13-2　过于复杂的模型原型

包含模型生成代码的类。在项目的早期阶段(就像这个级别的复杂性)，
这是没有必要的。重构方法中的依赖关系比命令式脚本要复杂得多

用于柯里化 main 方法返回的数据的
Case 类定义(返回管道和评分指标)

将常量从使用它们的方法中进行
外部化(最终的生产代码将在它
们自己的模块中包含它们)

映射到 DataFrame 模式的内容上，并
将 StringIndexer 应用于任何字符串类
型的字段，而不是 label(目标)字段

```scala
case class ModelReturn(
                  pipeline: PipelineModel,
                  metric: Double
                  )
class BuildDecisionTree(data: DataFrame,
                  trainPercent: Double,
                  labelCol: String) {
final val LABEL_COL = "label"
final val FEATURES_COL = "features"
final val PREDICTION_COL = "prediction"
final val SCORING_METRIC = "areaUnderROC"
private def constructIndexers(): Array[StringIndexerModel] = {
```

```
    data.schema
      .collect {
        case x if (x.dataType == StringType) & (x.name != labelCol) => x.name
      }
      .map { x =>
        new StringIndexer()
          .setInputCol(x)
          .setOutputCol(s"${x}_si")
          .setHandleInvalid("keep")
          .fit(data)
      }
      .toArray
}
private def indexLabel(): StringIndexerModel = {
  data.schema.collect {
    case x if (x.name == labelCol) & (x.dataType == StringType) =>
      new StringIndexer()
        .setInputCol(x.name)
        .setOutputCol(LABEL_COL)
        .setHandleInvalid("error")
        .fit(data)
    }.head
}
private def labelInversion(
  labelIndexer: StringIndexerModel
): IndexToString = {
    new IndexToString()
      .setInputCol(PREDICTION_COL)
      .setOutputCol(s"${LABEL_COL}_${PREDICTION_COL}")
      .setLabels(labelIndexer.labelsArray(0))
  }
  private def buildVector(
    featureIndexers: Array[StringIndexerModel]
  ): VectorAssembler = {
    val featureSchema = data.schema.names.filterNot(_.contains(labelCol))
    val updatedSchema = featureIndexers.map(_.getInputCol)
    val features = featureSchema.filterNot(
      updatedSchema.contains) ++ featureIndexers
      .map(_.getOutputCol)
    new VectorAssembler()
      .setInputCols(features)
      .setOutputCol(FEATURES_COL)
  }
  private def buildDecisionTree(): DecisionTreeClassifier = {
    new DecisionTreeClassifier()
      .setLabelCol(LABEL_COL)
      .setFeaturesCol(FEATURES_COL)
      .setImpurity("entropy")
      .setMinInfoGain(1e-7)
      .setMaxDepth(6)
      .setMinInstancesPerNode(5)
  }
  private def scorePipeline(testData: DataFrame,
pipeline: PipelineModel): Double = {
    new BinaryClassificationEvaluator()
```

这个方法用于：如果标签(目标)是 String 类型，则生成字符串索引器。注意，这里没有处理其他值，因此没有构建完整的通用实现

将标签转换回原始值的标签逆变器。在这个实现中，没有检查目标值是否符合索引的标准。在这种情况下，这段代码将抛出异常

通过操作要包含列的列表和类型来生成特征向量的动态方法。这并不包括除了数值和字符串类型之外的其他类型的数据，因为特征向量中不包括其他列类型的数据

这个决策树分类器的超参数是硬编码的。虽然这只是一个占位符，但在这种编码风格中，为了调优而需要的重构将非常多。因为这是私有方法，所以主方法签名要么需要将这些值作为参数传入，要么在实例化类构造函数时需要将这些值传入。这是一个糟糕的设计

```
        .setLabelCol(LABEL_COL)
        .setRawPredictionCol(PREDICTION_COL)
        .setMetricName(SCORING_METRIC)
        .evaluate(pipeline.transform(testData))
    }
    def buildPipeline(): ModelReturn = {
      val featureIndexers = constructIndexers()
      val labelIndexer = indexLabel()
      val vectorAssembler = buildVector(featureIndexers)
      val Array(train, test) = data.randomSplit(
Array(trainPercent, 1.0-trainPercent))
      val pipeline = new Pipeline()
        .setStages(
         featureIndexers ++
         Array(
          labelIndexer,
          vectorAssembler,
          buildDecisionTree(),
          labelInversion(labelIndexer)
         )
       )
       .fit(train)
    ModelReturn(pipeline, scorePipeline(test, pipeline))
  }
}
object BuildDecisionTree {
    def apply(data: DataFrame,
             trainPercent: Double,
             labelCol: String): BuildDecisionTree =
    new BuildDecisionTree(data, trainPercent, labelCol)
}
```

虽然这是一种基于传入数据构建管道的灵活设计，但对其他人来说可能具有挑战性，包括密切关注在管道构造函数中插入额外阶段时需要发生的操作顺序

类的伴生对象。这当然应该等到项目完成最终的 API 设计之后才去考虑

这段代码乍一看可能并不太荒谬。毕竟，当考虑到如果我们在模型的特征向量中添加额外的特征会发生什么时，它确实极大地减少了代码冗长。事实上，即使我们向模型添加 1000 个额外的特征，代码也会保持不变。这似乎是用这种方式编写机器学习代码的明显好处。

如果 StringIndexer 的某些字段需要不同于其他字段的行为，会发生什么？假设一些字段可以支持将无效键(在训练期间不存在的分类值)附加到通用索引值，而其他字段则不能。在这种情况下，必须大量修改这段代码。需要抽象 constructIndexers()方法，并应用 case 和 match 语句为不同类型的列生成索引器。然后，可能需要修改传递给包装器方法的签名参数，以包含字段名称的元组(或 case 类定义)，以及如何处理键是否存在的验证。

虽然这种方法的可扩展性很好，但在实验阶段执行起来很麻烦。我们不是专注于验证针对一个模型类型运行的不同实验的性能，而是花费大量时间重构我们的类，添加新方法，抽象复杂性，并可能始终追求一个可能根本不会起作用的想法。

当考虑生产力时，以这种方式(高度抽象和一般化)处理原型工作是灾难性的。在项目的早期阶段，最好采用支持快速迭代和修改的不太复杂的编码风格。转向代码清单 13-2 所示的风格更适用于项目的最终预发布阶段(代码强化)，特别是当用于生成最终项目解决方案的组件已知的时候。作为我如何处理这些开发工作阶段的示例，请参见图 13-2。

由于原型设计具有高度可变的特性(所有东西都是快速变化的，元素需要快速更改)，我通常坚持使用最小命令式编程技术。随着开发逐步走向项目的生产阶段，越来越多的复杂逻辑被抽象为独立模块中可维护和可重用的部分。

如代码清单 13-2 所示，在过程的早期构建一个过度设计和过度复杂的代码体系结构将创建一个封闭的场景，这将使为增强特性而进行的重构变得异常复杂。在项目早期追求过度设计的开发方法只会浪费时间，挫败团队，并最终导致更加复杂和难以维护的代码库。

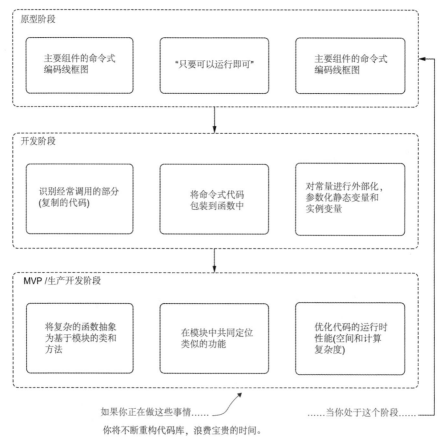

图 13-2 通过分阶段机器学习开发避免"灾难性重构"

使用花哨的代码，特别是在开发早期，这只会给你带来麻烦。选择追求最简单的实现可以在需要时为可扩展性打开大门，在编写生产代码时为内聚的代码结构打开大门，并提供一个更容易排除故障的代码库，该代码库不会充满技术债务(以及数十条永远无法修复的 TODO 语句)。

13.2　无意混淆：如果不是你写的，你能否读懂

机器学习的一种相当独特的"傲慢"表现在代码开发实践中。有时是恶意的，很多时候是受虚荣心(和被尊敬的渴望)的驱使，但主要是由于缺乏经验和恐惧，这种特殊的破坏性活动通过创建难以理解的复杂代码而形成。

对于我们的场景，先看一个常见的、稍微简单的任务：重塑数据类型以支持特征工程任务。在这个示例中，我们将使用一个数据集，其特征(和目标字段)需要修改其类型，从而支持管道的处理阶段来构建模型。这个问题的最简单实现如代码清单 13-3 所示。

代码清单 13-3　数据类型重塑

从这个 DataFrame 中强制类型转换字段的相对简单的命令式实现中，我们将看一些混淆的例子，并讨论每种混淆对这个看似简单的用例可能产生的影响。

注意　在下一节中，我们将研究一些机器学习工程师在编写代码时的坏习惯。必须提到的是，代码清单 13-3 并不想贬低其方法和实现。在构建机器学习代码库时，命令式方法并没有什么问题(前提是代码库没有紧密耦合，如果一列发生更改，就需要进行数十次编辑)。只有当解决方案的复杂性使修改命令式代码成为负担时，它才会成为问题。如果项目足够简单，就坚持使用更简单的代码。当你需要修改它并添加新功能时，你会感谢自己的简单性。

13.2.1　关于混淆

本节将展示代码复杂程度的变化，代码示例变得越来越难理解，越来越复杂，越来越难维护。我们将分析一些开发人员的坏习惯，以帮助你识别这些编码模式，并指出它们的原因——严重影响生产力，绝对需要重构才能维护。

如果你发现自己也有这些坏习惯，这些例子可以提醒你不要使用这些模式。但是在我们讨论示例之前，让我们看看我所看到的与开发习惯相关的角色，如图 13-3 所示。

这些角色并不是为了识别一个特定的人，而是为了描述一个数据科学家在成为一个更好的开发人员的过程中可能经历的事情。我遇到的绝大多数人(包括我自己)都是从"黑客"的身份开始写代码的。我们会发现自己被一个以前从未遇到过的问题卡住了，然后立即上网搜索解决方案，复制别人的代码，如果它有效，就继续前进(我并不是说在网上

或书上查找信息是一件坏事；即使是最有经验的开发人员也经常这样做)。

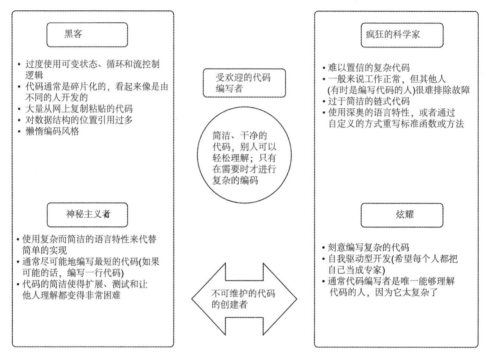

图 13-3　机器学习代码开发中的不同角色。离开图中的中心区域很有可能会在未来给团队带来很多问题

随着编码经验的不断丰富，有些人可能会倾向于其他 3 种编码风格中的一种，或者，如果他们得到了适当的指导，直接转移到中心区域。有些人需要证明一些东西——通常只向自己证明，因为大多数人只是希望他们的同伴编写来自一个"好心人"开发人员的那种代码。其他人可能认为代码行数最少，是一种有效的开发策略，尽管他们牺牲了过程中的易读性、可扩展性和可测试性。图 13-4 显示了我遇到的(和亲身经历的)情况。

在到达智慧驱动的体验顶峰之前，这条迂回的道路会导致越来越复杂的实现。在这个过程中，我们能期望的最好结果就是能够识别并学习更好的路径。具体来说，就是问题的最简单解决方案(仍然满足任务的要求)总是解决问题的最佳方法。

我作为开发者的个人成长经历

在我的整个职业生涯中，我的成长道路几乎涉及了如图 13-4 所示的旅程的各个方面。主要是由于自大，但也由于学习如何在以软件工程为中心的公司之外用代码解决问题，这是一个在学习过程中不断搞砸的艰难方法的例子。我曾经是一名代码"黑客"，短暂的神秘主义者，多年的炫耀者，几个项目中的疯狂科学家(这让未来的自己很懊恼，因为我不得不修改我无法理解的代码)，最后，我一直在努力成为一名受欢迎的代码编写者。

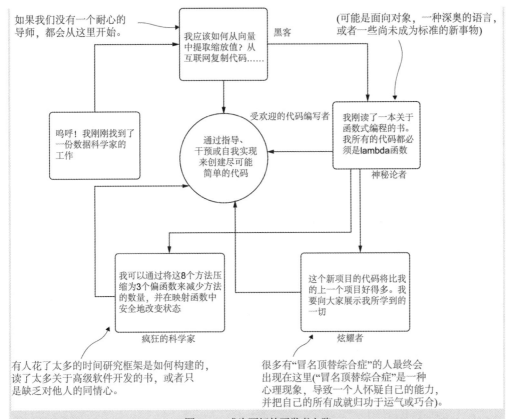

图 13-4　成为更好的开发者之路

　　我提到这一点是为了说明这一过程正是我所说的：为争取简单的设计和易懂的代码而进行的持续的斗争。这也许是最值得忍受的斗争之一。追求编写更干净、更简单的代码不仅有利于你的团队和公司，而且可能是你可以送给将来必须进行故障排除或改进代码库的自己的最慷慨的礼物。所有这些巧妙的技巧、简洁的单行代码、用复杂的设计模式安抚自我的灵活性以及令人难以置信的复杂实现，在编写它们的时候看起来像是一个好主意，但实际上并不是。

　　我吃了不少苦头才明白这一点。我唯一的建议是，从我的教训中学习，并能够识别何时你或与你一起工作的其他人正在走向这些苛刻的开发模式。点燃指引人们回归简单的灯塔，你的项目就会更加成功。

　　在接下来的几节中，我们将研究代码清单 13-3 中的一些版本，其中尝试重塑一个 Spark DataFrame 中的一些列，以便为特征工程转换做准备。这似乎是一个简单的任务，但在本节结束时，希望你能看到通过创建不同类型的令人困惑(甚至可能非常糟糕)的实现，了解人们可以多么"聪明"(这里的"聪明"指的是通过链式编写"简洁"但令人困惑的代码)。

黑客

黑客心态在很大程度上是由于缺乏经验和对软件开发概念(机器学习或非机器学习)完全不知所措而产生的。许多处于这种开发模式中的人，在构建解决方案或理解其他团队成员的解决方案是如何构建时感到紧张。如果他们没有得到有效的指导和更大的团队的认可，这种被称为"冒名顶替综合症"的严重影响将阻碍这个人的未来发展与成长。

他们的许多项目或对项目的贡献可能会感觉完全脱节或不和谐。在他们提交的 pull request 中表现出不同的代码编写风格。也许他们真的从 Stack Overflow 复制了大量的代码。

图 13-5 总结了许多年前我开始编写完整项目代码时的想法。我问过其他初级数据科学人员，在对他们的代码进行了特别粗略的同行评审后，是什么促使他们从 Stack Overflow 复制代码，他们的思维过程在图 13-5 中也有解释。

黑客代码看起来就像一个满是补丁的被子。缺乏一致的结构、使用不一致的命名约定和不同程度的代码质量，很可能在代码或同行评审提交中被反复标记。代码的测试(如果编写了任何单元测试)可能会暴露代码实现中的许多脆弱点。

代码清单 13-4 展示了黑客类型的开发者为解决列重塑问题可能会想出的方法。虽然不能直接表示一个混乱的状态，但它肯定充满了反面模式。

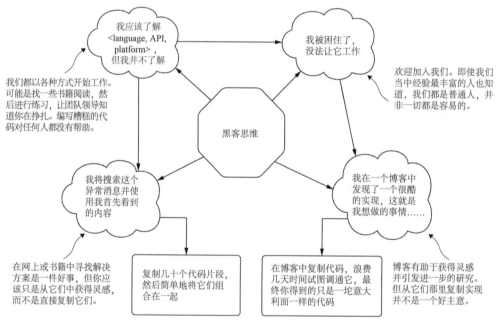

图 13-5　黑客思维模式，创建混乱和不稳定的代码库。我们刚接触机器学习时，大多都是这样

代码清单 13-4　通过黑客模式尝试重塑字段

函数实参 castChanges 很奇怪。
元组的列表代表什么

在这种情况下，修改对象不被认为是一种好的实践。
DataFrame 本质上是不可变的，但可以将它声明为 var 允许
突变来支持这种在 foreach 迭代器中链接的"黑客"方法

```
def hacker(df: DataFrame,
    castChanges: List[(String, String)]): DataFrame = {
  var mutated = df
  castChanges.foreach { x =>
    mutated = mutated.withColumn(x._1,
  mutated(x._1).cast(x._2))
  }
  mutated
}
val hackerRecasting = hacker(dogData, List(("age", "double"),
  ("weight", "double"),
  ("hungry", "string")))
```

返回修改后的 DataFrame 仍然保留了
封装，但这是一个代码嗅探

元组的位置表示法令人困惑，极易出错，难以
理解，并为 API 使用带来了麻烦(如果数据类型
和列名交换了，会发生什么？)

castChanges 参数的繁琐元组列
表定义的示例用法

迭代传入的元组列表

在这段代码中，可以看到显示的逻辑类似于 Python 固有的可变本质。该开发人员没有研究如何安全地遍历集合以将链式方法应用到对象上，而是在 Scala 中实现了一个强大的反模式：改变共享状态变量。此外，由于函数的参数 castChanges 不知道这些 String 值应该是什么(哪一个应该是列名，需要对哪个数值进行数据类型的强制转换)，因此该函数的用户必须查看源代码才能理解哪个值应该放在哪里。

在团队的工作中识别这些代码异味至关重要。无论这些人是团队(或行业)的新手，还是经验丰富的专家，都应该努力帮助他们。这是一个与团队中的其他成员一起工作的绝佳机会，帮助他们提高技能，并在此过程中构建一个由工程师组成的更强大的团队，他们都在创建更可维护和更稳定的生产代码。

神秘论者

随着我们在获得技能和接触机器学习软件开发中不断深入，下一个应该学习的内容就是 FP 技术。与传统的软件开发不同，数据科学的大量编码工作适合于函数组合。我们获取数据结构(通常表示为数组集合)，对其执行操作，并以封装的方式返回数据的修改后状态。我们的许多操作都是基于对数据应用算法，无论是通过直接计算值还是通过结构转换。在很大程度上，我们的许多代码库可以用无状态 FP 方式编写。

从本质上讲，机器学习中的许多任务都是通过函数完成的。将函数式编程技术应用到我们所做的许多操作中是绝对有充分理由的。然而，"神秘论"开发者们并不会选择在合适的地方使用 FP 范式。相反，他们将时间和精力投入到使整个代码库更具功能性上。它们以一种弱状态的形式将配置 monad 传递给函数，没有使用组合方式，以近乎狂热的热情遵守 FP 标准。为了说明问题，图 13-6 展示了我使用 FP 时的思考过程，以及它可以给代码库带来的所有奇妙之处。

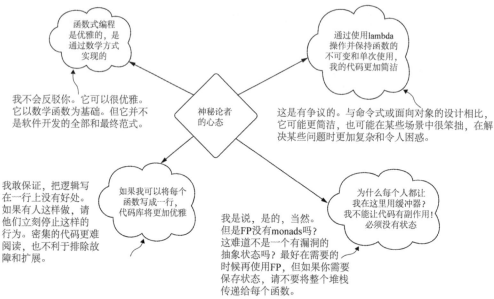

图 13-6　FP 纯粹主义者(神秘主义者)的内心世界

当我第一次开始学习 FP 概念时，我尽最大的努力将我的所有代码转换成这种模式，我发现它的简洁、高效和优雅令人喜悦。我喜欢无状态编码的简单性和纯封装的纯洁性。在我早期的"黑客"代码中，状态突变的副作用问题消失了，取而代之的是流畅和有风格的 map、flatmap、reduce、scan 和 fold。我非常喜欢容器化和定义泛型类型的想法，这可以减少我必须编写、维护和调试的代码行数。一切都变得优雅多了。

在以这种方式重构代码的过程中，我真的激怒了其他负责每次大量重构的人。他们指出我增加了代码库的复杂性，以不需要解耦的方式解耦函数，并且通常使代码更难阅读，事实确实如此。为了更好地理解列类型转换的这种实现风格，请参见代码清单 13-5。

代码清单 13-5　纯函数式编程方法

函数签名的 castChanges 参数比"黑客"的实现要安全。通过要求传入一个 DataType 抽象类，通过这个函数引入无意 bug 的可能性降低了

使用 foldLeft(对 castChanges 集合进行映射，并对传入的 DataFrame df 应用一个累加器)可以比"黑客"的方法更有效地改变 DataFrame 的状态

```scala
def mystic(df: DataFrame,
           castChanges: List[(String, DataType)]
): DataFrame = {
  castChanges.foldLeft(df) {
    case (data, (c, t)) =>
      data.withColumn(c, df(c).cast(t))
  }
}
val mysticRecasting = mystic(dogData,
  List(("age", DoubleType),
    ("weight", DoubleType),
    ("hungry", StringType)))
```

通过大小写匹配来定义传入参数的结构 castChanges，可以消除"黑客"实现中复杂(且恼人)的位置引用。这段代码简洁多了

与"黑客"实现相比，使用该函数并没有节省太多的输入，但是你可以看到为强制转换类型定义这些类型如何更好地使用该函数

如你所见,这个实现具有独特的函数特性。从技术上讲,对于这个用例,这个实现是本节所有示例中最好的。DataFrame 对象以一种对累加器友好的安全方式改变(DataFrame 连缀操作的变异状态被封装在 foldLeft 中),参数签名使用基本类型作为转换的一部分(尽量减少使用时的错误),使用匹配的签名可以防止变量命名约定被混淆。

可以让情况变得更好的唯一方式是利用一个 monad 的 castChanges 参数。定义一个 case 类构造函数,它可以保存列名到转换类型的映射,这将进一步防止他人使用这个小型工具函数时误用或混淆实现细节。

代码清单 13-5 中的问题不是代码本身;相反,这是用这种方式编写代码并在代码库的任何地方强制执行这些模式的人的哲学方法。如果你在代码库中到处都发现了这种类型的开发模式,充满了高度复杂和令人困惑的状态柯里化,将整个堆栈传递给每个函数,那么你应该和这个人谈谈。让他们知道,这种偏激的代码编写方式是没有益处的。毕竟,他们不是唯一需要维护这些代码的人。

关于函数式编程

我知道这看起来像是我讨厌 FP。但我并不是。在本章以及我编写的任何代码库中,你都会看到我使用 FP 完成了很多事情。就其设计目的而言,这是一种很棒的编程风格。在某些语言中,比如 Python 和 Scala,它也有性能上的优势(使用累加器比使用变异操作高效得多)。

然而,回想起来,我却因为这种纯粹主义的方法而痛斥自己。在机器学习开发的许多领域中,使用 FP 技术根本没有意义。例如,试图将 FP 设计模式硬塞进确定性的、由状态控制的超参数调整中,将导致灾难。

我鼓励所有的机器学习实践者在必要的地方使用 FP。你需要遍历集合并对其应用函数吗? 不要使用 for 循环;使用 map 函数(Python 中的列表推导)。你是否需要基于大量任务集合来更新对象的状态? 使用 map-reduce 范式(Scala 语言中的折叠、Python 语言中的列表推导)。这些语言特性非常有用,通常比其他迭代器(如 for 循环和 while 循环)性能要好得多,代码也更简洁。

使用 FP 的唯一缺点是你的团队不熟悉它。不过,这总是可以通过培训来解决的。花一点时间向你的团队介绍这个主题,你会发现集合上的迭代更容易阅读、更容易编写,运行起来成本也更低。

炫耀者

炫耀者可能有几种不同的人。他可以是一个令人难以置信的高级独立贡献者,他有长期开发非机器学习软件的经历。他们可能会查看一个机器学习项目,并尝试构建一个算法的自定义实现,而该算法可能早就存在于流行的开放源码库中。他们之前可能是"黑客"开发人员,并且对实现语言和软件设计模式有更深入的理解,选择向团队中的每个人炫耀他们的技术现在有多好。

不管这种人为什么会在他们的实现中增加复杂性,它都会影响到团队以及团队必须以相同的方式维护的项目。如果代码不重构,这些代码也许不会有除了它的创建者之外的人阅读。

如果实际情况和要解决的问题需要这种代码的复杂性，那么使用复杂的代码并没有什么错。然而，炫耀者构建这种过度复杂的解决方案，只是为了在团队中的其他人面前显得熟练。我想象那些符合炫耀人格的人的精神状态就像图13-7所示的一样。

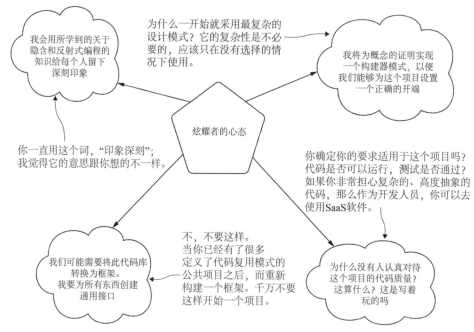

图13-7　爱炫耀的不良习惯和想法

当你是这个人的同事时，这些习惯和思维模式显然是难以忍受的。他们传达的想法并不坏(除了右下角那个有毒的想法)。构建器模式、大量抽象、隐式类型、反射和精心设计的接口都是好东西。然而，它们是在必要时才使用的工具。

这种人思考和编写代码的方式存在的问题是，他们从第一个分支的初始提交开始，就带着一个完全不需要的大型项目体系结构来实现这个项目。这种机器学习工程师只关注项目的代码复杂性，很少或根本不考虑项目的实际目的。在这种盲目性中，他们通常努力编写非常复杂的代码，在团队的其他成员看来，这些代码似乎是故意混淆的，因为他们为手头的问题做了太多的过度工程。

提示 如果你想让每个人都认为你很聪明，就报名参加"Jeopardy"("危险边缘")，赢得几轮比赛。如果你随意修改代码，你所做的一切都是在把你的团队置于危险之中。

让我们看一下我们的重塑函数(见代码清单13-6)，这次用"炫耀"开发风格进行编写。

代码清单13-6　通过炫耀的开发风格实现重塑函数

对于这个特定的实现，定义匹配的数值类型就可以了。如果整数需要以不同的方式处理，会发生什么？坚持这种设计模式需要进行大量的重构！

```
val numTypes =
    List(IntegerType, FloatType, DoubleType, LongType, DecimalType, ShortType)
```

```
def showOff(df: DataFrame): DataFrame = {
    df.schema
      .map(
        s =>
          s.dataType match {
            case x if numTypes.contains(x) => s.name -> "n"
            case _ => s.name -> "s"
          }
      )
      .foldLeft(df) {
        case (df, x) =>
          df.withColumn(x._1, df(x._1).cast(x._2 match {
            case "n" => "double"
            case _ => "string"
          }))
      }
  }
val showOffRecasting = showOff(dogData)
```

这种匹配方法对于传入的 DataFrame 的数据类型来说还不错。这是关于这段代码唯一好的地方

列名到转换类型的映射很奇怪。它在下一个语句中使用

从第一阶段延迟传递 map 集合(x)。现在需要使用位置表示法来访问这些值

再一次，通配符匹配。ArrayType 或 ListType 列在这里会出现严重问题

至少这个函数的实例化相当简单

所有其他条件的通配符捕获。如果传入的 DataFrame 包含一个集合，则会发生什么

这段代码的行为与前面 3 个示例完全相同，只是很难读懂。通过炫耀技能和"高级"语言功能，他们做出了一些非常糟糕的决定。

首先，对模式字段的初始映射完全不必要。创建由单个字符值到列名的伪枚举组成的 Map 类型列不仅没用，而且令人困惑。从第一阶段生成的集合，然后在累加器操作中折叠到 DataFrame，立即被使用，强制创建一个"临时"的 Map 对象集合，从而应用正确的类型转换。最后，因为不想把所有可能发生的条件匹配都写出来，所以在最后一节中使用通配符匹配。当有人需要处理不同的数据类型时，会发生什么？对程序执行修改以支持二进制类型、整数或布尔值的步骤是什么？对这段程序进行扩展一定是充满坎坷的。

要警惕编写这种代码的人，尤其是团队中的高级人员。让团队中的每个人都能够维护代码和排除故障是多么重要，这是一个很好的方法。他们不太可能故意让别人的代码变得复杂。在要求更简单的实现时，他们可能会考虑到这一点来交付和调整他们的开发策略。

疯狂的科学家

这个疯狂的科学家是善意的开发者。他们在软件开发的知识道路上也取得了很大的成就，已经远远超过了其他普通开发者。随着经验的积累、参与项目的增加和编写的大量代码，他们开始利用这些语言中的高级技术(他们通常对一种以上的语言非常熟练)来减少需要维护的代码量。

这些人通常根据开发的效率来考虑如何解决问题，而不是从想要因其代码的复杂性而得到认可的立场出发。多年来，他们已经学到了很多东西，不得不维护(和重构)不够理想的代码，因此他们选择以更容易排除故障和维护的方式来解决问题。

当团队其他成员的技术能力水平与他们相当时，这是最理想的状态。然而，大多数

团队都由无数具有不同开发能力水平的人员组成。编写复杂但高效的代码可能会阻碍团队中更初级人员的效率。为了说明这些思维过程，图 13-8 展示了一些疯狂科学家的思维过程。

请注意，疯狂科学家的观点并不坏。它们是完全相关的，被认为是通用的最佳实践。然而，当所有其他处理代码的人都不知道这些标准时，这种心态就会产生问题。

如果在编写代码时牢记这些组合规则，并通过在分支上突兀地发布 PR，而团队中的其他成员没有意识到这些标准为什么如此重要，那么代码的设计和实现对他们来说将是难以理解的。下面继续查看强制转换示例，了解疯狂科学家开发人员如何编写代码清单 13-7 中的代码。

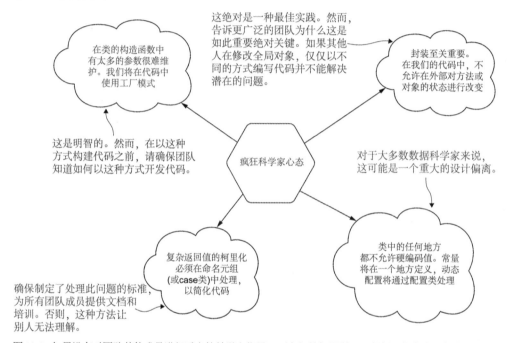

图 13-8　如果没有对团队其他成员进行适当的教学和指导，更高级的机器学习工程师可能会编写高度模糊和复杂的代码

代码清单 13-7　稍微复杂一点的转换实现

与前面的示例类似，只是我们直接迭代从
df.schema getter 返回的集合

从模式(变量 s)的返回中使用命名实体，以防止将来出现意外的错误

```
val numTypes = List(FloatType, DoubleType, LongType, DecimalType, ShortType)
def madScientist(df: DataFrame): DataFrame = {
  df.schema.foldLeft(df) {
    case (accum, s) =>
    accum.withColumn(s.name, accum(s.name).cast(s.dataType match {
      case x: IntegerType => x
      case x if numTypes.contains(x) => DoubleType
      case ArrayType(_,_) | MapType(_,_,_) => s.dataType
```

避免了前面示例中容易混淆的名称引用 df。虽然它被封装在
这里(并且是安全的)，但命名为 df 读起来很混乱

```
      case _ => StringType
  }))
  }
}
```

> 通过将决策逻辑封装在强制转换语句中，代码行数减少了。
> 直接从 schema 的元数据中匹配类型也将更加适合未来使用

现在，这段代码没有任何问题。它很简洁，很好地满足所需用例的要求，并且设计为如果数据集中的一列中有复杂类型(数组和映射)，则不会自动触发。这里唯一需要注意的是，确保你的团队能够维护这样的设计模式。如果他们可以接受以这种方式维护和编写代码，那么这是一个很好的解决方案。然而，如果团队中的其他人习惯于命令式风格的编程，那么这种代码设计可能就像用另一种语言编写的一样神秘。

如果开发团队面临着堆积如山的命令式调用，那么最好向开发团队介绍代码清单 13-7 所示的编码风格。花时间在更有效地开发实践上教导和指导团队的其他成员，可以加速项目前行，并减少支持项目所涉及的维护数量。然而，对于更资深的人来说，教育其他团队成员为什么这些标准很重要是绝对关键的。这并不意味着抛出一个语言规范的链接(有人将 Python 的 PEP-8 标准链接到 PR，这让我感到很反感)，也不是向团队抛出包含密集和高效代码的分支。相反，这意味着编写文档良好的代码，在内部团队文档存储中提供示例，进行培训，以及与团队中经验较少的成员一起进行结对编程。

如果你恰好是这种“疯狂科学家”类型的人，正在编写优雅且构造良好的代码，但其他团队成员却对其产生误解和困扰，那么你应该考虑的第一件事就是教学。帮助每个人理解为什么这些开发模式是好的，比写尖刻的 PR 评论笔记和拒绝合并请求要有效得多。毕竟，如果你编写好代码，并将其提交给一个在你所使用的范式方面没有经验的团队，那么它就会像代码清单 13-6 中的“炫耀”代码一样混乱。

更好的选择

下面通过一种更安全、更清晰、更标准的方法解决这个问题。代码清单 13-8 是一个更具可维护性的实现。

代码清单 13-8　使无效类型转换更安全

> 使用对象进行封装，让 JVM 进行更高效的垃圾回收

> 显式声明要转换为 StringType 的数据类型

> 显式声明要转换为 DoubleType 的数据类型

```
object SimpleReCasting {
  private val STRING_CONVERSIONS = List(
BooleanType, CharType, ByteType)
  private val NUMERIC_CONVERSIONS = List(
FloatType, DecimalType)
  def castInvalidTypes(df: DataFrame): DataFrame = {
    val schema: StructType = df.schema
    schema.foldLeft(df) {
      case (outputDataFrame, columnReference) => {
        outputDataFrame.withColumn(columnReference.name,
          outputDataFrame(columnReference.name)
            .cast(columnReference.dataType match {
```

> 将模式引用分开，纯粹是为了降低代码复杂性，并使其更容易被其他人理解

```
            case x if STRING_CONVERSIONS.contains(x) =>
              StringType
            case x if NUMERIC_CONVERSIONS.contains(x) =>
              DoubleType
            case _ => columnReference.dataType
        }))
}}}}
```

将我们声明的类型转换为 StringType(如果它们在配置列表中)

别碰其他任何东西。就这样吧

只将与列表匹配的数值类型转换为 DoubleType

注意到代码被包装在对象中了吗？这是为了隔离对定义的列表的引用。我们不希望在代码库中在全局定义这样的变量，所以将它们封装在一个对象中可以达到这个目的。

此外，封装使垃圾收集器更容易删除不再需要的对象的引用。SimpleRecasting 一旦被使用，并且不再在代码中被引用，就会连同堆中所有其他封装的对象一起被移除。代码清单 13-7 中的代码比较简洁，但它的命名约定看起来更冗长(有助于新读者理解 foldLeft 执行了什么操作)，让代码读起来更清晰。

关于这段代码的最后一个注意事项是，这些操作是完全显式的。除了代码清单 13-3 中对命令式转换的原始引用之外，这是这段代码与前面所有示例最大的区别。和前面的例子一样，我们只更改我们明确命令系统更改的列的类型。我们没有将操作默认为"只是将其他所有内容转换为字符串"或任何会创建脆弱、不可预测的行为。

这种思考编码的方法将为你节省大量令人沮丧的时间，帮助你排除看似无害的代码在生产环境中出现问题。在第 14 章中，我们将回顾将未知状态默认为静态值(或估算值)的一些方法，这些方法可能会让机器学习工程师感到困扰。现在，只需要意识到明确的操作对于机器学习来说绝对是一个很好的设计模式。

13.2.2 总结不良编码习惯

在上一节中，我们关注了几种不友好的代码编写方式。每种方法都有其不好的地方，有无数的原因，但最严重的违规原因如表 13-2 所示。

表 13-2 开发人员实现的"罪过"

罪恶的角色	为什么如此糟糕
黑客	脆弱的代码是碎片化和拼接在一起的，并且经常崩溃
神秘论者	复杂密集的代码需要花费太多的时间进行逆向工程。不可测试的嵌套代码会无声无息地引入难以诊断的 bug
炫耀者	故意编写复杂的代码是为了让别人觉得他们很厉害。无法排除故障、修复或扩展。简直就是噩梦般的代码
疯狂科学家	使用了大量的编程语言的高级特性，同伴们无法理解(因为没能对他们进行培训)。代码过于死板，不允许轻量级测试，也没有很好的可扩展性

编写代码最重要的方面是要记住，你创建的代码不是纯粹为了让执行它的系统受益。

如果是这样的话,这个行业可能永远不会离开用于编写指令的低级代码框架(第二代语言,如汇编语言，或者，真正让人崩溃的第一代机器代码)。

编程语言不断发展，并不是为了提高处理器和计算机内存的计算效率；相反，它一直是为了编写代码的人，更重要的是，阅读代码来弄清楚它的功能。我们尽可能使用高级 API 编写代码，并以易于阅读和维护的方式构建代码，这完全是为了我们的同行和未来的自己的利益。

避免表 13-2 中列出的习惯，转而编写你、你的团队和你未来想在团队中招聘的技术人才所需要的代码。这样做将有助于提高每个人的生产力，并能够为构建和维护解决方案做出贡献，并将防止对极其复杂的代码库进行低效的重构，以修复由缺乏思考的开发人员造成的毁灭性技术债务。

13.3　不成熟的泛化、不成熟的优化以及其他显示你有多聪明的糟糕方式

让我们假设开始一个新项目与一个相对高级的(从软件开发的角度来看)机器学习工程师团队进行合作。在项目开始时，架构师决定控制代码状态的最佳方法是设计和实现用于执行建模和推断任务的框架。整个团队都非常兴奋！团队成员认为，这一定是有趣的工作！

在他们的集体轻率行为中，没有一个人意识到，除了难以辨认的代码之外，最糟糕的傲慢形式之一就是把时间花在不需要的地方。他们将构建无用的框架代码库，这些代码库除了作为自身存在的理由之外，没有任何实际用途。

13.3.1　泛化和框架：除非不得已，否则不要使用它们

开发团队要做的第一件事是编写一个产品需求文档(Product Requirements Document，PRD)，它概述了他们希望自己的独特框架做什么。起草了一个基于构建器模式的通用设计。架构师希望团队做到以下几点：

- 确保在整个项目代码中使用自定义默认值(不依赖于 API 默认值)。
- 就调优超参数而言，强制覆盖建模过程中的某些元素。
- 用更符合公司代码标准的命名约定和结构元素包装开源 API。

在进行实验之前，先制定一个特征平面图，如图 13-9 所示。

这个针对关键功能的计划可谓野心勃勃。如果继续这样做，在图的右侧显示的现实方面可能会发挥作用(当我看到有人试图这样做时，结果总是这样)。充满了返工、重构和重新设计，这个项目将注定失败。

团队将不再专注于使用现有的框架(如 Spark、pandas、scikit-learn、NumPy 和 R)解决问题，而是不仅要支持一个项目解决方案，还要支持一个框架包装器的自定义实现，以及随之而来的所有痛苦。如果你没有配备几十个软件工程师来支持一个框架，那么最好

仔细考虑是否需要构建这个框架。

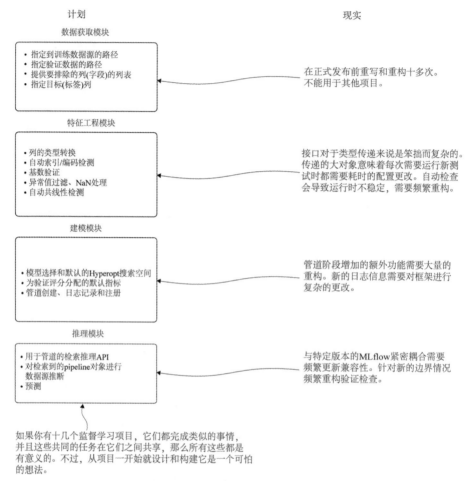

　　计划　　　　　　　　　　　　　　　　　　　　　现实

数据获取模块

- 指定到训练数据源的路径
- 指定验证数据的路径
- 提供要排除的列(字段)的列表
- 指定目标(标签)列

在正式发布前重写和重构十多次。
不能用于其他项目。

特征工程模块

- 列的类型转换
- 自动索引/编码检测
- 基数验证
- 异常值过滤、NaN处理
- 自动共线性检测

接口对于类型传递来说是笨拙而复杂的。
传递的大对象意味着每次需要运行新测
试时都需要耗时的配置更改。自动检查
会导致运行时不稳定，需要频繁重构。

建模模块

- 模型选择和默认的Hyperopt搜索空间
- 为验证评分分配的默认指标
- 管道创建、日志记录和注册

管道阶段增加的额外功能需要大量的
重构。新的日志信息需要对框架进行
复杂的更改。

推理模块

- 用于管道的检索推理API
- 对检索到的pipeline对象进行
  数据源推断
- 预测

与特定版本的MLflow紧密耦合需要
频繁更新兼容性。针对新的边界情况
频繁重构验证检查。

如果你有十几个监督学习项目，它们都完成类似的事情，
并且这些共同的任务在它们之间共享，那么所有这些都是
有意义的。不过，从项目一开始就设计和构建它是一个可怕
的想法。

图 13-9　架构师的希望和梦想是围绕不同的框架构建一个内聚的包装器，
从而支持公司的所有机器学习需求。但是结果并不好

　　为构建和维护这样的软件堆栈增加了巨大的工作负载，一个简单的事实是，你将尝
试完成一个比它所包装的框架更通用的包装器。从事这样的工作不会有好结果，主要有
两个原因。

- 你现在拥有了一个框架，这意味着需要更新、保证兼容性，还有大量的测试要写
  (你正在编写测试，对吧？)功能保证现在与用于构建框架的包是一致的。
- 你现在拥有了一个框架——除非你打算让它变得真正通用、开源，并有一个社区
  的提交者参与它的发展，并承诺维护它，否则创建这个框架是没有意义的工作。
　　只有存在对通用方法的直接需求时，追求通用方法才真正有意义。是否需要开发一
个关键的新功能来使另一个机器学习框架更有效地工作？那么，也许可以考虑为这个开
源框架做贡献。是否需要将不同的底层 API 整合在一起来解决一个常见的问题？这可能

是创建框架的一个好例子。

与我们的架构师朋友不同，在开始一个项目时，你应该考虑的最后一件事是构建一个自定义框架来支持那个特定的项目。涉及的过早的泛化工作(在时间上、分散注意力和挫折上)将严重地分散项目工作的注意力，将推迟和打乱应该专注于解决问题的生产性工作，并且将不可避免地需要在项目的发展过程中多次重新开始工作。这根本不值得。

> **我应该构建一个通用框架吗？**
>
> 嗯，也许吧。
>
> 我将列出一些需要考虑的因素，然后让你决定构建一个框架是否是你真正想要做的事情(前提是它是在指定的时间内进行的，而不是在项目交付期间)。
>
> ● 你的团队有多少人？如果你无法每周投入至少 16 人时(相当于 2 人/天)来维护框架、添加功能和排除故障，那么你应该重新考虑是否值得创建框架。
>
> ● 你打算将它开源吗？你能围绕它建立多少社区？公司维护开源软件的法律规则是什么？你可以为支持软件投入多少时间？
>
> ● 它是否解决了一个新的问题，还是你正在构建其他工具中已经存在的功能？
>
> ● 你能买一个工具或平台来实现你想让你的框架做的事情吗？如果是这样的话，我保证购买该工具或使用现有的开源解决方案将比花费时间和精力构建自己的开源解决方案成本更低。
>
> ● 这个框架有多少依赖关系？对于你添加的每个额外的软件包，你都在为其长期维护增加一个令人头痛的因素。软件包和依赖关系一直在变化，有很多软件包在未来将被弃用，这些都是未来的威胁，你的框架有一天可能会在你面前崩溃。
>
> ● 这个计划框架带来了什么额外的价值？如果它不能使你当前和未来的项目工作加快至少两倍于你将要花费在构建和维护这个框架上的时间，那么它就是在浪费时间和精力。
>
> 这个框架只是对另一个开源框架的包装吗？我见过很多人围绕 pandas 或 Spark 编写自定义包装器，这真的令人震惊。直到下一个重大版本发生重大变化(或者下一个次要的关键功能添加，现在需要实现自定义 API 的包装器)，一切都很正常，迫使你不得不从头开始有效地重写框架。
>
> 这些只是我问那些告诉我他们将为机器学习工作构建通用框架的人的几个问题。我并不是要对他们的崇高目标不屑一顾；只是我亲身经历过，亲身体会过维护这种框架的痛苦。
>
> 当你在生产环境中运行数百个 XGBoost 模型以提供对业务的预测性洞察时，构建它非常有意义。但是企业和你，都应该明白你要做的工作是多么的繁重。只有在不得已的时候，才会追求这条道路；创建一个用于构建、监控和从数百个 XGBoost 模型进行推断的高级 API 可能是一个好的选择。

13.3.2　过早优化

假设我们为另一家公司工作——最好没有上一节中提到的架构师。这家公司没有聘请构建超大项目的架构师，而是聘请一位来自后端工程背景的数据科学团队顾问。在这个人的职业生涯中，他关注的服务等级(SLA)是在毫秒级的，使用最有效的方式遍历集合的算法，以及花费大量时间来处理每个可用的 CPU 周期。他的世界完全专注于代码的性能。

在第一个项目中，顾问希望通过帮助构建一个负载测试器来为数据科学团队的工作做出贡献。由于团队还需要确定狗狗进入当地宠物用品商店时是否处于饥饿状态，因此顾问指导团队实施一个解决方案。

基于他们对 Scala 用于后端系统的经验和知识，团队成员最终专注于高度优化的内容，以最小化 JVM 上的内存压力。他们希望避免使用可变的缓冲区集合，而是使用固定的集合大小来显式地构建集合(只使用所需的最小内存量)。基于先前的经验，他们花了几天时间构建代码，以便生成测试建模解决方案的吞吐量所需的数据，以进行推理。

首先，顾问负责定义用于测试的数据结构。代码清单 13-9 展示了数据结构和用来生成数据的静态参数。

注意：代码清单 13-9 中的 Scala 格式是为了方便打印而压缩的，不能代表正确的 Scala 语法设计。

代码清单 13-9　数据生成器的配置和常用结构

使用一个 case 对象来存储生成数据
所需的静态值(Scala 中的伪枚举)

```scala
import org.apache.spark.sql.functions._
import org.apache.spark.sql.types._
import org.apache.spark.sql.{DataFrame, SparkSession}
import scala.collection.mutable.ArrayBuffer
import scala.reflect.ClassTag
import scala.util.Random
case class Dogs(age: Int, weight: Double, favorite_food: String,
                breed: String, good_boy_or_girl: String, hungry: Boolean)
case object CoreData {
    def dogBreeds: Seq[String] = Seq("Husky", "GermanShepherd", "Dalmation",
        "Pug", "Malamute", "Akita", "BelgianMalinois", "Chinook", "Estrela",
        "Doberman", "Mastiff")
    def foods: Seq[String] = Seq("Kibble", "Spaghetti", "Labneh", "Steak",
        "Hummus", "Fajitas", "BoeufBourgignon", "Bolognese")
    def goodness: Seq[String] = Seq("yes", "no", "sometimes",
        "yesWhenFoodAvailable")
    def hungry: Seq[Boolean] = Seq(true, false)
    def ageSigma = 3
    def ageMean = 2
    def weightSigma = 12
    def weightMean = 60
}
trait DogUtility {
    lazy val spark: SparkSession = SparkSession.builder().getOrCreate()
    def getDoggoData[T: ClassTag](a: Seq[T], dogs: Int, seed: Long): Seq[T] = {
    val rnd = new Random(seed)
```

定义用于测试的数据集模式(包括类型)

使用 trait 进行多继承以测试不同的实现并保持代码整洁

稍后我们会在对象中使用 Spark session 引用，所以在 trait 中使用它是有意义的

```
        Seq.fill(dogs)(a(rnd.nextInt(a.size)))
    }
    def getDistributedIntData(sigma: Double, mean: Double, dogs: Int,
                              seed: Long): Seq[Int] = {
        val rnd = new Random(seed)
        (0 until dogs).map(
            _ => math.ceil(math.abs(rnd.nextGaussian() * sigma + mean)).toInt)
    }
    def getDistributedDoubleData(sigma: Double, mean: Double, dogs: Int,
                                 seed: Long): Seq[Double] = {
        val rnd = new Random(seed)
        (0 until dogs).map( _ => math.round(math.abs(rnd.nextGaussian() * sigma *
          100 + mean)).toDouble / 100)
    }
}
```

根据均值和 sigma 生成 Double 值的随机高斯分布

使用泛型类型将值(字符串或布尔值)随机填充到固定大小的序列中

基于传入的均值和 sigma 值生成整数值的随机高斯分布

现在已经开发了辅助代码来控制模拟数据的行为和性质，顾问测试了在 trait DogUtility 中定义的方法的性能。经过几小时的调整和重构，代码性能可以很好地扩展到数以亿计的元素。

不用说，这种实现对于手头的问题来说有点大材小用。由于这是在项目的开始，不仅模型的最终结果条件所需的特征还没有完全定义，而且还没有分析特征的统计分布。顾问决定现在是时候编写实际的控制执行代码，将数据生成为 Spark DataFrame，如代码清单 13-10 所示。

代码清单 13-10　一个过于复杂且错误优化的数据生成器

使用前面定义的 trait DogUtility 来访问其中定义的方法和 SparkContext

使用 Spark 中的隐式转换，通过序列化直接将 case 类对象集合转换为 DataFrame 对象(减少了大量冗余的代码)

```
object PrematureOptimization extends DogUtility {
    import spark.implicits._
    case class DogInfo(columnName: String,
                       stringData: Option[Either[Seq[String],
                       Seq[Boolean]]],
                       sigmaData: Option[Double],
                       meanData: Option[Double],

                       valueType: String)
```

这是一团糟。Either 类型允许在两种类型之间进行右对齐选择，并且很难正确扩展。泛型类型在这里会更好

这里使用 Option 类型是因为数据生成器的某些配置方法调用不需要这些值(不需要为要随机抽样的字符串集合定义 sigma)

value 类型允许对下面的生成器进行优化实现(为了优化行数，而不是为了便于读者理解)

基于方法 dogDataConstruct 中指定的配置调用数据生成
器的一个过于花哨及优化(代码长度)的实现(这个实现是
脆弱的)

构建控制有效载荷，用于定义如何(以及以何种顺序)调用数据生成器

```scala
def dogDataConstruct: Seq[DogInfo] = {
  Seq(DogInfo("age", None, Some(CoreData.ageSigma),
        Some(CoreData.ageMean), "Int"),
      DogInfo("weight", None, Some(CoreData.weightSigma),
            Some(CoreData.weightMean), "Double"),
      DogInfo("food", Some(Left(CoreData.foods)), None, None, "String"),
      DogInfo("breed", Some(Left(CoreData.dogBreeds)),
        None, None, "String"),
      DogInfo("good", Some(Left(CoreData.goodness)),
        None, None, "String"),
      DogInfo("hungry", Some(Right(CoreData.hungry)),
        None, None, "Boolean"))
  }
  def generateOptimizedData(rows: Int,
  seed: Long): DataFrame = {
    val data = dogDataConstruct.map( x => x.columnName -> {
        x.valueType match {
          case "Int"    => getDistributedIntData(x.sigmaData.get,
                              x.meanData.get, rows, seed)
          case "Double" => getDistributedDoubleData(x.sigmaData.get,
                                x.meanData.get, rows, seed)
          case "String" => getDoggoData(x.stringData.get.left.get,
                              rows, seed)
          case _        => getDoggoData(
x.stringData.get.right.get,
    rows,
    seed)
        }
    }
).toMap
    val collection = (0 until rows).toArray
        .map(x => {
            Dogs(
                data("age")(x).asInstanceOf[Int],
                data("weight")(x).asInstanceOf[Double],
                data("food")(x).asInstanceOf[String],
                data("breed")(x).asInstanceOf[String],
                data("good")(x).asInstanceOf[String],
                data("hungry")(x).asInstanceOf[Boolean]
            )
        })
        .toSeq
      collection.toDF()
  }
}
```

这对访问值来说太可怕了。两个 get 操作？你在开玩笑吧

性能问题的根本原因如下。这默认是 Seq 类型，但应该是 IndexedSeq 类型，以允许访问单个值的 O(1)，而不是当前的 O(n)

将每个数据集合包装在一个 Map 对象中，使通过名称访问值比使用位置表示法更容易

这段代码的第二个主要问题：对每个集合的索引位置进行映射从而构建行。复杂度是 O(kn)

转换为 Spark DataFrame

　　在对这段代码进行了一些测试之后，团队成员很快就意识到，生成的行大小和运行时之间的关系远非线性的。事实上，它比线性差得多，在计算复杂度上更接近于 $O(n \times \log(n))$。生成 5000 行大约需要 0.6 秒，而 500 000 行的高负载测试大约需要 1 分 20 秒。5000 万行的满载测试，2 小时 54 分钟左右的等待时间有点多。

到底是哪里出了错？他们把所有的时间都花在优化代码的各个部分上，以便独立地尽可能快地执行每个部分。当整个代码被执行时，它是一团糟。这个实现使用了太多的错误"聪明"方法。

为什么这么慢呢？最后的部分才是最让人崩溃的。尽管这种实现的内存压力很小，但在定义的变量集合中生成行数时，必须对 Map 集合中的每个序列执行非索引的位置查找。在构建 Dogs()对象的每次迭代中，都需要遍历序列到指定的位置以取得值。

这个例子有点夸张。毕竟，如果这个后端开发人员真的很擅长他们的优化，他们可能会利用一个索引集合，并将数据对象从 Sequence 转换为 IndexedSeq(这将能够直接来到被请求的位置，并很快就可以返回正确的值)。即使有了这些更改，这个实现仍然在错误的地方徘徊。

性能很糟糕，但那只是故事的一部分。如果需要添加另一种数据类型，并以与字符串数据相同的方式处理，代码清单 13-10 中的代码会发生什么？开发人员要用另一条 Either[]语句包装第一条语句吗？然后它会被另一个 Option[]类型包装吗？如果需要生成一个 Spark Vector 类型，这段代码会变得多么混乱？因为它是以这种方式构建的，过度优化到 MVP 之前版本的解决方案的早期状态，这段代码要么需要进行大量修改，以保持与数据科学团队的功能工程工作同步，要么在它变得笨重和不可维护时需要完全从头重写。这段代码最有可能的结局是被 rm -rf 命令丢弃。

代码清单 13-11 展示了一种稍微不同的实现，它使用了一种简单得多的方法。这段代码专注于将运行时间降低一个数量级。

代码清单 13-11　一个性能更好的数据生成器

与代码清单 13-10 中的实现相同

为了消除迭代集合的一个阶段，可以将每个生成的值序列(最终的行数据)附加到缓冲区中

```
object ConfusingButOptimizedDogData extends DogUtility {
  import spark.implicits._
  private def generateCollections(rows: Int,
seed: Long): ArrayBuffer[Seq[Any]] = {
    var collections = new ArrayBuffer[Seq[Any]]()
      collections += getDistributedIntData(CoreData.ageSigma,
CoreData.ageMean, rows, seed)
collections += getDistributedDoubleData(CoreData.weightSigma,
  CoreData.weightMean, rows, seed)
Seq(CoreData.foods, CoreData.dogBreeds, CoreData.goodness,
    CoreData.hungry)
  .foreach(x => { collections += getDoggoData(
    x, rows, seed)})
    collections
}
def buildDogDF(rows: Int, seed: Long): DataFrame = {
  val data = generateCollections(rows, seed)

    data.flatMap(_.zipWithIndex)
      .groupBy(_._2).values.map( x =>
```

将第一列的数据(随机生成的年龄整数)添加到缓冲区

遍历所有字符串列和布尔列的数据集合，并逐个将它们配置的允许值传递给生成器

调用上面定义的私有方法来获取用于测试的随机抽样数据的 **ArrayBuffer**

遍历每个行集合，直接通过位置表示法生成 Dogs 用例类结构

将数据折叠为元组，其中包含按正确生成顺序排列的行值

```
        Dogs(
          x(0)._1.asInstanceOf[Int],
          x(1)._1.asInstanceOf[Double],
          x(2)._1.asInstanceOf[String],
          x(3)._1.asInstanceOf[String],
          x(4)._1.asInstanceOf[String],
          x(5)._1.asInstanceOf[Boolean])).toSeq.toDF()
    .withColumn("hungry", when(col("hungry"),
        "true").otherwise("false"))
    .withColumn("hungry", when(col("breed") === "Husky",
        "true").otherwise(col("hungry")))
    .withColumn("good_boy_or_girl", when(col("breed") === "Husky",
        "yesWhenFoodAvailable").otherwise(
        col("good_boy_or_girl")))
      }
    }
```

如果你了解哈士奇，你就会知道它们总是很饿

哈士奇为了食物什么都愿意做。如果没有食物，它们什么都不会做

不妨将布尔字段转换为 String 类型，以节省稍后的处理步骤

　　代码在重构后的表现如何？现在它是线性扩展的。完成 5000 行数据用时不到 1 秒；5 万行需要 1 秒；500 万行数据在 1 分 35 秒内返回。但是，从以前的实现中测试的 5000 万目标在大约 15 分钟内返回行数。这比早期实现的 174 分钟要好得多。

　　虽然这个场景侧重于负载测试数据生成器，并且对于大多数数据科学实践者来说是深奥的，但对于更以机器学习为中心的任务的其他方面则告诉我们很多信息。如果有人专注于性能优化，会发生什么？性能(即计算方面)优化是机器学习工作中最不重要的方面之一。如果有人把全部精力都集中在一个项目上，就像我们在本章第 1 节中介绍的那样，将列转换为特定类型的性能会怎样？

　　图 13-10 展示了一个训练周期中大多数机器学习工作流的一般分解。注意，对于一个通用机器学习项目，列出的每个执行操作的费米能级(Fermi level)估计。如果你想优化这个任务，你会把精力花在哪里？你应该首先在哪里寻找问题并解决它们？

　　如你所见，机器学习项目代码的绝大多数处理时间主要集中在数据获取操作(加载数据、连接数据、计算数据聚合以及将顺序和分类数据转换为数字表示)和超参数调优上。如果你注意到数据获取在你的项目运行时间中占据着绝对的主导位置(前提是你所使用的平台能够支持大量的并行获取操作，并且数据存储格式对于快速读取是最优的，比如 Delta、Parquet、Avro 或者像 Kafka 这样的流式数据源)，那么你可以考虑将你的数据重新转换到一个更有效的存储范式中，或者研究更有效的操作数据的方法。

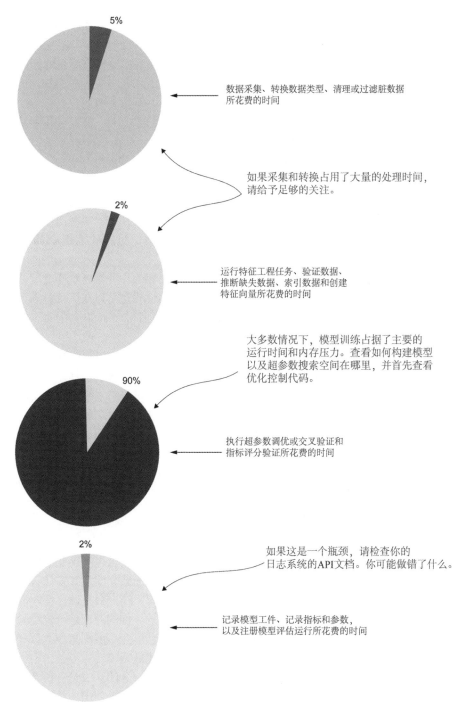

图 13-10　机器学习管道中任务的运行时间一般分解

在日志记录、模型注册和基本数据操作任务上花费的时间少得令人难以置信。因此,如果这些方面出了问题，通过阅读你正在使用的模块的 API 文档并纠正代码中的错误，可能会相对容易地进行修复。

知道了这一点，任何优化工作都应该主要关注于减少作业中这些高度受时间限制的阶段的总运行时和 CPU 压力，而不是浪费在为解决方案的无关部分创建复杂和"聪明"的代码上。关键是优化机器学习代码的过程应该关注以下几个重要方面。

- 在花费时间优化代码之前，要进行整个代码库端到端的运行。开发过程中发生的变更的数量和频率可能会使重写优化代码成为一种令人沮丧的体验。
- 确定代码中运行时间最长的部分。在处理那些已经比较快的部分之前，尝试着让这些代码表现得更出色。
- 不要重复造轮子。如果一种语言构造(或者类似的功能在完全不同的语言中)能显著加快或减少你正在尝试做的事情的内存压力，那就使用它。实现自己的链表抽象类或设计一个新的字典集合是狂妄自大的终极行为。只需要利用现有的资源，然后继续解决更有价值的问题。
- 如果运行时真的很糟糕，请探索不同的算法。仅仅因为你非常喜欢梯度增强树并不意味着它们是所有问题的理想解决方案。也许线性模型可以在运行时的一小部分上获得相对接近的性能。为 0.1%的准确性提升，值得增加 50 倍的预算来运行这个模型吗？

在我看到的许多进行过早优化和泛化的数据科学家团队身上，体现了这样一种信念：机器学习项目工作的技术方面超越了他们试图解决的问题。他们喜欢工具，喜欢关注机器学习的大型组织推出的令人惊叹的新成果，也喜欢机器学习生态系统不断取得的快速进步。这些人更关心的是机器学习工作的平台、工具包、框架、算法和技术方面，而不是确保他们的方法能够以最有效和可维护的方式帮助他们的业务部门解决问题。

13.4 你真的想作为"煤矿中的金丝雀"吗？Alpha 测试和开源"煤矿"中的危险

在早期煤矿工人下井的时候都会带着金丝雀，因为金丝雀对有害气体非常敏感，如果在井下发现金丝雀死亡了，矿工便知道井下有危险气体，需要立即升井。让我们假设你对数据科学领域非常陌生。事实上，这是你工作的第一周。在办公室，你环顾周围，发现团队中没有一个数据科学家在这个行业工作超过一个月。你的经理是一位经验丰富的软件工程师，他不仅忙于管理数据科学团队，还忙于管理商业智能团队和数据仓库团队，并忙于面试更多的候选人，以全面完善新的数据科学团队。

在对平台和解决方案进行研究和调查的头几天里，其中一名团队成员听说了博客中正在讨论的一个新框架。它似乎具有前瞻性，功能丰富，并且易于使用。关于未来几个月计划利用这个框架创建什么，人们的讨论非常热烈。有一种说法是，在用 C++编写的具有顺畅 Python API 接口的分布式大规模并行处理(MPP)系统中，不仅支持 CPU 任务，而且还支持 GPU 集群和未来计划支持量子计算接口(最小二乘问题所有可能解的叠加的量子预测优化)!

如果你曾经阅读过机器学习框架的源代码(即大多数专业人员在解决实际问题时使用的框架),创建过一个机器学习框架,或者围绕一个更流行的开源框架中暴露的功能构建过一个包装器,那么你就会意识到这个"新的热门"框架是多么愚蠢。如果你就是这样的人,那么在图 13-11 的右侧部分说的就是你。

假设我们所在的团队处于图 13-11 的中间一列中。团队成员的天真让他们看不到接受一个野心勃勃的开发人员试图构建的这个不成熟的、傲慢的怪物所面临的危险。我们进行尝试,自愿做"矿井中的金丝雀",为此我们的项目付出了生命的代价。

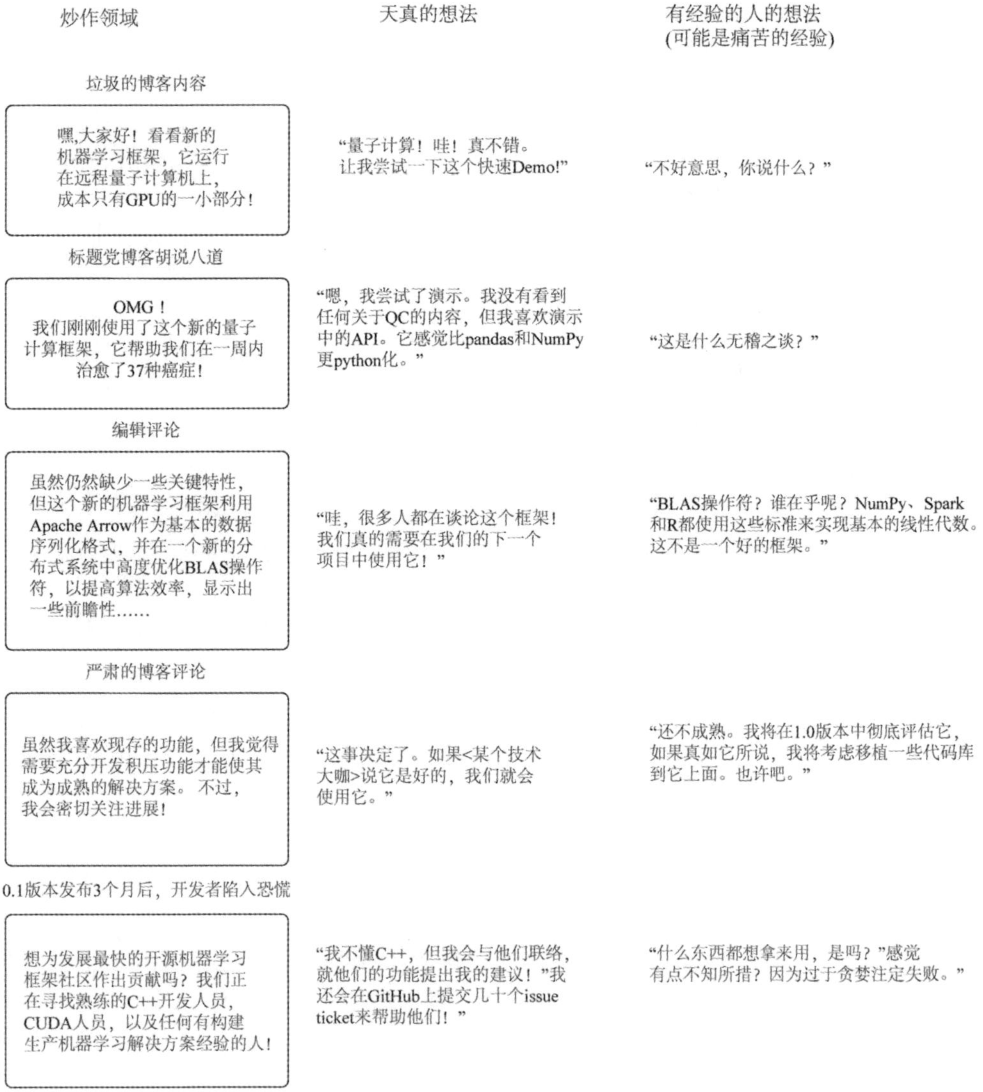

炒作领域	天真的想法	有经验的人的想法 (可能是痛苦的经验)
垃圾的博客内容 嘿,大家好!看看新的机器学习框架,它运行在远程量子计算机上,成本只有GPU的一小部分!	"量子计算!哇!真不错。让我尝试一下这个快速Demo!"	"不好意思,你说什么?"
标题党博客胡说八道 OMG!我们刚刚使用了这个新的量子计算框架,它帮助我们在一周内治愈了37种癌症!	"嗯,我尝试了演示。我没有看到任何关于QC的内容,但我喜欢演示中的API。它感觉比pandas和NumPy更python化。"	"这是什么无稽之谈?"
编辑评论 虽然仍然缺少一些关键特性,但这个新的机器学习框架利用Apache Arrow作为基本的数据序列化格式,并在一个新的分布式系统中高度优化BLAS操作符,以提高算法效率,显示出一些前瞻性……	"哇,很多人都在谈论这个框架!我们真的需要在我们的下一个项目中使用它!"	"BLAS操作符?谁在乎呢?NumPy、Spark和R都使用这些标准来实现基本的线性代数。这不是一个好的框架。"
严肃的博客评论 虽然我喜欢现存的功能,但我觉得需要充分开发积压功能才能使其成为成熟的解决方案。不过,我会密切关注进展!	"这事决定了。如果<某个技术大咖>说它是好的,我们就会使用它。"	"还不成熟。我将在1.0版本中彻底评估它,如果真如它所说,我将考虑移植一些代码库到它上面。也许吧。"
0.1版本发布3个月后,开发者陷入恐慌 想为发展最快的开源机器学习框架社区作出贡献吗?我们正在寻找熟练的C++开发人员,CUDA人员,以及任何有构建生产机器学习解决方案经验的人!	"我不懂C++,但我会与他们联络,就他们的功能提出我的建议!"我还会在GitHub上提交几十个issue ticket来帮助他们!"	"什么东西都想拿来用,是吗?"感觉有点不知所措?因为过于贪婪注定失败。"

图 13-11　炒作是吗?这是真实的。这也通常意味着炒作的对象真的很糟糕(或者至少不是它声称的那样)

在这种全新的、大量建设的框架中工作的最终结果只能是——彻底的失败。项目的失败不是因为他们使用的 API，也不是因为他们如何调整解决方案。真正的失败在于开发人员的狂妄自大，以及围绕新功能和框架夸夸其谈的博客炒作。

尝试一些事情绝对没有错。我经常尝试这些新发布的软件包，看看它们是否值得。我在开源数据集上进行测试，在独立的环境中运行它们，这样就不会因为不可靠的依赖而污染我的类路径，并按照自己的节奏运行它们。我评估了它们宣称的功能，检查了用自定义实现增强功能的便利性，并查看了系统如何处理不同的建模任务。内存利用率是否稳定？与广泛使用的类似系统相比，CPU 使用率是否相当(或者更好)？我列出了所有这些问题，并验证他们的说法。

我从来没有在构建一个企业重要的项目时，在早期阶段使用任何这些软件包。有以下几个原因。

- API 将会发生很大的变化。到稳定的 1.0 版本发布时，整个接口可能会被完全重构。你必须更改你的代码以适应这种情况。

- 事情会被打破。可能只有几件事，但通常在项目的 alpha 发布阶段开始时，会有很多事情。如果你在松散的代码上构建重要的东西，你将处理一个不稳定的项目代码库。

- 没有人能保证这个项目不会被束之高阁。如果项目周围没有一个非常强大的社区，没有成百上千的贡献者，也没有机器学习社区的很大一部分人支持，那么代码库很可能会灭绝和被抛弃。你肯定不希望你的项目运行在死代码上。

- 即使在第一次发布时，技术债务也在其中。偷工减料，穿越捷径，bug 总会出现。它对于演示程序可能非常有效，对于预打包的示例可能是完美无瑕的，但它可能不适用于你需要实现的高度特定的自定义逻辑，以解决你的业务预测建模任务。至少在它生命周期的后期不会。

- 仅仅因为它是新的并不意味着它就更好。在决定像框架或平台这样重要的东西之前，你绝对必须忽略来自公司的营销炒作、博客海报和嘈杂的广告。进行测试，并对你的选择进行科学研究。从生产力、可维护性、稳定性和成本角度选择最有意义的解决方案。闪亮的新玩具可能包含所有这些内容，但根据我的经验，几乎从未出现过这种情况(尽管有时这些项目最终会实现他们所标称的一切，但请密切关注它们)。

接受另一个人的傲慢是最具破坏性的任务之一，可能会困扰整个机器学习团队。如果你没有对如何以及在哪里运行你的代码进行适当的测试和研究，就有可能被骗进一个根本就无须运行的系统，并最终导致你的团队花费更多的时间和金钱来维持运行，而不是创新出你应该做的新项目解决方案。你应该将你的测试阶段作为你的"金丝雀"，而不是你的机器学习项目。

13.5　技术驱动的开发与解决方案驱动的开发

让我们离开 13.4 节所说的数据科学新手团队，看看如何在一个由经验丰富的机器学习工程师组成的团队中工作。让我们假设团队的所有人都具有 20 年以上的软件开发经验，并且每个人都厌倦了构建不同风格的深度学习模型、梯度提升树、线性模型和单变量预测。

他们都渴望建立一些东西，以自动消除他们正在研究的数百个预测模型的单调乏味。他们最想要的是挑战。

当他们的下一个主要项目是基于关联规则的实现时(如果要使用久经考验的方法)，他们决定变"聪明"点。他们觉得可以在 Apache Spark 上编写一个性能更高的 FP-growth 算法版本，并开始推导出一个改进版本的 FP-tree 的方程。这个改进版本的 FP-tree 可以动态地挖掘，从而消除一次检索元素集合时对树的核心扫描。

虽然是出于好意，但他们最终花了整整 3 个月的时间来研究他们的算法，并对其进行测试，并证明它保留了与参考 FP-growth 几乎相同的结果，但构建和扫描树的时间却很短。他们创建了一个新的算法实现，并开始使用它解决他们要开发的业务场景。

他们喝点啤酒，拍拍别人的背，开始写博客文章和白皮书，准备一些会议演讲。哦，天哪，现在每个人都知道他们有多聪明了！

他们将解决方案发布到生产中。一切都运行良好，在他们看来，算法每天都实现自己的价值，因为运行时间得到显著改善，从而节省了成本。当然，这是在底层框架的主要修订版本发布之前。在这个新的运行时中，对这些树在开源框架中的构建方式进行了重大更改，并对"前件"如何构建"后件"的方式进行了基本的优化。

团队对于调整模型以适应用于构建解决方案的开发人员级 API 的底层变化的前景感到沮丧。图 13-12 展示了他们的困境以及他们应该做的事情。

如你所见，导致项目偏离轨道的关键决策是没有使用已经被多次证明过的现有标准。他们不仅必须构建一个支持业务用例的解决方案，而且还必须构建一个全新的算法，将其集成到框架的低级设计范式中，并完全拥有实现，以确保他们可以继续支持驱动创建独特算法的业务场景。

因为他们的算法利用了框架的许多内部结构来加速开发过程，所以团队现在面临一个新的困境。他们是否更新了他们的算法以在新的框架版本中工作，希望它继续优于所提供的 FP-growth 算法？还是重构整个解决方案以使用标准算法？

这里没有最佳答案。他们的自定义框架注定要么被搁置，要么就要用几个季度的时间进行转换才能工作。

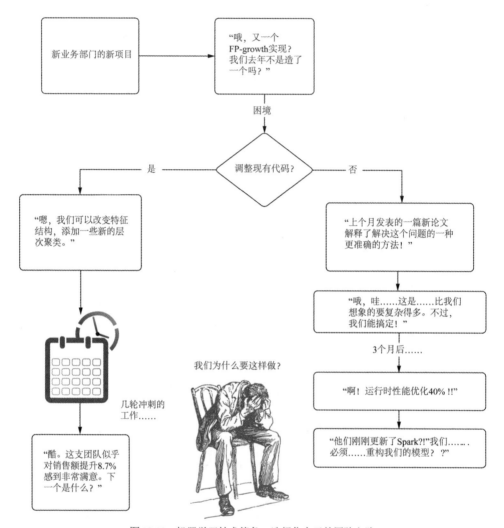

图 13-12 机器学习技术债务，选择你自己的冒险之路

他们尝试的主要问题是构建一个他们不准备支持的自定义实现。他们构建的解决方案不是为了解决业务问题，而是为了炫耀。他们希望自己的技能受到关注和赞赏。这个团队没有意识到，虽然构建新的算法并没有什么错，但构建它的动机应该集中在解决问题的必要性上。

如果团队成员以解决方案驱动的思维方式处理问题，他们就不会考虑创建自定义解决方案的可能性。也许他们会联系现有流行的开源框架的维护者，并自愿创建一个可以由该框架的社区支持的新版本。如果要减少运行时间以满足 SLA 的明显需求，并且需要构建新的算法，那很好。如果你遇到这种需求，就去建立它。但需要注意的是，只要业务场景一直存在，你就需要维护该代码。

我发现自己越来越反感TDD这个概念，因为它只会给本就紧张的职业增加更多压力。通过追求问题的更简单(可以说是更无聊)的解决方案，特别是如果你已经为几乎相同的问题提供了现有解决方案，那么你应该将业务交给更好的人。你将有更少的维护工作要做，而有更多时间创造性地利用你的才能解决更有趣的未来问题。

13.6　本章小结

- 追求简单的实现，而不超出项目的直接需求，可以在以后需要更改功能时节省大量的重构。少即多。
- 虽然每个人在软件开发技能上都处于不同的成长阶段，但组建一个专注于使用易于理解和阅读的通用设计模式的团队，将确保团队中的每个人都可以对代码库做出贡献和维护。
- 在机器学习代码库中构建不必要的功能、复杂的接口和巧妙的独特实现只意味着你必须支持和维护更多的代码，对团队没有任何价值。将代码库保持在解决问题所需的复杂程度始终是一个明智的选择。
- 在决定将任何新工具集成到项目中之前，必须彻底调查所有这些新技术的功能、效用和最重要的需求，以确定它是否对项目有用。
- 在为企业做项目时要小心，只需要专注于实现解决问题所需的东西。任何不符合项目需要的东西都是虚荣心的表现，会降低解决方案的可维护性。

开发生产机器学习代码

在项目准备发布到生产环境之前，还有一些最后的任务要完成，然后才能安排部署。虽然将通过测试的实现构建视为一个完整的、可随时使用的部署很吸引人，但需要考虑一些事项，以确保项目维护人员不会每隔几小时就接到电话。

从监测漂移，到代码体系结构原则(这将有助于执行最终的同行评审)、预测质量保证、日志记录和服务基础设施，最后这一点是最常被忽视的。如果忽略它们，对那些没有适当设计和实施它们的人来说，它们是最令人遗憾的因素之一。

在本部分中，我们将介绍这些更高级的主题，这些主题可以帮助你更容易地进行生产部署，并确保模型是可解释的，能够重新训练、监控，以及(相对)容易更新。

第14章

编写生产代码

本章主要内容

● 在试图将特征数据用于模型之前先进行验证

● 在生产环境中监控特征

● 对生产模型生命周期进行全面监控

● 将"使用尽可能简单的方法解决问题"定为项目的目标

● 为机器学习项目定义标准代码体系结构

● 在机器学习中避免"货物崇拜"编程

在本书的第Ⅱ部分，我们讨论了构建机器学习软件更侧重于技术人员的方面。在本章中，我们将开始从架构师的角度看待机器学习项目。

我们将从高度关联、高度复杂和整体的角度来关注用机器学习解决问题的理论和方法。将研究机器学习的生产案例(都是基于我搞砸的事情或看到别人搞砸的事情)，以深入了解不常被谈论的机器学习开发元素。作为一名专业人士，当我们更关注解决问题的算法方面，而不是应该关注的方面时，我们吸取了以下经验教训(通常是通过艰难的方式)。

● 数据：数据是如何产生的，在哪里产生的，以及它的本质是什么？

● 复杂性：解决方案和代码的复杂性。

● 问题：如何用最简单的方法解决它。

如前几章中所述，数据科学家工作的目标不仅仅是利用算法。它不存在于一个框架、一个工具包或一个似乎越来越热门或流行的特定模型基础设施中。

注意 数据科学家的工作应该专注于解决问题，使用数据，并将科学的方法应用到我们的解决方案中，以确保我们基于现有的数据以最佳的方式解决问题。

考虑到这一点，我们将研究现实世界中生产开发的一些方面，特别是构建解决方案的一些独特的破坏性方面。对于那些专注于算法的从业人员来说，这些方面可能不太明显，他们还没有被执行得很差的解决方案所伤害。每个在这个行业工作久了的人都会以这样或那样的方式学到这些经验。你能越早从别人的错误中吸取教训，就越不可能像我们中的一些人那样，在成为合格的数据科学家之前，经历那么多痛苦。

所有提到工具和框架的地方都在哪里？

正如我在本书的很多地方提到的，成功的机器学习项目不只是由一组工具组成的。这也不是关于某个特定的平台。

一个成功的项目与那些未能解决问题的失败项目的区别，不在于某些先进的 API 或炒作的框架。使项目成功的 4 个主要因素很简单：数据的质量，用于解决问题的最低复杂性水平，可监控的解决方案的能力(并容易修复)，以及最重要的是，解决方案解决问题的能力。就像我的一个同事经常说的那样，其他的一切都是微不足道的。

在本章和第 15 章中，我们将重点关注这些基本要素——保持数据清洁，监视数据和模型的健康状况，以及简化解决方案的开发过程。

虽然框架、工具、平台和其他便捷的实用程序使机器学习解决方案的生产过程更容易(我们将在后面几章中深入研究这些主题)，但这些并不是成功的全部保证。如果你需要，它们都在那里，随手可得(除了平台，你肯定需要选择最适合你的团队和公司的平台)，它们可以帮助解决某些组织将面临的特定问题，但它们不是通用的。

成功的机器学习的原则肯定是普遍的。如果你不能解决这些问题，那么你使用的工具箱再花哨也没用，无论你是否拥有最先进的 CI/CD、特征存储、autoML、特征生成工厂、通过 GPU 加速的深度学习，或机器学习领域中的任何其他新奇的技术。如果你的数据很糟糕，代码不可维护，并且你不能确保你的内部业务客户对解决方案感到满意，那么这些花哨的工具也无法保证你的项目不被关闭。

14.1　你见到了你的数据吗

我所说的“见面”并不是指在咖啡续杯的路上把数据递给你时那种简短而礼貌地点头表示感谢，也不是在展会上仓促进行的 30 秒尴尬的介绍。我说的是，你与数据之间的会面更像是在一间安静、装修精美的地下酒吧里，喝着一瓶稀有的 Macallan Rare Cask，进行一场长达数小时的私人谈话，分享见解，深入研究你们两个人之间的细微差别，这感觉就像美酒抚摸过你的喉咙：让你真正地了解它。

提示　在编写代码之前，即使是用于实验，也要确保你拥有以尽可能简单的方式(if/else 语句)回答问题的基本性质所需的数据。如果你没有，看看你能不能得到。如果你做不到，那就去做你能解决的事情。

为了说明与用于解决问题的数据进行偶然会面的危险，假设我们都在一家内容提供商公司工作。由于我们这个小公司的商业模式的本质，我们的内容是通过定时付费墙在互联网上发布的。在阅读的前几篇文章中，没有广告，内容是免费查看的，交互体验没有中断。在阅读了一定数量的文章之后，会出现一系列越来越令人讨厌的弹出窗口和中断，迫使读者进行订阅注册。

系统的先验状态是通过一个基本的启发式方法来设置的，该方法通过对最终用户看到的文章页面进行计数来控制。意识到这可能会让第一次在平台上浏览的人感到不快，然后调整了会话长度，并估计了每篇文章的行数。随着时间的推移，这个看似简单的规则集变得如此笨重和复杂，以至于 Web 团队要求我们的数据科学团队构建一些东西，可以在每个用户级别上预测中断的类型和频率，从而最大化订阅率。

我们花了几个月的时间，主要是使用之前为支持启发式方法而构建的工作，让数据工程团队创建数据结构和操作逻辑的镜像 ETL 过程，前端团队一直使用这些过程生成决策数据。有了数据湖中可用的数据，我们继续构建一个高效和准确的模型，该模型似乎在我们所有的 holdout 检验中表现得特别好。

在发布到生产环境时，我们意识到一个问题，如图 14-1 所示。作为构建解决方案的数据科学团队，我们未能做的是检查我们用于特征的数据的条件。

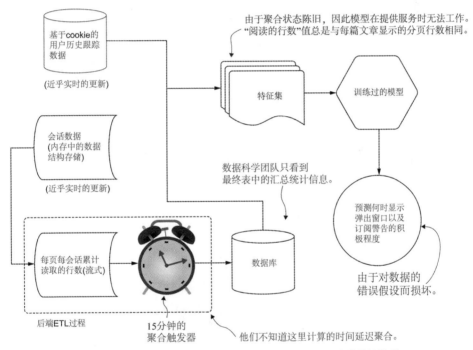

图 14-1　在这种情况下，无法理解数据 SLA 会导致一个糟糕的模型

我们的模型是根据对象存储中的 lakehouse 中的数据进行训练的。在模型开发期间处理提取的数据时，我们没有意识到的是数据提取的机制。我们假设正在使用的特征将直接在数据湖中几乎实时可用。然而，为了降低成本，并将对生产系统的影响降到最低，数据工程团队将 Redis 设置为在 15 分钟触发窗口内定期转储 ETL。从我们用于训练的数据中，看到了来自会话的消费数据，分成了 5 秒的活动块，可以使用这些活动块轻松创建滚动聚合统计数据作为主要特征。很显然，我们可以假设数据将通过时间间隔为 5 秒的触发器连续加载。

一旦解决方案进入生产，它不仅是基于活动的个性化效果。更确切地说，最大的问题在于，每个人在看到第一篇文章时，都受到了"显示所有广告和弹出窗口"的相同预测的冲击。由于完全缺乏相关的特征数据，该模型完全无效。我们花了整整一天的时间把网站搞得一团糟，迫使整个项目重新架构，最终抛弃了大部分基于不知道的数据的解决方案，这些数据不容易被模型利用。

让我们看看我在开始数据科学项目时想到的 3 个主要指导原则，以及为什么它们很重要。根据我的经验，如果不遵守这 3 个原则，那么无论项目执行得多么巧妙，解决问题多么成功，或者组织内部对使用它有多大的热情，项目都很难在生产中持续运行。

14.1.1 确保你有数据

这个例子可能看起来有点傻，但我已经见过这种情况几十次了。无法为模型服务获取正确的数据是一个常见的问题。

我见过团队使用手动提取的数据集(一次性提取)，用这些数据构建一个真正了不起的解决方案，当准备将项目发布到生产环境时，在第 11 个小时意识到构建一次性提取的过程需要数据工程团队完全手动操作。使解决方案有效的必要数据被隔离在数据科学和数据工程团队无法访问的生产基础设施中。图 14-2 显示了一个非常熟悉的场景，我已经见过太多次了。

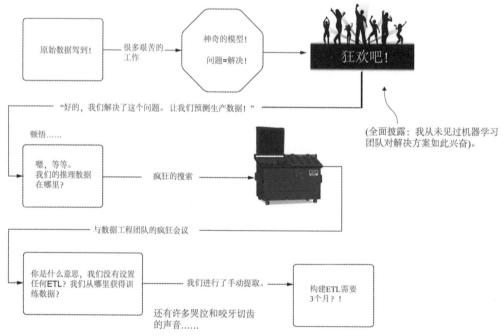

图 14-2 在将解决方案交付到生产环境之前，最好确保你拥有数据

如图 14-2 所示，在没有将数据转换为可用形式的基础设施的情况下，数据工程团队需要创建一个完整的项目，以便按计划构建所需的 ETL，以实现数据的物化。根据数据源的复杂性，这可能需要一段时间。构建坚固的生产级 ETL 任务，从多个生产关系数据

库和内存中的键值存储中提取数据，这毕竟不是一件简单的协调工作。这样的延迟可能会导致(并且已经导致)项目放弃，而不管解决方案的数据科学部分的预测能力如何。

如果需要在线进行预测，那么复杂的 ETL 任务创建问题将变得更具挑战性。在这一点上，这不是数据工程团队如何让 ETL 工作的问题；相反，工程组织中的不同组将不得不将数据积累到单个位置，以生成可以提供给机器学习服务的 REST API 请求的属性集合。

不过，整个问题是可以解决的。在 EDA 期间，数据科学团队应该评估数据生成的本质，并向数据仓库团队提出有针对性的以下问题。

- 是否可以将数据压缩到尽可能少的表中以降低成本?
- 如果出现故障，团队修复这些数据源的优先级是什么?
- 我可以从训练层和服务层访问这些数据吗?
- 查询服务数据是否符合项目 SLA?

在开始建模工作前，知道这些问题的答案有助于决定是否参与项目工作。如果数据还没有准备好，则可以给数据工程团队时间来确定优先级，并异步地构建这些数据集，同时在手动提取的最终数据集的副本上进行建模。

14.1.2　检查数据来源

除了围绕数据可用性的基本问题之外，还有一个极其重要的问题：数据的来源。具体来说，数据通过什么机制进入数据仓库或数据湖?了解可能进入项目的数据来自哪里，可以帮助你了解它有多稳定、有多干净，以及将其包含在模型中的风险有多大。

为了说明来源的重要性，让我们假设有 3 张不同的表来解决一个特定的监督学习问题。这 3 张表都存在于云对象存储支持的数据仓库中，并且每张表都是 parquet 格式。从所包含数据的最终用户的角度来看，每张表似乎都是相似的。每张表都有一些重叠，因为有些数据看起来是相同基础信息的重复，但所有表都可以基于外键进行联结。

图 14-3 展示了查看这 3 张表中的数据时可以看到的信息。

图 14-3　lakehouse 表中的 3 个数据表可用于我们的项目

通过查看行数和字段名，可以清楚地看到我们正在查看的是电子商务数据。表 A 是我们的主成员表，表 B 是我们的订单数据，表 C 是我们的网站流量数据。如果这就是我们对数据从哪里来填充这些表的调查的结束，那么在使用这些数据进行建模时，可能会突然震惊。

在使用这些数据创建特征集之前，需要知道数据的采集机制。如果不了解数据何时加载以及每个表的更新频率，我们为创建填补向量所做的任何连接都可能存在重大的正确性问题。

主要是因为每个数据集都是由不同的工程团队生成和协调的，但也因为生成数据的系统的性质，它们之间就最新的数据达成一致的可能性非常低。例如，对于最新的站点活动数据，后续的购买事件数据可能会延迟一个小时以上。理解这些 SLA 考虑因素对于确保从这些 ETL 过程生成的特征数据是准确的至关重要。图 14-4 展示了这些表的扩展视图，通过询问负责将数据填充到表中的数据工程团队，我们获得了一些额外的数据。

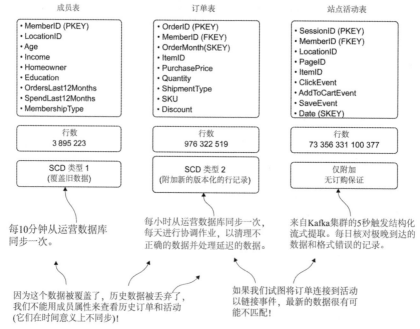

图 14-4　通过与数据工程团队聊天获得的额外信息，包括数据来自哪里、如何到达那里，以及能用它做什么和不能做什么的关键细节

有了数据工程团队提供的这些新细节，就可以对数据源做出一些相当关键的决策。然后，可以在数据目录解决方案中输入这些信息。这方面的例子如表 14-1 所示。

表 14-1　示例用户跟踪数据的数据目录条目

表名	更新频率	说明
会员表	每 10 分钟	用更改覆盖现有数据。历史变化只反映在原始表中。如果建模需要状态更改，则使用 Members_Historic 表。由前端 Web 团队拥有

(续表)

表名	更新频率	说明
订单表	每小时更新,并每天进行调整	来自实时订单和发货源系统的订单数据。要获得最新状态,必须在版本键值上使用 Window 函数来获得真实的自然键项。由后端市场工程团队拥有
网站活动表	实时,并每天进行调整	插入顺序不能保证正确。当用户使用移动设备时,数据可能会延迟数小时。成员使用 VPN 可能导致错误的位置数据。对嵌套模式元素的更改。由 DE 团队所有

基于这些在特征库中收集的内容,数据科学团队可以更好地理解数据的细微差别。对源数据系统的性质进行彻底的编目,可以防止可能困扰机器学习解决方案的最糟糕的问题之一:用于生成高质量预测的数据不足。

通过在生产开发阶段的开始花额外的时间来了解数据在哪里、何时以及如何到达用于训练和推理的源系统,可以避免很多问题。我们可以了解哪些数据可以用于特定的用例(在这个示例场景中,用于历史关联目的的成员属性和其他表之间的连接),哪些数据不能使用。我们可以根据最终用途的定义特征来识别项目的局限性;在我们的例子中,显然不能将活动数据用于 SLA 极低的用例。如果项目需要的最新数据更新频率比当前 ETL 过程提供的更新频率高,则可以探索提前缩短 ETL 过程,以防止灾难性的生产发布问题。

有了足够的准备时间,数据工程团队可以与机器学习开发团队并行工作,以所需的格式提供所需的数据,以确保程序是根据支持项目需求的最新数据运行的。

当我们开始考虑合规性问题时,这些数据来源问题变得非常复杂。下面是一些需要仔细考虑的因素。

- 是否存在围绕要用于建模的数据的法规,如欧盟的通用数据保护法规(GDPR)、个人身份信息(PII)或医疗保险可携性和责任法案(HIPAA)?如果是,请遵守这些法规。
- 对于你正在使用的数据的可见性是否有内部限制?
- 你的数据中是否存在一种内在的偏差,会在道德上损害你正在构建的模型?(如果你接触的是关于人类的数据,答案很可能是肯定的,而且你应该仔细考虑所收集数据的来源)。
- 提供这些表的源系统和进程停机维护或彻底故障的频率是多少?ETL 通常是稳定的吗?
- 这些表上的模式多久更改一次?数据结构(主要适用于基于 Web 的数据集)中嵌套的元素是否有规则和过程来控制它们是否可以更改?
- 生成的数据是来自自动化流程(应用程序)还是来自人工输入?
- 是否正在运行数据验证检查以确保只允许将干净的数据输入到这些表中?
- 数据是否一致?数据源是否持久?在向表写入数据以消除正确性问题时是否涉及隔离?

当信息来自不同的系统时,关于数据质量,我们有一堆其他事情要检查。关于数据,最重要的一点是,不要相信任何东西,在使用任何数据集之前都要进行验证。在花费时间构建基于数据进行训练的模型之前,提出问题并获取有关数据的信息。

将未知和可能不正确的数据扔到模型中是一种让解决方案注定失败的错误做法。相信我，我已经接受过很多次的教训了。

14.1.3　找到真相的来源并与之保持一致

我还没有在一家拥有完美数据的公司工作过。尽管许多组织拥有近乎完美的数据模型、高度健壮的数据工程管道和有效的、完美的数据提取体系结构，但数据本身的完美概念几乎是不可能实现的目标。

假设我们身处一家 B2B 公司，为各行各业提供人力资源服务。我们的数据工程团队是世界级的，从公司成立之初就使用了一个数据模型，该模型多年来处理业务变化非常出色。信息以灵活的关系星型模式布局，并允许对数据仓库中的分析进行快速访问。

3 年前，随着云计算的出现，以及低成本的数据湖(比本地解决方案更便宜)带来的范式转变，情况开始发生变化。所有用于分析的新数据源生成都必须经过数据工程团队的日子一去不复返了。公司中的任何组都可以创建数据，将其上传到对象存储区，将源注册为表，并将其用于自己的目的。云供应商承诺的数据访问民主化肯定会成为我们公司效率和洞察力的真正革命！

不过，事情并不是那么顺利。随着湖泊溃烂，变成沼泽，多个看似相似的数据副本开始诞生。图 14-5 显示了数据湖分析层内多个位置的行业类型的单一层次结构表示。

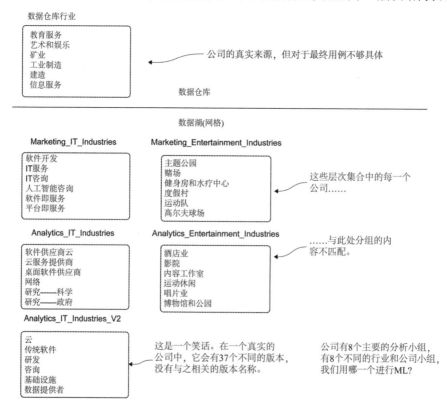

图 14-5　在数据湖上启用自助服务后，没有统一的数据源会让每个项目成员的工作更加困难

如果我们准备使用数据湖中可用的这些产品层次结构来处理机器学习项目，那么应该从哪一个中选择呢？有如此多的重叠和不一致，我们如何找出什么是最相关的？

没有办法测试所有的版本——特别是如图 14-5 底部所述，考虑到同一组的多个版本在不同的提交时期存在。应该怎么做呢？

我发现的最成功的方法是让团队在一个流程上保持一致，这个流程提供了满足每个人需求的单一来源。然而，这并不意味着每个人都需要遵循相同的定义，即哪些公司组需要进入哪些聚合 bin。相反，它的意思如下：

- 维护每个部门定义的单一副本，以支持其与数据交互的需求(没有相同数据的_V2 或 _V37 副本，这会增加混乱)。
- 选择正确的缓慢变化维度(SCD)更新类型，以适应每个团队对该数据的需求和使用(一些团队可能需要历史引用，而另一些团队可能只需要最新的值)。
- 标准化。如果是鸭子，就叫它鸭子。用独特而可爱的名字称呼事物，像这样的名称 aquatic_avian_waterfowl_fun_plumage，对任何人都没有好处。
- 做好数据的周期性管理。如果数据没有被使用，则将其归档。保持湖的健康意味着每个人都可以在里面游泳。
- 盘点数据。在知识库中使用实体关系(Entity-Relationship, ER)图，构建或购买数据目录，或维护关于每个表中每列的详细文档。

虽然所有这些任务看起来都是繁重的工作，但它们是现代企业运作的基础。拥有可理解的数据不仅有利于机器学习项目，还允许在分析组和数据科学组之间共享相同的(基本)干净的数据。这意味着，当谈论业务状态和可以利用这些数据的未来创新工作时，每个人都使用相同的标准。

就数据质量而言，在机器学习项目中，你永远不应该尝试做的一件事是自己更正数据(即使这样做很诱人)。单一数据源的概念比你想象的要重要得多。

14.1.4 不要将数据清理嵌入生产代码中

这将是一个敏感话题。尤其是对你的数据工程同事。

假设我们正在开发一个项目，该项目旨在评估客户是否应该自动注册一个提供比当前卡更高额度的信用卡。我们已经探索了数据仓库中可用的数据，并确定了构建原型所需的最少特征数量(从一开始就保持简单)以及获取数据所需的 3 个表。

在对数据进行探索和验证时，我们会遇到一些问题。从重复的数据，到不一致的产品描述，再到原始金融交易历史数据的缩放因子问题，我们有自己的工作要做。

如果我们要利用机器学习平台中可用的数据清洗工具来解决这些问题，我们将在代码库中创建一个完整的模块，专门用于数据预处理任务，以修复数据。首先是数据预处理阶段，然后是特征工程，最后是模型训练和验证。这样，我们就有了一个非常适合生成模型的过程。

那么在预测时会发生什么呢？由于源数据的质量如此之差，如果我们坚持这种范式，我们有以下 3 种选择：

- 为预测任务对数据进行复制插补、去重以及使用正则表达式代码(考虑到可维护性，这是一个糟糕的主意)。
- 创建一个独立的实用程序预处理模块，可以从训练和推理作业中调用该模块(一个更好的主意，但仍然不理想)。
- 将清理逻辑构建到完整的 pipeline 对象中(这是一个更好的主意，但可能会浪费资源并且成本很高)。

让我们假设，为了快速完成项目，我们完全忘记了做这些事情。我们的数据清洗逻辑完全在训练代码库中构建，该模型已经过验证，可以很好地工作，已经准备将其交付到生产环境。

在对生产数据量的一个非常小的子集进行测试时，我们开始意识到，通过对模型性能的监控，多个客户正在被反复联系，他们的信用额度被增加了几倍。

其他一些看起来很有资格的客户正在申请提高信用卡和服务的信用额度，而他们目前并没有被批准提高额度。基本上，我们已经建立了一个很好的模型，可以在垃圾数据上预测结果。图 14-6 说明了这个项目创建的情况。

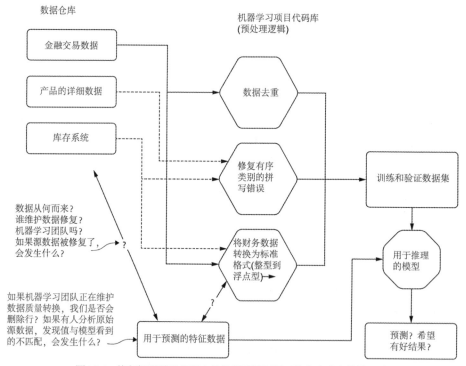

图 14-6 修复机器学习代码中的数据质量问题可能会造成大量的混乱

图 14-6 展示了机器学习团队在修复数据质量问题时列出的一些可能的解决方案，尽管这是一个容易忘记和混乱的极端情况。当你朝着自己修复数据的方向前进时，你现在就要负责了。你不是使用数据构建解决方案，而是要执行解决方案和数据修复任务。

虽然这种特殊的场景在某些组织中是不可避免的(例如小型初创公司，其中数据科学家可能同时担任数据工程师和数据科学家的角色)，但建议的行动方针仍然相同：具体来说，数据清理代码永远不应该与建模解决方案放在一起。图 14-7 展示了一种更好的数据质量问题解决方案。

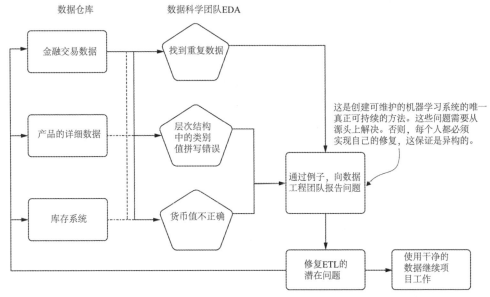

图 14-7　解决数据质量问题的更好方法：不在机器学习代码中嵌入数据修复任务

　　保持数据修复任务长期运行的更可持续、更可取的方法是在源端修复数据。这有助于解决以下几个问题：

- 为其他用例清理数据。
- 从模型训练和推理代码中删除了消耗资源的数据去重、问题纠正、插值和复杂连接(降低了复杂性)。
- 数据在训练和推理之间使用是可靠的(没有训练和推理之间的逻辑不匹配的风险)。
- 特征监测(漂移检测)被大大简化。
- 分析和归因度量大大简化。

　　保持用于建模的数据的干净状态是稳定和生产级机器学习解决方案的基石。虽然机器学习软件包中有许多用于纠正数据问题的工具，但最可靠的方式还是在数据的源端(数据存储的地方)处理数据。

14.2　监控你的特征

　　机器学习生产部署中经常被忽视的一部分是进入模型的特征。作为专业的决策支持人员，我们花费了大量的时间和精力来分析与我们的特征相关的每个属性。很多时候，解决方案被交付到生产环境，唯一被监控的是模型的输出结果。当模型性能下降时，会导致意外的结果，让我们忙于诊断发生了什么变化，为什么会发生变化，以及如何解决问题。

这个问题有一个解决方案。

假设我们在附录 A 中的一家狗粮公司工作。我们已经将一个模型交付生产，对预测的狗粮需求设置了监控，并且产品的浪费量正在显著减少。我们有一个全面的自动归因分析系统，可以跟踪预测性能，显示出项目表现高于预期的结果。

几周后，我们的预测不再有意义。他们预测每个配送点的订单要少得多。幸运的是，我们有人工验证订单的环节，所以不会失去一切。随着对每种产品类型的订单预测下降到所有产品的极低水平，我们在几天内对模型给予越来越多的关注。

我们惊慌失措，重新训练模型，发现基于我们对产品先前需求的理解，结果变得如此荒谬，以至于完全关闭了预测系统。我们并不是再深入研究特征数据一周就能找到罪魁祸首。图 14-8 显示了我们的模型用于预测的一个关键特征。

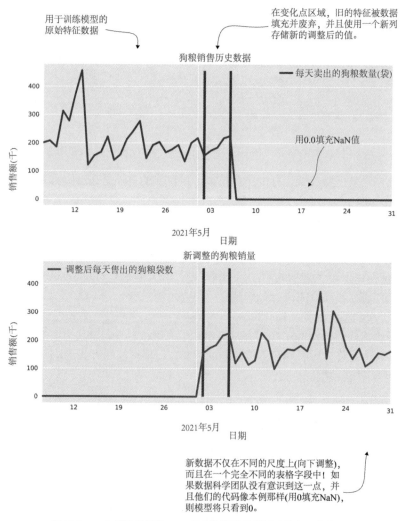

图14-8 一个关键特征的 ETL 变化为数据科学团队带来沮丧的一周

图 14-8 顶部的图表显示了我们一个区域配送中心的销售数据，而底部的图表显示了财务团队要求数据工程团队为该公司新的"更准确"的报告模式创建新调整的销售数字。在重叠期间(过渡期间)，这两列销售数据都被填充，但在过渡期间结束时，数据停止输入原始列。

那么，模型发生了什么？由于销售数据是模型中如此关键的一部分，并且由于使用的是基于最近 7 天数据的最近窗口的归责方法，因此缺失数据的归责值开始迅速趋向于零。这个模型在这个特征上应用了如此大的权重，不仅接收到它在训练期间没有评估过的数据(零销售额，毕竟是一件糟糕的事情，在我们这个没有破产的公司中没有出现过)，而且这个值如此低，直接导致在短时间内将所有产品的需求预测都变为零。

先不讨论机器学习中的空值处理(用 0 填充，对训练集数据的值进行插补，平滑插补等)，我们如何在它成为真正的问题之前发现它？即使我们事先没有关于这种变化的警告，我们如何根据特征值建立警报，以便在值降为 0 时知道这个特定的特征有问题？

最简单的解决方案是在训练过程中收集每个特征的基本统计信息(或者，如果你在具有大型训练集的分布式系统上，则收集近似统计信息)。这些统计信息可以存储在一个表中，该表使用基本的 SCD type 2 方法根据每次训练迭代进行版本控制：为特征数据添加新行，并随着后续的每次运行增加版本。然后，可以安排一个每日作业，其唯一目的是将过去 n 小时或天的预测值与上一次训练运行时的特征值进行比较。代码清单 14-1 展示了这个概念的基本示例，在我们的场景中(图 14-8 中最上面的图)显示的数据上运行。

代码清单 14-1　一个简单的特征监控脚本

从我们的场景(原始的销售数据列)中提取的转换前数据

```
import numpy as np
prior_to_shift = np.append(ORIGINAL_DATA,
BOUNDARY_DATA)
prior_stats = {}
prior_stats['prior_stddev'] = np.std(prior_to_shift)
prior_stats['prior_mean'] = np.mean(prior_to_shift)
prior_stats['prior_median'] = np.median(prior_to_shift)
prior_stats['prior_min'] = np.min(prior_to_shift)
prior_stats['prior_max'] = np.max(prior_to_shift)
post_shift = np.append(BOUNDARY_DATA,
np.full(ORIGINAL_DATA.size, 0))
post_stats = {}
post_stats['post_stddev'] = np.std(post_shift)
post_stats['post_mean'] = np.mean(post_shift)
post_stats['post_median'] = np.median(post_shift)
post_stats['post_min'] = np.min(post_shift)
post_stats['post_max'] = np.max(post_shift)
bad_things = "Bad things are afoot in our sales data!"
if post_stats['post_mean'] <= prior_stats['prior_min']:
    print(bad_things +
      " Mean is lower than training min!")
if post_stats['post_mean'] >= prior_stats['prior_max']:
    print(bad_things +
      " Mean is higher than training max!")
```

一个简单的字典，用于安全地存储特征数据中的统计值

训练得到的特征统计量(标准差、均值、中位数、最小值和最大值)

转换后的数据用于与训练的统计数据进行比较

每个验证运行字典(健康检查任务脚本，测量每个功能的统计信息)

基本示例检查特征现在的均值是否低于训练期间的最小值

类似的检查均值是否高于训练值的最大值

```
if ~(prior_stats['prior_stddev'] * 0.5
  <= post_stats['post_stddev'] <= 2.
  * prior_stats['prior_stddev']):
    print(bad_things + " stddev is way out of bounds!")
>> prior_stats
{'prior_stddev': 70.23796409350146,
 'prior_mean': 209.71999999999994,
 'prior_median': 196.5,
 'prior_min': 121.9,
 'prior_max': 456.2}
>> post_stats
{'post_stddev': 71.95139902894329,
 'post_mean': 31.813333333333333,
 'post_median': 0.0,
 'post_min': 0.0,
 'post_max': 224.9}
>> Bad things are afoot in our sales data! Mean is lower than training min!
```

广泛检查特征的方差是否发生了显著变化

这段代码是故意简单化的，只是为了提高人们对监控相对简单的计算元素的必要性的认识。你最终可能开发的特定特征监控工具包应该符合你的实际情况，它可以非常负责，或者可以保持相对简单，也可以构建为一个轻量级实用程序框架，用于监控你模型中的所有特征的基本统计信息。

在实际场景中，我们不仅要从所有特征中检索数据，还将查询一个表(或存储这些统计信息的服务，如 MLflow 的跟踪服务器)。警报显然不是简单的打印语句，而是通过短信告警、电子邮件或类似机制的通知，让团队知道即将出现一个相当大的问题。围绕所有这些需求的架构与你可能使用的基础设施高度相关，但在这里我们只是简单地使用 print 语句和字典。

在撰写本文时，业界正在积极开发开源软件包，用来为开源社区解决这个问题。我强烈建议你进行一些研究，以确定哪种方法适合你的语言、平台和生态系统。然而，为了简单起见，即使基于代码清单 14-1 中的逻辑构建一个简单的验证脚本也可以完成工作。你唯一不应该做的就是在将解决方案发布到生产环境后完全忽略这些特征。

> **这可能看起来像一个愚蠢的例子，但是……**
>
> 我可以想象你可能会想："这太荒谬了。谁会做这种事？这个例子太讽刺了！"
>
> 好吧，亲爱的朋友，我可以向你保证，这种事情在我的职业生涯中总共发生过6次。在第6次失败后，我终于吸取了教训(可能是因为一个重要的、业务关键型的模型受到了影响)。
>
> 正如我所讨论的，我并不总是使用花哨的实现来检查特征的健康状况。有时它只是一个基于 SQL 的脚本，在一段时间内进行基本计算，并将其连接到一个存储的表，该表包含与上一次训练时相同的关于特征集的基本指标。我没有花大量时间微调阈值应该是什么，也没有利用统计过程控制规则或任何类似的东西构建复杂的逻辑。很多时候，它就像前面的例子中描述的那样简单：什么是均值、方差和数据的一般形式？它和原始数据是一样的吗？现在的均值是否高于之前记录的训练时的最大值？是否低于最小值？方差是低一个数量级，还是高一个数量级？

通过这些整体的检查，你可以监控可能从根本上破坏模型的大量特征更改。这通常是迈向好的一步，如果不能确定即将发生的失败，至少要确定当你严格监控的预测和归因开始分崩离析时该去哪里寻找问题根源。

这种监控的最终目标是节省时间并减轻生产中运行时对模型发生的损害。如果可以快速诊断并修复问题，使生产环境可以平稳运行，那么你的工作也会变得轻松。

14.3　监控模型生命周期中的所有其他内容

在第 12 章中，我们详细讨论了在特征中监测漂移。这非常重要，但对于生产机器学习解决方案来说，这只是关于机器学习监控的全部内容的一部分。

假设我们在一家公司工作，该公司在生产项目中使用了机器学习：14 个主要项目，解决了整个业务中的不同问题。我们的团队由 10 名数据科学家和 4 名机器学习工程师组成，我们发现很难扩展团队以支持额外的工作负载。

对于我们所有人来说，一天中的大部分时间都非常忙碌。每天我们都要对模型给予必要的关注。无论我们是忙于最终用户引起的预测质量下降，还是忙于自己检查特定解决方案的健康状况所需的例行分析维护，我们都没有时间考虑承担另一个项目。如果我们分析解决方案在维护任务上花费的时间，可能会看到类似于图 14-9 所示的结果。

如果每天做这样的工作，是令人沮丧的。这并不是说模型不好，也不是说包含模型的解决方案不好。事实是，模型会发生漂移，模型的性能会下降。如果我们不积极地用自动化的解决方案来监视我们的模型，最终会耗尽团队的资源来排除问题和修复问题，以至于承担新项目工作的选择是要么雇用更多的人(希望你能够获得这笔长期的预算)，要么对以下内容给予足够的重视。

- 什么发生了改变？
- 变化是如何发生的？
- 哪部分内容可能发生漂移(特征、模型再训练还是预测)？

通过对模型生命周期的所有方面进行监控，我们可以极大地减少故障排除的负担(同时，完全消除手动监控的行为)。图 14-10 说明了模型生命周期中应该采用的监视措施，从而减轻图 14-9 中可怕的负担。

在许多阶段的观察可能看起来有点夸张。例如，我们为什么要监控特征工程数据？难道预测还不够好吗？

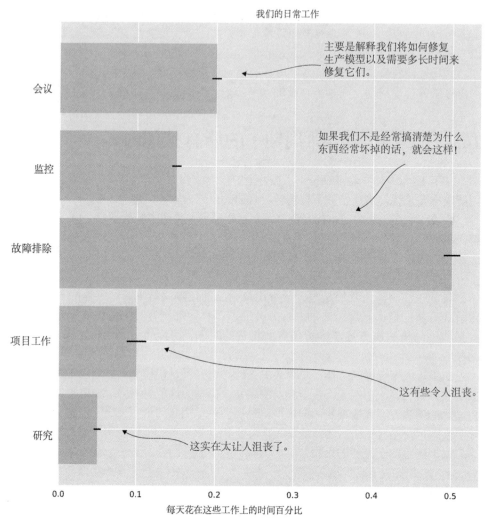

图 14-9 我们在生产中使用了很多模型，我们花了大部分时间来弄清楚为什么它们会发生漂移，以及如何修复它们。并开会讨论为什么要修复它们，然后进行修复工作。这就是数据科学家忙碌的一天

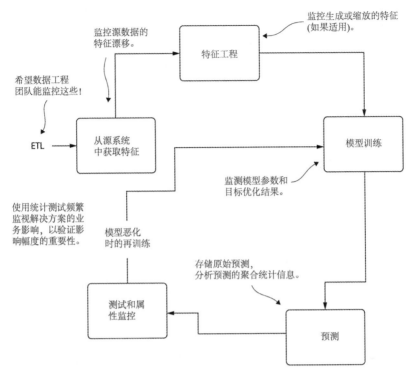

在机器学习的生命周期中，我们应该注意什么？一切都应该注意。

图 14-10　机器学习项目中需要监控的部分

　　下面介绍为什么陷入困境的团队应该监控特征，以及他们可能对这些特征所做的任何修改。图 14-11 比较了同一特征在训练(左图)和生产推理(右图)期间的结果分布情况。

　　该模型在显示的数据范围内看到了特征。之后，特征漂移到模型在训练过程中暴露的范围之外。根据所使用的模型，这可能会以各种方式表现出来，但结果同样糟糕(前提是该特征至少对模型有某种意义)。

　　对于经历这种情况的团队成员来说，如果他们没有监视这种分布的转移，那么这个过程会是什么样的呢？简言之，他们的实现从一开始就相当精简，只有 30 个特征。当预测开始受到无法理解的混乱结果的影响时，就必须对特征的当前状态和训练期间存在的历史值进行分析。将执行许多查询，引用训练事件，绘制图表，计算统计数据，并需要进行耗时的根本原因分析。

不监控特征带来的危险

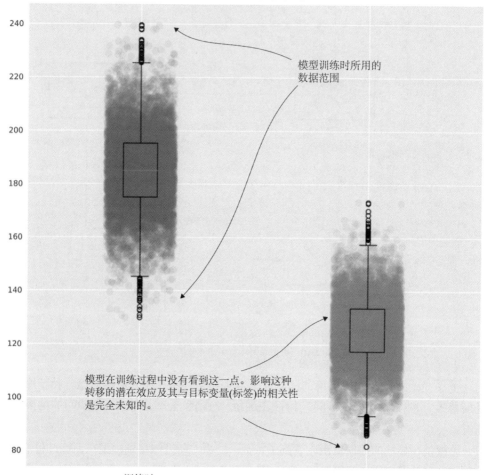

图 14-11　显著的特征漂移以及对不同类型模型的影响

这些事后调查是漫长的。它们是复杂的、单调的、令人精疲力竭的。随着 14 个生产项目的运行，一个由 14 人组成的团队支持公司的机器学习需求，并且没有使用流程监控，这个团队绝对会被没有价值的工作淹没。在最好的情况下，他们可能每周要进行两到三次调查，每次调查至少要花一个人一整天的时间来完成，另外还要花一天时间来启动新的训练并评估测试结果。

然而，通过在管道的每个方面设置监控，团队可以确定发生了什么变化，变化了多少，以及漂移是从什么时候开始的。这可以节省整整 1 人/天的工作量，使团队能够将研究模型为什么开始崩溃的单调工作自动化，从而让他们有精力和时间开始新项目。

这个监控系统并不仅仅停留在简单地查看模型中的特征。这也意味着查看以下内容。

- 生成特征：交互、缩放和基于启发式的数据操作。
- 模型：每次训练运行时的指标。
- 预测：pmf 或 pdf 随时间的分布，回归的均值和方差，混淆矩阵和分类的指标。
- 归因：业务指标的稳定性，该指标衡量了解决方案对它试图解决的问题的有效性。
- 性能方面的考虑：批处理、作业运行时；对于在线服务，响应的 SLA。
- 特征随时间的有效性：周期性递归特征删除和不必要特征的后续剔除。

通过在机器学习支持的解决方案的生命周期中专注于监控每个组件，你可以通过消除乏味的工作来帮助提升团队的能力。当人们不再忙于无意义的工作时，他们可以更多地关注创新的解决方案，随着时间的推移，这些解决方案将被证明具有更大的商业价值。响应受监控的运行状况检查的另一个重要部分是在解决问题的同时使解决方案尽可能简单。

14.4　保持一切尽可能简单

简单是机器学习应用程序中优雅的独特形式。被许多新进入该领域的人嘲笑，因为他们最初认为构建复杂的解决方案才是正确的，但最简单的解决方案才可以持久运行。之所以如此，最大的原因就是它们比高度复杂的代码更容易持续运行，主要是因为成本、可靠性和易于升级。

让我们想象，我们刚刚组建了一个由初级数据科学家组成的团队。每个团队成员都沉浸在机器学习领域的最新技术进步中，他们具有使用这些尖端工具和技术开发解决方案的能力。让我们假设，我们的这些同事认为，使用贝叶斯方法、线性算法和启发式等"旧"技术来解决问题的人只是顽固不化的老学究，他们拒绝学习未来的新技术。

团队最先接手的项目之一来自运营部门。零售集团的高级副总裁(SVP)在一次会议上找到团队，要求提供一个运营部门无法很好地扩展业务的解决方案。这位高级副总裁想知道数据科学团队是否可以在仅使用图像作为解决方案素材的情况下，确定图片中的人是否穿着红色衬衫。

数据科学团队立即使用他们的工具箱中的最新和最好的解决方案。图 14-12 说明了发生的事情。

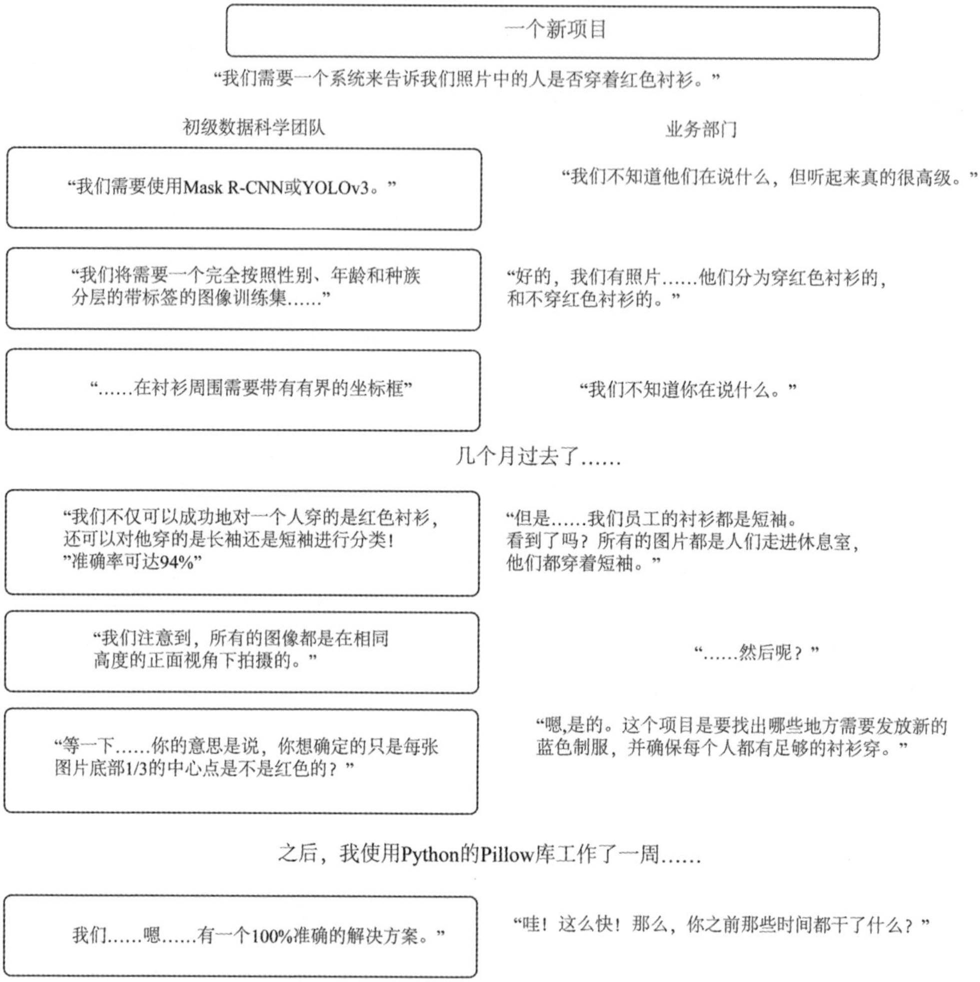

图14-12 在尝试更简单的方法之前尝试更先进的方法会得到令人沮丧的结果

在这种情况下会发生什么？最大的问题是团队成员采用的复杂方法，而没有验证更简单的方法。他们选择专注于技术而不是解决方案。专注于问题的高级解决方案，而不是简单得多的方法(在每张图像的中心线向上 1/3 处获取一组像素，确定这些像素的色调和饱和度，并将它们分类为红色或非红色)，他们在解决问题的过程中浪费了几个月的时间和大量的资金。

这种情况在公司中经常发生，尤其是那些刚刚开始使用机器学习技术的公司。这些公司可能会觉得有必要加快他们的项目，因为业界充斥着大量以 AI 为中心的噪声，他们认为如果在项目中不使用 AI 技术，他们的业务将面临风险。最后，我们的示例团队认识到最简单的解决方案是什么，并快速开发了一个成本最低，并可以大规模运行的解决方案。

追求简单性的思想存在于机器学习开发的两个主要方面：定义你试图解决的问题和

构建解决问题的最简单的解决方案。

14.4.1　问题定义的简洁性

在前面的场景中，业务团队和机器学习团队都很清楚问题的定义。"请帮我们预测穿红色衬衫的人"，这已经是提炼出的最基本的任务描述了。然而，在进行的讨论中仍然出现了根本性的分歧。

在定义问题的过程中，追求简单性是围绕两个重要问题的基本属性进行的。这些问题要交给内部(业务部门)客户。

- 你想要什么解决方案？这定义了预测类型。
- 你将如何处理这个解决方案？这定义了决策方面。

如果在与业务部门的早期会议中，除了这两个问题之外没有讨论其他问题，那么项目仍然是成功的。解决业务问题的核心需求比任何其他主题都能更直接地促进项目成功。该公司只是想确定员工是否穿着旧的公司品牌红衬衫，以便知道是否给他们送新的品牌蓝色衬衫。通过关注红衬衫和蓝衬衫的问题，可以实现一个更简单的解决方案。

在接下来的讨论中，我们将了解这些照片的性质及其内在的同质性。有了这两个基本方面的定义，团队就可以专注于更小的潜在方法列表，简化解决问题所涉及的范围和工作量。然而，如果不定义和回答这些问题，团队就只能对可能的解决方案进行过于广泛和创造性的探索，这是有风险的。

团队成员听到图像分类，立即转向 CNN 实现，并连续数月将自己锁定在高度复杂的架构中。

尽管它最终很好地解决了这个问题，但它所采取的方式可能会造成令人难以置信的浪费(他们使用 GPU 和深度学习来训练模型,这个成本比利用像素色调和饱和度分类来判断衣服的颜色要昂贵得多)。

将特定预期项目的问题定义保持为这样简单的术语，不仅有助于指导与使用解决方案的业务部门的初始讨论，而且还为实现所构建的任何内容的尽可能低的复杂性提供了一个选择。

14.4.2　简单的实现

如果我们继续分析红衬衫分类的场景，则可以简单地查看团队提出的最终解决方案，以说明他们首先应该做什么。

我以及多年来在这个行业中认识的许多人，已经多次吸取了这个痛苦的教训。为了炫酷而炫酷，当我们意识到炫酷的实现方式很难维护时，常常会后悔不已。我们忍受着脆弱的代码和高度复杂的过程耦合，将这些炫酷的组件拼接起来看似很有趣，但是当代码完全崩溃时，最终将成为调试或重构的噩梦。

我将举例说明我对解决这些问题是如何思考的，我不会使用冗长的例子。图 14-13展示了我的思考过程。

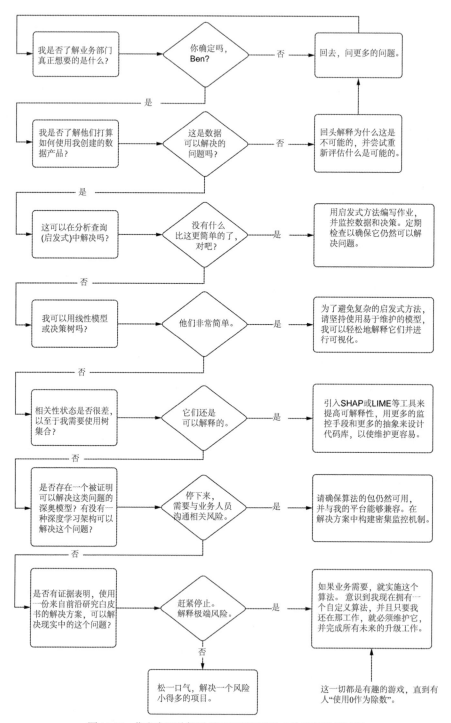

图 14-13 作者在评估机器学习处理问题的方法时的思考过程

这个流程图一点也不夸张。我几乎总是在一开始就把问题想清楚，就好像我试图用基本的聚合、算术和 case/switch 语句来解决它。如果不奏效，我将转向贝叶斯方法、线性模型、决策树等。我要尝试实现的最后一件事是一个需要数百小时训练的对抗性网络，当它崩溃时，需要花费几天(或几周)排除模型崩溃以及如何调整 Wasserstein 损失以补偿消失的梯度。这些复杂的方法也许很有用，但我也只是没有其他选择时才会使用它们解决问题。

图 14-13 以最纯粹的形式展示了我思想中的一个核心部分：我很懒。真的，极其懒惰。我不想开发自定义库。我不想构建异常复杂的解决方案(好吧，我承认，我喜欢构造复杂的解决方案，但我现在不想再将它们用在解决方案中了)。

我只是想让可以正常工作的代码解决问题。我想有效地解决问题，让人们忘记我的解决方案正在运行，并且在出现崩溃、平台服务中断时，我们清楚实际上哪些代码在运行业务的某些关键部分。我的最佳实践是以最简单的方式构建程序，设置监控，在其他人发现问题之前提醒你，并拥有一个干净的代码库，使你可以在数小时而不是数周内修复代码。

选择一个简单的设计来解决问题的另一个好处是，开发解决方案的过程(软件工程的实际编码部分)变得容易得多。这种设计使得构建、开发和与他人协作都变得非常容易。这一切都从为代码库构建有效的线框图开始。

14.5　机器学习项目的线框图

在我们的第一个真正用于生产的机器学习项目之后，我们都吸取了一个真正痛苦的教训(至少在我职业生涯中接触过的同行中是普遍存在的)。这种真正痛苦的教训是在解决方案的开发过程中慢慢累积的，并且在支持解决方案几个月后，我们才得到这种痛苦的教训。这是关于代码体系结构的问题，缺乏代码体系结构会导致严重的技术债务，以至于为了对代码库进行哪怕是很小的更改，都需要重构(或重写)代码库的重要部分。

因为不希望单一脚本成为解决方案的维护和扩展的绊脚石，大家通常会在代码开发过程中，一边开发一边分离代码的主要功能。

让我们看看这是如何发生的，因为我们看到了一个新的机器学习开发团队。他们的第一个主要(可以说是混乱的)代码库已经运行了几个月，并且发现了多种不利于可维护性的代码组织方式。

在不同的冲刺阶段，当需要开发新功能时，他们决定拆分代码，从而实现功能分离。图 14-14 说明了他们的开发过程。

他们很快就会意识到，尽管他们的方法行得通，但这并不是构建项目的最简单方法。为什么机器学习代码会出现这种情况？

- 在脚本中存在紧密的依赖关系，特别是黑客马拉松式的"只要能运行就可以"的脚本。
- 实验原型主要关注算法，而不是数据处理。大多数最终开发的代码库都属于数据处理领域。
- 在开发期间(以及产品发布之后)，代码经常更改。

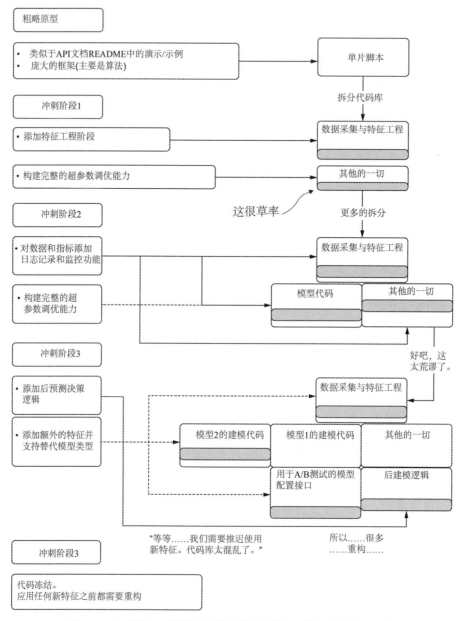

图 14-14 如果没有一个通用的项目代码体系结构,你将面临大量的重构

在第三轮冲刺的时候,开发团队最终意识到,随着开发的进行,将所有代码重构为不同的模块会产生太多额外的工作和令人困惑的代码,导致新功能变得难以实现。以这种方式处理代码体系结构是不可持续的;如果只有一个人贡献代码,管理代码已经很困难了,但如果有很多人在不断重构的代码库上工作,管理代码几乎是不可能的。

有一个更好的解决方案，它涉及为项目设置一个基本的线框。当涉及代码时，我不喜欢使用模板这个术语，但从本质上讲，这是一个松散且可变的模板。

大多数机器学习项目的体系结构在最基本的层面上可以分为如下核心功能组：

- 数据收集
- 数据有效性验证
- 特征工程、特征增强和/或特征存储交互
- 模型训练和超参数优化
- 模型验证
- 日志与监控
- 模型注册
- 推理(批处理)或服务(在线)
- 单元测试和集成测试
- 后处理预测消耗(决策引擎，如果适用)

并不是每个项目都保证拥有所有这些组件，而其他项目可能有额外的需求(例如，深度学习 CNN 实现可能需要一个数据序列化层来进行批处理和图像增强，而 NLP 项目可能需要一个模块来进行本体字典更新和接口)。关键在于，不同的功能分离构成了项目的全部功能部分。如果它们都随意地集中在模块中，代码中的责任边界变得模糊(或者，在最坏的情况下，都在一个文件中)，修改和维护代码将成为一项真正艰巨的工作。

图 14-15 展示了另一种体系结构，它可以在实验原型完成后立即使用(类似于黑客马拉松的快速原型完成，以证明模型对公司数据的适用性)。虽然这个体系结构中的模块一开始可能不包含太多东西，但它们可以作为占位符(stub)，基于团队期望在整个项目中需要什么。如果需要新的模块，可以创建新的模块。如果在发布前的最后一轮冲刺中从未填充过 stub，则可以将其删除。

这个通用模板体系结构强制对关注点进行封装。它不仅有助于指导冲刺计划，还有助于避免在冲刺结束时合并代码库中的冲突。它从开发阶段开始就组织代码，使搜索功能更容易，并有助于简化单元测试和故障排除工作。

虽然组织 stub 和创建抽象对于简单的项目来说可能显得过于繁琐，但我可以向你保证，如果不使用它们，你可能会花几个月的时间对代码进行重写和重构，这除了会破坏代码的结构之外，毫无他用。折叠抽象并删除占位符模块，要比将代码库从混乱的内容转化为某种逻辑顺序容易得多。

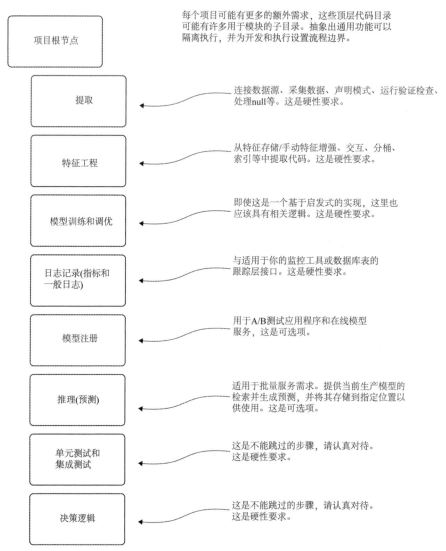

每个项目可能有更多的额外需求,这些顶层代码目录可能有许多用于模块的子目录。抽象出通用功能可以隔离执行,并为开发和执行设置流程边界。

项目根节点

提取 ← 连接数据源、采集数据、声明模式、运行验证检查、处理null等。这是硬性要求。

特征工程 ← 从特征存储/手动特征增强、交互、分桶、索引等中提取代码。这是硬性要求。

模型训练和调优 ← 即使这是一个基于启发式的实现,这里也应该具有相关逻辑。这是硬性要求。

日志记录(指标和一般日志) ← 与适用于你的监控工具或数据库表的跟踪层接口。这是硬性要求。

模型注册 ← 用于A/B测试应用程序和在线模型服务,这是可选项。

推理(预测) ← 适用于批量服务需求。提供当前生产模型的检索并生成预测,并将其存储到指定位置以供使用。这是可选项。

单元测试和集成测试 ← 这是不能跳过的步骤,请认真对待。这是硬性要求。

决策逻辑 ← 这是不能跳过的步骤,请认真对待。这是硬性要求。

图14-15 一个通用的机器学习项目代码线框,使代码具有逻辑组织结构,这样更容易在其中开发,也更容易维护

图14-16展示了什么是不该做的,以及设计糟糕的机器学习代码体系结构会导致多么糟糕的混乱(是的,我就是这样)。

这个例子代表了我的第一个项目(删除了用例的细节,所以没有哪位律师打电话给我),并允许我传达我从中学到的教训的重要性。我们可以说,这是相当可观的。

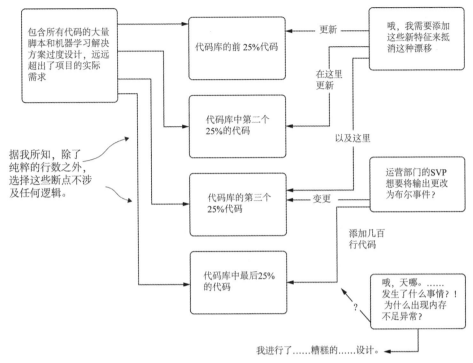

图 14-16　在我知道什么是代码设计以及抽象、封装和继承如何工作之前，这是我早期的作品之一。请不要这样做

对于大型代码库，如果没有逻辑设计会影响最初的开发。这当然是提供线框图很重要的一个主要原因(特别是当整个团队都在做一个项目，需要确保代码合并不会覆盖彼此的更改时)。当需要做出不可避免的更改时，缺乏逻辑设计会变得更加痛苦。即使你为变量和函数使用了巧妙的命名约定，在大量的脚本中查找内容也是非常耗时和令人沮丧的。

我学会了永远不要低估正确的代码设计所节省的时间。当正确设置框架时，它会提供以下功能：

- 单步执行模块以进行调试或演示。
- 编写隔离的子模块单元测试和模块级单元测试，让大块代码都能正常运行。
- 在几秒钟内可以直接到达代码中的某个位置(而不是在代码库中搜索几分钟或几小时)。
- 轻松地从代码库中提取通用功能，并将其放在单独的包中以供其他项目重用。
- 显著减少了机器学习代码库中存在重复功能的机会，因为它鼓励从开发开始就使用抽象和封装技术。

即使对于那些喜欢完全在 notebook 中进行开发的人(顺便说一下，这是可以的，特别是在一个小团队中)，这样的活动分离可以使开发和长期关注项目代码的工作比不使用 notebook 的情况简单几个数量级。毕竟，另一种选择是我在职业生涯早期所做的，从实验脚本开始，编写复杂的单片式代码，直到我得到一个"弗兰肯斯坦怪物"。当我看着我的代码时，就像一个拿着干草叉的村民看到一个真正的怪物一样。

关于机器学习代码库中频繁重构的注意事项

最近有人问我："当我的代码库变得太复杂、混乱或不可维护时，我应该如何重构？"我停顿了一下，想找一个合适的答案。作为框架开发人员的我想大声疾呼："那么，尽早并且经常进行重构!"，而我在数据科学方面有着一系列痛苦的回忆，这些年来我不得不做的代码重构非常令人沮丧。

我终于像任何编写生产环境机器学习代码的开发人员一样，回答说："只要你愿意，就去进行重构，这样就可以让你的项目再次可维护。"遗憾的是，这不是一个很好的建议。不过，这是有原因的。

在传统的软件工程(FP 或 OO)中，由于为了发布一些东西而匆忙地妥协标准而产生的技术债务，可以用一种相对直接的方式来偿还：你可以重构代码。它可能已经被封装和抽象到重构不会太有挑战性的程度。在你的能力和技能水平的范围内，优化代码的性能。如果你愿意，可以从头开始重写整个代码(一个模块接着一个模块地编写)。

机器学习代码有点不同。你从性能、算法复杂度、数据质量、监控和验证的角度做出的每一个代码编写决策，不仅会对解决方案的有效性产生深远影响，还会对代码整体的关联性产生深远影响。与传统的软件工程不同，所有这些"哦，我们稍后会解决它"的技术债务的"利率"要高得多。

重构我们的代码并不容易。其中一些可以很容易地修改(添加一个特征，删除一个特征，改变权重的应用方式，等等)，但从基于树的实现到广义线性模型，从机器视觉方法到 CNN，或从基于 ARIMA 的实现到 LSTM，基本需要完全重写我们的项目。

改变整个解决方案的基本性质(例如，API 返回可能会改变不同包的模型输出，需要重写大量代码)是非常危险的，可能会将项目推迟数月。最终弃用和移除开源代码中的功能可能意味着要完全重新实现大部分代码库，也可能意味着要转移到不同的执行引擎。解决方案中存在的复杂性越大，我们积累的机器学习技术债务就越多，其"技术债务利率"明显高于软件开发人员在做出类似类型的决策时可能积累的"利率"。

这是我们在开发软件时不能实现完全敏捷的主要原因之一。我们需要做一些预先规划和体系结构研究，在我们的代码库中创建一个模板，以帮助指导代码的每个复杂部分如何相互作用。

14.6 避免机器学习中的货物崇拜行为

在本书中，我一直在极力避免机器学习的炒作趋势。在本节中，我将着重阐述我所认为的炒作行为中最具破坏性的形式：货物崇拜行为。

假设我们在一家拥有相对较新的机器学习应用的公司。一些关键的业务问题已经得到解决，通常使用的是经过验证且可以说是不复杂的统计方法。这些解决方案在生产环境中运行良好，它们得到了有效的监控，并且企业意识到了这些解决方案的价值，因为已经进行了彻底的属性确定和测试。然后有人读了一篇文章。

这是一篇来自一家著名且成功的科技公司的博客文章，介绍了公司如何解决了一个以前无法解决的问题，这个问题也影响了我们公司。这篇文章的作者提到了他们公司利用新开发的开源解决方案来解决这个问题，详细解释了算法的工作原理，并花费了文章的大部分时间来解释实现的技术方面。

这是一篇很棒的文章，作为招聘工具，它很好地吸引了顶级技术候选人到他们的公司。我们公司的团队成员没有意识到的是，写这篇文章是为了招聘，而不是让一个小公司拿起他们的开源工具，并在几周内神奇地解决这个问题。

尽管如此，人们对这个解决方案的渴望是如此之高，以至于每个人都在使用这个新的软件解决方案。制订项目计划，进行实验，彻底阅读和理解 API 文档，并构建一个基本的原型。

在项目的早期阶段，事情似乎进展得很顺利，但一个月左右后，计划开始出现问题。团队实现了以下内容：

- 该算法非常复杂，难以很好地调整。
- 发明该算法的公司可能有很多内部工具可以帮助更容易地使用它。
- 代码中许多元素所需的数据格式与存储数据的方式不同。
- 该工具需要昂贵的云基础设施来运行，并需要使用许多他们不熟悉的新服务。
- 没有收集到足够的数据来避免他们看到的一些过拟合问题。
- 可伸缩性问题(包括成本)将训练时间限制为几天，从而减慢了开发速度。

在这些问题出现后，团队成员不需要花费太多额外的时间就可以决定尝试一种不那么复杂的不同方法。他们发现，他们的解决方案，尽管无法达到工具创建者所宣称的准确性，但仍然是相当成功的。另一个主要的好处是他们的解决方案远没有那么复杂，运行成本低了好几个数量级，并且他们的机器学习平台基础设施已经支持该方法的运行。

只有当团队足够幸运，能够在项目时间线的早期放弃他们已经开始的路径时，这个结果才有可能实现。我真的希望我没有像以前那样多次看到另一种选择：团队花几个月的时间努力让某样东西工作，花费大量的时间和金钱，但最终却一无所获。

什么是货物崇拜？

货物崇拜行为起源于二战后的南太平洋岛屿。这是某些土著居民的一种倾向，他们在与使用这些孤岛的战时军事人员交往时,得到了他们以前从未见过的货物和服务(医疗、牙齿治疗、技术等)。在这些服务人员没有回来之后的几年里，一些岛上的团体开始模仿他们的行为、服装风格和技术，他们相信如果他们模仿游客，他们总有一天会回来。岛民认为外来者(以及他们丰富的物资、商品和技术)是他们无法理解的，但对他们是有益的。

虽然这个术语具有高度的偏见并且已经过时，但它一直延续到今天，因为 Richard Feynman 在描述一些科学家在实验和验证研究时表现出的不充分的科学严谨性时使用了这个术语。术语"货物崇拜"软件工程，用于利用设计原则，从参考文献中提取完整的代码示例，以及对成功公司使用的标准的狂热坚持，而不评估它们是否需要(甚至与用例相关)，这一术语由作家 Steve McConnell 推广。

我在这里使用 McConnell 的术语，适用于缺乏经验的团队和初级数据科学家的行为，他们选择抓住来自最新技术的每一项技术、算法、框架、平台和创新进步。通常，这种机器学习货物崇拜行为表现为使用高度复杂的系统，这些系统专为高度复杂的问题而设计，而不考虑这些工具和流程对自身问题的适用性。他们看到 Massive Tech Company A

开发了一个用于调整神经网络权重的新框架，并且他们认为，为了取得成功，他们也必须在所有解决问题的项目中使用这个框架(我在说你，LSTM，基本销售预测！)。

从事这种行为的团队没有意识到开发这些技术的真正原因(为了解决这些公司的一系列特定问题)和共享源代码的原因(为了吸引顶尖人才到他们的公司)。它不是为了每个人都可以使用新的范式而设计的，也不是为了在最琐碎和平凡的机器学习任务中使用而设计的。

追随新技术的大肆宣传，并假设最新出现的东西是解决所有问题的灵丹妙药，这将导致生产力、成本和时间方面的灾难。这种方法经常使公司中经验不足的团队无法使用这种新技术来解决问题。

更重要的是，在发布这些工具的公司中，一些更有经验的数据科学家和机器学习工程师将欣然承认，他们除了使用这些工具来解决他们设计的问题外，并没有使用这些工具做任何事情(至少，我所知道的和讨论过这个主题的人都是这样；但我不能代表所有人)。他们主要关注解决问题的最简单方法，只有在需要时才转向更高级的方法。

图 14-17 展示了我多次看到的这种货物崇拜行为的思维过程。

这个例子中的团队错误地认为，新的整体解决方案将给他们带来与这家大型科技公司的新闻稿所显示的相同水平的成功。团队将这家公司奇迹般的业绩与该组织所取得的一切成果等同起来。

这并不是说这些大公司不成功。事实上，他们通常雇用一些世界上最具创新精神和聪明的软件工程师。问题是，他们并没有为了让其他人利用他们成功的一切而发布所有的技术细节。那些试图复制这些例子，期望得到同样结果的公司，几乎总是无法复制它们。这是由于以下几个关键因素造成的：

- 他们没有相同的数据。
- 它们没有相同的基础设施和工具。
- 他们没有同样数量的高素质工程师来支持这些复杂的解决方案。
- 他们可能不会处理完全相同的用例(不同的客户、不同的生态系统或不同的行业)。
- 他们没有相同的预算(时间和金钱)来让这个解决方案运行。
- 他们没有相同的研发预算来花几个月的时间迭代，以一种非常先进的方式解决问题。

我并不是说不应该使用新技术。我一直在使用它们——大多数时候，我喜欢这样做。我的同事们也做得很好，与我自己的经历相似，他们取得了不同的成功。新技术是伟大的，特别是当它解决了以前无法解决的问题时。然而，我要提醒大家的是，不要盲目相信这些技术，以为它们会神奇地解决你所有的问题。如果你模仿一些大型创新公司的机器学习方法，但这些方法也许并不适合你的应用场景。

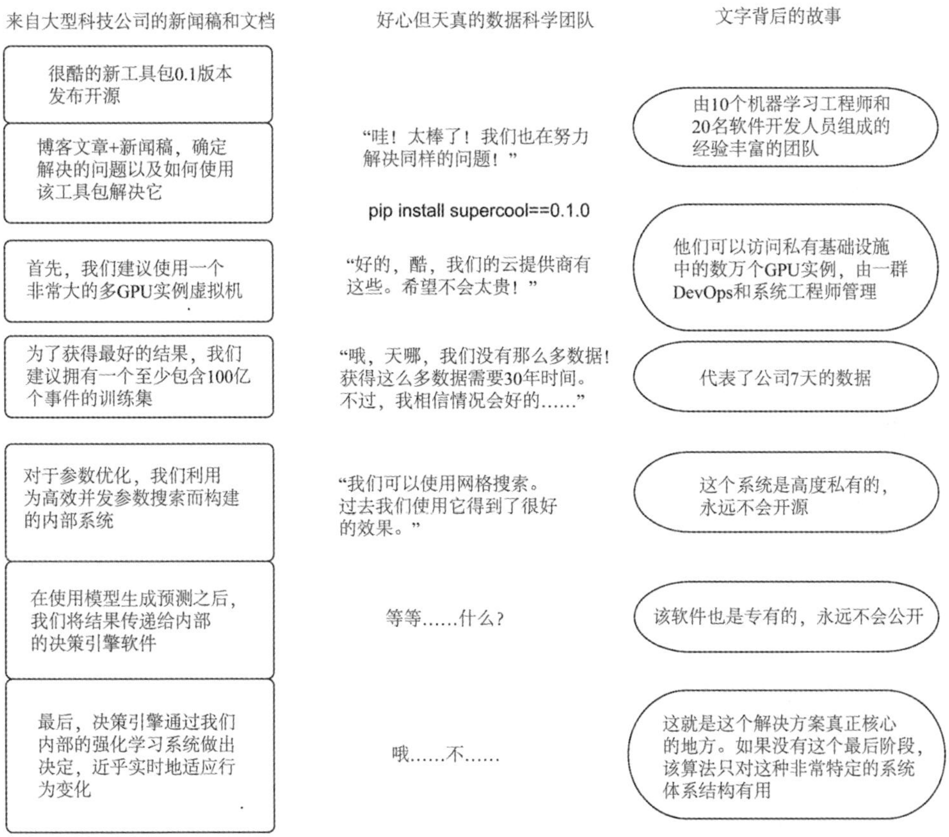

来自大型科技公司的新闻稿和文档　　　好心但天真的数据科学团队　　　文字背后的故事

很酷的新工具包0.1版本发布开源

"哇！太棒了！我们也在努力解决同样的问题！"

由10个机器学习工程师和20名软件开发人员组成的经验丰富的团队

博客文章+新闻稿，确定解决的问题以及如何使用该工具包解决它

pip install supercool==0.1.0

首先，我们建议使用一个非常大的多GPU实例虚拟机

"好的，酷，我们的云提供商有这些。希望不会太贵！"

他们可以访问私有基础设施中的数万个GPU实例，由一群DevOps和系统工程师管理

为了获得最好的结果，我们建议拥有一个至少包含100亿个事件的训练集

"哦，天哪，我们没有那么多数据！获得这么多数据需要30年时间。不过，我相信情况会好的……"

代表了公司7天的数据

对于参数优化，我们利用为高效并发参数搜索而构建的内部系统

"我们可以使用网格搜索。过去我们使用它得到了很好的效果。"

这个系统是高度私有的，永远不会开源

在使用模型生成预测之后，我们将结果传递给内部的决策引擎软件

等等……什么？

该软件也是专有的，永远不会公开

最后，决策引擎通过我们内部的强化学习系统做出决定，近乎实时地适应行为变化

哦……不……

这就是这个解决方案真正核心的地方。如果没有这个最后阶段，该算法只对这种非常特定的系统体系结构有用

图 14-17　盲目相信 README 文件和一篇关于新软件包的博客文章的承诺会浪费大量时间

　　在机器学习中避免货物崇拜行为的关键可以归结为本书前面部分介绍的几个基本步骤。图 14-18 显示了一个可视化指南，它在评估新技术时总是很有效。

　　在评估机器学习领域宣布的新事物时，我试图尽可能对它进行调查。随着快速的发展步伐和似乎永无止境的炒作声，我们根本没有时间评估所有的东西。然而，如果某件事看起来很有希望，并且它来自一个成熟的和有信誉的来源，并且实际上解决了我一直在努力解决的问题(或过去曾遇到过的问题)，那么这种方法或者方案就是我评估的目标。

　　遗憾的是，绝大多数项目(甚至是那些被成功的大型科技公司所支持的项目)最终要么没有获得社区的支持，要么旨在解决远远超出团队能力(或当前技术能力的状态)、不值得花费大量时间的问题。当团队没有在他们的需求范围内评估技术时，这就变得危险了。即使这项技术非常酷，非常令人兴奋，但这并不意味着它就是你的公司应该使用的东西。记住，使用新技术是一项高风险活动。

　　坚持最简单的方法并不意味着使用"新的热门技术"。这意味着当且仅当它使你的解决方案更容易、更可维护、更容易持续运行时，才使用这些新的热门特性。其他的一切，无论是对你还是对其他人来说，都是微不足道的。

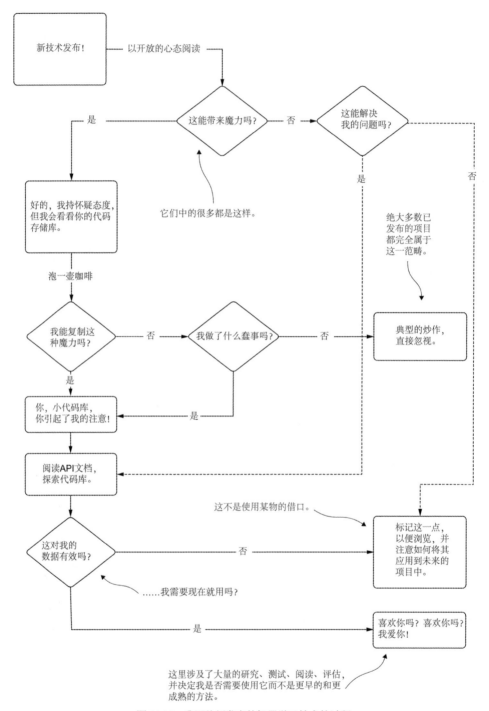

图 14-18 我评估新发布的机器学习技术的过程

14.7　本章小结

- 在尝试在模型中使用任何被考虑用于模型的数据之前，应彻底审查其来源、特征和属性。在早期花时间确认其效用，将节省项目后期许多令人沮丧的调查研究。

- 需要对将用于机器学习解决方案的任何数据进行全面监控，并以可预测的方式处理异常。基于训练和推理数据更改的意外行为很容易使解决方案变得无用。

- 监控特征数据必不可少，但这只是应该被监控的模型生命周期的一部分。从 ETL 的取得，到特征工程、模型训练、模型再训练、预测和归因，每个阶段都有应该收集、分析的指标，如果它们的行为不可预期，就应该发出警报。

- 注重设计和实现的简单性，机器学习项目将更快地投入生产，更容易维护，成本可能更低，使任何数据科学团队可以自由地解决为公司带来价值的额外问题。

- 通过使用机器学习项目代码库的标准体系结构，可以将重构在整个开发过程中保持在最少的次数，团队成员可以很容易地理解抽象逻辑驻留在哪里，并且这将比为每个项目使用自定义设计更容易维护。

- 确保你所采用的任何新技术都适用于你的团队、项目和公司，这将有助于使所有机器学习项目工作更加可持续和可靠。评估、研究和保持怀疑态度都会让你受益。

第 *15* 章

质量和验收测试

本章主要内容
- 为机器学习中使用的数据源建立一致性
- 用回退逻辑优雅地处理预测失败
- 为机器学习预测提供质量保证
- 实现可解释的解决方案

在第 14 章中，我们关注了成功的机器学习项目工作所需的广泛而基础的技术主题。在这些基础之上，需要建立监测和验证的关键基础体系结构，以确保任何项目继续保持健康和切合实际。本章将重点介绍这些辅助流程和基础体系结构工具，它们不仅能提高开发效率，还能让项目投入生产后的维护变得更容易。

在模型开发完成和项目发布之间有 4 个主要活动：
- 数据可用性和一致性验证
- 冷启动(备用或默认)逻辑开发
- 用户验收测试(主观质量保证)
- 解决方案可解释性(可解释的 AI，或 XAI)

为了展示这些元素在项目开发路径中的位置，图 15-1 展示了本章建模后的工作。

这些突出显示的操作通常被视为我接触过的许多项目的事后思考或响应式实现。虽然并不适用于每个机器学习解决方案，但强烈建议你评估这些组件。

在发布之前完成它们的操作或实现可以有效地防止内部业务部门客户的许多困惑和挫折。消除这些障碍将直接转化为更好的工作关系，并为你带来更少的麻烦。

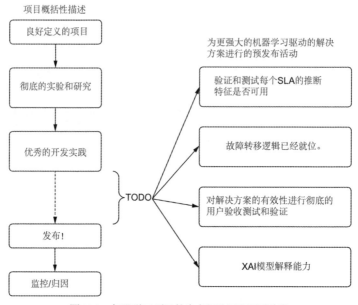

图 15-1 机器学习项目的生产级认证和测试阶段

15.1 数据一致性

数据问题可能是模型生产稳定性中最令人沮丧的方面之一。无论是不稳定的数据收集、项目开发和部署之间的 ETL 变更，还是由于 ETL 的普遍糟糕实现，都通常会使项目的生产服务陷入停滞。

确保模型生命周期每个阶段的数据一致性(并定期验证其质量)对于实现输出的相关性和随着时间的推移解决方案的稳定性都非常重要。通过消除训练和推理偏差、利用特征存储以及在整个组织中公开共享物化特征数据来实现建模阶段的一致性。

15.1.1 训练和推理偏差

想象一下我们正在一个团队中工作，该团队一直在开发一个解决方案，通过在整个模型开发过程中批量提取特征以保持一致性。在整个开发过程中，我们小心地利用保存在服务系统的在线数据存储中的数据。由于项目的成功，我们的方案受到了重视。业务部门想让我们提供更多价值。

经过几周的工作，我们发现从初始项目开发中没有包括的新数据集中添加的特征对模型的预测能力有很大的影响。我们整合这些新特征，重新训练模型，结果如图 15-2 所示。

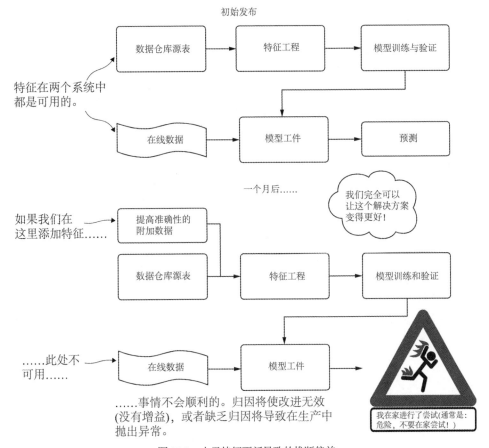

图 15-2　由于特征更新导致的推断偏差

由于在线特征系统不能访问后来包含在模型修订中的数据，因此产生了训练和推理偏差问题。这个问题主要表现在两个方面，如图 15-2 所示。

- 插补空值
  - ◆ 如果用特征空间的均值或中值填充，特征向量内的方差和潜在信息将会减少，在再训练过程中可能导致模型退化。
  - ◆ 如果用占位符值填充，结果可能比原始模型更糟糕。
- 空值不被处理。这可能导致抛出异常，具体取决于所使用的库。这可能从根本上破坏新模型的生产部署。所有的预测都将以意想不到的方式进行，并且带来错误的结果。

训练和推理之间不匹配的场景并不归结于特征数据的存在或不存在。如果数据仓库中的离线数据和在线系统中创建原始数据的处理逻辑不同，也会发生这些问题。解决、诊断和修复这些问题可能非常昂贵和耗时。

作为任何机器学习生产系统的一部分，应该对离线和在线训练系统进行体系结构验证和一致性检查。这些检查可以是手动的(通过计划的作业进行统计验证)，也可以通过使用特征库来确保一致性，从而实现完全自动化。

15.1.2 特征存储简介

从项目开发的角度来看，构建机器学习代码库最耗时的方面之一是特征创建。作为数据科学家，我们花了大量的创造性工作来操作模型中使用的数据，以确保最优地利用现有的相关性来解决问题。在过去，这种计算处理被嵌入项目的代码库中，在一个内联执行链中，在训练和预测期间都受到影响。

特征工程代码与模型训练和预测代码之间的紧耦合关联可能会导致大量令人沮丧的故障排除工作，正如我们在前面的场景中看到的那样。如果数据依赖关系发生变化，这种紧密耦合还会导致复杂的重构；如果某个计算特征需要在另一个项目中实现，则会导致重复的工作。

然而，通过特征存储的实现，这些数据一致性问题可以在很大程度上得到解决。一旦定义了单一数据源，注册的特征计算只需要开发一次，并作为计划作业的一部分进行更新，组织中的任何人都可以使用(前提是他们有足够的访问权限)。

一致性并不是这些工程系统的唯一目标。向在线事务处理(OLTP)存储层(用于实时预测)提供同步数据是特征库带来的另一个优势，它可以最大限度地减少开发、维护和同步生产机器学习的 ETL 需求的工程负担。能够支持在线预测的特征库的基本设计包括以下内容。

- 符合 ACID 的存储层：
  - ◆ (A)原子性(Atomicity)——保证事务(写入、读取、更新)作为成功(提交)或失败(回滚)的单元操作处理，以确保数据一致性。在一个事务中所有的操作，要么都成功，要么都失败。
  - ◆ (C)一致性(Consistency)——到数据存储的事务必须使数据处于有效状态，以防止数据损坏(来自对系统的无效或非法操作)。
  - ◆ (I)隔离(Isolation)——事务是并发的，一个事务中的操作，在提交之前，其他事务无法看到该事务对数据的更改。
  - ◆ (D)持久性(Durability)——当事务完成提交之后，数据的变更就被永久保存。数据一般会被写入持久性存储中，而不是像内存这样的非持久性存储。
- 与 ACID 存储层同步的低延迟服务层(通常是易失性内存缓存层或内存数据库表示，如 Redis)。
- 一种用于持久存储层和内存键值存储(检索相关特征的主键访问)的非规范化表示数据模型。
- 针对最终用户的不可变只读访问模式。拥有生成数据的团队是唯一具有写权限的团队。

如前所述，特征存储的好处并不局限于一致性。可重用性是特征存储的主要特性之一，如图 15-3 所示。

如你所见，实现特征存储有很多好处。在整个公司中拥有一个标准的功能语料库意味着每个用例，从报告(BI)到分析和数据科学研究，都和其他人一样在同一组真实数据源上操作。使用特征库可以消除混淆，提高效率(不必为每个用例重新设计特征)，并确保生成特征的成本只发生一次。

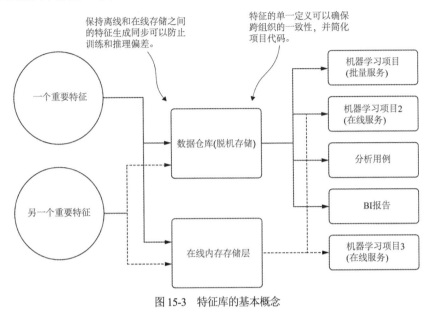

图 15-3　特征库的基本概念

15.1.3　过程胜于技术

成功实现特征库，不在于用于实现它的特定技术。其好处在于，它使公司能够利用其计算和标准化的特征数据采取行动。

下面简要地考察一个需要更新其收入指标定义的公司的理想过程。对于这样一个定义广泛的术语，公司收入的概念可以有多种解释，这取决于最终用例、与使用该数据有关的部门以及为这些用例的定义应用的会计标准的水平。

例如，一个营销团队可能对衡量广告活动成功率的总收入感兴趣。数据工程组可以定义多种收入变化，以处理公司内不同组的需求。数据科学团队可能正在查看数据仓库中包含"销售""收入"或"成本"的任何列的窗口聚合，以创建特征数据。BI 团队可能有一组更复杂的定义，以用在更广泛的分析用例中。

如果每个人都对他们的团队的个人定义负责，那么更改这种关键业务指标的逻辑定义可以对组织产生深远的影响。每个组在其负责的每个查询、代码库、报告和模型中更改其引用的可能性微乎其微。将如此重要的指标的定义分散到各个部门本身就有问题。在每个组中创建定义特征的多个版本会导致完全的混乱。由于没有确定如何定义关键业务指标的标准，公司内部的小组在评估彼此的结果和输出时，实际上存在着不平等。

不管用于存储消费数据的技术栈是什么，为关键特性建立一个围绕变更管理的流程，可以确保无摩擦且有弹性的数据迁移。图 15-4 说明了这一过程。

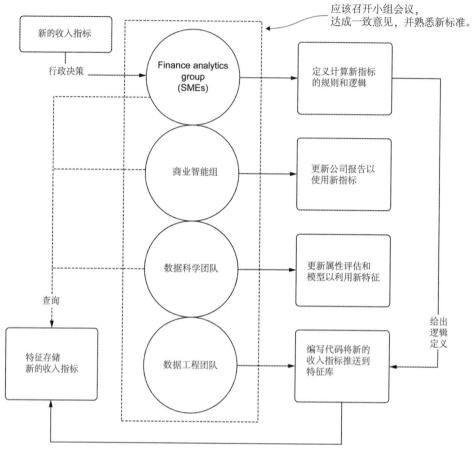

图15-4 设置用于更新关键特征存储条目的数据变更点流程

正如你所看到的，报告公司收入的新标准来自行政委员会。从这个定义点开始，一个成功的特征库更新过程就可以开始了。有了来自处理全公司范围内使用这类数据的每个组的涉众在场，就可以开始对提议的更改进行彻底的评估。该数据的每个生产者和消费者共同商定一个行动过程，以确保新标准成为公司的实际标准。在会议之后，每个小组都知道为了向这个新指标进行迁移他们需要采取的行动；该指标是通过 ETL 定义、实现并同步到公共特征存储的。

变更点过程对于确保依赖数据做出明智决策的组织的一致性至关重要。通过使用这些过程，每个人都使用相同的"数据语言"。关于分析、报告和预测的准确性的讨论都可以在数据术语的相同公共定义上进行标准化。它还极大地提高了依赖于此数据的依赖生产(自动化)任务和报告的稳定性。

15.1.4 数据孤岛的危险

数据孤岛具有欺骗性的危险。将数据隔离在一个封闭的、私有的位置，只有特定的个人可以访问，这扼杀了其他团队的生产力，导致整个组织中大量的重复工作，并且经常(至少以我看到他们的经验)导致深奥的数据定义。在他们的隔离中，与公司其他部分普遍接受的指标标准的观点大不相同。

当机器学习团队被授予访问自己的数据库或整个云对象存储桶的权限，以使团队能够自助服务时，这似乎是一件非常棒的事情。数据工程或数据仓库团队加载所需数据集所花费的时间大幅减少。团队成员完全掌握自己的领域，能够轻松地加载、使用和生成数据。这肯定是一件好事，只要通过清晰而可靠的流程来管理这些技术即可。

不管数据的质量如何，一个只供内部使用的数据存储栈就是一个竖井，其内容与外部世界隔离开来。这些竖井产生的问题比它们解决的问题要多。

为了说明数据竖井是如何不利的，让我们想象一下，我们在一家建造狗狗公园的公司工作。我们最新的机器学习项目有点不切实际，使用反事实模拟(因果模型)来确定在不同的拟建地点哪些设施对我们的客户最有价值。我们的目标是找出如何在最大限度地提高拟建园区的质量和价值，同时最小化公司的投资成本。

要建立这样一个解决方案，我们必须获得全国所有注册狗狗公园的数据。我们还需要与这些狗狗公园相关的人口统计数据。由于公司的数据湖不包含这些数据，因此我们必须自己获取这些信息。很自然地，我们把所有这些信息都放在自己的环境中，认为这比等待开发团队的积压工作表清理完毕再开始处理要快得多。

几个月后，该公司在某些地区竞标的一些合同开始出现问题。业务运营团队很好奇，为什么这么多定制的宠物饮水机订单是这些建筑库存的一部分。当分析师开始挖掘数据湖中的可用数据时，他们无法理解为什么某些合同的推荐总是推荐这些昂贵得令人难以置信的组件。

在花了几个月的时间进行分析之后，决定从合同投标中删除该条目。没有人能解释它为什么会在那里，他们决定不值得继续提供它。他们更热衷于提供自动洗狗站、狗便便清洁机器人和公园内的冷却风扇，以及自动扔球设备。因此，大量订购这些产品，宠物饮水机采购合同被终止。

几个月后，一个竞争对手开始在我们一直在竞标的合同中提供完全相同的内容。城市和城镇开始接受竞争对手的投标。当最后被问到原因时，销售团队开始听到相同的答案：狗真的很喜欢饮水机，特别是在远离居民家和市政宠物饮水站的地区。结果如图 15-5 所示。

由于无法了解这些为数据科学团队构建的基于反事实的便利设施模拟模型而收集和使用的特征，因此业务部门无法拼凑模型建议的原因。这些数据是孤立的，虽然没有恶意，但它给业务带来了巨大的问题，因为无法访问关键数据。

我们不是农场主。我们永远不应该使用"竖井"，至少不应该在数据中使用"竖井"。如果你喜欢耕田，我不会阻拦你。另一方面，我们应该与数据工程和数据仓库团队密切合作，以确保我们能够将数据写入每个人都可以访问的位置——最好是这样，正如我们将在第 16 章中讨论的那样，写入特征存储。

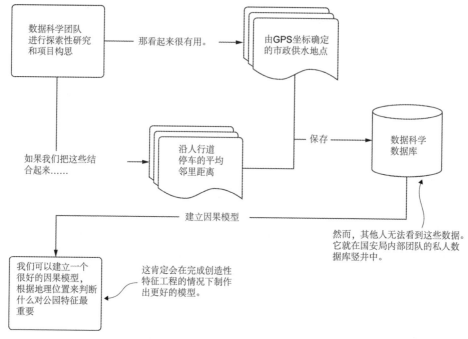

图 15-5　将关键数据存储在"竖井"中

15.2　回退和冷启动

让我们想象一下，我们刚刚为一家比萨公司构建了一个机器学习驱动的解决方案，用于优化配送路线。不久前，该公司找到我们，要求提供一个更便宜、更快、适应性更强的解决方案，以优化单个司机的配送路线。之前的方法是通过基于 ArcGIS 生成最优路线的路径算法来确定某个司机会把比萨送到哪个地址。尽管功能强大且功能齐全，但企业希望能够考虑实际交付数据的时间性质和历史情况，从而创建更有效的路线。

该团队研究了一种基于 LSTM 的方法，该方法基于过去三年的配送数据进行训练，创建了一个带有强化学习的对抗网络，根据配送的及时性对最优路径进行奖励。这个项目很快从一个科学项目发展成为在少数地区证明其价值的项目。在选择配送顺序方面，它比他们之前的生产系统所能做到的"蛮力路径"要熟练得多。

在审查了测试市场中几周的配送路径数据后，企业对将方案应用于所有配送系统感到放心。事情看起来很好。通过预测服务，司机在交通堵塞上花费的时间减少了，送比萨的速度比以往任何时候都要快。

大约过了一周，投诉开始蜂拥而至。农村地区的顾客抱怨送货时间过长，这种投诉的数量以惊人的方式增长。在查看了这些投诉之后，发现每个投诉都发生在配送链的最后一站。数据科学团队没过多久就意识到发生了什么。由于大多数训练数据集中在城市中心，停车点和目的地之间较短的距离意味着该模型的目标是优化的停车次数。当这一数据应用于郊区环境时，这意味着几乎所有最后一站的顾客都会得到一个冷掉的比萨。

如果没有对路线长度或估计的总交付时间的回退控制，该模型将为总交付运行量的最小时间优化路线，而不管估计的总时间有多长。解决方案缺少回退计划。如果模型的输出违反了业务规则(不提供冷比萨)，它没有备用方案来使用现有的地理位置服务(ArcGIS 针对郊区路线的解决方案)。

任何用于生产的机器学习解决方案的关键部分都应该始终有一个备用计划。无论准备、预先考虑和计划的程度如何，即使是最全面和最可靠的解决方案，在某些时候也不可避免地会出错。无论你构建的解决方案是离线(批处理)、近实时(微批处理流)、在线或边缘部署，在近期或遥远的未来，某些条件将导致模型的行为不像你所希望的那样。

表 15-1 简要列出了解决方案模型出现故障的方式，以及对预测结果的影响程度。

表 15-1　当模型表现不佳时

条件	滑稽的例子	严重影响业务的例子
回归预测超出可能的自然范围	预计客户今天将花费 8745 美元	将反应堆控制棒撤至最大高度
分类结果永远只有一个	一切都是狗。连那只猫都是狗	自动驾驶汽车在州际高速公路上识别停车标志
错过了 app/web 的 SLA	一个由空 IFrame 元素组成的空白区域	由于欺诈活动而锁定你的账户
聊天机器人无内容过滤	开始背诵歌词	开始侮辱用户
故障检测系统没有响应	监控面板转换为圣诞节显示	关闭所有东海岸的发电厂

虽然这些例子都相当荒谬(但大部分是基于真实情况)，但它们都有一个共同的特点。没有一个人有回退计划。如果系统中的单点故障(模型的预测)没有按照预期工作，它们就会导致糟糕的事情发生。这里的重点是，所有模型驱动的解决方案都有某种失败模式，如果没有回退方案，就会发生这种失败。

另一方面，冷启动是模型故障的一种独特形式。与典型的回退系统处理的完全无功能场景不同，受冷启动问题困扰的模型是那些需要历史数据才能运行的模型，而这些数据还没有生成。从针对首次访问网站的用户的推荐系统到新市场的价格优化算法，需要基于不存在的数据进行预测的模型解决方案需要一个特定类型的回退系统。

15.2.1　严重依赖现有技术

可以使用表 15-1 中几乎所有滑稽的例子来说明创建回退计划的第一条规则。但让我们用我个人经历中的一个实际例子进行说明。

我曾经参与过一个需要处理制造配方的项目。这个配方的目的是在一个极其昂贵的设备上设置一个转速，同时将材料滴在上面。这个装置的速度需要在一天中定期调整，因为温度和湿度改变了被滴到产品上的材料的黏度。保持这台设备的最佳运行状态是我的工作；机器里有几十个这样的操作点，并且有许多种化学品。

在我的职业生涯中，我多次对重复的工作感到厌倦。我想一定有办法自动化这些装置的旋转速度，这样我就不用站在控制台上每隔一小时左右调整一次了。我自作聪明，把几个传感器连接到单片机上，给可编程逻辑控制器编程，让它接收我的小型控制器的输入，编写一个简单的程序，根据房间的温度和湿度调整卡盘速度，然后启动了系统。

开始的几个小时，我觉得一切都很顺利。我在微控制器中编写了一个简单的回归公式，检查了我的数学计算，甚至在一个备用的设备上测试了它。一切看起来都很可靠。

直到凌晨 3 点左右，我的寻呼机(是的，那是很久以前的事了)才开始响。当我 20 分钟后到达工厂时，我意识到我造成了每一个旋转卡盘系统超速。它们无法工作了。其余的液体剂量系统依旧运行。当凉风吹过我的后脑勺时，我看着敞开的门，让零度以下的夜晚寒风进来，我意识到我错了。

我没有回退计划。考虑到环境温度，回归线试图补偿未测试的数据范围(黏度曲线在这个范围内实际上不是线性的)，并将一个正常转速在 2800 转/分左右的卡盘设置为 15 000 转/分。

接下来的四天三夜，我都在清理那台机器里面的化学试剂。当我完成时，首席工程师把我拉到一边，递给我一个巨大的活页夹，并告诉我"在玩更多游戏之前先阅读它"。资料中充满了对机器使用的每种化学物质的材料科学分析。它有我可以使用的精确的黏度曲线。它有关于设备部件最大旋转速度的信息。

有人在我加入项目之前已经做了很多工作。他们已经算出了材料的安全阈值和不安全阈值，以及卡盘驱动电机的转速范围。那天我学到了重要的一课。图 15-6 说明了这一教训。

我开始完全位于图 15-6 的顶部。但我学得很快，我的工程师同事们为我提供了大量的帮助，我要努力做到图 15-6 的底部。我学会了思考在任何解决方案中可能出现的问题，以及在出现问题时设置边界和回退条件是多么重要。

很多时候，在构建机器学习解决方案时，数据科学家可能错误地认为他们正在处理的问题是之前没有人遇到的问题。当然也有例外(登月项目)，但我在职业生涯中参与过的绝大多数解决方案都是公司想通过自动化的技术来完成原本由人工完成的任务。

这个人有完成任务的方法、实践和标准。他们在你出现之前对数据就非常了解。无论从哪个角度来说，他们都是我老板愤怒地扔给我的那本活页夹资料的真人版(他们是真人版的资料库)。他们知道卡盘的旋转速度有多快，也知道如果技术人员试图在冬天偷偷抽根烟休息一下，漆面会发生什么变化。

这些代表先前技术的个人(或代码)将知道你在构建回退系统时需要考虑的因素。如果模型预测的结果是垃圾，他们就会知道问题出现在哪里。他们将知道回归器预测的可接受范围。他们会知道每天应该收到多少张猫的照片，以及多少张狗的照片。他们是你的贤明的向导，可以帮助你制定更健壮的解决方案。有必要问问他们是如何解决问题的，当事情出错时，他们最有趣的故事是什么。他们一定会帮助你不再出现重复的错误。

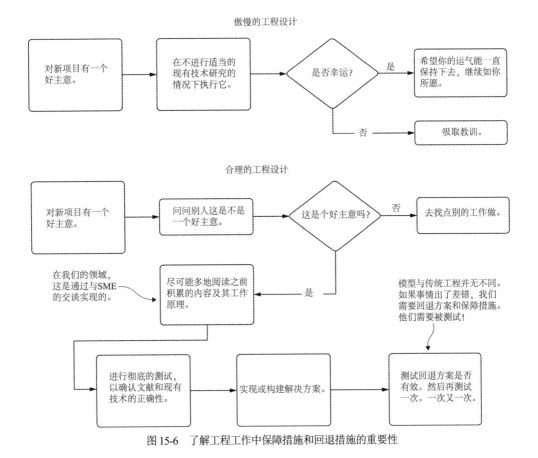

图 15-6 了解工程工作中保障措施和回退措施的重要性

15.2.2 冷启动问题

对于某些类型的机器学习项目，模型预测失败不仅是经常发生的，而且是预期的。对于需要历史数据支持才能正常工作的解决方案，缺乏历史数据会妨碍模型进行预测。模型在没有历史数据的支撑下无法正常工作。这被称为冷启动问题，对于任何处理时间数据相关的项目来说，这都是解决方案设计和体系结构的关键方面。

举个例子，假设我们经营一家狗美容公司。我们的流动浴场遍布北美的郊区，为狗狗提供各种各样的服务。预约和服务选择是通过应用程序接口处理的。在预约参观时，客户可以从数百种服务中进行选择，并在不晚于预约前一天通过应用程序提前支付服务费用。

为了提高我们客户的满意度(并增加我们的收入)，我们在应用程序上使用了一个服务推荐界面。这个模型查询客户的历史访问记录，找到可能与他们相关的产品，并指出狗狗可能喜欢的其他服务。为了让该推荐器正常工作，系统需要知道历史服务记录。

这个概念很简单。没有数据可处理的模型几乎没什么用。由于没有可用的历史记录，该模型显然没有数据来推断可以在客户的预约中推荐哪些附加服务。

在这种情况下，为最终用户提供服务所需的是冷启动解决方案。此用例的一个简单实现是生成全局最频繁服务的排序集合。如果模型没有足够的数据来提供预测，则可以使用基于受欢迎程度的服务集合。此时，应用程序 IFrame 元素中至少有一些内容(而不是显示一个空集合)，用户体验不会因为看到一个空框而受到影响。

可以生成更复杂的实现，将全局流行度排名升级为具有更细粒度冷启动解决方案。至少，地理区域可以作为分组聚合来计算服务在某个区域的流行程度，从而创建一个伪个性化故障转移条件。如果可以获得最终用户的额外数据，则可以进行更复杂的分组推荐，在整个用户群中引用这些聚合的数据点进行分组，确保提供更精细和更细粒度的建议。一个启用冷启动的体系结构如图 15-7 所示。

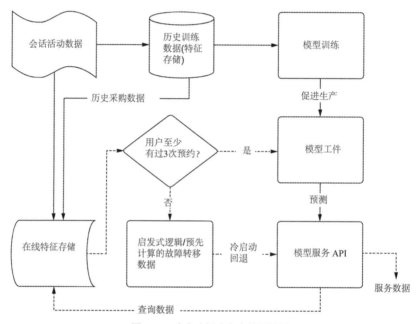

图 15-7 冷启动解决方案的逻辑图

构建基于启发式的解决方案，通过与 SME 合作来利用对用例的深入了解，是解决冷启动问题的可靠方法。当一个没有预约历史的用户开始使用该应用程序时，该模型被完全绕过，并进行一个简单的业务规则伪预测。这些冷启动解决方案的实现形式如下：

- 上个月该用户地理位置中最受欢迎的服务项目
- 当今全局最受欢迎的商品
- SME 策划的商品推荐集合
- 高库存的物品

不管使用什么方法，重要的是向客户展示某些内容(而不是一个空白框)。毕竟，当客户在应用程序上看到一个空白框时，会大大影响他们的使用体验。对于那些依赖于从 API 生成的某种形式的数据，以在接口中填充内容的应用程序来说，生成空白框是无法接受的。有一个冷启动替代解决方案的好处是，它也可以作为一个回退解决方案。通过对决策逻辑进行微小的调整，以检查来自模型预测输出的准确性，冷启动值可以代替有问题的数据。

为这个冷启动默认值服务构建复杂的解决方案可能很诱人，但这里应该避免复杂性。我们的目标是构建非常快(低 SLA)、易于调整和维护、足够相关的内容，以免让最终用户注意到某些东西没有被正确提供。

冷启动解决方案并不只适用于推荐系统。任何时候，模型发布预测，特别是那些具有低 SLA 响应需求的模型，都应该产生某种价值，至少在某种程度上与手头的任务相关(由业务部门与 SME 定义和设计相关，而不是由数据科学团队定义和设计)。

如果不能生成值，特别是对于实时用例，可能会破坏需要该数据的下游系统。对于许多系统来说，如果没有依赖于相关性的回退机制，可能会导致它们抛出异常、过度重试，或者求助于后端或前端开发人员设置的用于保护系统的默认值。这是工程部门和最终用户都不希望看到的情况。

15.3　最终用户与内部使用测试

一旦端到端功能被确认可以正常工作，就将项目发布到生产环境是非常诱人的。在进行了如此多的工作、努力和基于指标的定量质量检查之后，假定解决方案已经准备好交付使用是很自然的。抗拒这种最后一英里的冲刺冲动是很困难的，尽管这个阶段非常关键。

就像我们在第 I 部分中所提到的，仅仅基于数据科学团队的内部评估去发布一个项目是不明智的，主要原因如下：

- 数据科学团队成员是有偏见的。这是他们的"孩子"。没人愿意承认自己生了个丑宝宝。
- 定量指标并不总是保证定性特征。
- 对预测质量影响最大的可能是未收集的数据。

这些原因可以追溯到相关性的概念，并不意味着因果关系，以及创造者偏见。虽然模型的验证和量化指标可能执行得非常好，但极少数项目将在一个特征向量中捕获所有的因果因素。

一个彻底的测试或 QA 过程可以帮助我们做的是对我们的解决方案进行定性评估。可以通过多种方式实现这一点。

让我们想象一下我们在一家音乐流媒体服务公司工作。我们有一项倡议，根据用户所听的音乐，提供高度相关的音乐来提高客户参与度。

与使用协同过滤的方法寻找其他用户听过的相似歌曲不同，我们希望根据人耳对歌曲的理解来寻找相似的歌曲。我们使用音频文件的傅里叶变换得到频率分布，然后将该分布映射到 mel 尺度(音频信号的对数功率谱的线性余弦变换，非常接近人耳感知声音的方式)。通过数据和图形的转换，我们得到了每首歌曲特征的可视化表示。然后，我们以离线的方式，通过使用调优的三分支连体网络计算每首歌与所有其他歌曲的相似性。从这个系统中得到的特征向量，被每首歌曲附加的标记特征所增强，被用来计算从一首歌曲到另一首歌曲的欧氏距离和余弦距离。我们将所有歌曲之间的这些关系保存在 NoSQL 数据库中,该数据库将跟踪 1000 首与所有其他歌曲最相似的歌曲,以供我们的服务层使用。

为了说明问题,图 15-8 实质上是该团队输入孪生网络的内容,mel 将每首歌可视化。这些距离度量有内部的"旋钮",数据科学团队可以使用它们调整最终的输出集合。这一特性是在早期测试中发现的,当时 SME 内部成员表达了一种愿望,希望对同一流派内类似音乐的过滤器进行改进。

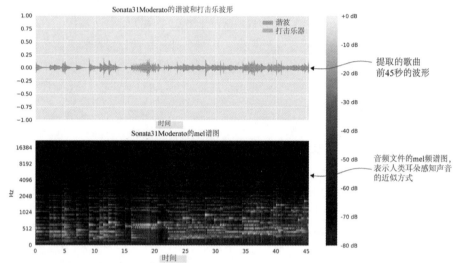

孪生网络将把这些mel频谱图输入每个CNN中,并生成一个特征向量,
表示它"学习"了每个音频文件的内容。然后将这些向量输入到距离指标阶段,
该阶段用于在训练期间更新权重。一旦训练完毕,编码器就可以表示一个唯一
的向量,用于新音乐。

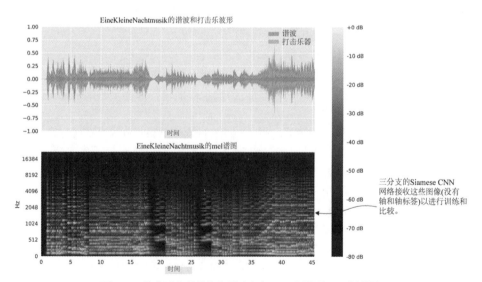

图 15-8   将音乐文件转换为用于孪生 CNN 网络的 mel 频谱图

现在可以看到这里发生了什么(以及 CNN 将从编码特征创建的信息类型)，我们可以研究如何测试此服务。图 15-9 展示了测试的概要。

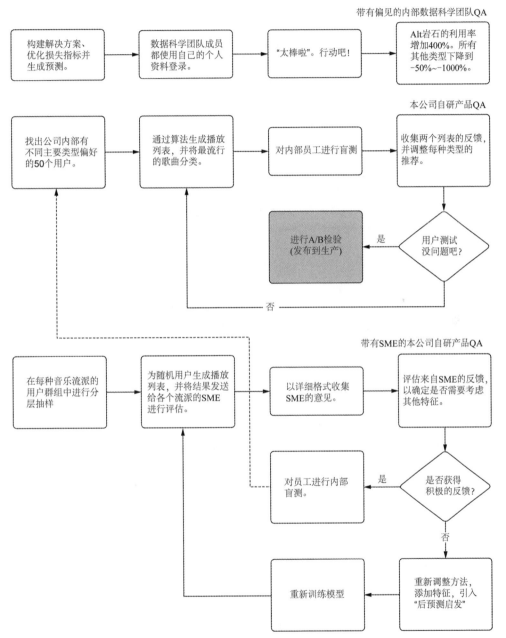

图 15-9　不同的定性测试策略。作为一种练习，顶部的那个非常糟糕

图 15-9 比较了可用于对我们的服务进行定性评估的 3 种不同形式的生产前 QA 工作。接下来的 3 小节将分别介绍这些元素——内部偏差测试、dogfooding(我们自己测试所研

发的产品)和全面的 SME 评估——以展示整体 SME 评估方法比其他方法的好处。

毕竟，在机器学习项目中执行 QA 的最终目标是在真实世界的数据上评估预测，而不依赖于解决方案创建者高度短视的意见。其目标是在对解决方案效用的定性评估中尽可能消除偏差。

15.3.1 有偏见的测试

内部测试很容易——嗯，比其他方法更容易。这是代价最小的(如果模型正常工作的话)。这是我们在限定项目结果时通常想到的。这个过程通常包括以下几个方面：

- 对新的(建模过程看不到的)数据生成预测。
- 分析了新预测的分布和统计性质。
- 随机抽取预测样本，并对其进行定性判断。
- 通过模型运行手工制作的样本数据(或使用他们自己的账户，如果适用的话)。

这个列表中的前两个元素对于模型有效性的确认是有效的。他们完全没有偏见，应该这样做。另一方面，后两者是危险的。最后一个是最危险的。

在我们的音乐播放列表生成器系统场景中，假设数据科学团队成员都是古典音乐爱好者。在他们的定性验证过程中，他们一直在检查播放列表生成器的相对质量，这是他们最熟悉的音乐领域：古典音乐。为了执行这些验证，他们一直在生成他们最喜欢的曲目的收听历史，调整实现以微调结果，并在验证过程中迭代。

当他们完全满意这个解决方案能够很好地识别并捕捉主题和音调相关的相似音乐作品的近乎不可思议的复杂程度时，他们会询问同事的意见。数据科学团队(Ben 和 Julie)以及他们的数据仓库工程师朋友 Connor 的结果如图 15-10 所示。

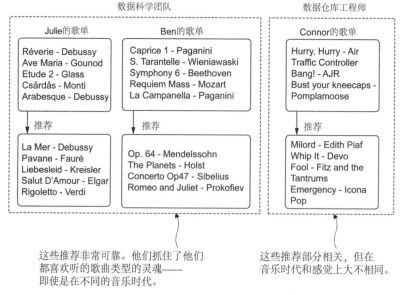

图 15-10 模型功效定性评估中的偏见反馈

最终发生的是一个基于偏见的优化解决方案，以迎合数据科学团队自己的偏好和音乐类型的知识。虽然完美地迎合了古典乐迷的品味，但对于像 Connor 这样的另类现代摇滚乐迷来说，这个解决方案很糟糕。他的反馈与团队自己对解决方案质量的判断截然不同。为了修复实现，Ben 和 Julie 可能需要做很多调整，引入额外的特征来进一步完善 Connor 对另类摇滚音乐的品味。那么其他几百种音乐类型呢？

虽然这个例子特别具有挑战性(音乐品味非常不同，而且因人而异)，但任何机器学习项目都可能存在内部团队偏见的确切问题。任何数据科学团队都只能对数据中的细微差别有限的了解。数据科学团队通常无法详细了解数据的复杂潜在关系以及每个关系与业务之间的关系。这就是让公司中最了解项目目标的人参与 QA 过程是如此关键的原因。

15.3.2　自己公司的员工测试自研的产品(dogfooding)

比 Ben 和 Julie 的第一次尝试更彻底的方法是，在公司内部进行调查。与其将评估工作局限于团队内部，不如寻求其他同事的帮助。他们可以询问周围的人，看看公司的人是否有兴趣看看他们自己的账户和使用，将如何受到数据科学团队引入的变化的影响。图 15-11 说明了这种情况下的工作原理。

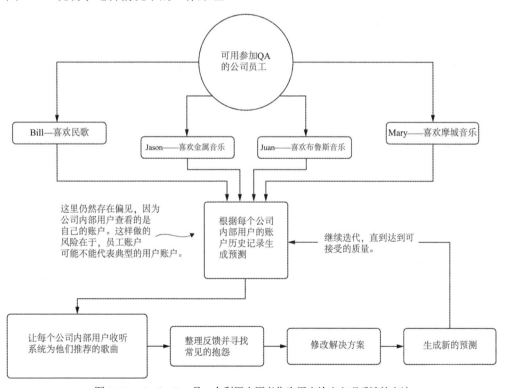

图 15-11　dogfooding 是一个利用志愿者作为用户给出主观反馈的方法

这种方法，从最广泛的意义上说，就是测试自己公司的产品。这个术语(dogfooding)指的是开放正在开发的功能，以便公司的每个人都可以使用它，找出如何破坏它，提供关于它是如何被破坏的反馈，并共同致力于构建更好的产品。所有这一切都是基于更广泛的视角，汲取了来自各个部门的许多员工的经验和知识。

但如你在图 15-11 中所见，评估仍然包含偏见。使用公司产品的内部用户可能不是典型的用户。根据他们的工作职责，他们可能会使用账户来验证产品的功能，使用它来演示，或者仅仅是为了员工的利益而与产品进行更多的交互。

除了员工的收听历史中包含的潜在虚假信息外，另一种形式的偏见是人们喜欢他们喜欢的东西。他们也不喜欢自己不喜欢的东西。作为人类的一员，对音乐喜好这样充满情感的东西的主观反应会增加难以置信的偏见。知道这些预测是基于他们的收听历史，而且这是他们自己公司的产品，内部用户在评估自己的资料时，如果发现了他们不喜欢的东西，通常会比普通用户更挑剔(这与数据科学团队所经历的构建者偏见形成鲜明对比)。

虽然 dogfooding 比在数据科学团队内部评估解决方案的质量更可取，但它仍然不理想，主要是因为存在这些固有的偏见。

15.3.3 SME 评估

这是你能进行的最彻底的 QA 测试，同时仍然将测试保持在你自己公司的范围内，在业务中引入 SME。这是让 SME 参与项目的最重要原因之一。他们不仅知道公司中谁对项目的各个方面(在这种情况下，音乐类型)有最深入的了解和经验，而且他们可以帮助收集这些资源。

对于 SME 的评估，我们可以提前进行这一阶段的 QA，请求每个音乐流派的专家提供资源，因为我们需要对生成的歌曲列表的质量提出公正的意见。通过指定专家，我们不仅可以提供他们自己的建议，还可以提供随机抽样用户的建议。凭借对每种音乐类型细微差别的深刻了解，他们可以评估其他人的推荐，以确定生成的播放列表是否具有音调和主题意义。图 15-12 说明了这个过程。

随着使用更彻底的评估方式，反馈的有用性明显高于任何其他方法，我们可以将偏差最小化，同时还将专家的深度知识纳入可迭代的可操作更改中。

虽然这个场景主要关注音乐推荐，但它几乎可以应用于任何机器学习项目。你需要牢记，在你开始处理任何项目之前，在你开始你的工作之前，已经有一些人(或许多人)以某种方式解决了该问题。他们将比数据科学团队中的任何成员更深入地理解主题的细节。你不妨利用他们的知识和智慧，做出最好的解决方案。

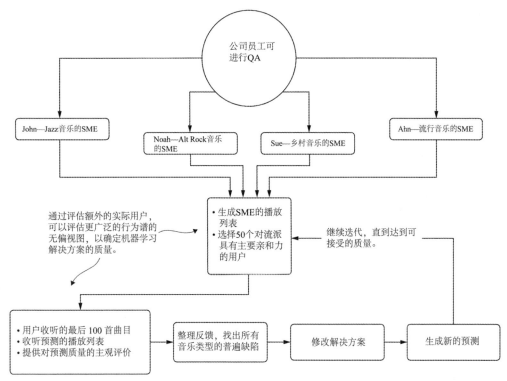

图 15-12　对项目实施情况进行公正的 SME 评估

15.4　模型的可解释性

假设我们正在研究一个控制森林火灾的问题。我们的公司可以将设备、人员和服务部署到大型国家公园系统内的各个位置，以减少野火失控的可能性。为了使后勤效率尽可能高，我们的任务是建立一个解决方案，可以通过网格坐标识别火灾爆发的风险。我们有几年的数据，每个位置的传感器数据，以及每个网格位置发生火灾的历史。

在构建模型并将预测作为服务提供给后勤团队之后，出现了关于模型预测的问题。后勤团队成员注意到，某些预测与他们处理季节性火灾的知识不一致，他们表达了对使用模型进行预测火灾的担忧。

他们开始怀疑这个解决方案。他们问问题。他们确信发生了一些奇怪的事情，他们想知道为什么他们的服务和人员被要求在某个月份里关注一个网格坐标，而在他们的记忆中，这个月从未发生过火灾。

如何解决这种情况？如何通过我们的模型对预测的特征向量进行模拟，并最终告诉他们为什么模型预测会是这样？具体来说，我们如何用最少的努力在我们的模型上实现可解释的人工智能(XAI)？

当计划一个项目时，特别是对于业务关键用例，一个经常被忽略的方面是考虑模型的可解释性。由于法律要求或公司政策的原因，一些行业和公司是这条规则的例外，但对我接触过的大多数团体来说，可解释性是事后才想到的。

我理解大多数团队在考虑将 XAI 功能附加到项目时的沉默。在 EDA、模型调优和 QA 验证的过程中，数据科学团队通常可以很好地理解模型的行为。实现 XAI 似乎是多余的。

当你需要解释模型如何或为什么预测它所做的事情时，你通常处于一个恐慌的情况，因为时间有限。通过直接的开源包实现 XAI 过程，可以避免这种慌乱和混乱的情况发生。

15.4.1 Shapley 加法解释

一个比较知名且经过充分验证的 Python XAI 实现是由 Scott Lundberg 编写和维护的 shap 软件包。Lundberg 和 Su-In Lee 在 2017 年的 NeurIPS 论文《解释模型预测的统一方法》中详细地描述了这种实现。

该算法的核心是博弈论。本质上，当我们选择进入训练数据集的特征时，模型中的每个特征对预测结果有什么影响？就像团队运动中的运动员一样，如果模型代表一场比赛，而参与训练的特征是运动员，那么如果一名运动员被换成另一名运动员，这会对比赛结果产生什么影响？运动员的影响力如何改变比赛的结果是 shap 试图回答的基本问题。

基础

shap 背后的原理涉及估计训练数据集中每个特征对模型的贡献。根据原文，计算真实贡献(确切的 Shapley 值)需要评估数据集每行的所有排列，以包含和排除源行的特征，从而创建不同的特征分组联盟。

例如，如果我们有 3 个特征(a、b 和 c；原始特征用 i 表示)，替换特征用 j(例如 a_j)表示。对评估特征 b 进行测试的联盟如下：

$$(a_i, b_i, c_j), (a_i, b_j, c_j), (a_i, b_j, c_i), (a_j, b_i, c_j), (a_j, b_j, c_i)$$

这些特征的组合通过模型运行以检索预测。然后将得到的预测结果与原始行的预测结果做差(并取差值的绝对值)。对每个特征重复这个过程，当对每个特征的每个 delta 分组应用加权平均值时，得到特征值贡献分数。

毫无疑问，这不是一个可扩展的解决方案。随着特征数量的增加和训练数据集的行数增加，这种方法的计算复杂度很快就会变得难以维持。幸运的是，另一种解决方案的可扩展性更强：近似 Shapley 估计。

近似 Shapley 值估计

为了在一个大的特征集上扩展特征的相加效应，需要执行一种稍微不同的方法。Python 的 shap 包利用这种近似实现来跨所有行和特性获得合理的值，而不必求助于原始论文中的暴力方法。图 15-13 说明了这种近似方法的过程。

与穷尽搜索方法相比，这里的主要区别在于进行的测试数量有限，以及构建联盟的方法。与原始设计不同，单行的特征向量不用于生成基线预测。相反，对行进行随机抽样，并将测试特征与该特征的选定子集中的其他值交换。然后将这些新的合成向量传递给模型，生成预测。对于每个合成预测，计算一个绝对差值，然后求平均值，给出参考向量在这些联盟中的特征贡献值。应用于平均这些值的权重因子取决于单个合成向量中"修改"(替换)特征的数量。对于换出更多特征的行，与那些换出较少特征的行相比，它们的重要性权重更高。

　　图 15-13 所示的最后一个阶段是对每个特征的总体贡献评估。这些特征重要性估计是通过加权每行的特征贡献边际，并将结果缩放到整个数据集的百分比贡献来完成的。这两种计算的数据工件都可以通过使用 Python shap 包(对整个数据集的每行贡献率估计和汇总测量)获得。不仅可以帮助解释单行的预测，还可以提供特征对训练模型影响的整体视图。

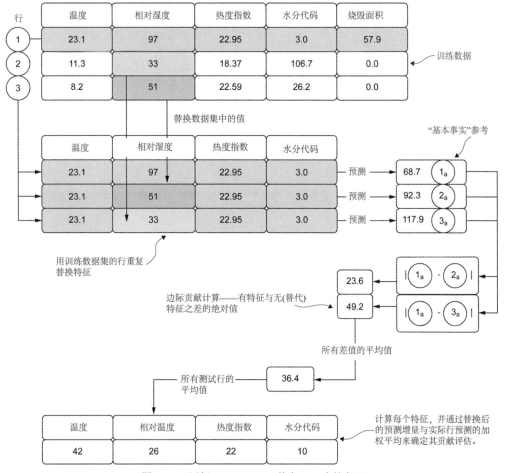

图 15-13　近似 kernel Shapley 值在 shap 中的实现

我们可以用这些值做什么

简单地计算 Shapley 值对数据科学团队没有多大帮助。基于此包的 XAI 解决方案的效用在于这些分析能够回答哪些问题。计算这些值后，你将能够回答下面的一些问题：

- "为什么模型会预测这个奇怪的结果？"(单事件的解释)
- "这些额外的特征会产生不同的模型表现吗？"(特征工程验证)
- "我们的特征范围如何影响模型预测？"(通用模型特征说明)

shap 包不仅可以作为解决方案开发和维护的辅助工具，还可以帮助向业务部门成员和 SME 提供基于数据的解释。通过将关于解决方案功能的讨论从数据科学团队通常使用的工具(相关性分析、依赖关系图、方差分析等)中解脱出来，可以进行更有成效的讨论。该软件包以及其中的方法消除了机器学习团队必须解释深奥技术和工具的负担，让他们专注于根据公司生成的数据讨论解决方案的功能。

15.4.2 使用 shap 包

为了说明如何将这种技术用于预测森林火灾的问题，假设我们已经建立了一个模型。

注意 要继续学习并查看模型构建、使用 Optuna 包进行调优(第 II 部分前面提到的 Hyperopt 的更现代版本)以及该示例的完整实现，请参阅本书的配套 GitHub 存储库。

有了预先构建的模型，让我们利用 shap 包确定我们训练数据中的特征的影响，以帮助回答业务部门中提出的问题，即为什么模型以特定的方式表现。代码清单 15-1 展示了一系列帮助生成解释图的类(有关 import 语句和其他代码，请参阅我们的代码库，这些代码太长了，在这里不显示出来)。

代码清单 15-1 shap 接口

```
class ImageHandling:
    def __init__(self, fig, name):              ◄──────   Image-handling 类，用于调整图
        self.fig = fig                                     形的大小和不同的存储格式
        self.name = name
    def _resize_plot(self):
        self.fig = plt.gcf()                    ◄──────   获取对当前绘图图形的引用以
        self.fig.set_size_inches(12, 12)                   调整大小
    def save_base(self):
        self.fig.savefig(f"{self.name}.png",
                         format='png', bbox_inches='tight')
        self.fig.savefig(f"{self.name}.svg",
                         format='svg', bbox_inches='tight')
    def save_plt(self):                                    由于此图是在 JavaScript 中生成的，
        self._resize_plot()                                因此我们必须将其保存为 HTML
        self.save_base()
    def save_js(self):
        shap.save_html(self.name, self.fig)   ◄──────    统一来自 shap Explainer 的所需属性，
        return self.fig                                   以处理所有绘图的要求
class ShapConstructor:
    def __init__(self, base_values, data, values, feature_names, shape):
        self.base_values = base_values
        self.data = data
        self.values = values
        self.feature_names = feature_names
```

```python
        self.shape = shape
class ShapObject:
    def __init__(self, model, data):
        self.model = model
        self.data = data
        self.exp = self.generate_explainer(self.model, self.data)
        shap.initjs()
    @classmethod
    def generate_explainer(self, model, data):
        Explain = namedtuple('Explain', 'shap_values explainer max_row')
        explainer = shap.Explainer(model)
        explainer.expected_value = explainer.expected_value[0]
        shap_values = explainer(data)
        max_row = len(shap_values.values)
        return Explain(shap_values, explainer, max_row)
    def build(self, row=0):
        return ShapConstructor(
base_values = self.exp.shap_values[0][0].base_values,
            values = self.exp.shap_values[row].values,
            feature_names = self.data.columns,
            data = self.exp.shap_values[0].data,
            shape = self.exp.shap_values[0].shape)
    def validate_row(self, row):
        assert (row < self.exp.max_row,
f"The row value: {row} is invalid. "
f"Data has only {self.exp.max_row} rows.")
    def plot_waterfall(self, row=0):
        plt.clf()
        self.validate_row(row)
        fig = shap.waterfall_plot(self.build(row),
                                  show=False, max_display=15)
        ImageHandling(fig, f"summary_{row}").save_plt()
            return fig
    def plot_summary(self):
        fig = shap.plots.beeswarm(self.exp.shap_values,
                                  show=False, max_display=15)
        ImageHandling(fig, "summary").save_plt()
    def plot_force_by_row(self, row=0):
        plt.clf()
        self.validate_row(row)
        fig = shap.force_plot(self.exp.explainer.expected_value,
                              self.exp.shap_values.values[row,:],
                              self.data.iloc[row,:],
                              show=False,
                              matplotlib=True
                              )
        ImageHandling(fig, f"force_plot_{row}").save_base()
    def plot_full_force(self):
        fig = shap.plots.force(self.exp.explainer.expected_value,
                               self.exp.shap_values.values,
                               show=False
                               )
        final_fig = ImageHandling(fig, "full_force_plot.htm").save_js()
        return final_fig
    def plot_shap_importances(self):
```

方法在类实例化期间调用，以根据传入的模型和为评估模型的功能提供的数据生成 shap 值

生成单行的瀑布图，以解释每个特征对该行目标值的影响(成分分析)

在传入的整个数据集上生成每个特征的完整 shap 摘要

生成单行的 force 图，以说明每个特征对其目标值的累积影响

将整个数据集的组合 force 图生成为单个显示的可视化

为每个特征的估计 shap 重要性创建调试图

```
    fig = shap.plots.bar(self.exp.shap_values,
                         show=False, max_display=15)
    ImageHandling(fig, "shap_importances").save_plt()
def plot_scatter(self, feature):
    fig = shap.plots.scatter(self.exp.shap_values[:, feature],
                             color=self.exp.shap_values, show=False)
    ImageHandling(fig, f"scatter_{feature}").save_plt()
```

生成单个特征相对于其 shap 值的散点图,用向量具有最高协方差的剩余位置上的特征进行着色

定义了类后,就可以开始回答业务方面的问题了,例如为什么模型会预测它所拥有的值。通过使用呈现相关效应,我们可以远离猜测的领域,这将是对解释的最努力的尝试。我们可以专注于回答他们的问题,而不是浪费我们(和业务部门)的时间,因为在项目开始时,我们的 EDA 展示了非常耗时且可能令人困惑的演示。

此外,在开发过程中使用这种基于博弈论的方法可以帮助我们了解哪些特征可以改进,哪些特征可以删除。从该算法中获得的信息在模型的整个生命周期中是非常宝贵的。

在查看代码清单 15-1 中的这些方法在执行时会生成什么结果之前,让我们回顾一下业务主管想知道什么。为了确保来自模型的预测是符合逻辑的,他们想知道以下内容:

- 如果我们看到它们,会导致我们恐慌的情况是什么?
- 为什么降雨量似乎不会影响火灾风险?

为了回答这两个问题,先看一下可以从 shap 包中生成的两个图。根据这些图,我们应该能够看到有问题的预测来自哪里。

shap 摘要图

为了回答关于降雨的问题,也为了提供一个机会来了解哪些特征对预测的推动作用最大,总结图最全面和最实用。因为它包含了训练数据的所有行,所以在执行算法执行的替换策略时,它将对每个特征的影响进行逐行估计。这种对整个训练数据集的整体视图可以显示特征在问题范围内的整体影响程度。图 15-14 显示了概要图。

有了这个图,就可以进行大量的讨论。你不仅可以共同探索为什么降雨量的值显然对模型的输出没有影响(图中显示,随机森林模型甚至没有考虑该特征),还可以探索模型如何解释数据的其他方面。

注意 确保你非常清楚 shap 是什么。它与现实没有关系;相反,它只是指示模型如何解释其预测中向量内特征的变化。它是对模型的度量,而不是基于你试图建模的现实。

摘要图可以开始讨论为什么模型以这种方式执行,在 SME 确定模型缺点之后可能进行哪些改进,以及如何以每个人都可以理解的方式与业务部门讨论模型。一旦解释了关于此工具的初始混淆,业务人员完全理解所显示的值只是对模型如何理解特性的估计(并且它们不是你所预测的问题空间的现实反映),对话就可以变得更加富有成果。

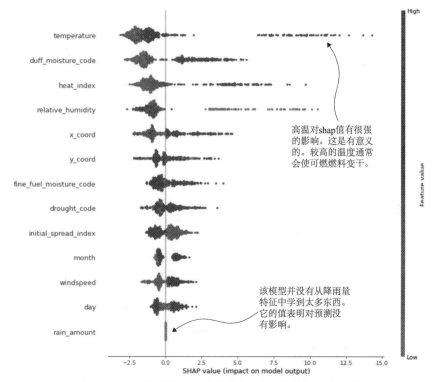

高温对shap值有很强的影响。这是有意义的。较高的温度通常会使可燃燃料变干。

该模型并没有从降雨量特征中学到太多东西。它的值表明对预测没有影响。

图 15-14　shap 摘要图，显示每行的每个特征的替换和预测增量

需要说明的是，在展示该工具能够生成的单个可视化之前，准确解释这些值是什么绝对必要。我们不是在解释这个世界；我们根据实际收集的数据来解释模型对相关效应的有限理解，仅此而已。

随着一般性讨论的完成和降雨问题的解决，可以继续回答下一个问题。

瀑布图

可以通过一系列的可视化来回答第二个问题，这可以说是业务部门需要担心的最重要的问题。当企业领导人问他们什么时候应该恐慌时，他们真正的意思是他们想知道模型什么时候会预测紧急情况。他们想知道应该查看哪些属性，以便警告现场的人员可能会发生不好的事情。

这是机器学习的一个令人钦佩的应用，也是我在职业生涯中多次看到的事情。一旦公司的业务部门越过不信任的低谷，进入依赖预测的领域，必然的结果是业务部门希望了解可以监控和控制问题的哪些方面，以帮助实现灾难最小化或效益最大化。

为了实现这一发现，我们可以查看之前的数据，从历史中选择最坏的情况(或场景)，并绘制每个特征对预测结果的影响。图 15-15 展示了该数据集历史上最严重火灾的贡献度分析。

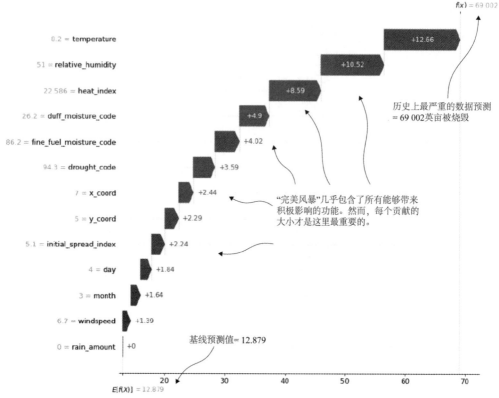

图 15-15 关于历史上最严重野火的瀑布图。每个特征的贡献边际可以告知业务部门
该模型与火灾高风险相关的内容

虽然这幅图只显示了部分数据,但可以通过分析目标的前 *n* 行历史数据来得到更完整的图像。代码清单 15-2 说明了使用基于 shap 构建的接口生成代码有多么简单。

代码清单 15-2 为历史上最极端的事件生成特征贡献图

实例化 shap 包的处理程序,通过传入一个经过训练的
模型和用于训练它的训练数据来生成 shap 值

```
shap_obj = ShapObject(final_rf_model.model, final_rf_model.X)
interesting_rows = fire_data.nlargest(5,
    'area').reset_index()['index'].values
waterfalls = [shap_obj.plot_waterfall(x) for x in interesting_rows]
```

提取训练数据中最严重的 5 个区域烧
毁事件,检索它们的行索引值

生成 5 个最严重事件的瀑布
图(如图 15-15 所示)

有了这些顶层事件图以及每个特性对这些事件的贡献,业务人员现在就可以确定他们想要向该领域的分析师和观察者解释的行为模式。有了这些知识,人们尽早做好准备并主动采取行动,降低损失。

使用 shap 帮助指导团队根据模型对数据的推断采取一系列有益的行动,这是该工具

最强大的方面之一。它可以帮助以一种难以利用的方式利用模型。它帮助一个模型为业务部门(或社会和自然世界)带来比预测本身更深远的价值。

> **关于 XAI 的个人建议**
>
> 解释了有监督(和无监督)模型是如何根据输入特征得出结论的,这帮助我制定了更全面的问题解决方案。然而,不仅如此,XAI 还使我能够完成数据科学家将从事的最重要的任务之一:赢得业务部门的信任。
>
> 建立对数据解释和授权业务能力的信任和内在信念,允许组织更全面地走向客观和真正的数据驱动的决策过程。当循证逻辑被用于指导业务时,效率、收入和总体员工福利都得到了提高。最重要的是,这是使你的业务伙伴参与理解你正在使用的算法的理由,这些算法在他们的工作中将为他们带来帮助。

这个 shap 软件包还提供了更多的绘图和功能,其中大部分内容在本书代码库的配套 notebook 中都有详细介绍。鼓励你通读它,并考虑在你的项目中使用这些方法。

15.5 本章小结

- 使用基于规则的验证特征库可以实现特征数据和推理数据的一致性。拥有单一的数据源可以极大地减少对结果解释的混乱,并对发送给模型的任何数据进行质量控制检查。
- 为由于缺乏数据或数据集损坏而导致的预测失败建立回退条件,可以确保解决方案的使用者不会看到错误或服务中断。
- 利用预测质量指标不足以确定解决方案的有效性。由 SME、测试用户和跨职能团队成员验证预测结果可以为任何机器学习解决方案提供主观质量指标。
- 利用 shap 等技术可以帮助以简单的方式解释为什么模型做出特定的决定,以及特定的特征值对模型的预测有什么影响。这些工具对于解决方案的生产运行状况至关重要,特别是在定期再训练期间。

第 *16* 章

生产环境基础设施

本章主要内容
- 使用模型注册实现被动再训练
- 利用特征库进行模型训练和推理
- 为机器学习解决方案选择合适的服务体系结构

在实际用例中使用机器学习来解决复杂问题很具有挑战性。获取公司的数据(经常是混乱的、不完整的,并且充满数据质量问题),选择合适的算法,调优管道,并验证模型(或一组模型)的预测输出是否能让业务部门满意,都需要很多技能。然而,机器学习支持的项目的复杂性并不会随着创建一个性能可接受的模型而结束。体系结构方面的考虑因素和实现细节如果没有正确确定,可能会给项目增加很多挑战。

每天似乎都有新的开源技术栈,承诺可以提供更简单的部署策略或神奇的自动化解决方案,以满足所有人的需求。随着工具和平台的不断涌现,决定用什么来满足特定项目的需求可能令人生畏。

粗略地看一下可用的产品可能会发现,最合乎逻辑的计划是对一切都坚持单一范式(例如,将每个模型部署为 REST API 服务)。使每个机器学习项目在公共体系结构和实现中保持一致,当然可以简化版本部署。然而,事实远非如此。就像选择算法一样,没有万能的解决方案。

本章的目标是介绍可应用于模型预测体系结构的通用主题和解决方案。在介绍混淆了生产机器学习服务的复杂性和细节的基本工具之后,将深入研究可用于满足不同项目需求的通用体系结构。

任何服务体系结构的目标都是构建功能最小、最简单和最便宜的解决方案,但仍然满足消费模型输出的需求。由于服务的一致性和效率(SLA 和预测量考虑因素)是生产工作的主要关注点,为了使机器学习项目的最后一公里工作尽可能轻松,需要了解一些关键概念和方法。

16.1 工件管理

想象一下，我们仍然在第 15 章介绍的林业局的火灾风险部门工作。在努力有效地向公园系统的高风险地区派遣人员和设备的过程中，我们已经找到了一个非常有效的解决方案。我们的特征是固定的，随着时间的推移也是稳定的。我们已经评估了预测的性能，并从模型中看到了真正的价值。

在使特征进入良好状态的整个过程中，我们一直在迭代改进周期，如图 16-1 所示。

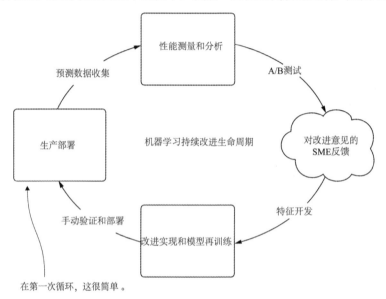

在第一次循环，这很简单。

在第37次循环，正在生产环境中运行的是哪段代码？训练的是哪个模型？

图 16-1 对已部署模型进行改进，使其在生产中更加稳定

正如图16-1所示循环所显示的，我们一直在迭代地发布模型的新版本，针对基线部署进行测试，收集反馈，并努力改进预测。但是，在某些情况下，我们将进入模型维持模式。

我们已经尽最大努力改进模型中的特征，并发现继续向项目中添加新数据元素的投资回报(ROI)不值得。我们现在处于基于新数据的有计划地被动再训练模型的阶段。

处于这个稳定状态点时，我们想做的最后一件事是让数据科学团队的一名成员花一下午时间手动重新训练模型，手动将其结果与当前生产部署的模型进行比较，并决定是否应该更新模型。

> **不会吧？没人会手动执行这些**
> 从我自己作为数据科学家的历史来看，我在前 6 年解决问题时并没有使用"被动再训练"。这不是由于缺乏需求，也不是由于缺乏工具。这纯粹是无知。我不知道漂移问题会有多严重(我经历了几次惨痛的教训，因为我的忽视让一个解决方案变得无效)。当时我也不理解归因计算的重要性。

多年来，我反复搞砸了解决方案，通过研究解决方案，我找到了其他人使用的方法，通过这些方法解决我的解决方案中不完善的问题。我重拾作为数据科学家的初衷：自动化烦人和重复的任务。通过删除监视项目运行状况的手动活动(通过特别的漂移跟踪)，我发现我已经解决了两个困扰我的主要问题。

首先，解放了我的时间。对预测结果和特征稳定性进行特别分析需要大量的时间。此外，这是一个非常无聊的工作。

第二个大问题是准确性。手动评估模型性能是重复且容易出错的工作。手动分析会遗漏某些细节，这可能意味着部署的模型版本比当前部署的版本更糟糕，引入的新问题可能比略差的预测性能更严重。

我已经吸取了自动再训练的教训(如果可以，我通常会选择被动再训练系统，而不是更复杂的主动系统)。就像我在职业生涯中学到的其他东西一样，我是从把事情搞砸中学会的。希望你能避免同样的命运。

对于是否用新重新训练的模型替换现有模型的测量、判断和决策可以使用被动再训练系统进行自动化。图 16-2 展示了计划再训练事件(scheduled retraining event)的概念。

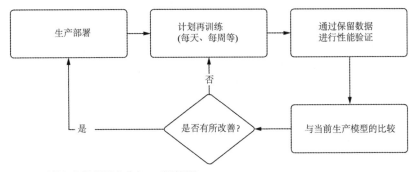

随着自动重新训练的节奏，一段时间后，
模型的许多版本将被广泛使用

图 16-2 被动再训练系统的逻辑图

有了计划再训练的自动化，该系统的主要关注点是了解在生产中运行的是什么。例如，如果新版本发布后在生产环境中发现了问题，会发生什么？我们能做些什么从极其影响再训练事件的概念漂移中恢复过来？如何将模型回滚到以前的版本，而不需要重新构建它？可以通过模型注册来缓解这些担忧。

16.1.1 MLflow 的模型注册

如果发现我们需要自主地进行模型的计划更新，那么了解生产部署的状态很重要。我们不仅需要知道当前的状态，而且如果以前出现过关于被动再训练系统性能的问题，需要有一种方法调查模型的历史起源。图 16-3 比较了使用模型注册和不使用模型注册来追踪来源，以解释一个历史问题。

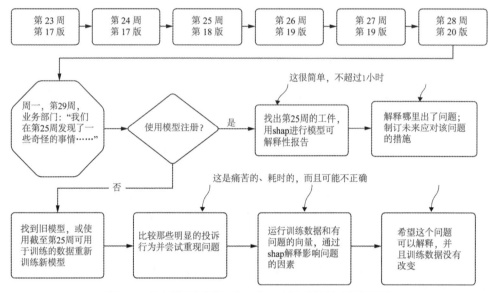

图 16-3 将在遥远未来发生的，带有历史问题的被动训练计划

如你所见，试图重现过去某一次运行的过程充满了危险。我们很可能无法重现业务部门在历史预测中发现的问题。由于没有模型注册来记录生产中使用的工件，因此必须通过手动方式重新创建模型的原始条件。在大多数公司中，这可能是难以置信的挑战(而且有可能根本无法实现)，因为用于训练模型的基础数据可能已经变化，不可能重新创建该状态。

如图 16-3 所示，首选的方法是利用模型注册服务。例如，MLflow 在其 API 中正好提供了此功能，允许我们将每次再训练运行的详细信息记录到跟踪服务器，如果计划的再训练工作在留出数据上表现更好，则使用新模型，并将旧模型存档以供未来参考。如果我们使用这个框架，测试在生产环境中运行过的模型，将像从注册表项中调用工件一样简单，将其加载到 Notebook 环境中，并使用 shap 等工具生成可解释的相关性报告。

模型注册真的那么重要吗

答案是，"视情况而定"。

我记得我对自己构建的第一个主要的、真实的、严肃的机器学习实现有一种明显的令人毛骨悚然的恐惧。这绝不是我第一个解决方案的生产版本，但它是第一个受到认真关注的解决方案。它帮助运营相当重要的一部分业务，因此被许多人密切关注。我可以补充一下，这是正确的。

我的部署涉及一个类被动(passive-like)再训练系统，该系统存储前一天调优运行的最后已知的良好超参数，使用这些值作为开始自动调优的起点。在优化了所有可用的新特征训练数据之后，它选择了性能最好的模型，在新数据上运行预测，并用预测结果覆盖了服务表。

直到项目生产运行整整 3 个月后，第一个严重的问题出现了，即为什么模型对某些客户的预测出乎意料。业务负责人不明白为什么要这么做，所以他们找到我，让我去调查。

由于没有模型的记录，并且意识到训练数据随着时间的推移而不断变化，因此随着特征的更新，这使我完全不可能解释模型的历史性能。

业务部门对这个回答不太满意。尽管模型没有被关闭(它可能应该被关闭)，但它使我意识到存储模型和为模型编制目录的重要性，因为这样做能够精确地解释解决方案为什么会以这样的方式运行，即使是需要解释几个月之前的事情。

16.1.2　使用模型注册进行连接

为了了解此代码如何支持与 MLflow 模型注册服务的集成，让我们调整用例以支持此被动再训练功能。首先，我们需要创建一个裁决系统，根据计划的再训练结果检查当前生产模型的性能。在构建了比较之后，可以与注册服务连接，以使用更新的模型(如果它更好)替换当前的生产模型，或者通过留出数据验证，发现模型性能没有提升，那么保留当前的生产模型。

让我们看一个与 MLflow 模型注册连接的示例，以支持自动被动再训练，随着时间的推移保留模型状态的起源。代码清单 16-1 给出了我们需要构建的第一部分代码，以便为每个计划的再训练事件建立一个历史状态表。

注意　要查看所有的 import 语句以及集成了这些代码片段的完整示例，请参阅本书的 GitHub 库中的配套 Notebook：https://github.com/BenWilson2/ML-Engineering。

代码清单 16-1　模型注册状态行的生成和日志记录

```
@dataclass
class Registry:
    model_name: str                    ← 通过一个数据类包装我们
    production_version: int              要记录的数据
    updated: bool
    training_time: str
class RegistryStructure:              ←
    def __init__(self, data):          用于将注册数据转换为 Spark DataFrame 的
        self.data = data               类，以便将一行写入增量表以进行溯源
    def generate_row(self):
        spark_df = spark.createDataFrame(pd.DataFrame(
            [vars(self.data)]))
        return (spark_df.withColumn("training_time",     ← 以一种简写方式访问 data 类的成员，然
F.to_timestamp(F.col("training_time")))                    后转换为 pandas DataFrame 和 Spark
            .withColumn("production_version",             DataFrame(利用隐式类型推断)
F.col("production_version").cast("long")))
class RegistryLogging:
    def __init__(self,
                 database,
                 table,
                 delta_location,
                 model_name,
                 production_version,
                 updated):
        self.database = database
```

```
    self.table = table
    self.delta_location = delta_location
    self.entry_data = Registry(model_name,
                               production_version,
                               updated,
                               self._get_time())
@classmethod
def _get_time(self):
  return datetime.today().strftime('%Y-%m-%d %H:%M:%S')
def _check_exists(self):
    return spark._jsparkSession.catalog().tableExists(
    self.database, self.table)
def write_entry(self):
  log_row = RegistryStructure(self.entry_data).generate_row()
  log_row.write.format("delta").mode("append").save(self.delta_location)
  if not self._check_exists():
    spark.sql(f"""CREATE TABLE IF NOT EXISTS
      {self.database}.{self.table}
      USING DELTA LOCATION
      '{self.delta_location}';""")
```

在类初始化时构建 Spark DataFrame 行

用来确定增量表是否已经创建的方法

以追加模式将日志数据写入 Delta 并在 Hive Metastore 中创建表引用(如果它尚不存在)

　　这段代码为模型训练历史的起源奠定了基础。由于我们希望按照时间表自动进行再训练,因此在集中位置拥有一个引用更改历史的跟踪表要容易得多。如果有该模型的多个构建,以及其他注册的项目,则可以拥有生产被动再训练状态的单个快照视图,而不需要编写查询。

　　代码清单 16-2 演示了这个表的查询是什么样。当多个模型像这样被记录到一个事务历史表中时,添加 df.filter(F.col("model_name" == "<project title>")),以允许快速访问单个模型的历史日志。

代码清单 16-2　查询注册的状态表

```
from pyspark.sql import functions as F
REGISTRY_TABLE = "mleng_demo.registry_status"
display(spark.table(REGISTRY_TABLE).orderBy(F.col("training_time"))
```

因为已经在前面的行输入阶段注册了表,所以可以通过<database>.<table_name>直接引用它。然后,可以按时间顺序排列提交

　　执行此代码的结果如图 16-4 所示。除了这个日志之外,MLflow 中的模型注册还有一个 GUI。图 16-5 显示了与代码清单 16-2 中的注册相匹配的 GUI 屏幕截图。

　　现在已经设置了历史跟踪功能,可以编写 MLflow 注册服务器的接口以支持被动再训练。代码清单 16-3 展示了利用跟踪服务器条目的实现,查询当前生产环境元数据的注册服务,以及重新训练模型的自动状态转换(如果当前生产环境模型表现不好,则替换它)。

▸ (1) Spark Jobs

	model_name	production_version	updated	training_time
1	Forest_Fire_Model_3	1	true	2021-06-28T18:47:16.000+0000
2	Forest_Fire_Model_3	1	false	2021-06-28T18:49:22.000+0000
3	Forest_Fire_Model_3	2	true	2021-06-28T18:53:34.000+0000
4	Forest_Fire_Model_3	2	false	2021-06-29T16:31:19.000+0000

Showing all 4 rows.

通过自动化调度，再训练的生产模型

再训练事件时，用于生产预测的模型的生产版本。如果再训练的模型表现比生产模型更好，版本将如第3行所示会增加

生产版本是否更新的布尔标志

记录被动再训练运行时间

图 16-4　查询注册状态事务表

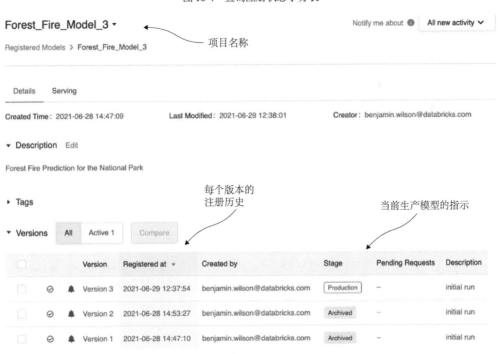

Forest_Fire_Model_3 ▾　　　　　◀───　项目名称

Registered Models > Forest_Fire_Model_3

Notify me about ❶　　All new activity ▾

Details　Serving

Created Time : 2021-06-28 14:47:09　　Last Modified : 2021-06-29 12:38:01　　Creator : benjamin.wilson@databricks.com

▾ Description　Edit

Forest Fire Prediction for the National Park

每个版本的注册历史

当前生产模型的指示

▸ Tags

▾ Versions　| All | Active 1 |　Compare

			Version	Registered at ▾	Created by	Stage	Pending Requests	Description
☐	⊘	🔔	Version 3	2021-06-29 12:37:54	benjamin.wilson@databricks.com	Production	–	initial run
☐	⊘	🔔	Version 2	2021-06-28 14:53:27	benjamin.wilson@databricks.com	Archived	–	initial run
☐	⊘	🔔	Version 1	2021-06-28 14:47:10	benjamin.wilson@databricks.com	Archived	–	initial run

图 16-5　我们实验的 MLflow 模型注册 GUI

代码清单 16-3　被动再训练模型注册逻辑

```
class ModelRegistration:
    def __init__(self, experiment_name, experiment_title, model_name, metric,
                 direction):
        self.experiment_name = experiment_name
        self.experiment_title = experiment_title
```

```
    self.model_name = model_name
    self.metric = metric
    self.direction = direction
    self.client = MlflowClient()
    self.experiment_id =
      mlflow.get_experiment_by_name(experiment_name).experiment_id
def _get_best_run_info(self, key):
  run_data = mlflow.search_runs(
      self.experiment_id,
      order_by=[f"metrics.{self.metric} {self.direction}"])
  return run_data.head(1)[key].values[0]
def _get_registered_status(self):
  return self.client.get_registered_model(name=self.experiment_title)
def _get_current_prod(self):
  return ([x.run_id for x in self._get_registered_status().latest_versions
      if x.current_stage == "Production"][0])
def _get_prod_version(self):
  return int([x.version for x in
    self._get_registered_status().latest_versions
          if x.current_stage == "Production"][0])
def _get_metric(self, run_id):
  return mlflow.get_run(run_id).data.metrics.get(self.metric)
def _find_best(self):
    try:
      current_prod_id = self._get_current_prod()
      prod_metric = self._get_metric(current_prod_id)
    except mlflow.exceptions.RestException:
      current_prod_id = -1
      prod_metric = 1e7
    best_id = self._get_best_run_info('run_id')
    best_metric = self._get_metric(best_id)
    if self.direction == "ASC":
      if prod_metric < best_metric:
        return current_prod_id
      else:
        return best_id
    else:
      if prod_metric > best_metric:
          return current_prod_id
      else:
        return best_id
def _generate_artifact_path(self, run_id):
  return f"runs:/{run_id}/{self.model_name}"
def register_best(self, registration_message, logging_location, log_db,
                  log_table):
  best_id = self._find_best()
  try:
    current_prod = self._get_current_prod()
    current_prod_version = self._get_prod_version()
  except mlflow.exceptions.RestException:
    current_prod = -1
    current_prod_version = -1
  updated = current_prod != best_id
  if updated:
    register_new = mlflow.register_model(self._generate_artifact_path(best_id),
```

提取生产部署历史的所有以前的运行数据，并返回相对于验证数据具有最佳性能的运行 ID

查询注册中当前注册为"production deployed"的模型

该方法用于确定当前计划的被动再训练在其留出数据上运行的表现是否优于生产。它将返回记录最好的运行的 run_id

如果新模型更好，则利用 MLflow Model Registry(模型注册)API 注册它，如果当前生产模型被替换，则注销它

```
                               self.experiment_title)
        self.client.update_registered_model(name=register_new.name,
                                      description="Forest Fire
                                      Prediction for the National Park")
        self.client.update_model_version(name=register_new.name,
                              version=register_new.version,
                              description=registration_message)
        self.client.transition_model_version_stage(name=register_new.name,
                                      version=register_new.version,
                                      stage="Production")

    if current_prod_version > 0:
      self.client.transition_model_version_stage(
          name=register_new.name,
          version=current_prod_version,
        stage="Archived")
    RegistryLogging(log_db,
         log_table,
         logging_location,
         self.experiment_title,
         int(register_new.version),
         updated).write_entry()
    return "upgraded prod"
  else:
    RegistryLogging(log_db,
         log_table,
         logging_location,
         self.experiment_title,
         int(current_prod_version),
         updated).write_entry()
      return "no change"
def get_model_as_udf(self):
  prod_id = self._get_current_prod()
  artifact_uri = self._generate_artifact_path(prod_id)
  return mlflow.pyfunc.spark_udf(spark, model_uri=artifact_uri)
```

使用 Python UDF 在 Spark DataFrame 上获取当前生产环境下的模型，以进行批量推理

这段代码允许我们完全管理该模型实现的被动再训练(关于完整的代码，参阅本书附带的 GitHub 库)。利用 MLflow Model Registry API，可以通过对模型工件的单行访问来满足生产计划预测的需求。

这大大简化了预测批量调度的作业，同时满足了本节开始讨论的研究需求。我们可以轻松地检索模型，可以针对该模型手动测试特征数据，使用 shap 等工具运行模拟，并快速回答业务问题，而不必费力重新创建可能无法复现的状态。

与使用模型注册跟踪模型工件的思路相同，为了提高效率，也可以对用于训练模型和预测模型的特征编制目录。这个概念是通过特征库实现的。

这很酷，但是主动再训练呢？

被动再训练与主动再训练的主要区别在于发起再训练的机制。

被动式，由 CRON 安排，是一种"最大希望"策略，试图通过合并新的训练数据抵消漂移，以找到改进的模型。另一方面，主动监控预测和特征的状态，用算法确定何时触发再训练。

因为它的设计目的是应对不可预测的性能下降，所以如果漂移以不可预测的速度发

生，主动系统可能是有益的。例如，一个模型几周以来表现很好，但在几天内就崩溃了，然后进行再训练，在需要再训练前仅表现良好几天。为了创建这种响应式反馈循环来触发再训练事件，需要监控预测质量。需要建立一个系统来生成再训练信号，该系统采集预测，合并稍后(在某些情况下，几秒、几天、几周后)获得的高度可变的真实结果，并有效地设置随着时间推移的聚合结果状态的统计显著阈值。

这些系统高度依赖于机器学习所解决问题的性质，因此，它们的设计和实现差异很大，甚至通用的示例体系结构都与这里的介绍无关。

例如，如果试图确定模型预测特定位置下一小时天气的能力是否成功，可以在 1 小时内获得反馈。你可以构建一个系统，将滞后 1 小时的真实天气与预测相结合，将实际模型精度输入到过去 48 小时内准确率的窗口聚合中。如果天气预报的累计成功率低于70%的定义阈值，则可以自动启动模型的再训练。新训练的模型可以与当前生产模型进行比较，方法是通过一个标准(新的)留出验证数据集验证两个模型。然后，可以通过蓝/绿部署策略立即使用新模型，也可以通过 multi-bandit 算法逐渐使用，multi-bandit 算法动态分配流量，以逐步使用新模型。

简而言之，主动再训练更复杂。我建议只有在发现被动再训练不再有效后才考虑它，而不是仅仅因为它看起来很重要。在自主处理再训练时，需要处理更多的移动部件、服务和基础设施。使用主动再训练，得到的云服务账单也将反映出复杂性的增加(它很昂贵)。

16.2 特征库

第 15 章简要介绍了特征库的使用。虽然理解实现特征库的理由和好处(即一致性、可重用性和可测试性)很重要，但了解相对新兴的技术的应用比讨论理论更有意义。这里将看看我经历过的一个场景，涉及利用特征库在使用机器学习和高级分析的整个组织中强制实施一致性的重要性。

假设我们在一家拥有多个数据科学团队的公司工作。在工程组，主要的数据科学团队专注于公司范围内的计划。该团队主要负责大型项目，包括公司内任何团队都可以使用的关键服务，以及面向客户的服务。分布在各部门之间的是少数独立数据科学员工，他们被各自的部门主管雇用并向其报告。各部门协作时，核心数据科学团队使用的主要数据集并不向独立的数据科学员工开放。

新年伊始，一个部门主管雇用了一个刚从大学毕业的数据科学家。这名新员工心地善良、干劲十足、充满激情，可以立即参与到部门主管希望研究的项目中。在分析公司客户特征的过程中，新员工遇到了一个生产表，其中包含客户向呼叫中心投诉的概率。奇怪的是，新的数据科学家开始根据其部门数据仓库中的数据进行分析和预测。

由于无法使任何特征数据与预测保持一致，该数据科学家开始开发一个新的模型原型，以尝试改进投诉预测解决方案。几周后，数据科学家将其发现提交给部门主管。考虑到这个项目的工作进展，数据科学家继续在他们的分析部门工作范围内构建项目。几个月后，数据科学家在公司全体会议上展示了他们的发现。

令人困惑的是，核心数据科学团队询问为什么要开展这个项目以及有关实现的更多细节。在不到 1 个小时的时间里，核心数据科学团队能够解释为什么独立数据科学家的解决方案如此有效：他们泄露了标签。图 16-6 说明了核心数据科学团队的解释：构建任何新模型或对从用户收集的数据进行广泛分析所需要的数据，只能被核心数据科学团队工程部门访问。

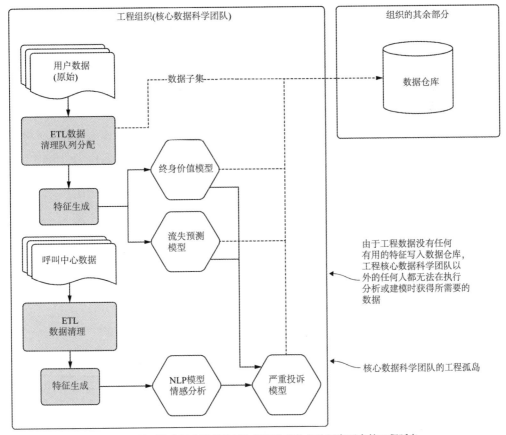

图 16-6 将原始数据和计算特征与组织的其他部分隔离开来的工程孤岛

该部门数据仓库中用于训练的数据来自核心数据科学团队的生产解决方案。除了工程和生产过程之外，任何人都无法访问用于训练核心模型的每个源特征。

虽然这种情况很极端，但确实发生了。核心数据科学团队本可以为特征数据的访问提供一个数据源来避免这种情况发生，开放数据访问以允许其他团队为其他项目利用这些高度受控的数据点。通过用适当的标签和文档注册他们的数据，可以为这个可怜的数据科学家节省很多精力。

16.2.1 特征库的用途

在我们的场景中，解决数据孤岛问题是使用特征库最令人信服的原因之一。在整个组织中处理分布式数据科学功能时，通过减少冗余工作、不一致的分析和围绕解决方案准确性的普遍困惑，可以看到标准化和可访问性的优势。

然而，拥有一个特征库可以使组织对数据做更多的事情，而不仅仅是质量控制。为了说明这些好处，图 16-7 显示了用于模型构建和使用(或不使用)特征库服务的高级代码体系结构。

图 16-7 的顶部展示了项目中机器学习开发的历史现实。紧密耦合特征工程代码嵌入模型调优和训练代码中，以生成比在原始数据上训练更有效的模型。虽然从开发的角度看，这种体系结构可以生成一个好的模型，但它在开发预测代码库时产生了问题(如图 16-7 右上角所示)。

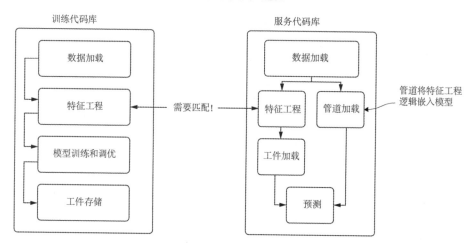

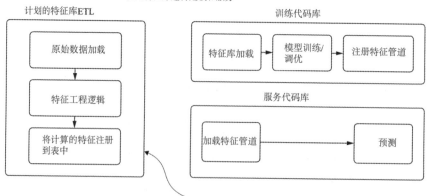

图16-7 在机器学习开发中使用特征库与不使用特征库的比较

任何对原始数据进行的操作都需要移植到服务代码中，这就可能给模型向量带来了错误和不一致。不过，这种方法的如下替代方案可以消除数据不一致的可能性：

- 使用管道(大多数主要的机器学习框架都有管道)。
- 将特征工程代码抽象到一个训练和服务都可以调用的包中。
- 编写传统的 ETL 来生成特征并存储它们。

不过，这两种方法都有各自的缺点。管道很好，应该使用，但它们将有用的特征工程逻辑与特定模型的实现纠缠在一起，使其无法在其他地方使用。没有简单的方法可以在其他项目中重用这些功能(更不用说，在没有帮助的情况下，分析师几乎不可能将特征工程阶段从机器学习管道中解耦)。

抽象特征工程代码当然有助于代码的可重用，并解决需要使用这些特征的项目的一致性问题。但数据科学团队之外的人仍然无法访问这些特征。另一个缺点是它是另一个需要维护、测试和频繁更新的代码库。

让我们看一个与特征库交互的示例，使用 Databricks 实现来看看实际的好处。

注意 由公司构建的此类特征的实现可能会发生变化。随着时间的推移，API、特征细节和相关功能可能会发生变化，有时变化相当大。这个特征库实现的示例只用于演示。

16.2.2　使用特征库

利用特征库的第一步是定义一个 DataFrame 表示，其创建的特征用于建模和分析。代码清单 16-4 显示了作用于原始数据集以生成新特征的函数列表。

代码清单 16-4　特征工程逻辑

```
from dataclasses import dataclass
from typing import List
from pyspark.sql.types import *
from pyspark.sql import functions as F
from pyspark.sql.functions import when
@dataclass
class SchemaTypes:
  string_cols: List[str]
  non_string_cols: List[str]
def get_col_types(df):
  schema = df.schema
  strings = [x.name for x in schema if x.dataType == StringType()]
  non_strings = [x for x in schema.names if x not in strings]
  return SchemaTypes(strings, non_strings)
def clean_messy_strings(df):          ◄─── 通用清理，从数据集的字符
  cols = get_col_types(df)                串列中去除前导空格
  return df.select(*cols.non_string_cols, *[F.regexp_replace(F.col(x), " ",
  "").alias(x) for x in cols.string_cols])
def fill_missing(df):                 ◄─── 将占位符未知值转换为
  cols = get_col_types(df)                更有用的字符串
  return df.select(
*cols.non_string_cols, *[when(F.col(x) == "?",
"Unknown").otherwise(F.col(x)).alias(x) for x in cols.string_cols])
def convert_label(df, label, true_condition_string):   ◄─── 将目标从字符串转换为
    return df.withColumn(label, when(F.col(label) ==        布尔二进制值
true_condition_string,1).otherwise(0))
```

```
def generate_features(df, id_augment):
    overtime = df.withColumn("overtime",
when(F.col("hours_worked_per_week") > 40, 1).otherwise(0))
    net_pos = overtime.withColumn("gains",
when(F.col("capital_gain") > F.col("capital_loss"), 1).otherwise(0))
    high_edu = net_pos.withColumn("highly_educated",
when(F.col("education_years") >= 16, 2)
.when(F.col("education_years") > 12, 1).otherwise(0))
    gender = high_edu.withColumn("gender_key",
when(F.col("gender") == "Female", 1).otherwise(0))
    keys = gender.withColumn("id",
F.monotonically_increasing_id() + F.lit(id_augment))
    return keys
def data_augmentation(df,
                        label,
                        label_true_condition,
                        id_augment=0):
clean_strings = clean_messy_strings(df)
missing_filled = fill_missing(clean_strings)
corrected_label = convert_label(missing_filled,
                                label,
                                label_true_condition)
additional_features = generate_features(corrected_label,
                                        id_augment)
return additional_features
```

为模型创建新的编码特征

执行所有特征工程阶段，返回一个 Spark DataFrame

一旦执行了这段代码，就剩下一个 DataFrame 和创建那些额外列所需要的嵌入式逻辑。这样，就可以初始化特征库客户端并进行注册，如代码清单 16-5 所示。

代码清单 16-5　将特征工程注册到特征库

包含与特征库交互的 API 的库

初始化特征库客户端，以与特征库 API 交互

```
from databricks import feature_store
fs = feature_store.FeatureStoreClient()
FEATURE_TABLE = "ds_database.salary_features"
FEATURE_KEYS = ["id"]
FEATURE_PARTITION = "gender"
fs.create_feature_table(
    name=FEATURE_TABLE,
    keys=["id"],
    features_df=data_augmentation(raw_data,
                                  "income",
                                  ">50K"),
    partition_columns=FEATURE_PARTITION,
    description="Adult Salary Data. Raw Features."
)
```

将注册此特征表的数据库和表名

设置分区键，以便在操作利用该键时使查询执行得更高效

影响连接的主键

指定用于定义特征库表的 DataFrame 的处理历史(来自代码清单 16-4)

添加一个描述，让其他人知道该表的内容

在执行特征表的注册之后，可以确保通过轻量级的计划ETL填充新数据。代码清单16-6 展示了这有多简单。

代码清单 16-6　特征库 ETL 更新

```
new_data = spark.table("prod_db.salary_raw")
processed_new_data = data_augmentation(new_data,
                                       "income",
                                       ">50K",
                                       table_counts)
fs = feature_store.FeatureStoreClient()
fs.write_table(
   name=FEATURE_TABLE,
   df=processed_new_data,
   mode='merge'
)
```

通过特征生成逻辑读取需要
处理的新原始数据

通过特征逻辑处理数据

使用合并模式向先前注册的特
征表写入新特征数据,以追加
新行

　　现在我们已经注册了表,其实用程序的真正关键是注册一个使用它作为输入的模型。要开始在特征表中访问已定义的特征,需要定义每个字段的查找访问器。代码清单16-7展示了如何获取要用于收入预测模型的字段的数据。

代码清单 16-7　建模中的特征获取

```
from databricks.feature_store import FeatureLookup
def generate_lookup(table, feature, key):
   return FeatureLookup(
      table_name=table,
      feature_name=feature,
      lookup_key=key
   )
features = ["overtime", "gains", "highly_educated", "age",
            "education_years", "hours_worked_per_week",
            "gender_key"]
lookups = [generate_lookup(FEATURE_TABLE, x, "id")
           for x in features]
```

与特征库连接的 API,用于
获取建模所需要的引用

我们的模型将使用的
字段名称列表

每个特征的 lookup 对象

　　既然已经定义了 lookup 引用,就可以用它们训练一个简单的模型了,如代码清单 16-8 所示。

　　注意　这是完整代码的一个简短片段。完整的示例请参见本书存储库中的配套代码 https://github.com/BenWilson2/ML-Engineering。

代码清单 16-8　注册一个与特征库集成的模型

```
import mlflow
from catboost import CatBoostClassifier, metrics as cb_metrics
from sklearn.model_selection import train_test_split
EXPERIMENT_TITLE = "Adult_Catboost"
MODEL_TYPE = "adult_catboost_classifier"
EXPERIMENT_NAME = f"/Users/me/Book/{EXPERIMENT_TITLE}"
mlflow.set_experiment(EXPERIMENT_NAME)
with mlflow.start_run():
   TEST_SIZE = 0.15
   training_df = spark.table(FEATURE_TABLE).select("id", "income")
```

```
training_data = fs.create_training_set(
    df=training_df,
    feature_lookups=lookups,
    label="income",
    exclude_columns=['id', 'final_weight', 'capital_gain', 'capital_loss'])
train_df = training_data.load_df().toPandas()
X = train_df.drop(['income'], axis=1)
y = train_df.income
X_train, X_test, y_train, y_test = train_test_split(X, y, test_size=TEST_SIZE,
                                                    random_state=42,
                                                    stratify=y)
model = CatBoostClassifier(iterations=10000, learning_rate=0.00001,
    custom_loss=[cb_metrics.AUC()]).fit(X_train, y_train,
        eval_set=(X_test, y_test), logging_level="Verbose")
fs.log_model(model, MODEL_TYPE, flavor=mlflow.catboost,
    training_set=training_data, registered_model_name=MODEL_TYPE)
```

使用前面代码清单中定义的 lookup 指定用于训练模型的字段

将模型注册到特征库 API，以便将特征工程任务合并到模型工件

将 Spark DataFrame 转换为 pandas DataFrame，以使用 catboost

使用此代码，将数据源定义为与特征库表的连接，利用这些特征进行训练的模型，以及将工件依赖链注册到特征库与 MLflow 的集成。

从一致性和效用的角度来看，特征库吸引力的最后一个方面是为模型服务。假设想使用该模型进行每日批量预测。如果要使用特征库方法之外的方法，则必须重新生成特征生成逻辑，或者调用外部包对原始数据进行处理，以获得特征。而现在，只需要编写几行代码就可以获得批量预测的输出，如代码清单 16-9 所示。

代码清单 16-9　使用特征库注册模型运行批量预测

```
from mlflow.tracking.client import MlflowClient
client = MlflowClient()
experiment_id = mlflow.get_experiment_by_name(EXPERIMENT_NAME).experiment_id
    run_id = mlflow.search_runs(experiment_id,
            order_by=["start_time DESC"]
            ).head(1)["run_id"].values[0]
    feature_store_predictions = fs.score_batch(
                                f"runs:/{run_id}/{MODEL_TYPE}",
                                spark.table(FEATURE_TABLE))
```

通过特征库 API 检索注册到 MLflow 的实验

从实验中获取我们感兴趣的单个运行 ID(这里是最后的运行)

将模型应用于已定义的特征表，而不必编写采集逻辑并执行批量预测

虽然这样的批量预测在历史机器学习用例中占了很大比例，但 API 支持将外部 OLTP 数据库或内存数据库注册为 sink。通过将已发布的特征库副本填充到支持低延迟和弹性服务需求的服务中，可以轻松满足所有服务器端(非边缘部署)的建模需求。

16.2.3　评估特征库

选择(或自己构建)特征库时要考虑的因素多种多样，就像不同公司对数据存储范式的需求一样。考虑到这种服务当前和未来的潜在增长需求，对于给定的特征库的功能应该仔细评估，同时记住以下重要要求。

- 将特征库同步到外部数据服务平台，以支持实时服务(OLTP 或内存数据库)。

- 对其他团队的分析、建模和 BI 用例的可访问性。
- 易于通过批处理和流数据源采集到特征库。
- 遵守有关数据的法律法规(访问控制)的安全注意事项。
- 能够将 JIT 数据合并到特征库数据(用户生成的数据)以进行预测。
- 数据沿袭和依赖关系跟踪,以查看哪些项目正在创建和使用存储在特征库中的数据。

通过有效地研究和评估,特征库解决方案可以极大地简化产品服务体系结构,消除训练和服务之间的一致性错误,并减少其他人在整个组织中重复工作的机会。它们是非常有用的框架,我当然认为它们将成为业界未来所有机器学习工作的一部分。

好吧,特征库很酷,但我真的需要它吗

"多年来我们相处得很好。"

涉及新技术炒作时,我通常有点像"勒德分子"。我以高度怀疑的眼光看待它,倾向于对出现的任何新事物持相当悲观的看法,特别是如果它声称能解决许多具有挑战性的问题,或者听起来好得令人难以置信。老实说,机器学习领域的大多数声明恰恰是这样的:他们掩盖了为什么他们声称要解决的问题在过去对于其他人来说很难解决的细节。只有当我开始测试"新技术"时,裂缝才出现。

但我对特征库却没有那么悲观的看法。恰恰相反,虽然一开始我确实对它们持怀疑态度。但对功能进行测试,并看到集中跟踪特性、复杂特征工程逻辑结果的可重用性,以及从外部调度作业中分离和监控特征的能力的优势,我相信了这一点。能够监视特征的健康状况,不必为其他项目维护独立的计算特征逻辑,以及能够创建可用于 BI 用例的特征,都非常宝贵。

这些系统在项目开发过程中也很有用。使用特征库,你不用修改通过 ETL 创建的生产表。借由特征工程工作的速度和动态特性,可以在这些特征表上执行轻量级 ETL,而不需要与数据湖或数据仓库中的生产数据变更相关的大规模变更管理。由于数据完全在数据科学团队的职权范围内(当然,仍然保持生产代码质量标准),与数据工程工作的变更相比,对组织其他部分的大规模变更得以缓解。

你真的需要一个特征库吗?不,也许你不需要。但是在开发、生产部署和数据重用中使用它的好处是如此之大,为什么不用呢?

16.3　预测服务体系结构

让我们假设一下,我们的公司正在努力将其第一个模型投入生产。在过去的 4 个月里,数据科学团队一直在努力为酒店客房的价格优化器进行微调。这个项目的最终目标是生成一个个性化交易列表,与现有的通用集合相比,这些交易与个人用户的相关性更强。

对于每个用户,该团队的计划是每天预测可能访问的位置(或用户过去访问过的位置),生成在区域搜索过程中显示的交易列表。团队很早就意识到,需要根据用户当前会话的浏览活动调整预测结果。

为了解决这种动态需求，团队为每个成员生成了过大的预先计算列表，这些列表基于他们去过的地区的交易记录。此项目的回退和冷启动逻辑只需要使用项目之前已存在的全局启发式方法。图 16-8 展示了团队为实现预测而计划的通用体系结构。

最初，在构建了这个基础设施之后，QA 测试看起来很可靠。NoSQL 支持的 REST API 的响应 SLA 表现良好，模型输出的批量预测和启发式逻辑针对成本进行了优化，回退逻辑故障转移工作得完美无缺。团队已经准备好开始用 A/B 检验来测试解决方案。

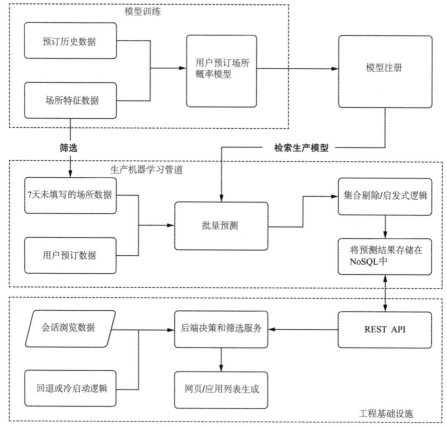

图 16-8　初始服务架构设计

遗憾的是，测试组的预订率与控制组的预订率没有什么不同。通过分析结果，该团队发现只有不到 5%的会话利用了预测，迫使其余 95%的页面显示回退逻辑(这与向控制组显示的数据相同)。为了解决这个问题，数据科学团队决定专注于两个方面：

- 增加每个用户在每个地理区域的预测数量。
- 增加每个用户预测覆盖的区域数量。

该解决方案极大地影响了它们的存储成本。他们还能做些什么？图 16-9 展示了一种截然不同的体系结构，它可以解决该问题，而不会在处理和存储方面产生如此大的开销。

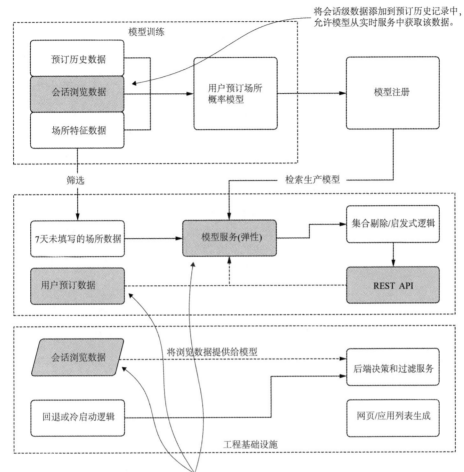

图 16-9　对于该用例来说是一个成本更低的体系结构

虽然这些变化对于数据科学团队或站点工程团队来说既不重要也不受欢迎，但它们清楚地说明了为什么服务预测不应该成为项目的事后想法。为了有效地提供价值，应在项目开始时评估服务体系结构开发的几个考虑因素。16.3.1 节将介绍这些注意事项以及满足这些场景所需要的体系结构类型。

16.3.1　确定服务需求

在我们的场景中，团队最初未能设计出完全支持项目需求的服务体系结构。要正确执行该选择并不容易。然而，通过对项目的一些关键特征的彻底评估，可以使用适当的服务范式来实现预测的理想交付方法。

在评估项目的需求时，重要的是要考虑正在解决的问题的以下特征，以确保服务设计既不会过度设计也不会设计不足。

这听起来像是开发人员的问题，而不是"我的问题"。

只让软件工程团队担心如何利用模型工件似乎更好。毕竟(在大多数情况下)，他们比数据科学团队更擅长软件开发，并且可以使用比机器学习领域更多的基础设施工具和实现技术。

根据我的经验，我从未成功地将一个模型推给另一个团队。根据用例的不同，数据操作需求(需要特定的包或其他对数据科学领域来说非常深奥的算法)、后预测启发式需求和工件更新速度对开发人员来说可能具有挑战性。如果没有与生产基础设施开发团队进行紧密的协作，部署与现有系统集成的服务可能是令人沮丧的事情，并且会产生大量的技术债务。

大多数时候，在与开发团队讨论了项目的集成需求之后，我们会想出一些聪明的方法来存储预测、执行大规模数据操作，并以尽可能低的成本协作进行设计，以满足项目的 SLA 需求。如果数据科学团队没有关于模型正在做什么的输入，开发团队就无法准备好做出优化的体系结构决策。类似地，如果没有开发团队的建议和协作，数据科学团队很可能会创建一个不能满足 SLA 需求的解决方案，或者解决方案的成本太高，不适合长时间运行。

在评估服务体系结构时，协作是关键；很多时候，这种协作有助于告知机器学习解决方案输出的结构和设计。最好在项目设计阶段的早期就让模型解决方案的"工程消费者"参与进来。他们参与项目的时间越早(数据工程师负责批量预测解决方案，软件工程师负责实时服务解决方案)，对如何构建解决方案的决策的积极影响就越大。

1. SLA

在前面的场景中，团队的初衷是确保他们的预测不会中断最终用户的应用体验。他们的设计包含了一组预先计算的建议，保存在一个超低延迟的存储系统中，以消除运行基于 VM 的模型服务所需要的时间负担。

SLA 考虑因素是机器学习体系结构设计中最重要的方面之一。一般来说，构建的解决方案必须考虑服务延迟的预算，并确保在大多数情况下，花费不会超过该预算。从预测精度或功效的角度来看，不管一个模型的表现有多惊人，如果它不能在指定的时间内被使用或消费，就是没有价值的。

需要与 SLA 需求进行平衡的另一个考虑因素是实际的货币预算。作为基础设施复杂性的一个函数，一般规则是，在更大规模的请求中，预测服务的速度越快，解决方案的托管和开发成本就越高。

2. 成本

图16-10展示了预测新鲜度(预测完成后多长时间会被使用或执行)与预测量(考虑成本和复杂度)之间的关系。

图 16-10 的上半部分展示了批量服务的传统模式。对于非常大的生产推理量，使用 Apache Spark 结构化流(Structured Streaming)进行 trigger-once(一次触发)操作的批量预测作业可能是最经济的选择。

图 16-10 的下半部分涉及即时使用的机器学习解决方案。需要实时预测时，体系结构

从批处理启发的用例开始发生显著变化。随着预测量的增加，REST API 接口、服务容器的弹性可伸缩性以及对这些服务的流量分配，都是必须的。

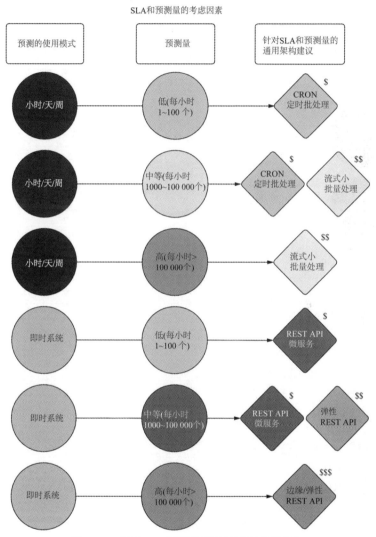

图 16-10　满足 SLA 和预测量需求的体系结构影响

3. 时效性

时效性，即生成特征数据和执行预测之间的延迟，是为项目模型设计服务范式的最重要方面之一。SLA 考虑因素大体上是为机器学习项目选择特定服务层体系结构的定义特征。然而，与可用于预测的最新数据相关的边缘情况可以修改用于项目的可伸缩和成本效益的最终设计。

根据具体情况，数据的时效性和项目的最终用例可以覆盖基于通用 SLA 的服务设计标准。

图 16-11 给出了一组数据时效性和消费层模式的示例，展示了与图 16-10 中纯粹关注 SLA 的设计不同的体系结构。

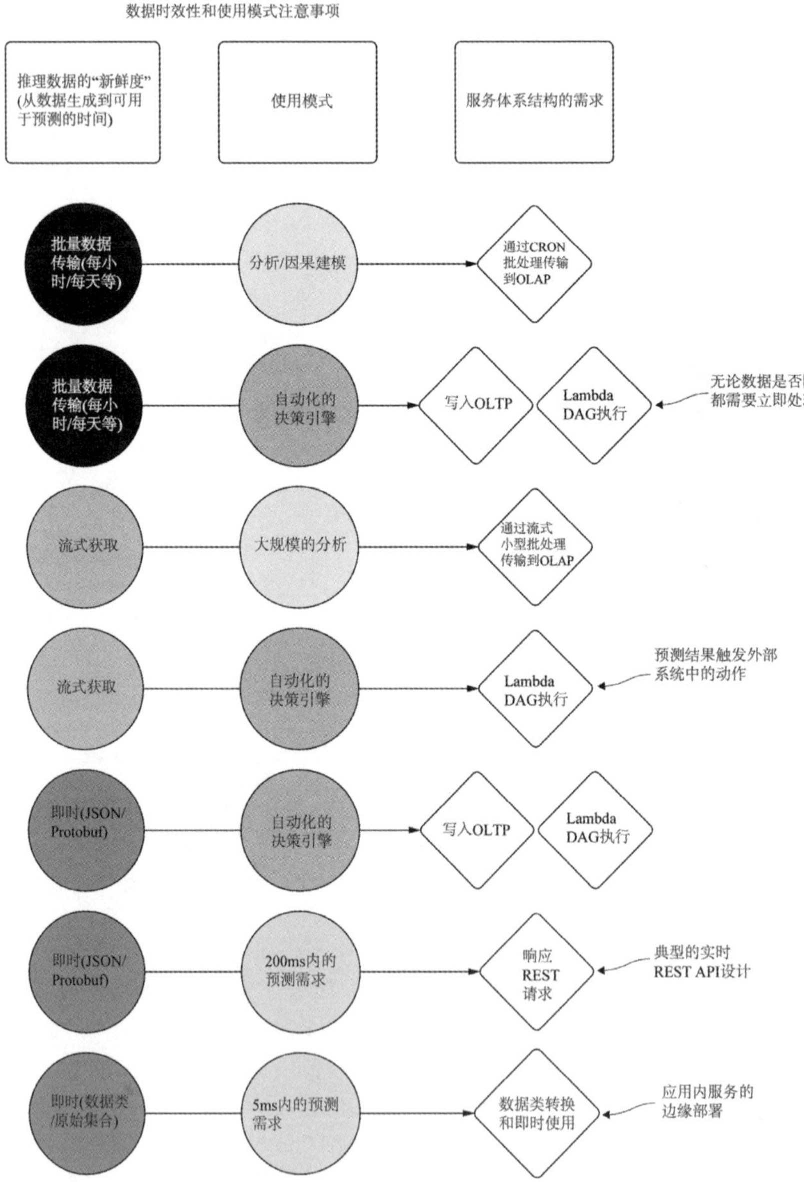

图 16-11 数据时效性和常见使用模式对服务体系结构的影响

这些示例并不详尽。与使用机器学习解决问题的细微方法一样，为模型预测提供服务的边缘情况也有很多考虑因素。我们的目的是评估传入数据的性质，识别项目的需求，寻求尽可能简单的解决方案解决项目约束，在此基础上围绕哪种服务解决方案合适来展开讨论。通过考虑项目服务需求的所有方面(数据时效性、SLA 需求、预测量和预测消费范式)，可以利用适当的体系结构来满足使用模式需求，同时在设计时考虑应有的复杂度和成本。

> **为什么不为所有的东西建立实时服务**
>
> 　　围绕"一刀切"的模式简化机器学习部署可能很诱人。对于一些组织来说，以这种方式降低机器学习工程复杂性可能有意义(例如，在 Kubernetes 中提供所有服务)。当然，如果每个单独的项目只需要使用某种形式的框架支持单一的部署策略，看起来会更容易。
>
> 　　如果你的公司只有一种类型的机器学习用例，可以这样做。如果你的公司只是代表小公司做欺诈预测，坚持使用 Seldon 和 Kubernetes 为所有模型提供 REST API 端点可能也可以。如果你专注于基于异步但低流量的模型进行市场价格优化，那么在 Docker 容器中运行一个简单的 Flask 服务器就可以很好地满足需求。
>
> 　　然而，大多数公司不会目光短浅地专注于单一的机器学习用例。对于许多公司来说，内部用例将从写入数据库表的简单批处理预测中受益。对于它们的一些用例，大多数团体的需求可以通过更简单(而且更便宜)的基础设施来解决，这些基础设施不需要在一个每秒可以支持数十万请求的 VM 集群中运行。对于每天最多要查询几十次的用例，使用如此先进的基础设施是浪费(在开发时间、维护和金钱上)和不负责的。
>
> 　　对于机器学习解决方案的长期成功来说，选择符合消费模式、数据量大小和交付时间保证需求的体系结构至关重要。这并不意味着为了以防万一而过度设计一切，而是要选择满足项目需求的合适解决方案。不能少，但也不能太多。

　　当一个机器学习项目的结果注定要在公司内部使用时，体系结构的负担通常远低于任何其他场景。然而，这并不意味着可以走捷径。利用 MLOps 工具、遵循健壮的数据管理流程及编写可维护的代码在这里与在任何其他服务范式中一样重要。内部用例建模工作可以分为两类：批量预计算和轻量级自组织微服务。

4. 从数据库或数据仓库提供服务

　　工作日内使用的预测通常使用批量预测范式。在工作日开始之前，模型应用新的数据，预测被写入表(通常以覆盖模式)，公司内的最终用户可以以特定方式使用预测。

　　无论使用哪种接口方法(BI 工具、SQL、内部 GUI 等)，预测都将在固定的时间(每小时、每天、每周等)进行，数据科学团队唯一的任务是确保做出预测并将其提交到表格中。图 16-12 给出了支持该实现的示例体系结构。

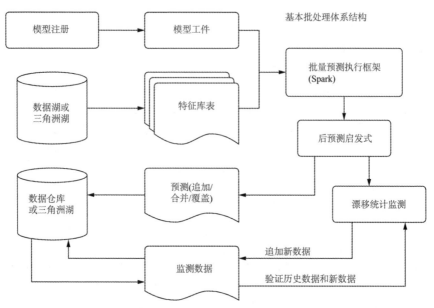

图 16-12 批量服务通用体系结构

这种体系结构是机器学习所能得到的最基本的解决方案。从注册表中检索训练好的模型，从源系统(最好是从特征库表中)查询数据，进行预测，然后进行漂移监控验证，最后将预测数据写入可访问的位置。对于批量预测数据的内部用例，从基础设施的角度来看不需要太多。

5. 通过微服务框架提供服务

对于依赖于临时更新预测的内部用例，或那些允许用户指定特征向量的方面以接收按需预测的用例(如优化模拟)，预计算是不可取的。相反，这种模式侧重于使用轻量级的服务层来托管模型，提供一个简单的 REST API 接口采集数据、生成预测并将预测返回给最终用户。

大多数具有这些需求的实现都通过 BI 工具和内部 GUI 完成。图 16-13 所示为这种体系结构设置的一个示例，以支持即时预测。

这种简洁的部署风格吸引了许多为内部用例应用程序服务的模型用例。模型的轻量级 Flask 部署可以成为对潜在预测的最终用途排列的暴力批量计算有吸引力的替代方案。尽管这在技术上是一个实时服务实现，但重要的是要认识到它非常不适合低延迟、高容量预测需求或任何可能面向客户的需求。

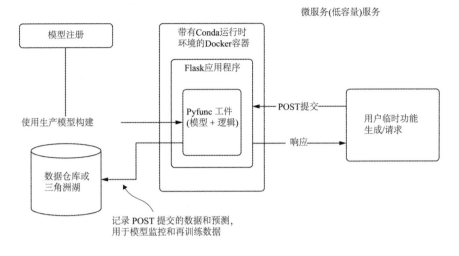

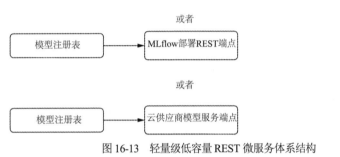

图 16-13　轻量级低容量 REST 微服务体系结构

没问题，我们了解那个团队

对于内部使用的项目来说，偷工减料相当诱人。也许记录被动地再训练历史对于内部项目来说似乎有些多余。将代码库交付到计划的工作中可能很有吸引力，该工作的设计很差，缺乏面向客户的模型应该进行的适当重构。要另外花时间优化数据存储设计以支持最终用户查询性能似乎是在浪费时间。

毕竟，他们是我们的同事。如果效果不好，他们会理解的，对吧？

事实远非如此。根据我的经验，公司对数据科学团队的集体看法是基于这些内部用例项目目的。数据科学团队的感知能力和胜任能力直接受到这些内部工具为公司各部门用户工作的效果的影响。以与客户使用的解决方案相同的工程严格程度和规程构建这些解决方案至关重要。你的名誉在以你可能没有意识到的方式受到威胁。

对能力的感知在内部项目中变得很重要，因为这些内部小组将参与你团队未来的项目。如果这些团队认为数据科学团队为其团队提供了不可靠、不稳定和有问题的解决方案，那么他们希望你的团队从事面向客户的工作的可能性几乎为零。

16.3.2　批量外部交付

批量外部交付的注意事项与服务于数据库或数据仓库的内部使用没有本质区别。这些服务案例之间唯一的实质性差异是在交付时间和对预测的监控方面。

1. 交付的一致性

向外部大量交付结果与任何其他机器学习解决方案具有相同的相关性需求。无论是在为内部团队构建模型，还是生成面向最终用户(客户)的预测，创建有用的预测这一目标都是不变的。

与其他服务范式相比，向外部组织提供批量预测(一般适用于 B2B 公司)的不同之处在于交付的及时性。虽然很明显，不能完全交付批量预测的提取是一种失败，但不一致的交付可能同样有害。然而，有一个简单的解决方案，详见图 16-14 的底部说明。

图 16-14 对外部用户组进行了一致的体系结构与非一致的体系结构的比较。通过在计划的批量预测作业中控制存储的预测的最后阶段输出，以及将特征生成逻辑与由特征存储控制的 ETL 过程耦合，可以保证按时间顺序的交付一致性。虽然从生成预测的团队的数据科学家角度来看，这似乎不是一个重要的考虑因素，但拥有可预测的数据可用性时间表可以显著提高服务公司的专业程度。

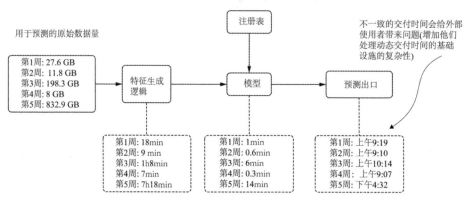

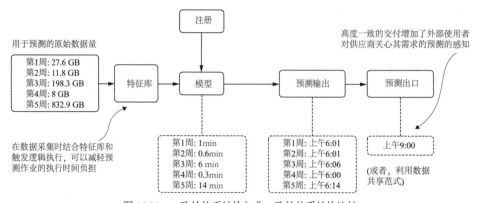

图 16-14 一致的体系结构与非一致的体系结构比较

2. 质量保证

在外部(在公司的数据科学和分析团队之外)提供批量预测服务时，偶尔会被忽视的一个方面是确保对这些预测进行彻底的质量检查。

内部项目可能依赖于对明显预测失败的简单检查(例如，忽略导致 null 值或线性模型预测无穷大的静默失败)。向外部发送数据产品时，应该采取额外的步骤，以尽量减少预测的最终用户发现错误的机会。作为人类，我们非常擅长在模式中发现异常，批量交付的预测数据集中的几个小问题可以很容易地吸引数据使用者的注意，使他们对解决方案的有效性的信心下降到废弃方案的地步。

根据我的经验，在向数据专家团队提供批量预测时，在发布数据之前进行一些检查很有用。

- 使用训练数据验证预测结果。
  - ◆ 分类问题：比较聚合的类数。
  - ◆ 回归问题：比较预测分布。
  - ◆ 无监督问题：评估组成员计数。
- 检查预测异常值(适用于回归问题)。
- 根据 SME 的知识构建(如果适用)启发式规则，以确保预测不超出主题的可能范围。
- 验证传入的特征(特别是那些编码过的特征，如果编码键是未知的，那么可能会使用通用的全能编码)，以确保数据在训练时与模型完全兼容。

通过在批量预测的输出上运行一些额外的验证步骤，可以避免最终用户的多数困惑和对最终产品信任的潜在下降。

16.3.3 微批量流式传输

流预测范式的应用相当有限。由于无法满足严格的 SLA 要求(这会迫使用户决定使用 REST API 服务)，以及对于小规模批量预测的过度需求，流预测在机器学习服务基础设施中占据了独特的空间。这一优势牢牢地集中在具有相对较高 SLA(在整秒到周的范围内测量)和较大推理数据集的项目的需求中。

流处理对于高 SLA 需求的吸引力在于成本和复杂度的降低。与其构建一个可伸缩的基础设施支持将批量预测发送到 REST API 服务(或类似的能够对大数据进行分页批量预测的微服务)，不如配置一个简单的 Apache Spark Structured Streaming 作业，允许从流源(如 Kafka 或云对象存储队列索引)中提取基于行的数据，并使用序列化的模型工件在流上运行预测。这有助于显著降低复杂性，支持批量流计算，并可以避免在不需要预测的情况下运行昂贵的基础设施。

从大数据量的角度来看，流可以减少所需要的基础设施，而传统的批处理预测范式则需要大型数据集预测。使数据流通过一个相对较小的机器集群，而不是将整个数据集保存在内存中，基础设施的负担要小得多。

这种直接转化为具有相对较高 SLA 的机器学习解决方案的总拥有成本较低。图 16-15

展示了一种简单的结构化流方法,与传统的批处理或 REST API 解决方案相比,其复杂度和成本更低。

虽然不能解决绝大多数机器学习服务需求,但这种体系结构仍然可以作为对超大数据集进行批量预测的有吸引力的替代方案,在 SLA 不是特别严格的情况下,可以作为REST API 的替代方案。如果只是为了降低成本,并且适合这个领域,实现这种服务方法是值得的。

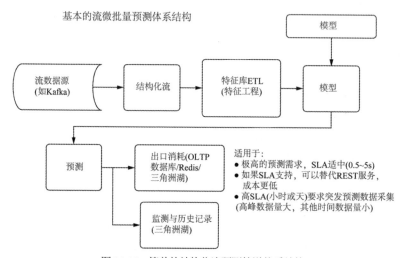

图 16-15 简单的结构化流预测管道体系结构

16.3.4 实时服务器端

实时服务的特点是具有较低的 SLA。这直接决定了服务预测的基本体系结构设计。任何支持这种范式的系统都需要一个模型工件作为服务托管,再加上一个接收传入数据的接口、一个执行预测的计算引擎,以及一个将预测返回给原始请求者的方法。

实现实时服务体系结构的细节可以通过流量级别的分类来定义,分为 3 个主要组:低容量、具有突发容量的低容量和高容量。它们都需要不同的基础设施设计和工具实现,以实现高可用性和最低成本的解决方案。

1. 低容量

低容量(低速率请求)的通用体系结构与 REST 微服务容器体系结构没有区别。不管使用什么 REST 服务器,使用什么容器服务运行应用程序,或者使用什么 VM 管理套件,对外面向端点唯一主要添加的是确保 REST 服务在托管的硬件上运行。这并不一定意味着需要使用完全管理的云服务,但即使是小容量生产服务,系统也需要保持正常运行。

运行你正在构建的容器的基础设施不仅应该从机器学习的角度进行监控,还应该从性能方面考虑。应该实时监控主机 VM 上容器的内存利用率、CPU 利用率、网络延迟、请求失败和重试,并提供冗余环境,以便在完成服务请求过程中出现问题时进行故障转移。

如果满足了项目的 SLA 需求,那么流量路由的可伸缩性和复杂性在小容量解决方案中不会成为问题(每分钟数万到数千个请求)，因此在小容量用例中需要更简单的部署和监控体系结构。

2. 突发容量和高容量

在迁移到支持突发流量的扩展时，将弹性集成到服务层是对体系结构的一个关键补充。由于单个 VM 只有那么多线程处理预测，因此预测请求的洪流超过了单个 VM 的执行能力，可能会淹没该 VM。无响应、REST 超时和 VM 不稳定(可能崩溃)会导致单 VM 模型部署无法使用。处理突发容量和大容量服务的解决方案是将进程隔离和路由以弹性负载均衡的形式结合起来。

顾名思义，负载均衡是在分片的 VM (服务于应用程序的模型的可复制容器)中路由请求的一种方法。随着许多容器并行运行，请求负载可以水平扩展，以支持真正惊人的请求量。这些服务(每个云都有自己的风格，但基本原理相同)对机器学习团队部署容器和最终用户都是透明的。有了接收请求的单一端点，以及构建和部署的单一容器映像，负载均衡系统将确保自动分配负载，以防止服务中断和不稳定。

一种常见的设计模式如图 16-16 所示，它利用了与云无关的服务。利用一个简单的 Python REST 框架(Flask)，从容器中与模型工件进行连接，允许可伸缩的预测，可以支持高容量和突发流量需求。

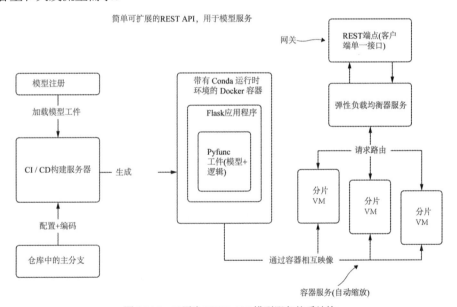

图 16-16　云原生 REST API 模型服务体系结构

这个相对简单的体系结构是弹性伸缩的基于 REST 的实时服务的基本模板，可提供预测。图 16-16 中缺少前几章讨论过的其他关键组件(功能监控、重新训练触发器、A/B 检验和模型版本控制)，但它具有将小型实时系统与处理大流量的服务区分开来的核心组件。

就其核心而言，图 16-16 所示的负载均衡器使系统从单个 VM 的可用内核限制(将 Gunicorn 放在 Flask 之前，将允许 VM 的所有内核并发处理请求)水平扩展到可以处理数百个(或更多)并发预测。然而，添加此功能会增加服务解决方案的复杂性和成本。

图16-17展示了一个更全面的大规模REST API解决方案的设计。这种体系结构可以支持极高的流量预测率，以及所有需要编排的服务，以满足生产部署的流量、SLA和分析用例需求。

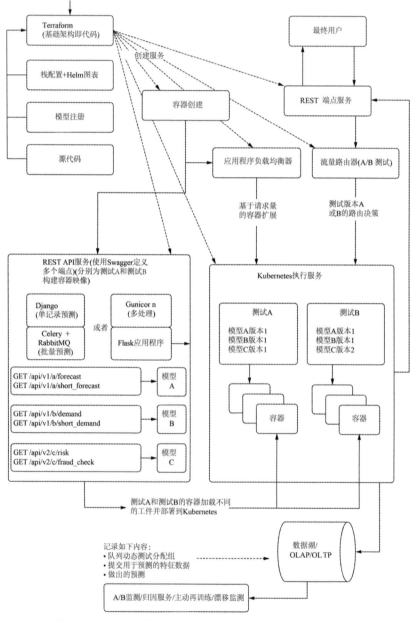

图16-17　用于大规模REST API模型服务的自动化基础设施和服务

这些系统有很多组件。复杂性很容易增长到这样的程度：数十个不同的系统被粘合在一个应用程序堆栈中，以满足项目的用例需求。因此，向对构建需要此体系结构的解决方案感兴趣的业务部门解释支持这些系统所涉及的复杂性及成本至关重要。

通常，由于这种复杂性，这不是数据科学团队自己维护的设置。DevOps、核心工程、后端开发人员和软件架构师都参与了服务的设计、部署和维护。云服务账单是考虑总拥有成本的一个因素，但另一个突出的因素是保持这种服务持续运行所需要的人力资本。

如果你的 SLA 需求和规模如此复杂，那么明智的做法是尽可早在项目中确定这些需求，诚实地对待投资，并确保业务部门理解任务的规模。如果他们认为投资值得，那就去构建吧。然而，如果设计和构建这样一个庞然大物的前景让业务部门负责人望而生畏，那么请他们及早做出决定，因为这样的项目需要投入大量的时间和精力。

16.3.5　集成模型(边缘部署)

边缘部署是某些用例低延迟服务的最终阶段。由于它将模型工件和所有依赖库部署为容器映像的一部分，因此它的可伸缩性级别超过了任何其他方法。然而，这种部署范式给应用程序开发人员造成了很大的负担：

- 新模型或再训练的模型的部署需要与应用程序部署和升级一起安排。
- 对预测结果和生成特征的监控依赖于互联网连接。
- 启发式方法或对预测的"最后一公里"的修正不能在服务器端完成。
- 服务容器中的模型和基础设施需要更深入和更复杂的集成测试，以确保可以提供正确的功能。
- 设备能力可能限制模型的复杂性，这迫使我们采用更简单和更轻量级的建模解决方案。

出于这些原因，边缘部署对于许多场景可能不是很有吸引力。对模型进行更改的速度非常低，对模型的漂移影响可能会使边缘部署的模型变得不相关，并且对一些终端用户缺乏可用的监控可能会给这种范式带来严重的缺点，以至于使其不适用于大多数项目。图 16-18 展示了这种服务风格的典型体系结构。

如你所见，边缘部署与应用程序代码库紧密耦合。由于在运行时中涉及大量打包库，这些库可以支持所包含模型所做的预测，因此容器化工件可以防止应用程序开发团队维护一个与数据科学团队互为镜像的环境。这可以缓解许多困扰非基于容器的模型边缘部署问题(即环境依赖关系管理、语言选择标准化和共享代码库中功能的软件库同步)。

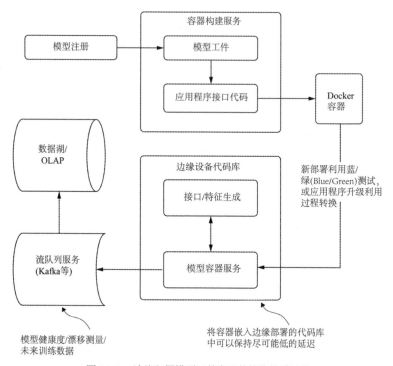

图 16-18 边缘部署模型工件容器的简化体系结构

可以利用边缘部署的项目，特别是那些专注于图像分类等任务的项目，可以显著降低基础设施成本。什么可以进行边缘部署取决于模型使用的特征的平稳性状态。如果模型输入数据的功能性质不会特别频繁地改变(如成像用例)，边缘部署可以大大简化基础设施，并保持机器学习解决方案的总拥有成本非常低。

16.4 本章小结

- 模型注册服务有助于确保对已部署和归档的模型进行有效的状态管理，从而在不需要人工干预的情况下实现有效的被动再训练和主动再训练解决方案。
- 特征存储将特征生成逻辑从建模代码中分离出来，允许采用更快的再训练过程，跨项目特征的重用，以及更简单的监控特征漂移的方法。
- 为了选择合适的体系结构来提供服务，必须权衡项目的许多特征：使用正确的服务水平和基础设施来支持所需要的 SLA、预测量和数据的时效性，以确保预测服务具有较好的成本效益和稳定性。

Big O 以及如何考虑运行时性能

对于机器学习用例来说，运行时复杂度与任何其他软件没有什么不同。低效和优化不良的代码对机器学习任务处理的影响与对任何其他项目的影响相同。机器学习任务与传统软件的唯一实质性区别在于用于解决问题的算法。这些算法的计算和空间复杂度通常被封装递归迭代的高级 API 所掩盖，这会显著增加运行时间。

本附录的重点是理解控制代码(项目中不涉及训练模型的所有代码)的运行时特征，以及正在训练的机器学习算法本身。

A.1 什么是 Big O

假设我们正在开发一个项目，即将发布到生产环境。结果惊人，为其构建项目的业务部门对预测结果很满意，但并不是每个人都满意。运行这个解决方案的成本非常高。

逐步执行代码时，发现绝大多数执行时间都集中在特征工程预处理阶段。代码某一部分花费的时间似乎比预期的要长得多。根据代码清单 A-1 所示的最初测试，我们以为这个函数不会有多大问题。

代码清单 A-1 嵌套的循环名称协调示例

```
import nltk
import pandas as pd
import numpy as np
client_names = ['Rover', 'ArtooDogTwo', 'Willy', 'Hodor',
  'MrWiggleBottoms', 'SallyMcBarksALot', 'HungryGames',
  'MegaBite', 'HamletAndCheese', 'HoundJamesHound',
  'Treatzilla', 'SlipperAssassin', 'Chewbarka',
  'SirShedsALot', 'Spot', 'BillyGoat', 'Thunder',
  'Doggo', 'TreatHunter']
extracted_names = ['Slipr Assassin', 'Are two dog two',
  'willy', 'willie', 'hodr', 'hodor', 'treat zilla',
  'roover', 'megabyte', 'sport', 'spotty', 'billygaot',
  'billy goat', 'thunder', 'thunda', 'sirshedlot',
  'chew bark', 'hungry games', 'ham and cheese',
  'mr wiggle bottom', 'sally barks a lot']
```

数据库中注册的狗狗名称(小样本)

我们从客户那里获得的自由文本字段评级的解析名称

```
def lower_strip(string): return string.lower().replace(" ", "")
def get_closest_match(registered_names, extracted_names):
    scores = {}
    for i in registered_names:
        for j in extracted_names:
            scores['{}_{}'.format(i, j)] = nltk.edit_distance(lower_strip(i),
                lower_strip(j))
    parsed = {}
    for k, v in scores.items():
        k1, k2 = k.split('_')
        low_value = parsed.get(k2)
        if low_value is not None and (v < low_value[1]):
            parsed[k2] = (k1, v)
        elif low_value is None:
            parsed[k2] = (k1, v)
    return parsed
get_closest_match(client_names, extracted_names)
>> {'Slipr Assassin': ('SlipperAssassin', 2),
    'Are two dog two': ('ArtooDogTwo', 2),
    'willy': ('Willy', 0),
    'willie': ('Willy', 2),
    'hodr': ('Hodor', 1),
    'hodor': ('Hodor', 0),
    'treat zilla': ('Treatzilla', 0),
    'roover': ('Rover', 1),
    'megbyte': ('MegaBite', 2),
    'sport': ('Spot', 1),
    'spotty': ('Spot', 2),
    'billygaot': ('BillyGoat', 2),
    'billy goat': ('BillyGoat', 0),
    'thunder': ('Thunder', 0),
    'thunda': ('Thunder', 2),
    'sirshedlot': ('SirShedsALot', 2),
    'chew barka': ('Chewbarka', 1),
    'hungry games': ('HungryGames', 0),
    'ham and cheese': ('HamletAndCheese', 3),
    'mr wiggle bottom': ('MrWiggleBottoms', 1),
    'sally barks a lot': ('SallyMcBarksALot', 2)}
```

遍历每一个注册的名称

耗时 $O(n^2)$的嵌套循环，遍历每个已解析的名称

在删除空格并对两个字符串强制小写后，计算名称之间的 Levenshtein 距离

循环遍历成对的距离测量，以返回每个已解析名称的最可能匹配项。这是 $O(n)$

针对已注册名称的列表和已解析名称的列表运行该算法

利用 Levenshtein 距离进行最近匹配

　　在用于验证和开发的小型数据集中，执行时间以ms(毫秒)为单位。然而，当我们运行500万只注册狗狗的完整数据集和100亿个名称引用提取时，数据中有太多的狗狗，无法通过这个算法运行(是的，可能会有狗狗太多的情况，信不信由你)。

　　原因是该算法的计算复杂度为$O(n^2)$。对于每个已注册的名称，测试它与每个名称提取的距离，如图A-1所示。

好狗狗 ™

犬类美食有限公司
为你的狗狗提供手工制作食品
"狗不应该吃太空狗粮。"——狗狗

评分反馈

提取的名字	评级
Willie	10
Champy	7
Buster	4
Rovre	2
ChewieBarka	8
CountBark	9

注册用户数据

客户名字	主人名字	年龄	喜欢的食物
Willy	Julie	9	一切
CountBarkula	James	3	鸡肉
Champ	Maria	6	塔克饼
Buster	Saul	2	妈妈的意大利面
Rover	John	8	冰激凌
Chewbarka	Susan	4	胡萝卜

由于这些评价来自智能手机
用户的评论，我们必须提
取名字，其中有些有拼写
错误

为了解决拼写错误问题
并将评级数据与正确的
狗狗进行匹配……

我们的主用户数据集，以客户
名字(狗狗)作为解析引用的
真实来源

提取的名字	评级
Willie	10
Champy	7
Buster	4
Rovre	2
ChewieBarka	8
CountBark	9

1
2
3
4
5
6

客户名字	主人名字	年龄	喜欢的食物
Willy	Julie	9	一切
CountBarkula	James	3	鸡肉
Champ	Maria	6	塔克饼
Buster	Saul	2	妈妈的意大利面
Rover	John	8	冰激凌
Chewbarka	Susan	4	胡萝卜

按顺序检查每个
注册的名称

然后循环并对每只
狗狗重复这个过程

随着这些名字列表的增长，
运行时间会显著增加

图 A-1   特征工程的计算复杂性

代码清单A-2展示了另一种减少循环查找的方法。

代码清单 A-2　一个稍微改进的方法(但仍然不完美)

清理名字,使计算 Levenshtein 的结果尽可能准
确(函数定义在代码清单 A-1 中)

在右边的表中生成相同的静态连接键,以
实现 Cartesian 连接

生成一个静态连接键来支持将要做的 Cartesian 关联

从客户名字列表创建一个
pandas DataFrame

```python
JOIN_KEY = 'joinkey'
CLIENT_NM = 'client_names'
EXTRACT_NM = 'extracted_names'
DISTANCE_NM = 'levenshtein'

def dataframe_reconciliation(registered_names, extracted_names, threshold=10):
    C_NAME_RAW = CLIENT_NM + '_raw'
    E_NAME_RAW = EXTRACT_NM + '_raw'
    registered_df = pd.DataFrame(registered_names, columns=[CLIENT_NM])
    registered_df[JOIN_KEY] = 0
    registered_df[C_NAME_RAW] = registered_df[CLIENT_NM].map(lambda x:
        lower_strip(x))
    extracted_df = pd.DataFrame(extracted_names, columns=[EXTRACT_NM])
    extracted_df[JOIN_KEY] = 0
    extracted_df[E_NAME_RAW] = extracted_df[EXTRACT_NM].map(lambda x:
        lower_strip(x))
    joined_df = registered_df.merge(extracted_df, on=JOIN_KEY, how='outer')
    joined_df[DISTANCE_NM] = joined_df.loc[:, [C_NAME_RAW, E_NAME_RAW]].apply(
        lambda x: nltk.edit_distance(*x), axis=1)
    joined_df = joined_df.drop(JOIN_KEY, axis=1)
    filtered = joined_df[joined_df[DISTANCE_NM] < threshold]
    filtered = filtered.sort_values(DISTANCE_NM).groupby(EXTRACT_NM,
        as_index=False).first()
    return filtered.drop([C_NAME_RAW, E_NAME_RAW], axis=1)
```

使用非常有用的 NLTK 包
计算 Levenshtein 距离

返回每个潜在匹配键中具有最
低 Levenshtein 距离得分的行

执行 Cartesian 连接[空间复
杂度为 $O(n^2)$]。

从 DataFrame 中
删除任何潜在的
不匹配项

注意 如果你对 NLTK 包以及它在 Python 中用于自然语言处理的所有神奇功能感到好奇,强烈建议你阅读 Steven Bird、Ewan Klein 和 Edward Loper 合著的 *Natural Language Processing with Python* (O 'Reilly, 2009),他们是这个开源项目的最初作者。

利用这种 DataFrame 方法可以显著提高运行速度。代码清单 A-2 并不是一个完美的解决方案,因为空间复杂度会增加,但以这种方式重构可以大大缩短项目的运行时间,降低成本。图 A-2 展示了调用代码清单 A-2 中定义的函数的结果。

名字解析算法的DataFrame表示
(在这份数据中，没有狗狗受到伤害)

	extracted_names	client_names	levenshtein
0	Are two dog two	ArtooDogTwo	2
1	Slipr Assassin	SlipperAssassin	2
2	billy goat	BillyGoat	0
3	billygaot	BillyGoat	2
4	chew bark	Chewbarka	1
5	ham and cheese	HamletAndCheese	3
6	hodor	Hodor	0
7	hodr	Hodor	1
8	hungry games	HungryGames	0
9	megbyte	MegaBite	2
10	mr wiggle bottom	MrWiggleBottoms	1
11	roover	Rover	1
12	sally barks a lot	SallyMcBarksALot	2
13	sirshedlot	SirShedsALot	2
14	sport	Spot	1
15	spotty	Spot	2
16	thunda	Thunder	2
17	thunder	Thunder	0
18	treat zilla	Treatzilla	0
19	willie	Willy	2
20	willy	Willy	0

从自由文本评论中解析出的名字，说明狗狗有多喜欢他们的手工制作的食物

在我们的数据库中注册的客户名字

通过对DataFrame进行筛选返回找到的最低分数(最佳匹配)

图 A-2 以空间复杂度为代价降低计算复杂度

关于这个示例，需要记住的重要一点是，可伸缩性是相对的。在这里，用计算复杂度来换取空间复杂度：最初是按顺序循环两个数组，这需要很长时间，但内存占用非常低；然后，研究 pandas 的矩阵式结构要快几个数量级，但需要大量的内存。在实际操作中，考虑到这里涉及的数据量，最好的解决方案是在混合循环处理(最好是在 Spark DataFrames 中)中处理这个问题，同时在块中利用 Cartesian 连接，以找到计算和空间压力之间的良好平衡。

为了性能和成本而重构

大多数代码库重构都是为了增强其可测试性和可伸缩性。但是在机器学习代码库中，一个经常需要增强的活动是运行时效率。这通常更关注模型的训练和再训练，而不是机器学习的预测，但这些工作涉及难以置信的复杂特征工程。很多时候，机器学习项目中代码性能不佳的根本原因在于特征处理和控制逻辑，而不是模型的训练(大量超参数调优

的情况除外，那可能会占用整个运行时)。

　　主要由于这些作业具有长时间运行特性，识别和优化运行时性能可能会对机器学习解决方案的总拥有成本产生巨大影响。然而，为了有效地优化，必须对计算复杂度(影响总运行时)和空间复杂度(影响运行代码所需要的机器的配置或数量)进行分析。

　　运行时问题的分析，是从实践和理论的立场，通过评估计算复杂度和空间复杂度来处理的，简称为 Big O。

关于复杂度的一般性介绍

　　计算复杂度的核心是对计算机完成一个算法所需要时间的最坏估计。另一方面，空间复杂度是算法对系统内存造成的最坏负担。

　　虽然计算复杂度通常会影响 CPU，但空间复杂度涉及系统中处理算法所需要的内存(RAM)，而不会引起磁盘溢出(对硬盘驱动器或固态驱动器的分页)。图 A-3 显示了对数据点集合的操作如何具有不同的空间复杂度和计算复杂度，这取决于你使用的算法。

　　对数据集合执行的不同操作影响所涉及的时间复杂度和空间复杂度。在图 A-3 中从上到下移动时，不同操作的空间复杂度和计算复杂度都会增加。

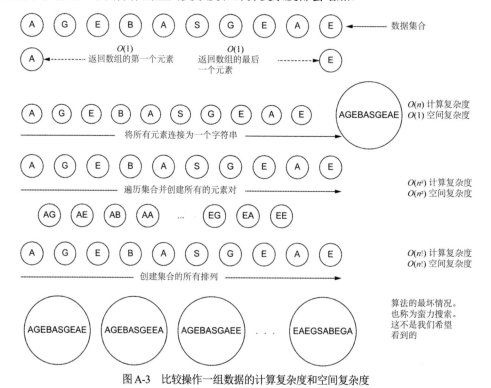

图A-3　比较操作一组数据的计算复杂度和空间复杂度

许多其他复杂度被认为是评估算法复杂度的标准。图 A-4 以线性尺度展示了这些标准评估结果，图 A-5 以 y 轴对数尺度展示了应该避免的程度。

如图 A-4 和图 A-5 所示，集合大小和算法类型之间的关系会极大地影响代码的运行时间。在模型训练和推理之外，理解代码非机器学习方面的这些关系(空间复杂度和计算复杂度)是绝对必要的。

让我们想象一下，在项目编排代码中实现像遍历集合这样简单的功能需要多少成本。如果试图以蛮力的方式(以嵌套的方式循环每个数组)评估两个数字数组之间的关系，会看到 $O(n^2)$ 的复杂度。如果通过优化的连接来合并两个列表，就可以显著降低复杂度。在处理大型集合时，将复杂度从 $O(n^2)$ 提高到接近 $O(n)$(见图 A-4 和图 A-5)，可以显著节省成本和时间。

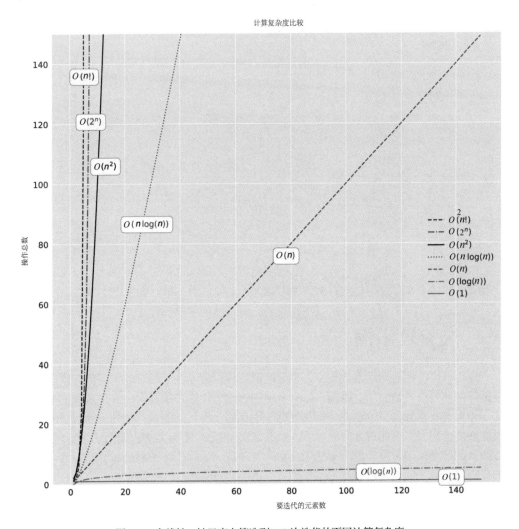

图A-4　在线性 y 轴尺度上筛选到 150 次迭代的不同计算复杂度

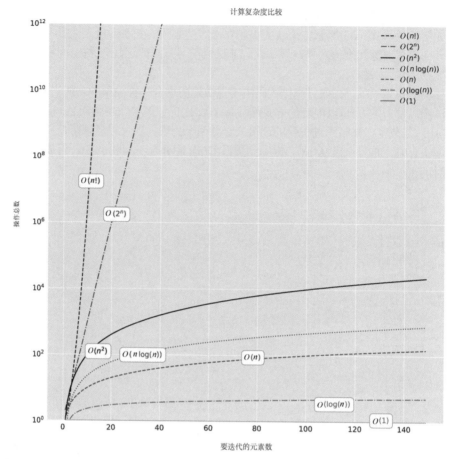

图 A-5　计算复杂度的对数 y 轴尺度。密切注意图形顶部 y 轴的大小。指数和阶乘复杂度确实会令人痛苦

A.2　复杂度举例

分析代码的性能问题令人生畏。很多时候，我们太专注于处理特征工程、模型调优、指标评估和统计评估的所有细节，以至于评估如何迭代集合的概念没有进入我们的脑海。

如果查看指导项目中这些元素执行的控制代码，将它们的执行视为一个复杂的因素，就能够估计将发生的相对运行时影响。有了这些知识，就可以解耦低效的操作(例如将过度嵌套的循环语句折叠为单个索引遍历)，并帮助减少运行代码的系统对 CPU 和内存造成的负担。

现在你已经了解了 Big O 函数的理论，下面看一些使用这些算法的代码示例。为了全面理解这些概念，了解集合中元素数量的差异如何影响操作的时间很重要。

我将以一种不太寻常的方式来介绍这些主题，以狗狗为例，然后展示这些关系的代码示例。为什么？因为狗狗很有趣。

A.2.1　$O(1)$："数据有多大无关紧要"算法

想象一下我们在一个房间里，一个非常非常大的房间。房间中央是一圈为狗狗准备的食物碗。我们在碗里放了一些意大利肉酱面。这是痛苦的一天(对狗狗来说，整个过程都在闻)，但我们已经把食物舀到 5 个不同的碗里，并准备好了记事本来记录有关事件的数据。说了这么多，做了这么多，我们有了一系列有序的列表，表示狗狗小组采取的不同行动。

当我们希望回答有关观察到的事实的问题时，就会对这些列表进行操作，但检索的是与这些事件发生顺序相关的单个索引值。不管这些列表的大小，$O(1)$ 类型的问题只是基于位置引用获取数据，因此，所有操作都花费相同的时间。看看图 A-6 所示的。

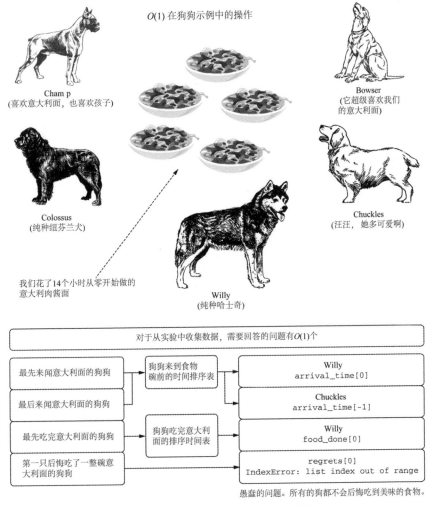

图 A-6　通过饥饿的狗狗来进行 $O(1)$ 检索

$O(1)$并不关心数据有多大，如图 A-6 所示。这些算法的操作方式不遍历集合，而是访问集合中数据的位置。

为了从计算意义上显示这种关系，代码清单 A-3 演示了在两个大小不同的数据集合上执行 $O(1)$任务的比较，这些数据集具有相似的运行时性能。

代码清单 A-3　$O(1)$复杂度的演示

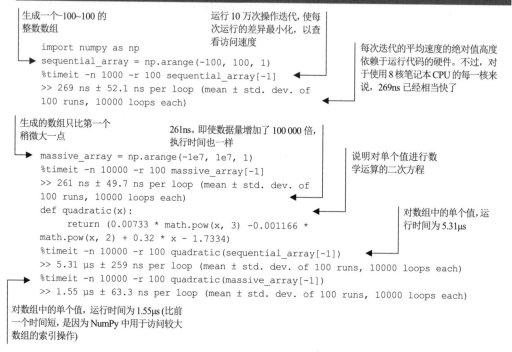

生成一个-100~100 的整数数组

运行 10 万次操作迭代，使每次运行的差异最小化，以查看访问速度

每次迭代的平均速度的绝对值高度依赖于运行代码的硬件。不过，对于使用 8 核笔记本 CPU 的每一核来说，269ns 已经相当快了

```
import numpy as np
sequential_array = np.arange(-100, 100, 1)
%timeit -n 1000 -r 100 sequential_array[-1]
>> 269 ns ± 52.1 ns per loop (mean ± std. dev. of
100 runs, 10000 loops each)
```

生成的数组只比第一个稍微大一点

261ns。即使数据量增加了 100 000 倍，执行时间也一样

说明对单个值进行数学运算的二次方程

```
massive_array = np.arange(-1e7, 1e7, 1)
%timeit -n 10000 -r 100 massive_array[-1]
>> 261 ns ± 49.7 ns per loop (mean ± std. dev. of
100 runs, 10000 loops each)
def quadratic(x):
    return (0.00733 * math.pow(x, 3) -0.001166 *
math.pow(x, 2) + 0.32 * x - 1.7334)
%timeit -n 10000 -r 100 quadratic(sequential_array[-1])
>> 5.31 µs ± 259 ns per loop (mean ± std. dev. of 100 runs, 10000 loops each)
%timeit -n 10000 -r 100 quadratic(massive_array[-1])
>> 1.55 µs ± 63.3 ns per loop (mean ± std. dev. of 100 runs, 10000 loops each)
```

对数组中的单个值，运行时间为 5.31µs

对数组中的单个值，运行时间为 1.55µs (比前一个时间短，是因为 NumPy 中用于访问较大数组的索引操作)

第一个数组(sequential_array)只有 200 个元素，从其基于 C 的结构体索引中检索元素的访问时间非常快。增加数组的大小(massive_array，包含 200 万个元素)时，位置检索的运行时间不会改变。这是因为优化了数组的存储范式；通过索引注册，可以直接在常量$O(1)$时间内查找元素的内存地址位置。

机器学习项目的控制代码有许多复杂度为 $O(1)$的例子。

- 获取按时间顺序排列的聚合数据点集合中的最后一项。例如，从一个按事件发生时间排序的窗口函数中获取。然而，由于涉及排序，构建窗口聚合的过程通常是 $O(n \log n)$。
- 求模函数(modulo function)：表示一个数除以另一个数所得的余数，以遍历集合的方式生成模式时很有用[不过，遍历时间为 $O(n)$]。
- 等价性测试：相等、大于、小于等。

A.2.2　$O(n)$：线性关系算法

如果想知道狗狗测试对象在特定时间点的状态，该怎么办？假设我们真的想知道它们狼吞虎咽的速度。假设我们决定在"盛宴"开始 30s 后收集数据，以查看每只狗狗的食物碗的状态。

我们为每只狗狗收集的数据将涉及一个键值对。在 Python 中，使用一个字典，其中包含狗狗的名字和它们食物碗中剩余的食物量。

```
thirty_second_check = {'champ': 0.35, 'colossus': 0.65,
    'willy': 0.0, 'bowser': 0.75, 'chuckles': 0.9}
```

如图A-7所示，遍历所有碗，计算碗中剩余食物的量，并将其记录在这个(键，值)配对中，这个操作的时间复杂度为$O(n)$。

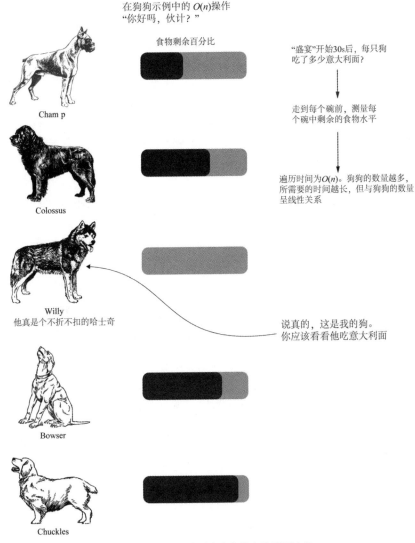

图A-7 $O(n)$搜索所有狗狗的食物消耗速率

如你所见，为了测量剩余食物的量，我们需要走到每只狗狗身边，检查它们碗中食物的状态。对于我们展示的5只狗来说，这可能需要几秒钟。但如果有500只狗呢？需要走几分钟来测量。$O(n)$表示算法(检查吃了多少)和数据大小(狗的数量)之间的线性关系，反映了计算复杂度。

从软件的角度来看，这种关系也是成立的。代码清单A-4展示了如何迭代地使用代码清单A-3中定义的quadratic()方法，遍历代码清单A-3中定义的两个NumPy数组中的每个元素。随着数组大小的增加，运行时间也呈线性增长。

代码清单 A-4　$O(n)$复杂度的演示

映射小数组(-100,100)并对每个值应用一个函数，所花费的时间比获取单个值要长一些

数组的大小增加到原来的 10 倍，运行时间也增加到原来的 10 倍

```
%timeit -n 10 -r 10 [quadratic(x) for x in sequential_array]
>> 1.37 ms ± 508 µs per loop (mean ± std. dev. of 10 runs, 10 loops each)
%timeit -n 10 -r 10 [quadratic(x) for x in np.arange(-1000, 1000, 1)]
>> 10.3 ms ± 426 µs per loop (mean ± std. dev. of 10 runs, 10 loops each)
%timeit -n 10 -r 10 [quadratic(x) for x in np.arange(-10000, 10000, 1)]
>> 104 ms ± 1.87 ms per loop (mean ± std. dev. of 10 runs, 10 loops each)
%timeit -n 10 -r 10 [quadratic(x) for x in np.arange(-100000, 100000, 1)]
>> 1.04 s ± 3.77 ms per loop (mean ± std. dev. of 10 runs, 10 loops each)
%timeit -n 2 -r 3 [quadratic(x) for x in massive_array]
>> 30 s ± 168 ms per loop (mean ± std. dev. of 3 runs, 2 loops each)
```

再次增加到 10 倍，运行时也会随之增加。这是 $O(n)$

增加到 10 倍，运行时间增加到 30 倍?!这是由于要计算的值的大小以及在 Cython(优化计算使用的底层编译 C*代码)中转换为另一种乘法形式

从结果中可以看出，集合大小和计算复杂度之间的关系在大多数情况下是相对一致的(为什么这里没有完全一致？参阅下面的说明)。

当计算复杂度大规模破坏模式时

在代码清单 A-4 中，最终的集合与前面的集合没有遵循相同的模式。这类行为(处理大量数据时假定的预期性能崩溃)存在于任何系统中，尤其是在分布式系统中。

当一些算法开始处理足够大的数据时，内存的重新分配可能会限制这些算法的性能。与此类似，以机器学习为中心的语言(Python 或任何在 JVM 中运行的语言)中的垃圾收集操作可能会对运行时性能造成严重影响，因为系统必须释放内存空间才能继续执行其他操作。

$O(n)$在数据科学世界中是一个事实。然而，如果正在构建使用这个列表中的下一个关系[$O(n^2)$]的软件，则应该暂停并重新考虑我们的实现。这就是事情变得有点疯狂的地方。

A.2.3　$O(n^2)$：与集合大小的多项式关系

现在狗狗已经吃饱了，而且对食物非常满意，它们可以做一点运动了。我们把狗狗带到一个狗公园，让它们同时进入。

和任何与狗狗有关的社交时间一样，第一项任务就是正式介绍，方式是嗅狗狗的屁

股。图 A-8 显示了 5 只狗狗的问候语组合。

狗狗示例中的 $O(n^2)$ 操作
"很高兴闻到你的味道；这是我的荣幸。"

在狗公园的问候

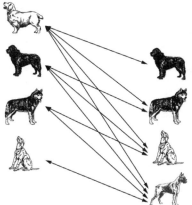

在狗公园里，每只狗狗都不得不和其他狗打招呼。如果有 5 只狗狗，这个结果的组合就是 10 次独立的嗅屁股。

该组合示例由 $nCr = n! / r! * (n-r)!$ 表示

对于真正的 n^2 问题，狗狗必须向自己打招呼(这很滑稽，但不现实)。我们在检查成对组合，所以 $r = 2$

如果有 500 只狗狗，我们会看到 124 750 次嗅屁股。每次大约 5s，即便有一定程度的并发，仍然要等几个小时，让所有的狗狗用它们自己的方式说，"怎么样，狗狗？"

应该有人让狗知道有一种更有效的方法

图 A-8　狗狗在公园里相互问候。虽然不是精确的 $O(n^2)$，但有类似的关系

注意　在严格意义上，组合计算的复杂度为 $O(n$ 选 $k)$。为了简单起见，想象一下通过交互所有可能的排列然后进行筛选，通过暴力破解的方式生成解决方案，这将得到 $O(n^2)$ 的复杂度。

严格来说，这种基于组合的成对关系遍历不是 $O(n^2)$；它实际上是 $O(n$ 选 $k)$。但是我们可以应用这个概念并将操作的数量表示为组合操作。同样，我们可以对排列进行操作，以显示运行时持续时间和集合大小之间的关系。

表 A-1 显示了在这个狗公园中，根据通过大门(组合)进入的狗狗的数量，以及潜在的问候，将发生的总嗅屁股互动的数量。我们假设狗狗觉得有必要进行正式的介绍，每只狗狗都充当发起者(这种行为我和我的狗狗在很多场合都看到过)。

表 A-1 狗狗的数量与打招呼之间的关系

狗狗的数量	打招呼的数量(组合)	潜在的打招呼的数量(排列)
2	1	2
5	10	20
10	90	45
100	4950	9 900
500	124 750	249 500
1000	499 500	999 000
2000	1 999 000	3 998 000

为了说明这种狗狗打招呼在组合和排列之间的关系，图 A-9 显示了随着狗狗数量的增加，复杂度以难以置信的方式增长。

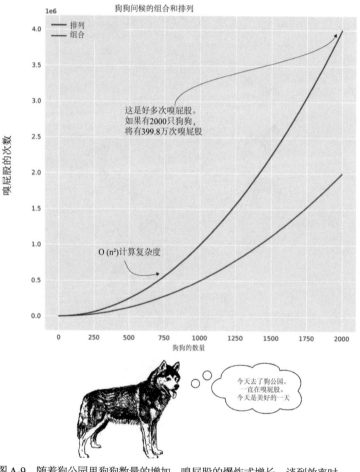

图 A-9 随着狗公园里狗狗数量的增加，嗅屁股的爆炸式增长。谈到效率时，指数关系在代码中的复杂度非常糟糕

对于绝大多数机器学习算法(通过训练过程建立的模型)来说，这种计算复杂度水平只是一个开始。大多数比 $O(n^2)$ 复杂得多。

代码清单 A-5 显示了 n^2 复杂度的实现。对于源数组的每个元素，将生成一个偏移曲线，它根据迭代下标值旋转元素。下面每个部分的可视化将显示代码中发生了什么，以使其更清晰。

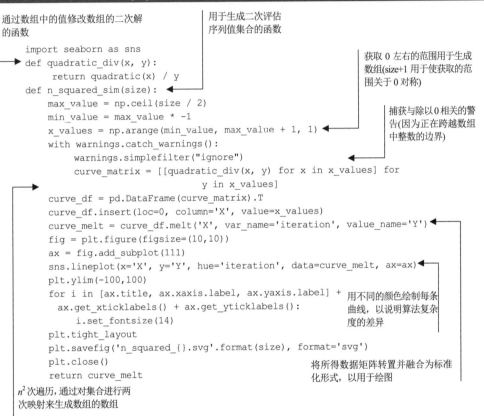

代码清单 A-5　一个 $O(n^2)$ 复杂度的例子

通过数组中的值修改数组的二次解的函数

用于生成二次评估序列值集合的函数

```python
import seaborn as sns
def quadratic_div(x, y):
    return quadratic(x) / y
def n_squared_sim(size):
    max_value = np.ceil(size / 2)
    min_value = max_value * -1
    x_values = np.arange(min_value, max_value + 1, 1)
    with warnings.catch_warnings():
        warnings.simplefilter("ignore")
        curve_matrix = [[quadratic_div(x, y) for x in x_values] for
                        y in x_values]
    curve_df = pd.DataFrame(curve_matrix).T
    curve_df.insert(loc=0, column='X', value=x_values)
    curve_melt = curve_df.melt('X', var_name='iteration', value_name='Y')
    fig = plt.figure(figsize=(10,10))
    ax = fig.add_subplot(111)
    sns.lineplot(x='X', y='Y', hue='iteration', data=curve_melt, ax=ax)
    plt.ylim(-100,100)
    for i in [ax.title, ax.xaxis.label, ax.yaxis.label] +
      ax.get_xticklabels() + ax.get_yticklabels():
        i.set_fontsize(14)
    plt.tight_layout
    plt.savefig('n_squared_{}.svg'.format(size), format='svg')
    plt.close()
    return curve_melt
```

获取 0 左右的范围用于生成数组(size+1 用于使获取的范围关于 0 对称)

捕获与除以 0 相关的警告(因为正在跨越数组中整数的边界)

用不同的颜色绘制每条曲线，以说明算法复杂度的差异

将所得数据矩阵转置并融合为标准化形式，以用于绘图

n^2 次遍历，通过对集合进行两次映射来生成数组的数组

对于代码清单A-5中定义的算法，如果对有效集合大小使用不同的值来调用它，就会得到如代码清单A-6所示的时间结果。

代码清单 A-6　$O(n^2)$ 复杂度算法的计算结果

只需要 121 次操作，执行起来非常快

当数组大小是原来的 10 倍时，10 201 次操作所需要的时间明显更长

```python
%timeit -n 2 -r 2 ten_iterations = n_squared_sim(10)
>> 433 ms ± 50.5 ms per loop (mean ± std. dev. of 2 runs, 2 loops each)
%timeit -n 2 -r 2 one_hundred_iterations = n_squared_sim(100)
>> 3.08 s ± 114 ms per loop (mean ± std. dev. of 2 runs, 2 loops each)
```

```
%timeit -n 2 -r 2 one_thousand_iterations = n_squared_sim(1000)
>> 3min 56s ± 3.11 s per loop (mean ± std. dev. of 2 runs, 2 loops each)
```
进行 1 002 001 次操作时，指数关系变得清晰起来

在图 A-10 中可以更清楚地看到代码清单 A-5 所示输入数组大小和代码清单 A-6 所示结果之间的关系。如果继续将数组生成参数的值增加到 100 000，将看到 10 000 200 001 次操作(而大小为 10 的第一次迭代产生 121 次操作)。不过，更重要的是生成这么多数据数组所带来的内存压力。在这里，数据大小的复杂度将迅速成为限制因素，导致在对计算所需要的时间感到烦恼之前，就出现内存不足(OOM)异常。

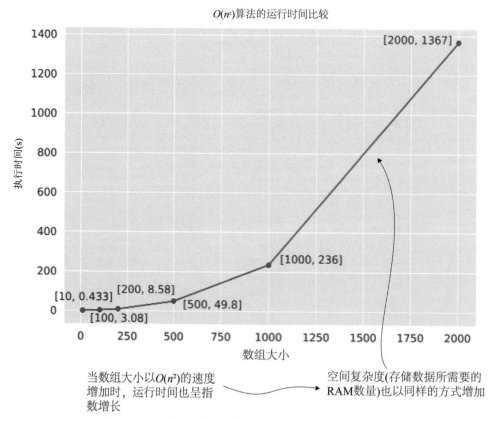

图 A-10　不同集合大小应用代码清单 A-5 算法的计算复杂度

为了说明这段代码在做什么，可以在图 A-11 中看到第一次迭代的结果(使用 10 作为函数参数)。

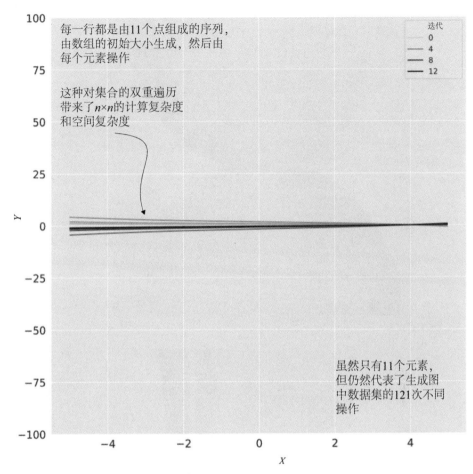

图 A-11　在大小为 11 的数组上运行 $O(n^2)$ 算法产生的数据(执行时间：433 ms，需要约 26 KB 的空间)

　　图 A-12 显示了在执行该算法时，数组大小从 201(图的上半部分)到更极端的 2001(图的下半部分)的复杂度变化。

　　如你所见(记住，这些图生成的是为输入数组的每个索引位置绘制的序列)，通过这样的算法运行时，一个看似无害的集合大小可以非常迅速地变得非常大。如果以这种复杂度编写代码，不难想象会对项目的运行时性能产生多大的影响。

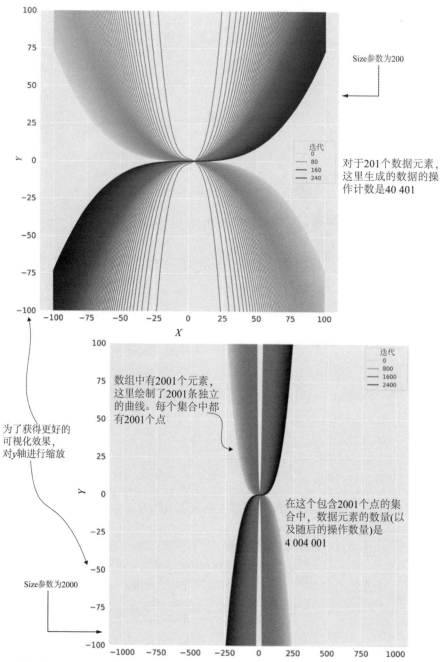

图 A-12　数组大小的比较: 201(时间: 8.58 s; 空间: 大约 5.82 MB)和 2001(时间: 1 367 s; 空间: 大约 576.57 MB)

代码中的复杂度异味

在整个代码异味中，计算复杂度通常是最容易发现的问题之一。这种复杂度通常表现在嵌套循环中。无论是声明式的、内部有额外 for 循环的 for 循环、嵌套的迭代或映射的 while 循环，还是嵌套的列表推导，代码中的这些结构都有潜在的危险。

这并不是说嵌套循环和复杂 while 语句中的逻辑在最坏情况下保证是 $O(n^2)$、$O(2n)$ 或 $O(n!)$，但这些地方在执行代码时需要花费更多的时间。可以说，它们是"烟雾"，需要进行调查，以确保在运行代码时不会爆发潜在的"火灾"。

在代码库中看到这些仅仅意味着你应该花额外的时间查看逻辑并运行场景。最好的方法是想象一下，如果迭代的集合大小翻倍，会发生什么。如果它增加了一个数量级呢？

代码可以扩展吗？运行时间会不会太长以至于不满足 SLA？运行的系统会是 OOM 吗？思考如何识别、重构和更改代码的逻辑有助于防止以后出现稳定性问题和成本问题。

A.3 决策树分析的复杂度

想象一下，我们正在构建一个问题的解决方案，作为核心需求，需要一个高度可解释的模型结构作为其输出。基于这个需求，我们选择使用决策树回归器来构建预测解决方案。

由于我们是一家致力于为客户(人)和他们的宠物(狗狗)服务的公司，因此需要一种方法将模型结果转化为可以快速理解和应用的直接和可操作的结果。我们要找的不是黑箱预测；相反，我们希望了解数据中相关性的本质，并了解特征的复杂系统如何影响预测。

在完成特征工程和原型构建之后，要探索超参数空间，以完善 MVP 的自动调优空间。在开始运行之后(经过成千上万次调优实验)，我们注意到训练不同的超参数会导致不同的完成时间。事实上，根据所测试的超参数不同，每个测试的运行时间可能与另一个测试的运行时间相差一个数量级。为什么？

为了探索这个概念，下面逐步了解决策树回归器是如何工作的(从复杂度的意义上讲)，并评估更改一些超参数设置会如何影响运行时间。图 A-13 显示了算法拟合训练数据时，算法内部运行的概要性视图。

这个图你可能很熟悉。算法的基本结构、功能和行为在博客文章和其他书籍中有非常详细的介绍，并且是学习机器学习基础知识的基本概念。我们感兴趣的是在训练模型时影响计算复杂度和空间复杂度的因素。

提示 图 A-13 只是一个示例。这个模型是难以置信的过拟合，在验证拆分时可能会表现得非常差。在更符合实际的数据拆分量和深度限制下，预测结果将是所拆分分支成员数的平均值。

特征向量						目标
年龄	品种	体重	行走距离	玩具数量	每天喂食次数	饥饿指数
3	1	24	0.365	3	0	0.3
5	1	36	3.23	7	3	0.17
2	3	27	0.1	2	1	0.65
3	7	67	12.8	19	17	1.0
4	4	102	1.9	1	4	0.97

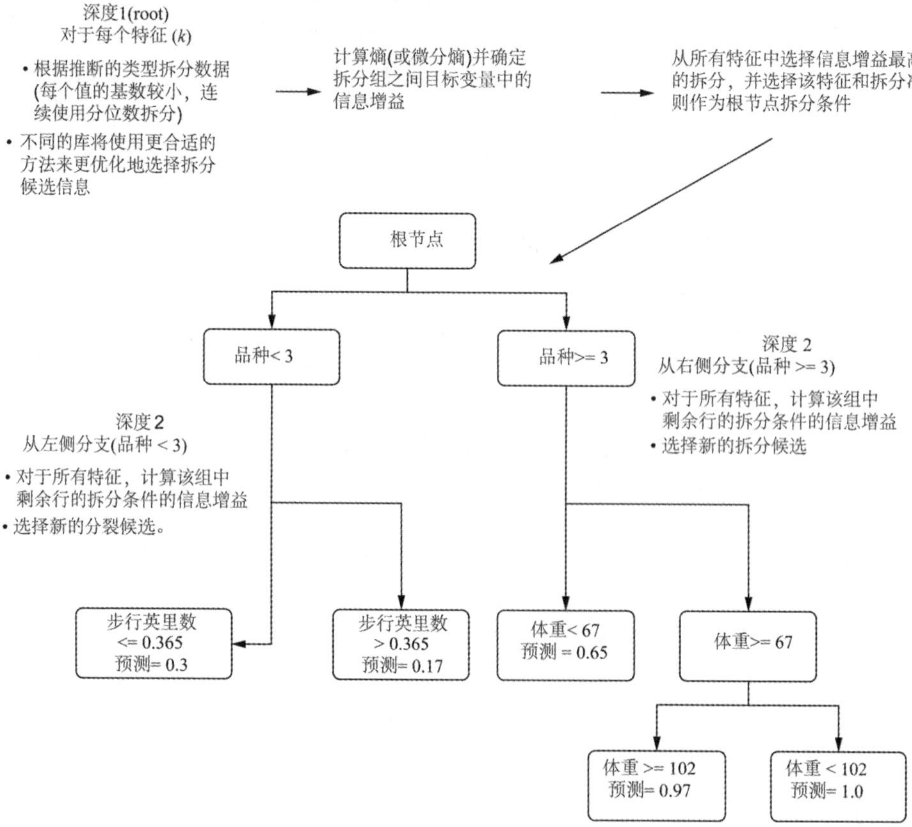

深度1(root)
对于每个特征 (k)

- 根据推断的类型拆分数据(每个值的基数较小，连续使用的分位数拆分)
- 不同的库将使用更合适的方法来更优化地选择拆分候选信息

→ 计算熵(或微分熵)并确定拆分组之间目标变量中的信息增益

→ 从所有特征中选择信息增益最高的拆分，并选择该特征和拆分准则作为根节点拆分条件

根节点

品种< 3

品种>= 3

深度 2
从右侧分支(品种 >= 3)
- 对于所有特征，计算该组中剩余行的拆分条件的信息增益
- 选择新的拆分候选

深度 2
从左侧分支(品种 < 3)
- 对于所有特征，计算该组中剩余行的拆分条件的信息增益
- 选择新的分裂候选。

步行英里数
<= 0.365
预测= 0.3

步行英里数
> 0.365
预测= 0.17

体重< 67
预测= 0.65

体重>= 67

体重 >= 102
预测= 0.97

体重 < 102
预测= 1.0

图 A-13　对决策树算法的概要解释

首先，我们可以看到，在树的根节点进行初始拆分时，需要确定首先根据哪个特征进行拆分。这个算法有一个可伸缩性因素。为了确定在哪里拆分，需要测量每个特征，根据库的实现选择的标准进行拆分，并计算这些拆分之间的信息增益。

为了计算复杂度，将特征数量称为 k。计算信息增益的另一个组成部分涉及基于训练数据集大小的熵估计。这是传统的非机器学习复杂度中的 n。为了增加这种复杂度，必须遍历树的每一层。一旦拆分为最佳路径，就必须继续迭代数据子集中的特征，反复迭代，直到达到超参数中设置的条件，即填充一个叶(预测)节点的最小元素数量。

遍历这些节点的计算复杂度为 $O(n \log(n))$，因为越靠近叶节点，拆分的大小就越有限。然而，由于被迫遍历每个判定节点的所有特征，最终的计算复杂度变得更接近 $O(k \times n \times \log(n))$。

可以通过调整超参数直接影响这种最坏情况下运行时性能的现实行为[记住，O()表示法就是最坏情况]。特别值得注意的是，一些超参数对计算复杂度和模型效率有好处(创建叶子的最小计数，树的最大深度)，而其他超参数则是负相关的(例如，其他利用随机梯度下降的算法中的学习率)。

为了说明超参数和模型运行时性能之间的关系，让我们看看如何修改代码清单 A-7中树的最大深度。在该例中，将使用一个免费的开源数据集来说明超参数值的影响，它直接影响模型的计算复杂度和空间复杂度(很抱歉没有收集关于狗狗的特征和一般饥饿水平的数据集。如果有人想创建该数据集并将其发布供公开使用，请告诉我)。

注意 在代码清单 A-7 中，为了演示过深的深度，我用独热编码的类别值打破了基于树的模型的规则。以这种方式编码分类值有很大的风险，即优先拆分仅在布尔字段上，如果深度不足以利用其他字段，会使模型严重欠拟合。在编码值时，应该始终彻底验证特征集，以确定它们是否会创建糟糕的模型(或难以解释的模型)。可以使用分桶、k-level、二进制编码或强制排序索引来解决顺序或名义分类的问题。

代码清单 A-7　展示树深度对运行时性能的影响

对月份列和日期列进行独热编码，以确保有足够的特征来实现
本练习所需的深度(参见本代码清单之前的说明)

```
from sklearn.model_selection import train_test_split
from sklearn.tree import DecisionTreeRegressor
from sklearn.metrics import mean_squared_error      ← 选择一个开源数据集进
import requests                                          行测试
URL = 'https:/ /raw.githubusercontent.com/databrickslabs
/automl-toolkit/master/src/test/resources/fire_data.csv'
file_reader = pd.read_csv(URL)
encoded = pd.get_dummies(file_reader,
columns=['month', 'day'])
target_encoded = encoded['burnArea']
features_encoded = encoded.drop('burnArea', axis=1)   ← 获取训练集和测试集
x_encoded, X_encoded, y_encoded, Y_encoded =              拆分数据
    train_test_split(features_encoded,
target_encoded, test_size=0.25)
shallow_encoded = DecisionTreeRegressor(max_depth=3,
  min_samples_leaf=3,
  max_features='auto',
  random_state=42)
%timeit -n 500 -r 5 shallow_encoded.fit(x_encoded, y_encoded)
>> 3.22 ms ± 73.7 µs per loop (mean ± std. dev. of 5
runs, 500 loops each)                                 ← 较浅的深度为 3(可能欠拟
mid_encoded = DecisionTreeRegressor(max_depth=5,          合)，将运行时间降低到最
  min_samples_leaf=3, max_features='auto',               小基线
  random_state=42)
%timeit -n 500 -r 5 mid_encoded.fit(x_encoded, y_encoded)
>> 3.79 ms ± 72.8 µs per loop (mean ± std. dev. of 5
runs, 500 loops each)                                 ← 深度从 3 增加到 5，会增加 17%
deep_encoded = DecisionTreeRegressor(max_depth=30,       的运行时间(一些分支会终止，从
                                                         而限制了额外的时间)
```

```
    min_samples_leaf=1,
    max_features='auto',
    random_state=42)
%timeit -n 500 -r 5 deep_encoded.fit(x_encoded, y_encoded)
>> 5.42 ms ± 143 µs per loop (mean ± std. dev. of 5
runs, 500 loops each)
```

> 将深度调整到30(根据此数据集的情况,实际实现的深度为21),并将最小叶子大小减少到1,可以获得最糟糕的运行时复杂度

　　正如在操作超参数的计时结果中所看到的, 树的深度和运行时之间存在一种看似微不足道的关系。把它看作百分比变化时, 就可以开始理解这为什么会有问题了。

　　为了说明这种基于树的方法的复杂度, 图 A-14 显示了生成树时在每个候选拆分中所采取的步骤。

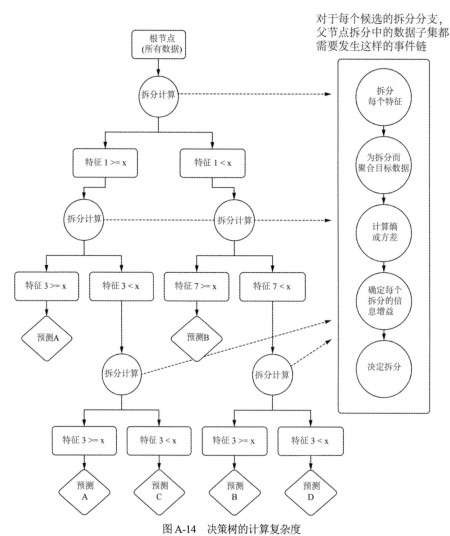

图A-14　决策树的计算复杂度

不仅需要完成多个任务来决定在哪里进行拆分,而且图 A-14 右侧所示的整块任务也需要在每个候选节点上对满足上述拆分条件的数据子集上的每个特征进行拆分。当树的深度为 30、40 或 50 时,可以想象这棵树变得非常大,而且膨胀的速度很快,运行时间也会相对增加。

如果数据集不是 517 行(如这个简单的例子),会发生什么?对 5 亿行数据进行训练时会发生什么?先不考虑运行到树的太深处对模型性能的影响(泛化能力),当考虑从单个超参数增加 68%的运行时间时,如果不注意控制模型的超参数,那么训练时间上的差异会非常显著(而且代价高昂)。

现在你已经看到了超参数调优的计算成本有多高,A.4 节将研究不同模型族的计算复杂度和空间复杂度。

A.4　机器学习的一般算法复杂度

虽然我们不会讨论任何其他机器学习算法的实现细节(正如之前提到的,有专门介绍这个主题的书籍),但可以看一个进一步的例子。假设我们正在处理一个非常大的数据集。它有1000万行训练数据、100万行测试数据和一个包含15个元素的特征集。

对于这么大的数据集,显然要使用带有 SparkML 包的分布式机器学习技术。在对向量中的 15 个特征进行了一些初始测试之后,我们决定开始提高性能,以尝试获得更好的误差指标。由于我们在项目中使用广义线性模型,因此正在处理所有特征的共线性检查,并适当地扩展特征。

对于这项工作,我们将团队分成两组。第一组致力于一次添加一个经过验证的特征,在每次迭代中检查对测试集的预测性能的改进或退化。虽然这很缓慢,但第一组能够每次筛选或添加一个潜在的候选项,并且具有相对可预测的运行时性能。

第二组的成员添加了 100 个他们认为会使模型更好的潜在特征。他们运行训练并等待。他们去吃午餐,愉快地交谈,然后回到办公室。6 个小时后,Spark 集群仍然运行,所有的执行器的 CPU 使用率都在90%以上。程序又接着运行了一整夜。

这里的主要问题是计算复杂度的增加。虽然模型的 *n* 没有任何改变(训练数据的大小仍然完全相同),但运行时间更长只是因为特征大小增加了。对于大型数据集,由于优化器采用这种工作方式,这会成为一个问题。

虽然传统的线性求解器(如普通的最小二乘法)可以依赖于通过涉及矩阵求逆的闭式解来求解最佳拟合,但在需要分布的大型数据集上,这不是好选择。在分布式系统中,必须使用其他求解器进行优化。因为使用的是分布式系统,所以我们关注的是 SGD。作为一个迭代过程,SGD 将沿着调优历史的局部梯度执行优化。

图 A-15 简化了 SGD 的工作原理。这幅 3D 图表示求解器沿着一系列梯度移动,试图为正在生成的线性方程的特定系数集找到全局最小误差。

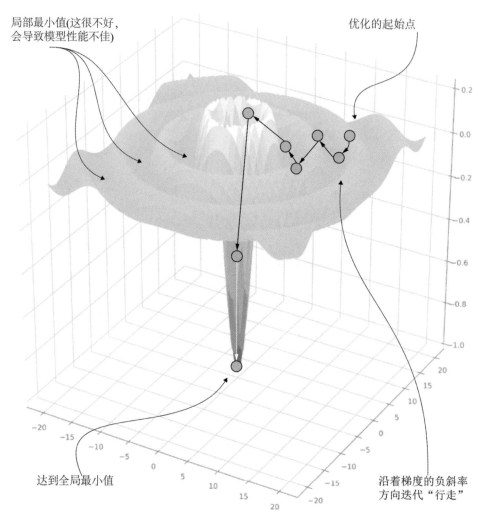

图 A-15　在优化过程中寻找最小值的 SGD 过程的视觉表示

　　注意 随机梯度下降将沿着固定的调整幅度进行，以尝试达到对测试数据的最佳拟合(误差最小化)。当下降平缓到斜率为 0，并且在阈值内的后续迭代显示没有改进或达到最大迭代次数时，它将停止。

　　注意正在进行的迭代搜索。为了使方程与目标变量达到最佳拟合，这一系列尝试涉及对特征向量每个元素的每个系数进行调整。随着向量大小的增加，计算系数的次数自然也会增加。这个过程需要发生在每次迭代行走中。

　　然而，这种情况有点棘手。SGD 及其同类迭代方法(如遗传算法)没有确定计算复杂度的简单解决方案。

这样做的原因(对于其他类似的迭代求解器也是如此,如有限内存的 Broyden-Fletcher-Goldfarb-Shanno,或 L-BFGS)是局部和全局意义上的优化最小值的性质高度依赖于特征数据的组成(分布和推断的结构类型)、目标的性质和特征空间的复杂度(特征数量)。

这些算法都设置了最大迭代次数,以尽最大努力优化到全局最小状态,但不能保证优化会在达到迭代器最大计数之前发生。相反,在确定训练时间长短时可能出现的挑战之一与优化的复杂度有关。如果 SGD(或其他迭代优化器)可以在相对较少的迭代次数内达到(希望是全局)最小值,训练将在达到最大迭代次数之前很早就能够结束。

出于这些考虑,表 A-2 粗略估计了常见传统机器学习算法最坏情况的理论计算复杂度。

表 A-2 不同模型族的计算复杂度估计

模型族	训练复杂度	预测复杂度
决策树	$O(kn\log(n))$	$O(k)$
随机森林	$O(kn\log(n)m$	$O(km)$
梯度增强树	$O(knm)$	$O(km)$
线性模型 (OLS)	$O(k2n)$	$O(k)$
线性模型(非 OLS)	$O(k^2n + k^3)$	$O(k)$
支持向量机	$O(kn^2 + n^3)$	$O(km)$
K-最近邻	$O(kmn)*$	$O(kn)$
K-均值	$O(mni)**$	$O(m)$
交替最小二乘	$O(mni)**$	$O(ni)$

$n =$ 训练集中的行数

$k =$ 向量中的特征数

$m =$ 集合成员的数量

$i =$ 要收敛的迭代次数

*在本例中,m 是定义边界时要考虑的邻居数量的限制。

**这里的 m 指的是 k 个质心的数量。

所有这些复杂度中最常见的方面涉及不同的因素:用于训练的向量的数量(DataFrame 中的行数)和向量中的特征数量。其中任何一个数量增加都会对运行时性能产生直接影响。许多机器学习算法的计算时间与输入特征向量的大小呈指数关系。先不考虑不同优化方法的复杂度,给定算法的求解器可能会随着特征集大小的增长而对其性能产生不利影响。虽然每个算法家族与特征大小和训练样本大小都有微妙的关系,但在项目开发的早期阶段,理解特征数量的一般影响是需要记住的一个重要概念。

正如在 A.3 节中所看到的,决策树的深度会影响运行时性能,因为它要通过更多的拆分进行搜索,因此要花费更多的时间。几乎所有的模型都具有为应用程序的执行者提供灵活性的参数,这些参数将直接影响模型的预测能力(通常以牺牲运行时和内存压力为代价)。

一般来说，熟悉机器学习模型的计算复杂度和空间复杂度是个好主意。了解选择一种类型的模型而不是另一种模型(假设它们能够以类似的方式解决问题)对业务的影响，可以在所有产品都投入生产后在成本上产生数量级的差异。我个人曾多次决定使用预测能力稍差的模型，因为它的运行时间比执行成本高很多倍的替代方法要短得多。

记住，我们是为业务部门解决问题的。以 50 倍的成本为代价将预测精度提高 1%，在解决业务部门问题的同时，为业务部门又带来了一个新问题。

设置开发环境

在做一个新项目的时候，有很多理由让你重新开始。下面显示了一些与机器学习项目工作相关的信息。

- 有了干净的环境，依赖性管理就更容易了。
- 隔离临时文件、日志和工件更简单。
- 脚本环境的创建使移植到生产环境更容易。
- 简化库的安装，依赖冲突更少。

虽然有许多为新项目开发创建隔离环境的选项，但本附录提供了使用 Docker 和 Conda 的包管理工具套件的指导，就像本书的配套存储库一样。

B.1　需要一个干净的实验环境

一旦数据科学家在本地计算机上构建原型的时间足够长，他们面临的一个主要困难就变成旧的项目无法再在后续项目所需的更新环境中运行。随着库的发展，数据科学家会升级库的版本，添加新的包，并更新对其他包的依赖关系。在这个真正庞大的由相互连接的 API 组成的生态系统中，依赖关系发生了变化。

这种维护库之间兼容性的概念非常复杂且令人沮丧，被称为依赖地狱(dependency hell)，这个称号名副其实。图 B-1 展示了一个典型的依赖冲突场景。

如你所见，在单个本地环境中解决库冲突非常可怕。一方面，你可能会被迫重构代码库和训练运行时环境，随着公司项目数量的增加，这两种行为都站不住脚。或者，数据科学团队成员每次想要处理一个新项目时，必须花费无数的时间修改已安装的包(恢复或升级)。它根本不是一个可伸缩的解决方案。

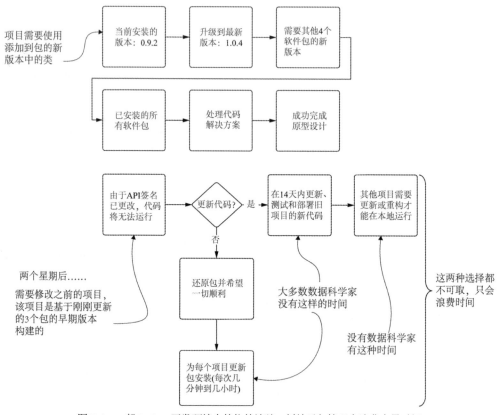

图 B-1　一般 Python 开发环境中的依赖地狱。纠结于包管理会浪费大量时间

　　不管使用什么操作系统，如果你的计算机上已经安装了 Python，那么安装的包之间都会有一些深层次的依赖关系。一些实验和测试需要安装库，这些库可能会破坏之前开发的项目或命令行中提供的实用程序。更不用说，在每个团队成员的计算机上这些关键包的每个版本都有轻微的不同，如果这些团队成员运行彼此的代码，就会导致可重复性问题。

B.2　使用容器处理依赖地狱

　　这种让所有东西在任何时候都能正常工作的令人沮丧和浪费时间的努力有多种解决方案。其中最流行的是预打包的构建版本，由 Anaconda 公司慷慨地作为开源发行版(在新的 BSD 许可证下)提供给机器学习社区。这些经过测试和验证的包集合保证彼此可以很好地工作，使你免于处理复杂的包依赖关系。有 3 种主要的方法可以使用 Anaconda 构建的 Python 来创建全新的环境。
  ● Conda 环境管理器：命令行工具，可以从映像在本地创建隔离的 Python 环境，不会干扰系统 Python 安装。

- Anaconda Navigator：GUI，允许在本地计算机上使用隔离的 Conda 环境一键设置许多流行的开发工具。
- 在 VM 中使用的 Conda 环境的 Docker 容器部署：可移植的容器定义，将创建一个隔离的 Python 环境，使用 Conda 包构建，可以在本地 VM 或基于云的 VM 上运行。

图 B-2 展示了前两种方法，它们适用于 Python 中的机器学习实验，并使用纯开源(免费)的解决方案来隔离运行时环境。顶部部分可以通过命令行界面(Command-Line Interface, CLI)或 Anaconda Navigator GUI 完成。

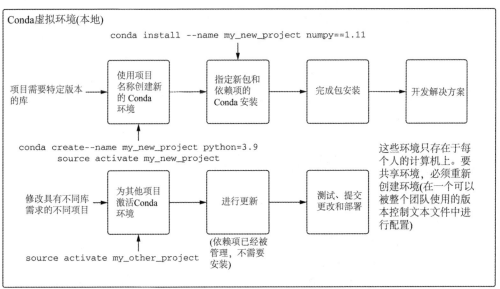

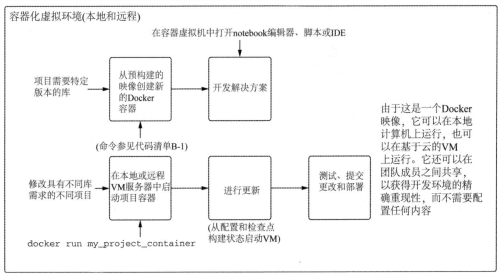

图 B-2　Conda 环境管理与容器服务环境管理。它们都是简化实验、开发和生产的好选择

这些方法解决了不同项目需求中存在版本冲突的问题，为管理机器学习的所有包所需要的令人沮丧的工作节省了大量的时间和精力。有关Docker是什么以及为什么它很重要的进一步解释，参见下面的说明。

> **什么是 Docker**
>
> Docker 是容器化服务。它是一个平台，允许操作系统级虚拟化(想象一下：一台计算机中的另一台计算机)，可以使用运行它的计算机上的资源进行配置，并且可以与主机上的其他应用程序和操作系统实体完全隔离。
>
> 这允许你打包你的软件，运行软件所需要的库，以及在不同环境中运行的配置文件。你甚至可以打开端口进行通信，就像容器是一台独立的计算机一样。
>
> 机器学习的容器化使你能够处理依赖地狱问题：每个项目都可以有自己的一组库，确保以可重复和一致的方式与你的代码一起工作。容器化还使你能够在任何环境中运行容器——本地服务器、基于云的服务器或任何能够运行容器的 VM 环境。这为机器学习项目工作引入了可移植性，可移植性不仅在实验阶段越来越普遍，而且对生产规模的机器学习也至关重要。

B.3　创建一个基于容器的原始环境进行实验

在本节中，我们将使用 Docker 定义并初始化一个基本的隔离运行时环境。我比较偏爱用 Anaconda 进行实验，因为它不需要付费服务，所以我们将使用它的一个预配置的 Docker 容器，该容器有一个用于 Python 3 的引导环境，并且已经安装了绝大多数核心机器学习库(至少是本书中需要的库)。

为了确保系统中有映像，将通过 docker pull continuumio/anaconda3 命令行运行。这个命令会从 Docker Hub 中获取预构建的 Docker 容器。Docker Hub 是一个 Docker 映像库，包含自由映像和受限映像。容器包括一个 Linux 操作系统，最新版本的 Anaconda Python 栈，并且已经完成了所有配置，拥有一个完全可操作的开发环境，可用于大多数数据科学工作任务，几乎不需要用户进行额外的操作。

注意 尤其在实验阶段，使用一个隔离的环境总是明智的，在这个隔离环境中，可以随意配置各种包及这些包的版本，而不必担心这些操作会污染其他 Python 环境。没有什么比发现你一直在做的另一个项目因为更新了 NumPy 版本而抛出了几十个异常更痛苦的了。

要构建一个基本的支持机器学习的环境(一个可运行的虚拟机映像)，以执行项目的第一阶段测试和研究，可以运行代码清单 B-1 所示命令(在确保安装 Docker 之后)。

代码清单 B-1　通过 Docker run 命令创建基本的机器学习环境

你可以随意给容器命名。如果省略此配置，
Docker 将为你选择一个有趣的名称，让你
从名称中无法了解容器中是什么

本地文件系统的绝对路径(希望你
没有 benwilson 的 root users 目录)-
更改此路径

```
docker run -i --name=airlineForecastExperiments
-v Users/benwilson/Book/notebooks:/opt/notebooks
-t -p 8888:8888
continuumio/anaconda3
/bin/bash -c "/opt/conda/bin/conda install jupyter
-y --quiet && mkdir -p /opt/notebooks &&
/opt/conda/bin/jupyter notebook --notebook-dir=/opt/notebooks
--ip='*' --port=8888 --no-browser --allow-root"
```

这是使用 docker pull continuumio/anaconda3 命令从
Docker Hub 中拉取的映像

Bash 命令允许安装 Jupyter 并将其设置为使
用端口转发功能，以便可以打开本地浏览器
窗口并与容器的环境交互

对这个脚本稍加修改，特别是覆盖挂载位置(冒号前面-v 选项之后的第一部分)，然后将其粘贴到命令行，容器就会启动并运行。在收集包并构建映像之后，命令行将给出一个提示(一个本地地址 http:/ /127.0.0.7:8888/?token=…)，你可以将其粘贴到 Web 浏览器中以启动 Jupyter，这样就可以开始在 Notebook 中编写代码。

注意　如果你有一个托管在云中某处的开发环境，其他人可以非常容易地为你创建这个原始环境，而且费用低廉。这是写给我所有在 Notebook 上与机器学习斗争的数学科学朋友们的。